代々木ゼミナール

鈴川の とにかく伝えたい 生物 テーマ200

編 者 鈴川 茂

代々木ライブラリー

はじめに

こんにちは。代々木ゼミナール生物講師の鈴川茂です。この度は，本書を手に取っていただき，本当にありがとうございます。

本書は，「手の空いたちょっとした時間に生物の知識を詰め込みたい！」「受験直前期まで生物の勉強がおろそかになってしまった…どうにかしたい…」という**受験生**，「中間・期末試験まであともう少し…手っ取り早く勉強して高得点を取りたい！」という**高校１・２年生**，「生物の授業をどのように進めたらいいかわからない…」という**学校の先生方**，そんなすべての方の救済のための本です。

本書のモットーは，「**僕が普段代ゼミで行っている授業の完全再現**」です。そして，「**この一冊で生物の内容を完全攻略**」できるように編集しました。また，本書を利用する方が勉強したい単元をスッキリと絞りやすくするために，「生物」の内容を200の「テーマ」に小分けしました。さらに，読みやすくするために，各テーマの内容を“見開き２ページ単位”で構成しました。

僕は予備校講師として，日本全国を駆け巡っては熱い講義を行い，ときには，TVアニメ「はたらく細胞」の細胞博士，または新星出版社「世界一やさしい！細胞図鑑」の監修者として，からだの勉強の大切さを訴える日々を送っています(YouTubeにて，「はたらく細胞ゼミナール」「世界一おもしろい♪細胞の授業」の動画を好評配信中です)。

これらの活動の原動力はすべて，「**勉強の楽しさ，生物学の楽しさを多くの方に知ってもらいたい**」という思いです。生物学の知識をたくさんもつことにより，いろいろな現象と“自分自身”をつなげることができるようになるため，“病気”や“環境問題”など，様々な重要な話題について意見をもつことができるようになります。つまり，「**生物学に興味をもってくれる人が増えれば世の中はもっと良くなる**」ということです。本書が，その手助けの一役を担うことができるような本になれば，これ以上嬉しいことはありません。また，「生物基礎」をマスターしたい方は，姉妹本『鈴川のとにかく伝えたい生物基礎 テーマ75』をご覧ください。

さぁ，本書で，僕と一緒に生物学の楽しさをわかち合いましょう！

ようこそ，鈴川茂の「生物」へ！！

Shigeru Suzukawa

今後問われる生物入試の力

★令和の生物入試では「考察問題」「分野横断型の問題」がメインになる！

今までの生物入試では，知識が問われる問題が多く出題されてきました。しかし，そんな時代は終わり，令和の生物入試では以下のような問題が多く出題される傾向にあると考えます。

❶ 考察問題
初見の実験や現象，図やグラフなどが与えられ，知識をもとに矛盾なく推定されることを見抜いていく力が必要。

❷ 分野横断型の問題
ミクロな生命現象(遺伝子や細胞の分野)とマクロな生命現象(人体や生態系の分野)に関する知識を体系化する力が必要。これらの分野は「進化」の分野で勉強する内容とリンクすることが多い。

★知識の詰め込みに多くの時間をかけてはいけない！

上記の❶や❷のような問題が出題されるからといって，知識の詰め込みを“おろそか”にしていいというわけではありません。**知識がないと，考察することも，分野の横断をすることも難しい**からです。令和の生物入試に立ち向かうためには，効率よく知識を詰め込んでいくことがとても大切です。

本書では，その**“効率よく知識を詰め込むこと”**にトコトンこだわっています。膨大な量の入試問題はもちろん，数多くの教科書や資料集をもとに，鈴川が時間をかけて本当に「覚えるべき知識」だけを絞って本書に掲載させていただきました。本書で勉強していくことによって，なるべく多くの時間をかけずに，必要な知識だけを効率よく詰め込むことができます。

★本書を片手に大学入学共通テスト(以下，共通テストとする)の問題を解いてみよう！

今後，どのような問題が多く出題されていくかは，実際に共通テストの問題(試行調査の問題でも大丈夫です)を見てみればよくわかります。知識がない状態でいきなり共通テストに挑むのは大変ですので，ぜひ，本書を手元におき，解いてみてください。各問題の内容に該当する本書のテーマのページをめくりながら，じっくりと時間をかけて解いていくとよいです。そうすることで，本書の扱いに慣れることができますし，何より，令和の生物入試の方向性をつかむことができます。百聞は一見に如かずです。

本書の特長と使い方

★各テーマが“見開き単位”なので，勉強したい単元が絞りやすい！

本書は「生物」の範囲のうち，中間・期末テスト，共通テスト，国公立大２次試験，私立大試験で頻出である基本事項を，**全200「テーマ」×２ページ単位**で解説していきます。**各テーマが“見開き単位”で構成されている**ので，「今，この分野だけを勉強したい！」という場合でも，該当の単元を簡単に絞り込むことができます。

各テーマの左のページでは鈴川が実際の授業で書いている「**板書**」が，右ページでは「**講義内容**」が再現されています。本書では，鈴川の生物に対する考え方が**すべて余すことなく表現されている**ので，本書を読み込み，内容を理解することによって，**丸暗記型の勉強法から解放される**はずです。

★本書では「分野横断」を意識しやすい！

本書では，関連する内容が他のテーマにある場合，**テーマ○○**という記載があります。これを見たときには，そのページへリンクしてみましょう。そうすることで，知識をもっと幅広くつなげることができ，「**分野横断型の問題**」に対応する力を身につけることができます。

★多彩な「ゴロ合わせ」によって，暗記の負担を軽減！

本書では，たくさんの「**ゴロ合わせ**」が用意されています。「生物例」など，脈絡がなく覚えづらい生物用語に関しては，ゴロ合わせで効率よく詰め込んでいきましょう。

★「計算問題」や「考察問題」の対策では，鈴川の解法をマネするところから始めてみよう！

本書では，ところどころに「**○○の問題**」「**○○に関する問題**」というコーナーが設けてあります。計算問題や考察問題が苦手な方は，**本書に記載されている鈴川の解法をマネする**ところから始めてみましょう。そして，その解法テクニックをもとに，右ページにある**類題を解こう**に挑みましょう。自分の力で類題を解くことができたのなら，今後，それが大きな自信へとつながるはずです。

本書の構成

★左ページ［板書］

普段鈴川が代ゼミの教室で書いている「板書」に該当するページです。特に赤字で書かれている部分に注目してください。できるだけ絵や図を用いることを意識しました。多くの現象を“視覚的”に押さえていくことで，知識が定着しやすくなるように工夫しました。

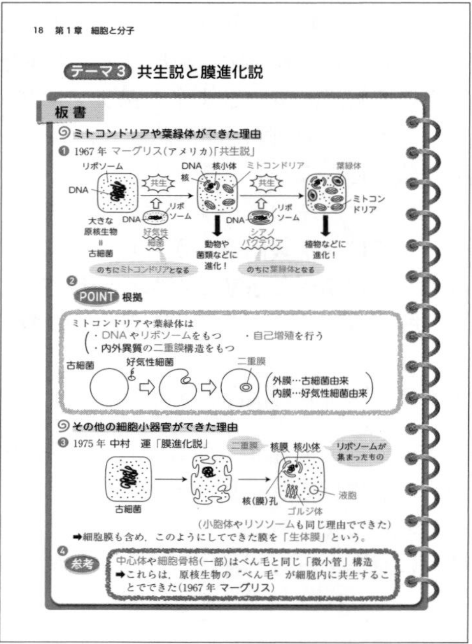
18　第1章　細胞と分子

テーマ3 共生説と膜進化説

板書

ミトコンドリアや葉緑体ができた理由

❶ 1967年 マーグリス(アメリカ)「共生説」

❷ POINT 根拠

ミトコンドリアや葉緑体は
・DNAやリボソームをもつ　・自己増殖を行う
・内外異質の二重膜構造をもつ

その他の細胞小器官ができた理由

❸ 1975年 中村　運「膜進化説」

(小胞体やリソソームも同じ理由でできた)
➡細胞膜も含め，このようにしてできた膜を「生体膜」という。

❹ 参考
中心体や細胞骨格(一部)はべん毛と同じ「微小管」構造
➡これらは，原核生物の“べん毛”が細胞内に共生することでできた(1967年 マーグリス)

各マーク の説明

- ◎ … 各項目のスタートを表しています
- ❶や❷などの番号 … 右ページでの「**講義内容**」の各番号に該当する部分です
- **POINT** … 各項目の中でも特に注目してほしい内容です
- **参考** … 知っておくことで，関連する知識が深まる内容です
- **解説** …「**計算問題**」や「**考察問題**」の解説です。鈴川の解法テクニックを丁寧に，わかりやすく説明しています
- **結論** …「**実験**」や「**観察**」の結果から推察される内容です。ここでの理解が考察力の向上へとつながります
- **イメージ** … **解説**の補足となる内容です

★右ページ［講義内容］

3　共生説と膜進化説　19

01 細胞と分子

ポイントレクチャー

❶　真核生物は原核生物が進化することで誕生したと考えられている。その進化の流れについて勉強するよ。真核生物がもつ**ミトコンドリア**と**葉緑体**の起源は「**共生説**」で説明できる。古細菌という大きな原核生物に**好気性細菌**が入り込んで**共生**し，これがのちに**ミトコンドリア**になり，そして，そのミトコンドリアが共生した細胞に**シアノバクテリア**が入り込んで**共生**し，これがのちに**葉緑体**になった，と考えられているよ。

❷　ここで，共生説の根拠を示していくね。**ミトコンドリアと葉緑体が元原核生物**！と考えれば，「**DNA とリボソームをもつ**(⬅原核生物がもつ)」ことと「**自己増殖を行う**(⬅全生物が行う)」ことは納得だね。これらが「**内外異質の二重膜構造をもつ**」ことは，**古細菌が好気性細菌などを取り込むときに自身の細胞膜ごと取り込んだ**！と考えれば合点がいくね。形成された二重膜のうち，外膜は古細菌由来で，内膜は好気性細菌由来だから“**内外異質**”という表現になるんだよ。

❸　次に，「**膜進化説**」で，**核**や**ゴルジ体**，**液胞**ができた理由について説明するね。これらは，古細菌の細胞膜が“陥入”して形成されたよ。**このとき，核(膜)孔という“穴”を空けるように陥入したから核膜が二重膜になったこと，古細菌のリボソームが集まって核小体ができたこともつかんでおこう**！

❹　真核生物の**中心体**は原核生物の“べん毛”が細胞内に共生することでできたと考えられているんだ(諸説あるけどね)。このように“つなげて”覚えていくと，どんどん頭に情報が入っていくね。

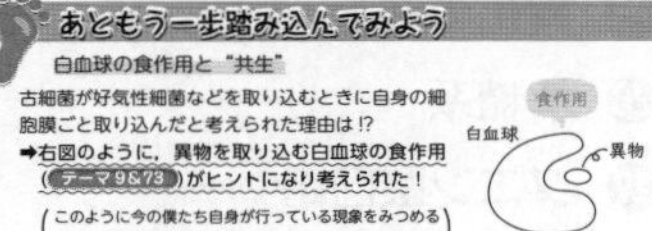

あともう一歩踏み込んでみよう

白血球の食作用と“共生”

古細菌が好気性細菌などを取り込むときに自身の細胞膜ごと取り込んだと考えられた理由は!?

➡右図のように，異物を取り込む白血球の食作用(テーマ 9&73)がヒントになり考えられた！

(このように今の僕たち自身が行っている現象をみつめることでわかることもあるよ。)

　普段鈴川が代ゼミの教室で話している「**講義内容**」に該当するページです。このページに鈴川の考え方や押さえておいてほしい内容をわかりやすく記載しました。特に，**太字**や**波線**で書かれている部分に注目してください。このページでは，実際の授業での発言と同じように，“語り口調(「～だよ」「～しよう」など)”で表現しています。実際に教室にいるかのような臨場感を味わっていただけると嬉しいです。

　また，このページの下部分には，6 種類の囲み記事が設けてあります。

各マークの説明

- ❶や❷などの番号 … 左ページでの「板書」の各番号に該当する部分です

6 種類の囲み記事の説明

- **イメージをつかもう** … 絵や例え話などを用いて，左ページの「**板書**」の内容をよりわかりやすく説明しています
- **あともう一歩踏み込んでみよう** … 各テーマの学習事項と関連する発展的な内容を補足しています
- **覚えるツボを押そう** … 左ページの「**板書**」の内容の中でも特に押さえておきたい用語などを整理しています
- **生物学史と偉人伝** … 左ページの「**板書**」で記載された研究者について詳しく説明しています
- **ゴロで覚えよう** … 覚えづらい生物用語などを，「**ゴロ合わせ**」で記載しています
- **類題を解こう** … 左ページの「**板書**」で記載された「**計算問題**」や「**考察問題**」の類題です

CONTENTS

第1章 細胞と分子

第2章 代謝

第３章 遺伝情報の発現

第4章 生殖と発生

第5章 動物の反応と行動

第6章 植物の環境応答

第7章 生物群集と生態系

第8章 生物の進化と系統

テーマ1 生物の誕生

板書

POINT「生物」の特徴

❶
・細胞からなる　・自己増殖（生殖）を行う　・代謝を行う

「生物」の誕生

➡ 38億年前に「海」で誕生

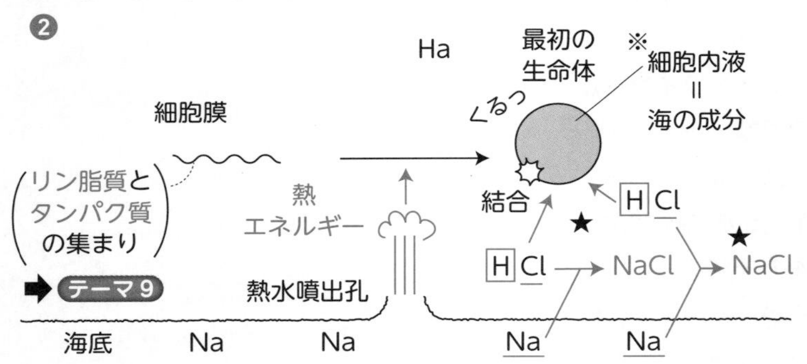

❸
《生物が海で誕生したと考えられた根拠》
- ・38億年前の海の食塩濃度…約1.0%
- ・ヒトの体液の食塩濃度　…約0.9%
- ・カエルの体液の食塩濃度…約0.65%

ほぼ一致！　う…う…　涙…しょっぱい

➡ 最初の生命体を構成している細胞の中の液体は，元々は38億年前の海から構成された!?（※）

❹
参考 今現在の海の食塩濃度は約3.5%

➡生物が昔の海のおもな成分であった塩酸（HCl）のうち，「H」を利用して化学エネルギー（ATP）を合成（**電子伝達系**➡ テーマ28）

➡余った「Cl」と地殻の「Na」が反応して「NaCl」がどんどん形成されていったことで，海の塩分濃度が上昇していった!?（★）

ポイントレクチャー

❶ **「生物」とは何か？まずは，これについて押さえながら生物の勉強を始めよう**！「**細胞**からなる」「**自己増殖(生殖)**を行う」「**代謝**を行う」，この３つの特徴はまさに生物学を勉強する上での“基盤”となるよ。これらの特徴をもたない“ウイルス”は生物とはいえない“単なる物体”であることがわかるね。

❷ 38億年前，生物は１つの“原始生命体”であった。そしてその最初の生命体は「**海**」で誕生したと考えられているよ。海底から吹きだす**熱水のエネルギー**によって，**リン脂質**と**タンパク質**の集まりである細胞膜がこのように“囲い”をつくって生物が誕生した。“囲い”をもたない生物などいないことから，このような考えが生まれたんだよ。

❸ 最初の生命体が海で誕生したのなら，その生命体の細胞内液は38億年前の海からなるはず。これは，僕たちヒトの体液の食塩濃度(約**0.9**%)と38億年前の海の食塩濃度(約**1.0**%)がほぼ一致する根拠になり得るね。**このように，“知識をつなげていくクセ”をつけていこうね**！それにしても，今の僕たちのからだが38億年前の海の成分から生じたって考えると，とてもロマンを感じるよね。

❹ すべての生物は，「**H**」を利用して**ATP**という化学エネルギーを利用して生命活動を行っている。昔の海の主な成分であった塩酸(HCl)の「**H**」を昔の生物が大量に消費し，余った「**Cl**」が地殻の「**Na**」と反応することで「**NaCl**」が生じ続け，今の海の塩分濃度(約**3.5**%)になったと考えられているよ。僕たちヒトのからだを構成している最も多くの物質は水(H_2O)であり，最も多い元素が「**H**」であると考えると，納得がいく内容だね。**生物学をひも解いていくヒントはまさに“僕たち自身”にあるということだね**！

ゴロで覚えよう

体液の食塩濃度

ヒトのオクさま、カエルのオムコさん！

0.9%

0.65%

テーマ２ 原核細胞と真核細胞

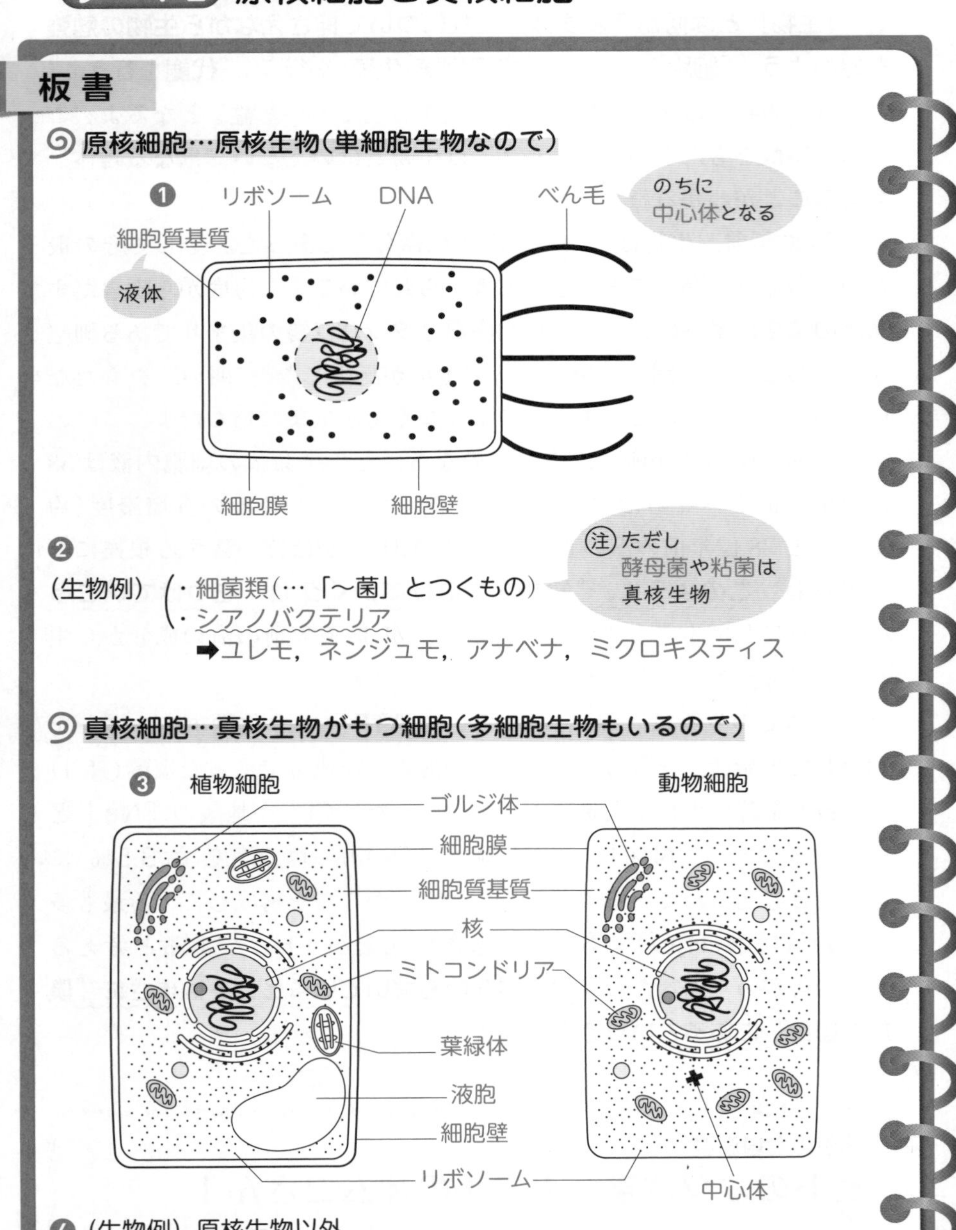
板書
原核細胞…原核生物(単細胞生物なので)
❶
リボソーム
DNA
べん毛
のちに
中心体となる
細胞質基質
液体
細胞膜
細胞壁
❷
注 ただし
酵母菌や粘菌は
真核生物
(生物例)
・細菌類(…「〜菌」とつくもの)
・シアノバクテリア
➡ユレモ，ネンジュモ，アナベナ，ミクロキスティス
真核細胞…真核生物がもつ細胞(多細胞生物もいるので)
❸
植物細胞
動物細胞
ゴルジ体
細胞膜
細胞質基質
核
ミトコンドリア
葉緑体
液胞
細胞壁
リボソーム
中心体
❹ (生物例) 原核生物以外

ポイントレクチャー

❶ テーマ1で勉強したように，生物は１つの“原始生命体”であった。その原始生命体は，今生きている原核生物に近い状態と考えられていて，今生きている様々な生物に進化したと考えられているんだ。したがって，真核細胞がもつ細胞小器官は，すべて原核細胞由来ってことになるね。**そこで，まずは原核生物がもつ細胞小器官５つ(とDNA)をすべて覚えてしまおう**！それが，真核生物の細胞小器官の勉強につながっていくよ。リボソームは，黒い点々の１つ１つのことを，細胞質基質は“液体”そのものを表す。ちなみに，原核細胞がもつ「べん毛」は，のちに「**中心体**」になったといわれているよ。その詳細はテーマ3で説明するね。

❷ 原核生物の生物例をしっかりと押さえておこう。基本的には「〜菌」とついている「**細菌**」と**ユレモ**や**ネンジュモ**，**アナベナ**や**ミクロキスティス**などの「**シアノバクテリア**」なんだ。ただし，「**酵母菌**」は「**菌類**」，「**粘菌**」は「**原生生物**」であり，これらは細菌類ではなく，真核生物であることに注意しよう。

❸ **ここでは真核生物の細胞小器官は軽く押さえておくぐらいで大丈夫**！テーマ3で原核生物から真核生物の成り立ちを勉強していき，テーマ4〜9で真核生物の細胞小器官についてしっかり勉強していくよ。

❹ **生物例を押さえていくときは，まずは，少ない方を覚えていくことがコツ**！❷で原核生物の生物例を覚えてから，“それ以外が真核生物である”という風に考えていくと効率よく覚えていけるはずだよ。

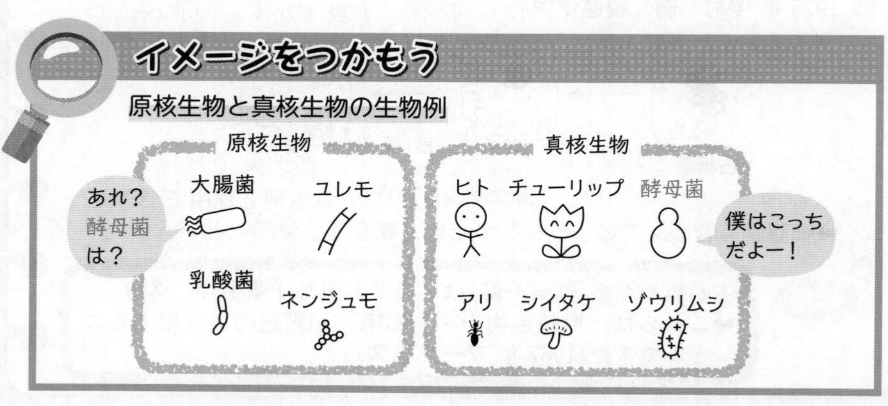

テーマ3 共生説と膜進化説

板書

ミトコンドリアや葉緑体ができた理由

❶ 1967年 マーグリス(アメリカ)「共生説」

リボソーム
DNA
共生
DNA
核小体
核
ミトコンドリア
共生
葉緑体
ミトコンドリア
リボソーム
DNA
大きな原核生物＝古細菌
好気性細菌
動物や菌類などに進化！
リボソーム
DNA
シアノバクテリア
植物などに進化！
のちにミトコンドリアとなる
のちに葉緑体となる

❷

POINT 根拠

ミトコンドリアや葉緑体は
・DNAやリボソームをもつ　・自己増殖を行う
・内外異質の二重膜構造をもつ

その他の細胞小器官ができた理由

❸ 1975年 中村　運「膜進化説」

古細菌
二重膜
核膜
核小体
リボソームが集まったもの
核(膜)孔
ゴルジ体
液胞

(小胞体やリソソームも同じ理由でできた)

➡細胞膜も含め，このようにしてできた膜を「生体膜」という。

❹

中心体や細胞骨格(一部)はべん毛と同じ「微小管」構造
➡これらは，原核生物の“べん毛”が細胞内に共生することでできた(1967年 マーグリス)

ポイントレクチャー

❶ 真核生物は原核生物が進化することで誕生したと考えられている。その進化の流れについて勉強するよ。真核生物がもつ**ミトコンドリア**と**葉緑体**の起源は「**共生説**」で説明できる。古細菌という大きな原核生物に**好気性細菌**が入り込んで**共生**し，これがのちに**ミトコンドリア**になり，そして，そのミトコンドリアが共生した細胞に**シアノバクテリア**が入り込んで**共生**し，これがのちに**葉緑体**になった，と考えられているよ。

❷ ここで，共生説の根拠を示していくね。**ミトコンドリアと葉緑体が元原核生物**！と考えれば，「**DNA とリボソームをもつ(⬅原核生物がもつ)**」ことと「**自己増殖を行う(⬅全生物が行う)**」ことは納得だね。これらが「**内外異質の二重膜構造をもつ**」ことは，**古細菌が好気性細菌などを取り込むときに自身の細胞膜ごと取り込んだ**！と考えれば合点がいくね。形成された二重膜のうち，外膜は古細菌由来で，内膜は好気性細菌由来だから“**内外異質**”という表現になるんだよ。

❸ 次に，「**膜進化説**」で，**核**や**ゴルジ体**，**液胞**ができた理由について説明するね。これらは，古細菌の細胞膜が“陥入”して形成されたよ。**このとき，核(膜)孔という“穴”を空けるように陥入したから核膜が二重膜になったこと，古細菌のリボソームが集まって核小体ができたこともつかんでおこう**！

❹ 真核生物の**中心体**は原核生物の“べん毛”が細胞内に共生することでできたと考えられているんだ(諸説あるけどね)。このように“つなげて”覚えていくと，どんどん頭に情報が入っていくね。

あともう一歩踏み込んでみよう

白血球の食作用と“共生”

古細菌が好気性細菌などを取り込むときに自身の細胞膜ごと取り込んだと考えられた理由は!?
➡**右図のように，異物を取り込む白血球の食作用(テーマ 9&73)がヒントになり考えられた！**

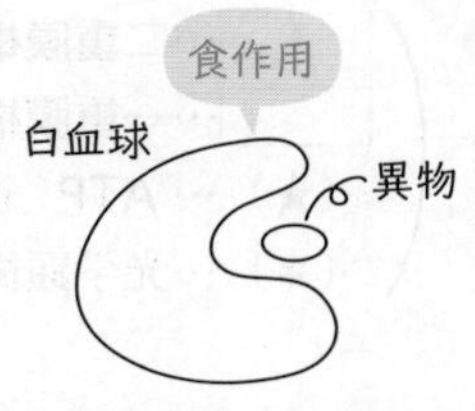

(このように今の僕たち自身が行っている現象をみつめることでわかることもあるよ。)

テーマ4 細胞小器官の分類

板書

真核細胞の細胞小器官

❶

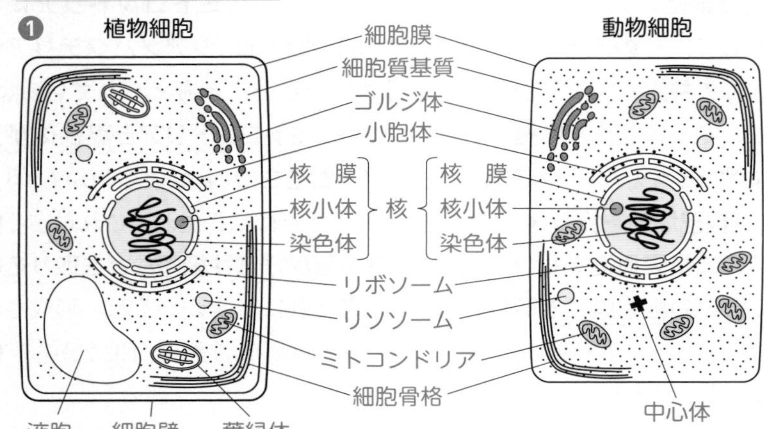

～細胞小器官～

❷
- 原形質…細胞の中の“生きている”部分
  - 核
  - 細胞質 ➡ 細胞膜，ミトコンドリア(★)，葉緑体(★)，ゴルジ体，中心体，小胞体(＊)，リボソーム(＊)，リソソーム(＊)，細胞骨格，細胞質基質(★)
- 後形質…細胞の中の“死んでいる”部分
  ➡細胞壁，液胞

❸
- □…二重膜構造をもつもの(＝DNAをもつもの)
- □…一重膜構造をもつもの
- (★)…ATP(全生物共通のエネルギー)をつくるもの
- (＊)…光学顕微鏡で観察できないもの

ポイントレクチャー

❶ 真核細胞の細胞小器官を押さえていくよ。テーマ2＆3で勉強した流れで覚えていこう。**細胞膜**，**細胞壁**，**リボソーム**，**細胞質基質**，**中心体**や**細胞骨格**（べん毛）は原核生物のときからもっている細胞小器官で，**ミトコンドリア**と**葉緑体**は共生説で加わった細胞小器官，**核**や**ゴルジ体**，**液胞**や**小胞体**や**リソソーム**は膜進化説で加わった細胞小器官だね。

❷ 細胞の中は，“生きている”部分である**原形質**と“死んでいる”部分である**後形質**に分けられるよ。この“生きている”，“死んでいる”という表現は“自己活動を行う”，“自己活動を行わない”と考えてくれ。さらに，原形質は**核**と**細胞質**に分けられ，細胞質は左ページの10個の細胞小器官からなると考えればいい。後形質は**細胞壁**と**液胞**の2つだけなので，**少ない後形質の細胞小器官から覚えていくことがコツだよ**！

❸ 構造の違いから各細胞小器官を分類できるようにしよう。まず，テーマ3で勉強したようにミトコンドリアと葉緑体と核は**二重膜構造**をもつこと，そして，これらはすべて**DNA**を含むことがわかるね。次に，ゴルジ体や液胞，小胞体やリソソームは一重膜の細胞膜から形成されたので，これらは**一重膜**構造をもつことがわかるね。また，**ATP**という「**全生物**共通のエネルギー（テーマ25）」をつくるものが**元原核生物のミトコンドリアと葉緑体である**ことは納得できるね。あと，これらが共生する前の古細菌の細胞質基質でATPがつくられていたことから，真核細胞の**細胞質基質**でもATPがつくられることも知っておこう。さらに，**小胞体**や**リボソーム**や**リソソーム**は光学顕微鏡で観察できない“小さいもの”であることも押さえておこうね。

ゴロで覚えよう

光学顕微鏡で観察できないもの

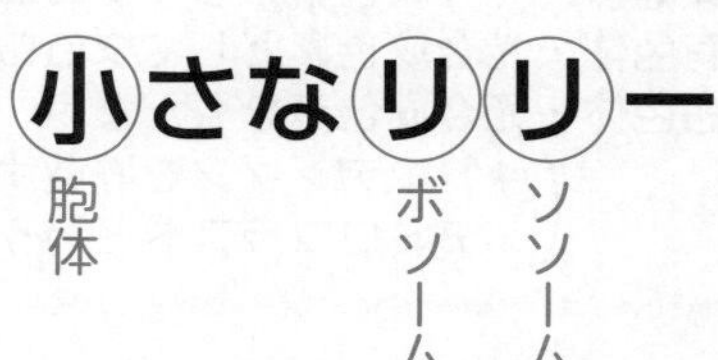

テーマ5 核，ミトコンドリア，葉緑体，中心体

板書

核，ミトコンドリア，葉緑体，中心体について

❶
・核…遺伝子の保有

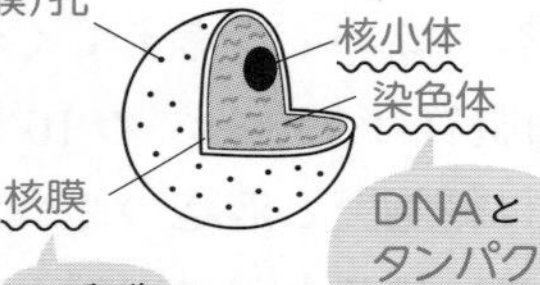

❷
・ミトコンドリア…呼吸の場

DNA
外膜
内膜
二重膜
マトリックス
液体
クリステ

❸
・葉緑体…光合成の場

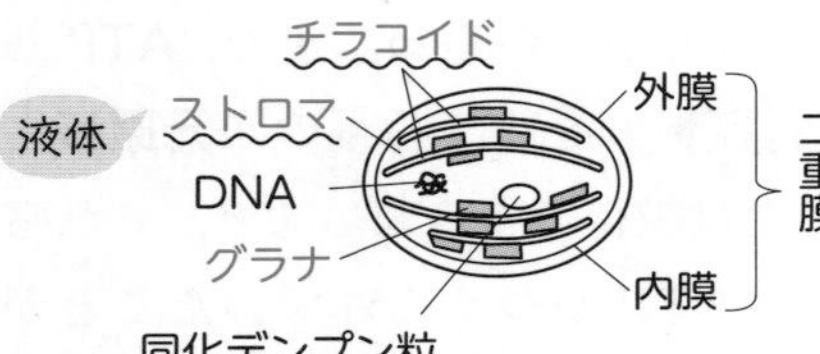

❹
・中心体…細胞分裂を助ける

チューブリン
からなる
微小管
中心粒

光を吸収して，化学エネルギー（ATP）などを合成する色素
➡ テーマ 37＆38

POINT 色素体

色素体
・葉緑体…光合成色素としてクロロフィルをもつ
・有色体…光合成色素としてクロロフィルをもたない
・白色体…光合成色素をもたない
（➡特にデンプンを貯蔵する白色体をアミロプラストという）

ポイントレクチャー

❶　さて，本テーマからは，テーマ4で勉強した細胞小器官の構造とそのはたらきについてもっと深く掘り下げていこう。まずは核について。二重膜である**核膜**，その核膜に空いている穴である**核(膜)孔**，リボソームの集まりである**核小体**，ＤＮＡとタンパク質を含む**染色体**，これらをしっかりと押さえておこうね。ちなみに，核(膜)孔はテーマ58で勉強する mRNA の通り穴になり，核小体は**リボソーム**を合成することもつかんでおこう。

❷　ミトコンドリアについては，内膜のひだ状構造である**クリステ**，内部の液体である**マトリックス**をつかんでおこう。「呼吸」についてはテーマ25で詳しく説明するね。

❸　葉緑体については，**クロロフィル**を含む膜構造体である**チラコイド**，そのチラコイドが重なった構造体である**グラナ**，内部の液体である**ストロマ**を押さえておこう。「光合成」についてはテーマ36で詳しく説明するね。また，葉緑体は**色素体**に属することも知っておこう。色素体は，光合成色素やクロロフィルやデンプンの有無によって「**葉緑体**」「**有色体**」「**白色体**」「**アミロプラスト**」の４つに大別されるよ。

❹　テーマ3で勉強したように，中心体は「べん毛」と同様，**微小管**構造をもつ。そして，微小管は**チューブリン**というタンパク質からなることをつかんでおこうね。中心体(微小管)の細胞分裂での役割に関してはテーマ79で詳しく説明するね。

あともう一歩踏み込んでみよう

核のはたらき

（アメーバの切断実験）　結論　**核は細胞の増殖に不可欠である。**

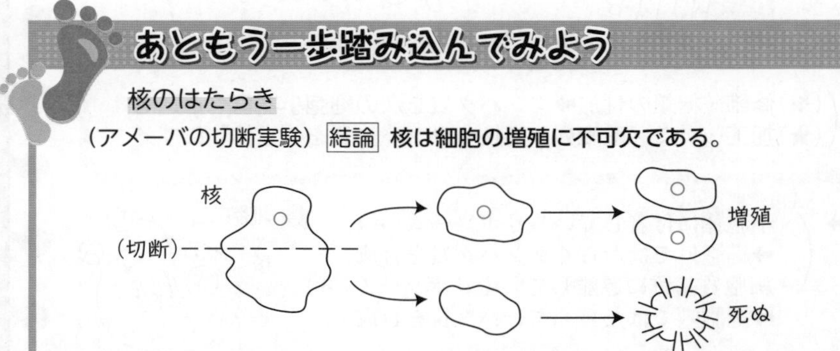

テーマ6 ゴルジ体，リボソーム，小胞体

板書

ゴルジ体，リボソーム，小胞体について

❶
・ゴルジ体…物質の分泌，濃縮，修飾を行う

❷
・リボソーム…タンパク質合成の場。RNAとタンパク質からなる

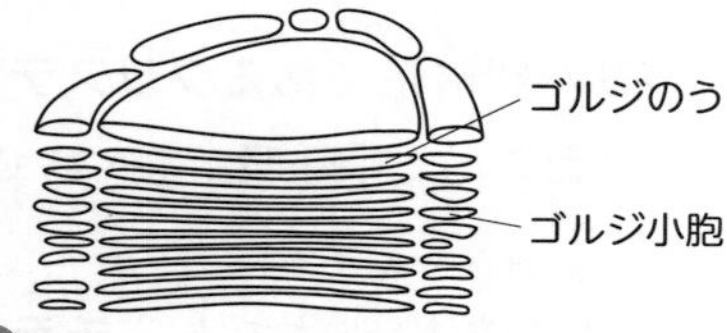

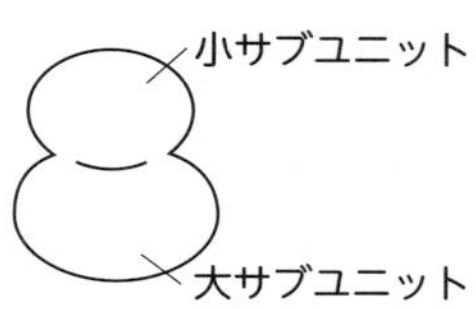

❸
・小胞体…物質の通り道であり，物質の修飾，加工を行う
・リボソーム有り ➡ 粗面小胞体
・リボソーム無し ➡ 滑面小胞体

❹
POINT タンパク質が細胞外へ分泌されるまでの流れ

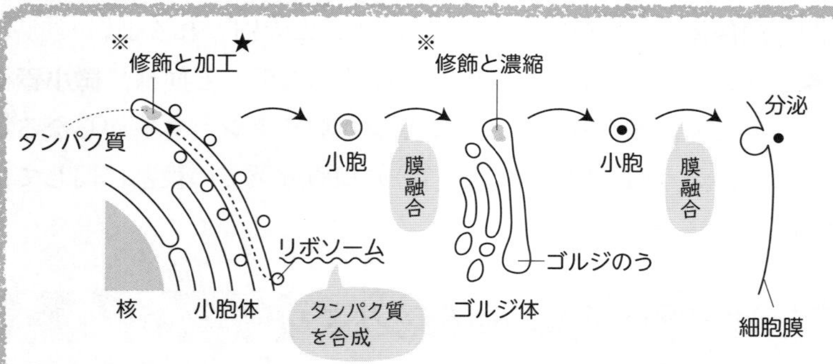

(※)修飾…糖鎖の付加➡タンパク質を次の細胞小器官へと送る
(★)加工…アミノ酸配列の変換➡タンパク質を“立体”にする

➡ ・小胞体に付着しているリボソーム(Ⓐ)
➡細胞外ではたらくタンパク質を合成
・細胞質基質に遊離しているリボソーム(Ⓑ)
➡細胞内ではたらくタンパク質を合成

❺ 細胞

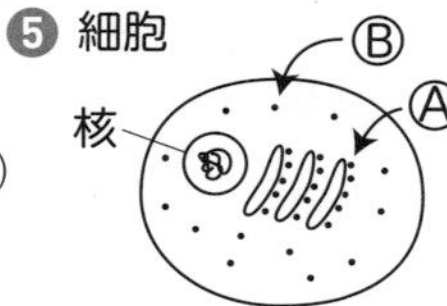

ポイントレクチャー

❶ ゴルジ体は扁平な円盤状のゴルジのうが重なった構造と，その周囲にある球状のゴルジ小胞からなるよ。物質の**分泌**，**濃縮**，**修飾**を行うことを押さえておこう。

❷ リボソームはテーマ56〜58ではとても重要な細胞小器官という扱いになるよ。リボソームの構成成分は「**RNA**と**タンパク質**」であり，はたらきは「**タンパク質**を合成する」ことであることを覚えよう。ちなみに，リボソームが集まったものが核小体だから，核小体の構成成分も「**RNA**と**タンパク質**」ということになるよ(テーマ5)。

❸ 小胞体は，表面にリボソームが付着した**粗面小胞体**と付着していない**滑面小胞体**に分けられるよ。物質の通り道であり，物質の**修飾**，**加工**を行うことを押さえておこう。

❹ **この図で，タンパク質が細胞外へ分泌されるまでの流れをつかんでおこう**！まずは，小胞体とゴルジ体の両方で糖鎖の付加(**修飾**)が行われ，小胞が次の細胞小器官へと送られることを押さえよう。「**修飾＝片道切符の付加**」というイメージで考えるとわかりやすいよ。また，小胞体では，リボソームで合成されたタンパク質が正常に機能するように，アミノ酸配列の変換(**加工**)も行われることもつかんでおこう。加工により，タンパク質が“**立体構造**”をもつようになるよ(テーマ16)。

❺ この図のⒶは**消化酵素**(テーマ19)など細胞外ではたらくタンパク質を，Ⓑは**DNAポリメラーゼ**(テーマ55)や**RNAポリメラーゼ**(テーマ58)，**調節タンパク質**(テーマ60)など細胞内ではたらくタンパク質を合成するよ。**これから勉強するさまざまなタンパク質が，どちらのリボソームで合成されているか意識していこう**！

覚えるツボを押そう

タンパク質の分泌と膜進化説

テーマ3で勉強した「膜進化説」より，小胞体やゴルジ体が**元々は細胞膜から生じた**と考えれば，左ページの図の“小胞体→ゴルジ体→細胞膜”の膜融合は納得がいく現象だね。

テーマ7 リソソーム，細胞質基質，細胞壁，液胞

板書

リソソーム，細胞質基質，細胞壁，液胞について

❶
・リソソーム…加水分解酵素を含み，殺菌を行う
オートファジーとアポトーシスを誘導する
（➡細胞内の成分を分解する）（➡細胞そのものを死滅させる）

・細胞質基質…細胞を満たす液体
化学反応の場（例 解糖系➡テーマ26）

❷
・細胞壁　…細胞の支持や保護を行う

（植物細胞）セルロースとペクチンからなる
➡はたらき：接着剤
（細菌）　ペプチドグリカンからなる
➡毒素

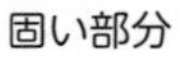
参考 木化とコルク化

・木化　　…細胞壁＋リグニン
・コルク化…細胞壁＋スベリン

（木化）　（コルク化）

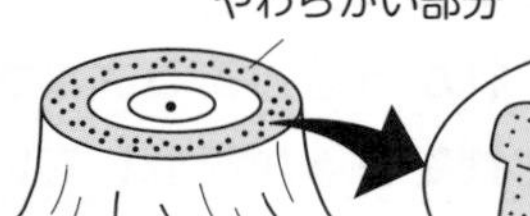

❸
・液胞…老廃物の貯蔵
内部に細胞液を満たしている
➡成分：糖，有機酸，アントシアン

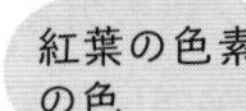

ポイントレクチャー

❶ リソソームはゴルジ体から生じる細胞小器官で，内部は酸性で多くの**加水分解酵素**を含む。白血球である好中球やマクロファージ，樹状細胞などの食細胞では，異物がリソソームによって分解されるよ。また，リソソームは細胞内のタンパク質や細胞小器官を分解する**オートファジー**や，細胞全体を断片化する**アポトーシス**の誘導も行うことも押さえておこう。“オートファジー＝細胞の傷害”，“アポトーシス＝細胞の自殺”とイメージするとわかりやすいよ。また，「オートファジー」は，2016年に**大隅良典**博士がノーベル生理学・医学賞を受賞したことで，多くの入試問題に取り上げられた現象でもあるよ。

❷ 細胞壁の主成分が，植物細胞の場合は**セルロース**と“接着剤”である**ペクチン**，細菌の場合は“毒素”である**ペプチドグリカン**であることを押さえておこうね。また，植物細胞において，細胞壁に**リグニン**が沈着すると「**木化**」が，**スベリン**が沈着すると「**コルク化**」が生じることも知っておこう。

❸ 液胞はおもに，老廃物の貯蔵を行っているよ。僕たち動物は動くし，老廃物を体外へ放出するけど，植物は動かないし，老廃物を細胞内に貯蔵するから，液胞は植物細胞で大きく発達しているんだ。ここで，**液胞を満たす液体である“細胞液”と細胞を満たす液体である“細胞質基質”，この2つの用語がごちゃ混ぜにならないように気をつけよう！**

あともう一歩踏み込んでみよう

液胞の細胞液には糖が含まれているのに，なぜ，僕たちヒトは野菜(植物細胞)を食べても糖分を摂取したことにならないのか!?

➡**それは，僕たちは植物細胞の細胞壁を分解するセルラーゼという酵素をもっていないから！**

(僕たちが食べた植物細胞は分解されずにそのままフンの成分になる(これがいわゆる“食物繊維”だ)。ちなみに，牛などの草食動物はセルラーゼをもっているから，草を食べても液胞内の糖分を摂取し，それを使って成長できるんだ。)

テーマ8　細胞骨格とモータータンパク質

板書

モータータンパク質が結合することで行われる

細胞骨格とモータータンパク質について

➡細胞の形の保護や細胞小器官などの物体の輸送を行う

❶ 細胞骨格
・微小管…チューブリンからなる
➡キネシンやダイニンが結合
・中間径フィラメント…ケラチンからなる
・アクチンフィラメント…アクチンからなる
➡ミオシンが結合

❷

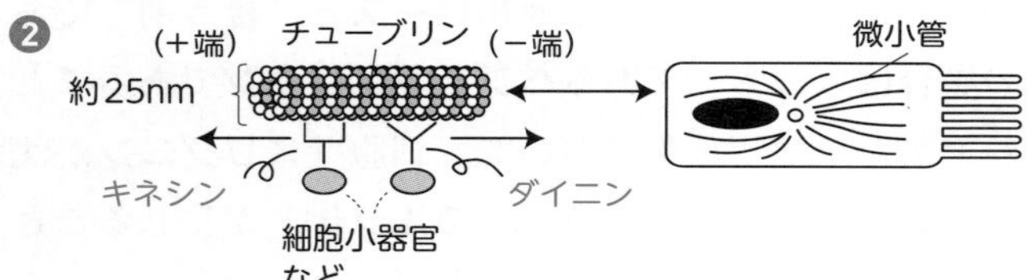

❸

中間径フィラメント
約10nm

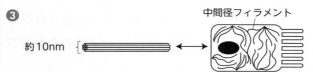

❹

アクチンフィラメント
(＋端)
アクチン
(－端)
約7nm
ミオシン
物体

POINT 原形質流動

原形質が流れ動く現象。ATP がないとはたらかない。ミオシンが細胞質の顆粒をアクチンフィラメントに沿って移動させることで起こる

ポイントレクチャー

❶ テーマ5で勉強したように，微小管は**チューブリン**というタンパク質からなり，また，これからテーマ132で勉強するように，アクチンフィラメントは**アクチン**というタンパク質からなる。そして，微小管には**キネシン**や**ダイニン**が，アクチンフィラメントには**ミオシン**が結合する。ここで，**どの細胞骨格がどのモータータンパク質と結合するかをしっかりと押さえておこう**！

❷ 微小管に結合したキネシンは細胞小器官などの物体を微小管の**＋端**方向へと輸送し，ダイニンは**－端**方向へと輸送する。下の**ゴロで覚えよう**でキネシンが“＋端”方向に移動することを覚え，ダイニンがその逆方向に移動することをつかんでおこうね。また，細胞分裂時の染色体の分離（テーマ79）やニューロンにおける神経伝達物質の輸送（テーマ142）に関与することも知っておこう。さらに，3つの細胞骨格の中で微小管が**一番大きい**ことも押さえておこうね。

❸ 中間径フィラメントが**ケラチン**からなること，文字通り，微小管とアクチンフィラメントの**“中間”の大きさ**であることを押さえておこうね。また，細胞全体の強度を高め，テーマ17で勉強する細胞接着に関与することもつかんでおこう。

❹ アクチンフィラメントに結合したミオシンは細胞小器官などの物体をアクチンフィラメントの**＋端と－端の両方向**に輸送する。これらは，POINTのように，**原形質流動**に関与すること，それ以外に，アメーバ運動や筋収縮（テーマ132），細胞接着（テーマ17）に関与することを押さえておこうね。また，3つの細胞骨格の中でアクチンフィラメントが**一番小さい**ことも押さえておこうね。

ゴロで覚えよう

キネシンの移動方向

神はプラス方向へ！

神
⬇
ネシン
⬇
キネシン

テーマ９ 細胞膜の構造とはたらき

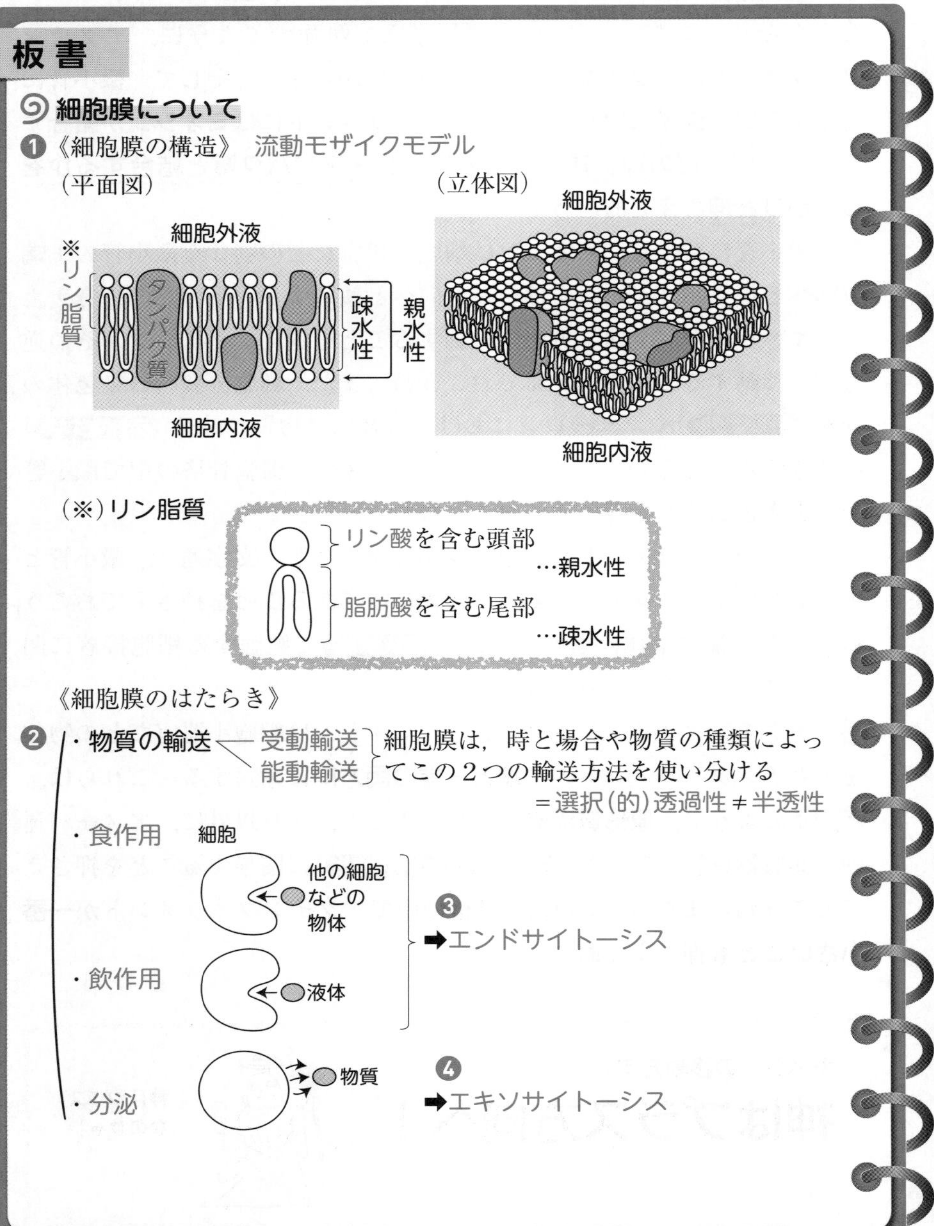

板書
細胞膜について
❶《細胞膜の構造》 流動モザイクモデル
(平面図)
(立体図)
細胞外液
※リン脂質
タンパク質
疎水性
親水性
細胞内液
細胞外液
細胞内液
(※)リン脂質
リン酸を含む頭部
…親水性
脂肪酸を含む尾部
…疎水性
《細胞膜のはたらき》
❷ ・物質の輸送
受動輸送
能動輸送
細胞膜は，時と場合や物質の種類によってこの２つの輸送方法を使い分ける
＝選択(的)透過性≠半透性
・食作用
細胞
他の細胞などの物体
・飲作用
液体
❸
➡エンドサイトーシス
・分泌
物質
❹
➡エキソサイトーシス

ポイントレクチャー

❶　細胞膜を構成する**リン脂質**と**タンパク質**は自由に動き回ることができるため，左ページの細胞膜のモデル図は**流動モザイクモデル**とよばれる。流動モザイクモデルは，1972 年にアメリカのシンガーとニコルソンが提唱した膜モデル図で，リン脂質においては，**親水性**である**リン酸**を含む頭部が溶液側に，**疎水性**である**脂肪酸**を含む尾部が溶液の反対側に向くような構造をとっているよ。**左ページの<平面図>を，リン脂質の頭部と尾部の位置に注意しながら，自分で一から描けるようにしておこうね**！

❷　細胞膜のはたらきの１つとして“物質の輸送”があげられるよ。テーマ4で勉強したように，細胞膜は原形質であり，“生きている部分”なので，物質の種類などによって**受動輸送**と**能動輸送**とを使い分ける**選択(的)透過性**をもっているよ。ここで，細胞膜はセロハンがもつような，溶媒や一部の低分子の溶質のみを通す**“半透性”をもたない**ことに注意しようね。受動輸送と能動輸送に関する詳しい説明や，細胞膜がどのような物質を輸送するかはテーマ10にて詳しく説明するね。

❸　**食作用**や**飲作用**のように，他の細胞などの物体や液体を細胞内に**“取り込む”**細胞膜の作用をまとめて**エンドサイトーシス**というよ。また，エンドサイトーシスで取り込んだ物質を含む小胞をエンドソームというよ。

❹　**分泌**のように，ホルモンや消化酵素などの物質を細胞外へ**“放出する”**細胞膜の作用を**エキソサイトーシス**というよ。**ゴロで覚えよう**でエンドサイトーシスが“取り込み”作用であることをつかんでから，エキソサイトーシスが，「**エキソ→ Exit →放出**」の意味であることを押さえておこう。

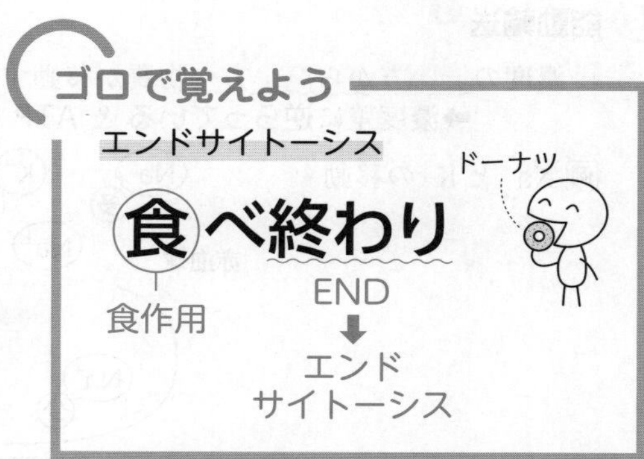

テーマ10 受動輸送と能動輸送

板書

❶

受動輸送

…濃度の高い方から低い方へ物質が移動すること

➡濃度差に従っている & ATP を必要としない

例 水分子の移動

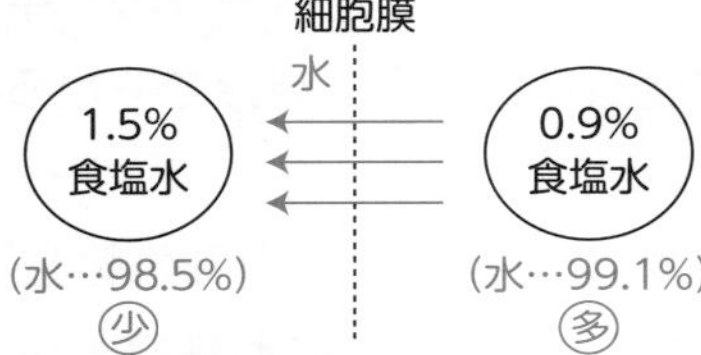

❷

POINT 細胞膜が透過を許す物質

(リン脂質を透過)　O_2, CO_2, 尿素, アルコール, 麻酔

(タンパク質を透過)水, イオン, グルコース, アミノ酸

➡ 物質を透過させる**輸送タンパク質**の種類

・チャネルやキャリアー…**受動輸送**を担当する輸送タンパク質

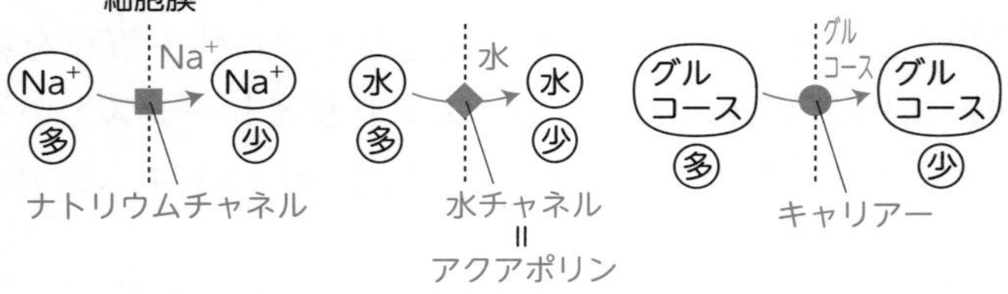

・ポンプ…**能動輸送**を担当する輸送タンパク質

能動輸送 ❸

…濃度の低い方から高い方へ物質が移動すること

➡濃度差に逆らっている & ATP を必要とする

例 Na^+とK^+の移動

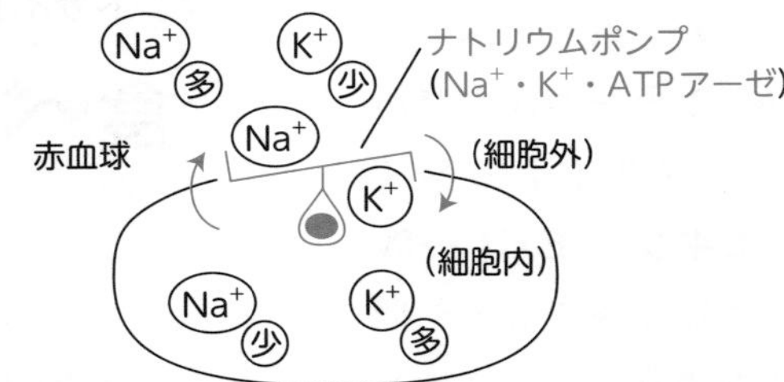

ポイントレクチャー

❶　膜両側の濃度差にしたがって，濃度の**高い**方から**低い**方へ物質が移動する現象を**受動輸送**というよ。また，受動輸送は**ATPを必要としない**ことも押さえておこう。ここで，**受動輸送を押さえるポイントは，上記の「濃度」というのはあくまで“移動する物質の%”のことを示しているということ**！つまり，水分子の移動の場合，食塩濃度である1.5%や0.9%に注目するのではなく，**移動する「水」そのものの%に注目する**のね。1.5%食塩水は**98.5%が水**，0.9%食塩水は**99.1%が水**なので，**水の%が高い0.9%食塩水側から水の%が低い1.5%食塩水側へ水が移動する**，ということなんだ。このように，“移動する物質の%”に注目しようね。

❷　**細胞膜が透過を許す物質9個をしっかりと覚えよう**！**そして，どの物質がリン脂質を，どの物質がタンパク質を透過するのかもしっかりと押さえておこう**！その上で，イオンや水を透過させる「**イオンチャネル**」や「**アクアポリン**」，グルコースなどを透過させる「**キャリアー**」の存在も知っておこう。これらは受動輸送を担当する輸送タンパク質であり，❶の内容を押さえつつ，**“濃度の高い方から低い方へ”**物質が移動するようすを左ページの図で確認しようね。

❸　膜両側の濃度差に逆らって，濃度の**低い**方から**高い**方へ物質が移動する現象を**能動輸送**というよ。能動輸送では，受動輸送と違って，**ATPを必要とする**ことを押さえておこう。能動輸送の例としては「**ナトリウムポンプ**」があげられるよ。ナトリウムポンプは，**細胞内の少ないNa^+を多い細胞外へ排出し，細胞外の少ないK^+を多い細胞内へ取り入れさせる**はたらきをもつ輸送タンパク質である。**この内容は入試に頻出なので，右のゴロで覚えようでイオンの移動のようすを絶対に押さえておこうね**！また，ナトリウムポンプは「**Na^+・K^+・ATPアーゼ**」という酵素のはたらきももっていることも覚えておこうね。

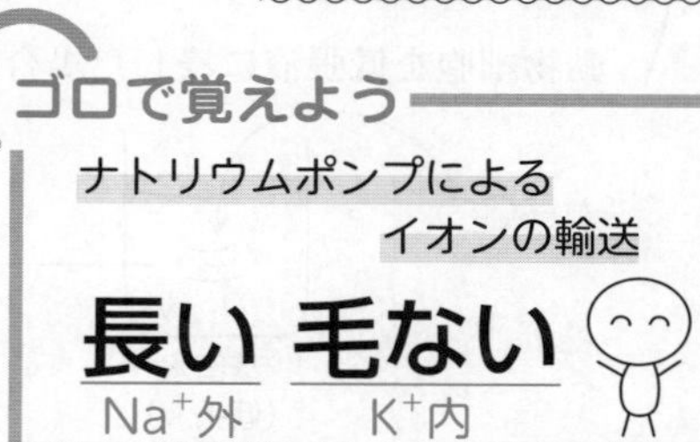
ゴロで覚えよう
ナトリウムポンプによる
イオンの輸送
長い　毛ない
Na⁺外　K⁺内

テーマ11 浸透圧

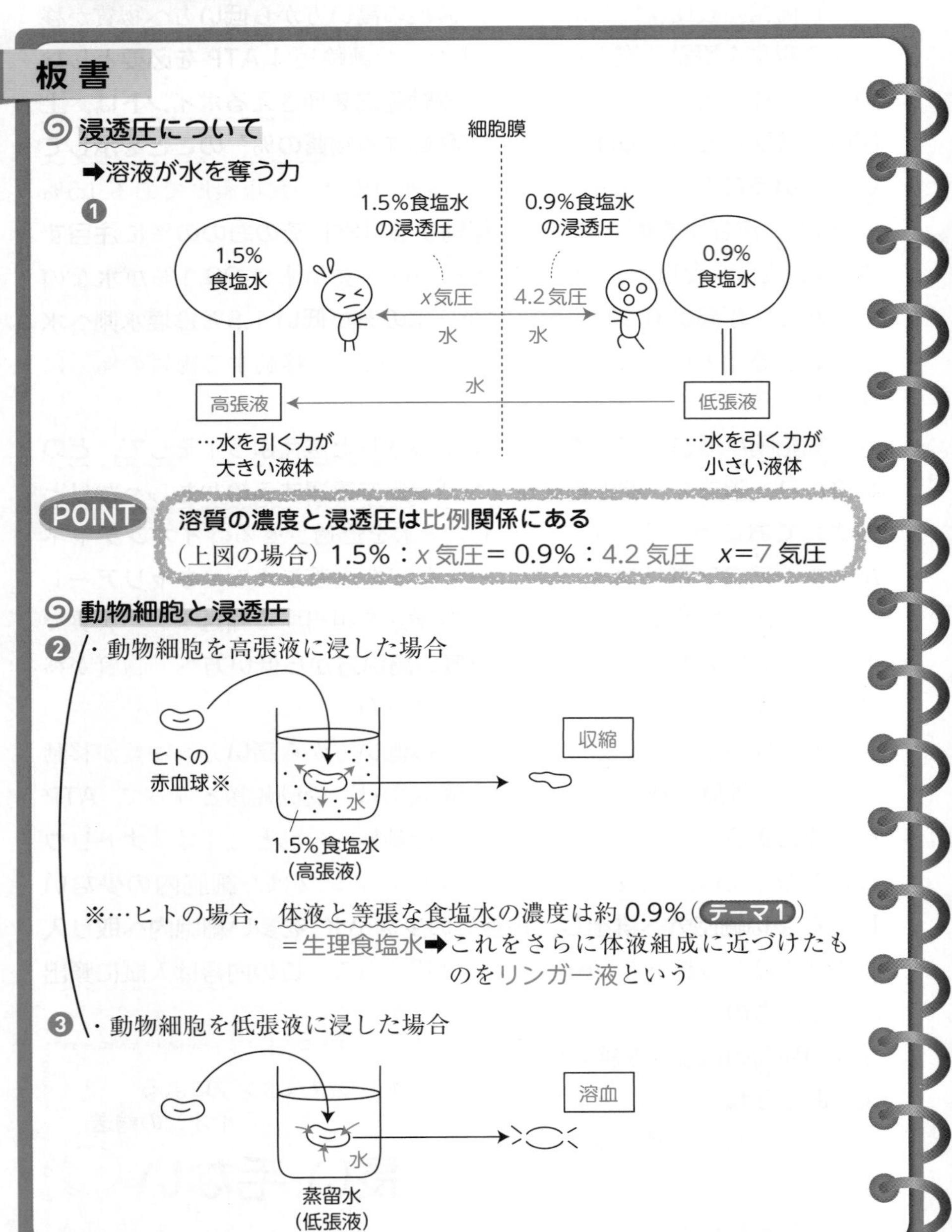
板書
浸透圧について
➡溶液が水を奪う力
❶
細胞膜
1.5%食塩水の浸透圧
0.9%食塩水の浸透圧
1.5%食塩水
0.9%食塩水
x気圧
4.2気圧
水
水
水
高張液
低張液
…水を引く力が大きい液体
…水を引く力が小さい液体
POINT
溶質の濃度と浸透圧は比例関係にある
（上図の場合）1.5%：x気圧＝0.9%：4.2気圧　x＝7気圧
動物細胞と浸透圧
❷ ・動物細胞を高張液に浸した場合
ヒトの赤血球※
水
1.5%食塩水（高張液）
収縮
※…ヒトの場合，体液と等張な食塩水の濃度は約0.9%（テーマ1）
＝生理食塩水➡これをさらに体液組成に近づけたものをリンガー液という
❸ ・動物細胞を低張液に浸した場合
水
蒸留水（低張液）
溶血

ポイントレクチャー

❶ テーマ10では，水の受動輸送の説明をした際に“移動する物質の%”に注目した。本テーマでは「**浸透圧**」を題材に，細胞膜を介した水の移動に関する，また新しい見方について説明していくね。ここで押さえてほしいのは，浸透圧の定義が「**溶液が水を奪う力**」であること。まず膜両側の溶液を比較した際，溶質の濃度と浸透圧は**比例**関係であり，**溶質の濃度が高い液体は浸透圧が大きく，溶質の濃度が低い液体は浸透圧が小さい**と考える。このとき，浸透圧が大きい方の液体を「**高張液**」，浸透圧が小さい方の液体を「**低張液**」というよ。高張液の方が低張液よりも水を奪う(引く)力が大きいため「**水は低張液側から高張液側へ移動する**」ことを押さえておこう。そして，**小人たちを見て，膜両側の溶液それぞれで水を引く力が存在するというイメージをもとう**！ちなみに，浸透圧が等しい場合の液体は「**等張液**」とよばれるよ。

❷ 動物細胞(赤血球)を高張液に浸すと，「低張液側から高張液側へ」水が移動する性質上，赤血球内から赤血球外へ水が放出され，赤血球は**収縮**する。この際，ヒトの体液と等張な食塩水の濃度は約0.9%であるため，1.5%食塩水の浸透圧は赤血球内の浸透圧よりも大きいことに注意しよう。また，体液と等張な食塩水のことを**生理食塩水**，生理食塩水をさらに体液組成に近づけたものを**リンガー液**ということも押さえておこうね。

❸ 動物細胞(赤血球)を低張液に浸すと，赤血球外から赤血球内へ水が吸収され，いずれ赤血球は破裂する。この赤血球の破裂は**溶血**とよばれる。また，蒸留水は，溶質の濃度が“0%”ということなので，最も低張液な状態であることを押さえておこうね。

イメージをつかもう

細胞膜を介した水の移動

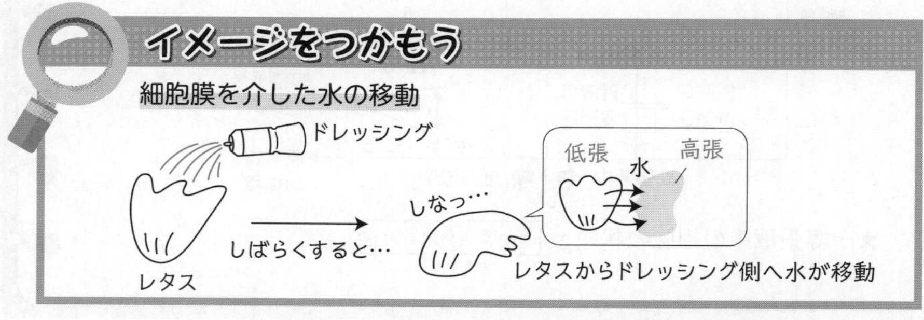

テーマ12 植物細胞と浸透圧

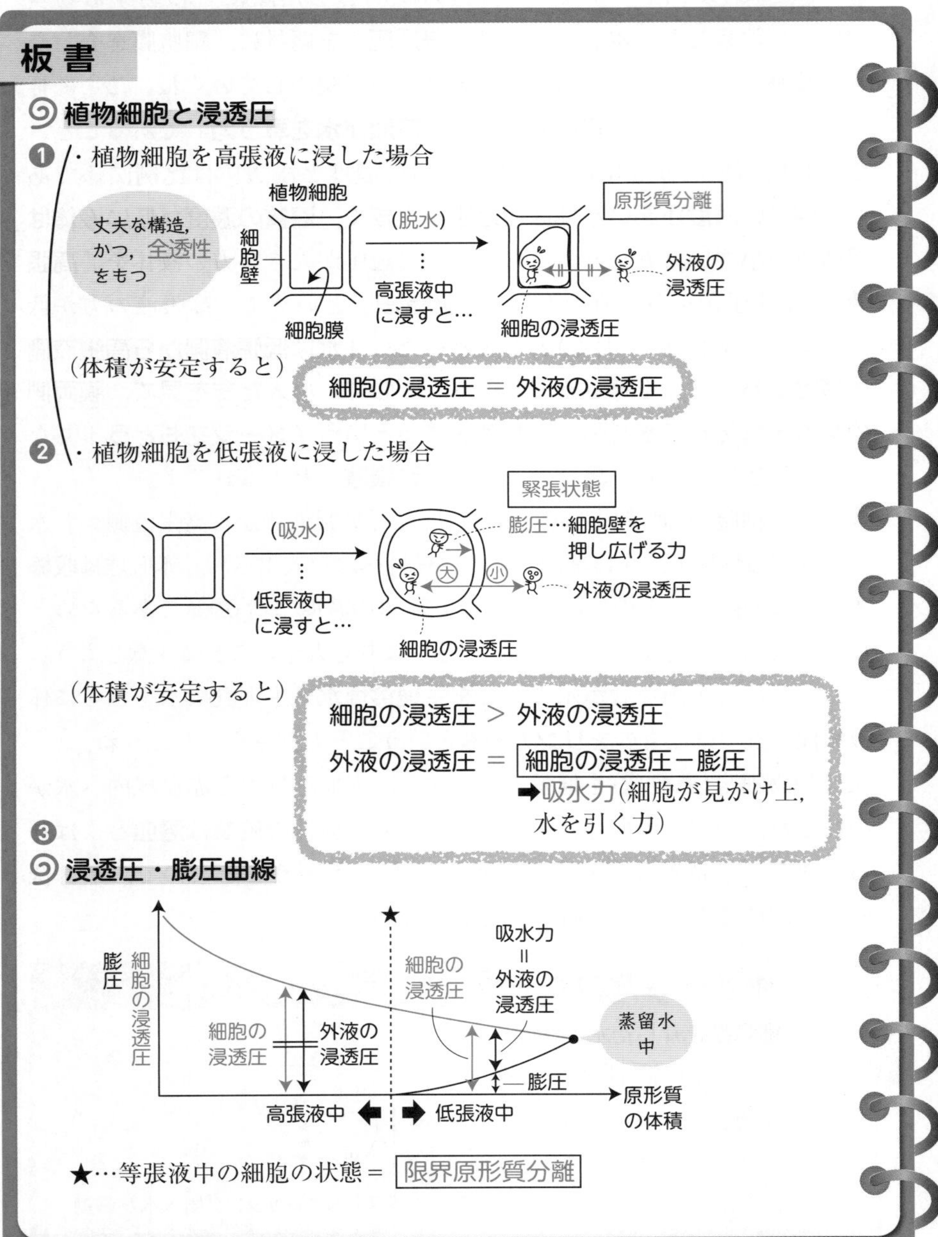

板 書
植物細胞と浸透圧
❶ ・植物細胞を高張液に浸した場合
植物細胞
丈夫な構造，かつ，全透性をもつ
細胞壁
細胞膜
（脱水）
高張液中に浸すと…
原形質分離
外液の浸透圧
細胞の浸透圧
（体積が安定すると）
細胞の浸透圧 ＝ 外液の浸透圧
❷ ・植物細胞を低張液に浸した場合
（吸水）
低張液中に浸すと…
緊張状態
膨圧…細胞壁を押し広げる力
大
小
外液の浸透圧
細胞の浸透圧
（体積が安定すると）
細胞の浸透圧 ＞ 外液の浸透圧
外液の浸透圧 ＝ 細胞の浸透圧－膨圧
➡吸水力（細胞が見かけ上，水を引く力）
❸
浸透圧・膨圧曲線
★
膨圧
細胞の浸透圧
細胞の浸透圧
外液の浸透圧
細胞の浸透圧
吸水力
＝
外液の浸透圧
蒸留水中
膨圧
原形質の体積
高張液中
低張液中
★…等張液中の細胞の状態 ＝ 限界原形質分離

ポイントレクチャー

❶　植物細胞を高張液に浸すと，水が細胞内から細胞外へ放出される。この際，細胞壁は“**丈夫**な構造，かつ，**全透性**(すべての溶質を透過させる性質)をもつ”ため，細胞膜が細胞壁から離れて原形質が小さくなり，**原形質分離**が起こる。ここで，**体積が安定したとき，「細胞の浸透圧＝外液の浸透圧」となることに注目しよう**！

　また，“安定”とは「＝(イコール)」の関係が成立することを表すことを，右下の**イメージをつかもう**で押さえておいてね。

❷　植物細胞を低張液に浸すと，水が細胞外から細胞内へ吸収され，「**膨圧**」が発生し，細胞は**緊張状態**となる。膨圧とは“細胞壁を押し広げる力”のことで，右図のように，息を入れて風船を膨らませたときに生じる力で膨圧をイメージしてみるとわかりやすいよ。また，ここで，**体積が安定したとき，膨圧が生じた分，外液の浸透圧が小さくなるため，「細胞の浸透圧＞外液の浸透圧」または「外液の浸透圧＝細胞の浸透圧－膨圧」となることに注目しよう**！また，“細胞が見かけ上水を引く力”である**吸水力**は「**細胞の浸透圧－膨圧**」および「**外液の浸透圧**」に一致することにも注目しよう。

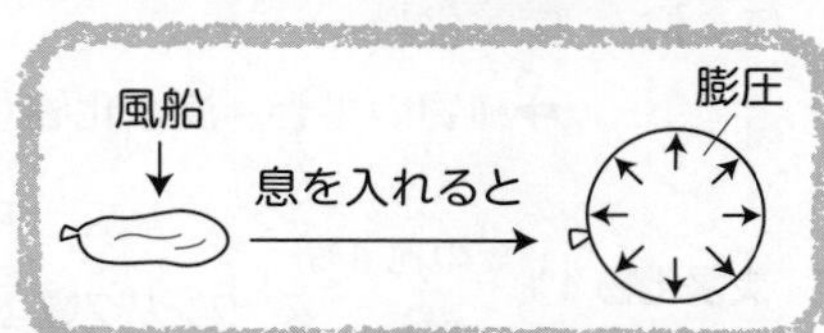

❸　この浸透圧・膨圧曲線で，❶の状態が「細胞の浸透圧＝外液の浸透圧」となっていること，❷の状態が「外液の浸透圧＝細胞の浸透圧－膨圧」となっていることを押さえておこう。また，蒸留水の浸透圧が「**0**」であることから，蒸留水中では「**細胞の浸透圧＝膨圧**」となること，★の**限界原形質分離**の状態が見かけ上，水の出入りが一切ない状態であることもつかんでおこうね。

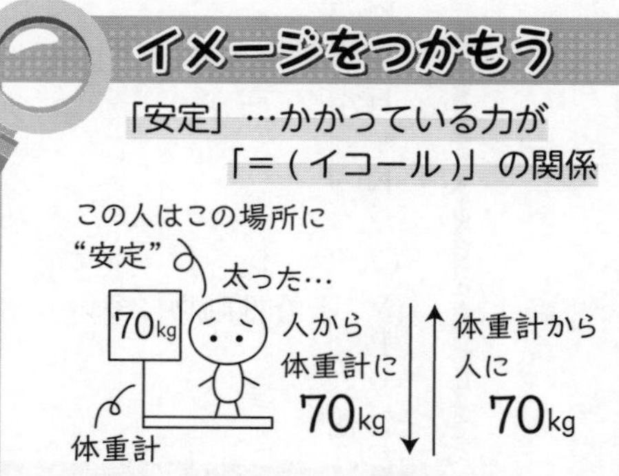

テーマ13 原形質の物質構成

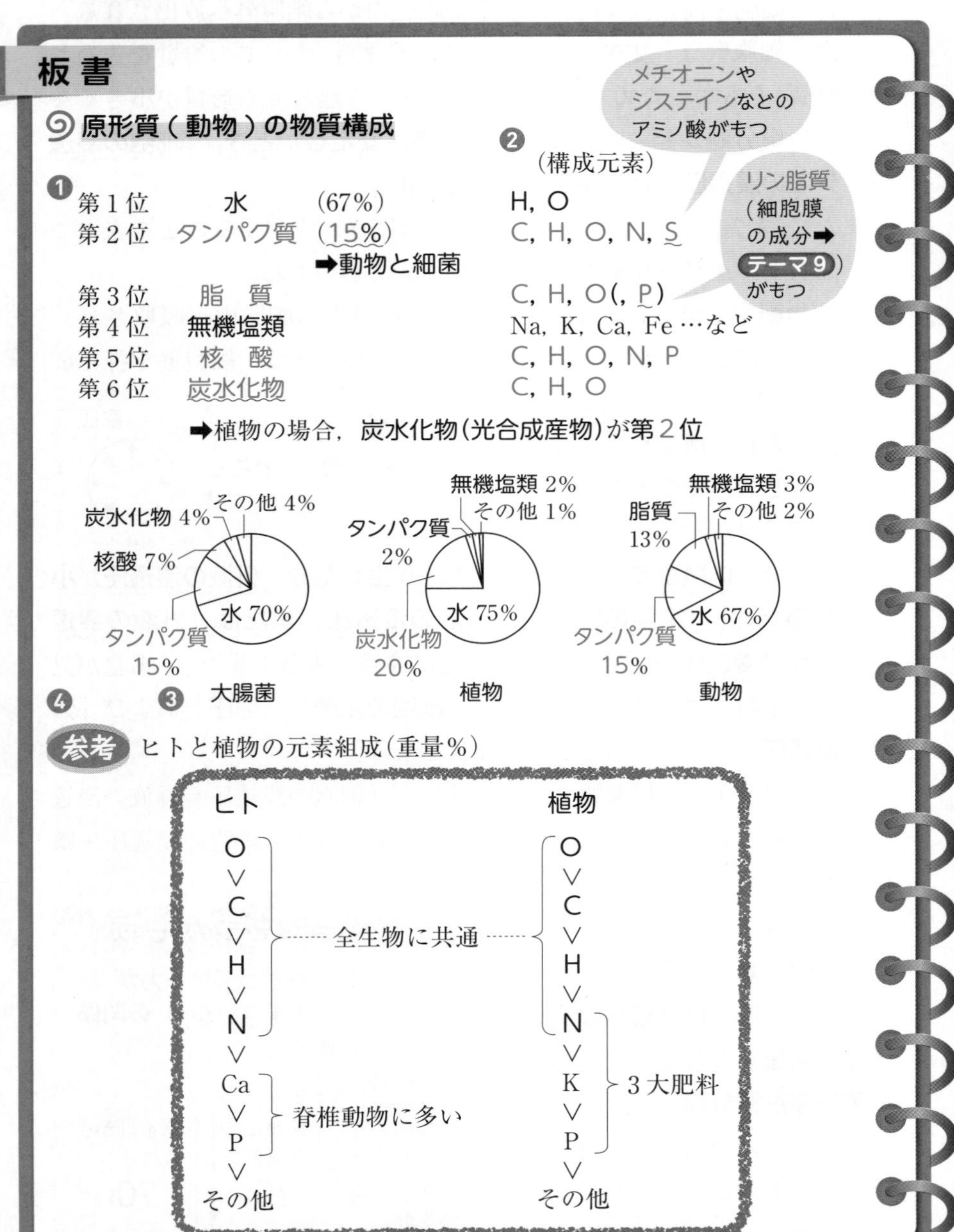

板書
原形質（動物）の物質構成
メチオニンやシステインなどのアミノ酸がもつ
リン脂質（細胞膜の成分➡テーマ9）がもつ
①
②
（構成元素）
第１位　水　(67%)　H, O
第２位　タンパク質　(15%)　C, H, O, N, S
➡動物と細菌
第３位　脂　質　C, H, O(, P)
第４位　無機塩類　Na, K, Ca, Fe …など
第５位　核　酸　C, H, O, N, P
第６位　炭水化物　C, H, O
➡植物の場合，炭水化物（光合成産物）が第２位
炭水化物 4%
その他 4%
核酸 7%
水 70%
タンパク質 15%
無機塩類 2%
その他 1%
タンパク質 2%
水 75%
炭水化物 20%
無機塩類 3%
脂質 13%
その他 2%
水 67%
タンパク質 15%
④
③
大腸菌
植物
動物
参考　ヒトと植物の元素組成（重量%）
ヒト
植物
O ＞ C ＞ H ＞ N ＞ Ca ＞ P ＞ その他
O ＞ C ＞ H ＞ N ＞ K ＞ P ＞ その他
全生物に共通
脊椎動物に多い
3大肥料

ポイントレクチャー

❶　**動物の原形質を構成している物質を多い順に押さえておこう**！特に，テーマ14以降で勉強する「**タンパク質**(第２位)」については，その割合が15％であることを知っておこう。炭水化物は主食として摂取されることが多いが，そのほとんどがエネルギーとして呼吸に利用されるため，その割合が低くなることにも注目しておこうね。また植物は，**光合成**によって炭水化物を大量に合成するため，その割合が高くなり，炭水化物が第２位になることもつかんでおこう。

❷　**有機物である４つの物質「タンパク質(第２位)」「脂質(第３位)」「核酸(第５位)」「炭水化物(第６位)」の構成元素をすべて覚えるようにしよう**！炭水化物はグルコースの化学式($C_6H_{12}O_6$)からつかむようにしよう。他の３つの物質に関しては，下の**覚えるツボを押そう**で押さえよう。

❸　細菌の原形質を構成している物質に関しては，第２位がタンパク質で15％，第３位が核酸であることを押さえておこう。

右図のように，細菌は単細胞生物であり，細胞間物質がないため，**核酸の割合が動物や植物よりも大きい**ことがわかるよね。テーマ１同様，ここでも知識をつなげていくクセをつけていくように心掛けようね。

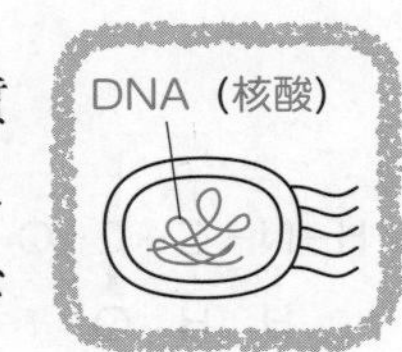
DNA（核酸）

❹　ヒトと植物の元素組成を重量％で多い順に並べると，ともに第１位〜第４位までは「**O＞C＞H＞N**」となる。これは，ヒトも植物も大部分は水からなり，また，「タンパク質」や「炭水化物」や「脂質」などの有機物の含有量が多いからだね。第５位以降に関しては，脊椎動物に多いCaやP，３大肥料のNやKやPに注目していけば頭に入りやすくなるよ。

覚えるツボを押そう

物質を構成する元素

タンパク質	C，H，O，N，S	チョンス
脂　　質	C，H，O(，P)	チョップ
核　　酸	C，H，O，N，P	チョンプ

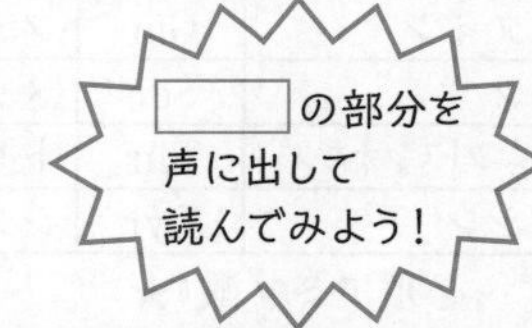
□の部分を
声に出して
読んでみよう！

テーマ14 タンパク質とアミノ酸

板書

タンパク質について

➡アミノ酸が多数，ペプチド結合（テーマ15）によって結ばれてできたポリペプチド

《アミノ酸の構造式》

❶

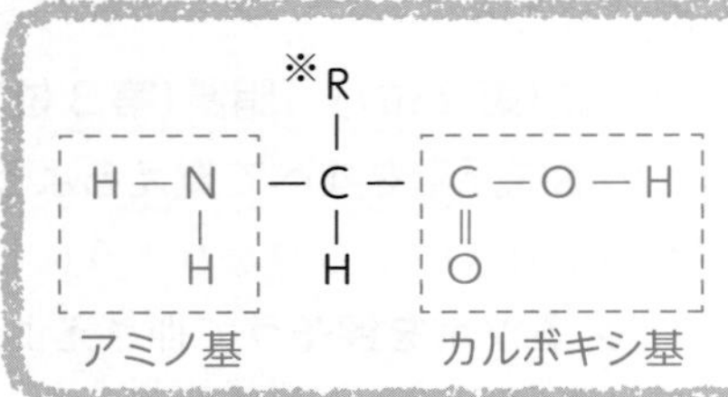

（※）R（ランダム）＝側鎖
…ここに何が入るかによってアミノ酸の種類が変わってくる

⬇ ❷（覚えるべき3つの構造式）

```
        H                CH3                 SH
        |                 |                  |
                                            CH2
                                             |
H-N-C-C-O-H       H-N-C-C-O-H        H-N-C-C-O-H
  | | ‖             | | ‖              | | ‖
  H H O             H H O              H H O
```

グリシン　　アラニン　　システイン

❸

《基本アミノ酸》＝20種類

アミノ酸	3文字略号	アミノ酸	3文字略号
アスパラギン酸	Asp	アラニン	Ala
グルタミン酸	Glu	グリシン	Gly
アルギニン	Arg	バリン	Val
リシン	Lys	ロイシン	Leu
ヒスチジン	His	イソロイシン	Ile
アスパラギン	Asn	プロリン	Pro
グルタミン	Gin	フェニルアラニン	Phe
セリン	Ser	メチオニン	Met
トレオニン（スレオニン）	Thr	トリプトファン	Trp
チロシン	Tyr	システイン	Cys

▭…必須アミノ酸（★）

❹

（★）必須アミノ酸
…ヒト体内で合成されないアミノ酸。計10種類
（アルギニンは小児のときにだけ合成されない必須アミノ酸）

ポイントレクチャー

❶　タンパク質は**アミノ酸**からなる。ここでは，**左ページのアミノ酸の構造式を一から自分で書けるようにしよう**！ここで，注意しておきたいのは，中心の「C」の**左側に必ずアミノ基（NH_2），右側に必ずカルボキシ基（COOH）**を書くようにすること。これを逆に書いてしまうと，怖いことに，ヒトにとって毒性をもった状態のアミノ酸（D 体）となってしまう場合があるんだよ（生物体を構成するアミノ酸は基本的に L 体だよ）。

❷　**❶を書けるようにした上で，グリシンとアラニンとシステインの 3 つのアミノ酸の構造式を書けるようにしよう**！R に「**H**」が入った場合はグリシン，「CH_3」が入った場合はアラニン，「SH-CH_2」が入った場合はシステインだよ。ちなみに，テーマ 13で学習したタンパク質の構成元素「C，H，O，N，S（チョンス）」の「S」はこのシステインがもつ「S」のことだよ。

❸　生物体を構成するアミノ酸は **20** 種類ある。この 20 種のアミノ酸はテーマ 57で勉強する「コドン表」でも扱うことになるよ。

❹　**計 10 種類の必須アミノ酸をすべて覚えよう**！アルギニンは小児のときにだけ合成されない必須アミノ酸なので，下の**ゴロで覚えよう**のように別枠で覚えるようにしようね。

ゴロで覚えよう

必須アミノ酸

小児のときにだけ合成されない必須アミノ酸

こんなにも多くのアミノ酸を食物から摂取しなくちゃいけないんだねー！

ア	メ	フ	リ	ト	ロ	イ	バ	ス	ヒッス
ルギニン	チオニン	ェニルアラニン	ジン	リプトファン	イシン	ソロイシン	リン	レオニン	チジン

テーマ15 ペプチド結合

板書

❶

ペプチド結合について

例

グリシン　　アラニン　　システイン

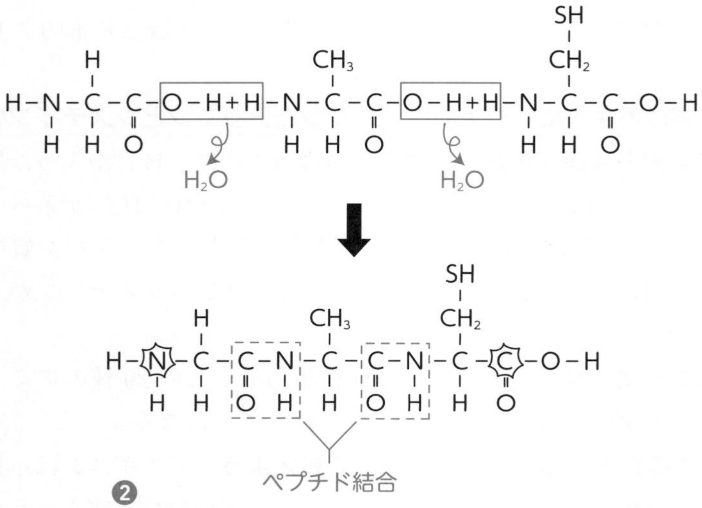

H−N(H)−C(H)(H)−C(=O)−[O−H+H]−N(H)−C(CH$_3$)(H)−C(=O)−[O−H+H]−N(H)−C(CH$_2$−SH)(H)−C(=O)−O−H

H_2O　　H_2O

⬇

H−Ⓝ(H)−C(H)(H)−[C(=O)−N(H)]−C(CH$_3$)(H)−[C(=O)−N(H)]−C(CH$_2$−SH)(H)−Ⓒ(=O)−O−H

ペプチド結合

❷

(Ⓝ末端) ――――→ (Ⓒ末端)

(リボソームによる合成方向)

タンパク質に関する計算問題

アミノ酸100個からなるタンパク質は理論上何通りできるか。

解説

20種　20種　20種　20種　20種　　20種

㋐—㋐—㋐—㋐—㋐—……—㋐

基本アミノ酸は20種類(テーマ14)あり，アミノ酸1個につき20種類のアミノ酸が該当する可能性があることから，

20^{100}通り…(答)

ポイントレクチャー

❶ テーマ14でグリシンとアラニンとシステインの構造式が書けるようになったところで，次はこの３つのアミノ酸を**ペプチド結合**でつなげられるようになろう。ペプチド結合とは，“一方の**アミノ基**の「H」と他方の**カルボキシ基**の「OH」が反応して「H_2O」がとれて結合する脱水縮合”のことで，左ページのように結合する。**これを何も見ずに書けるようになろう**！

❷ ペプチド結合は，細胞内ではリボソーム内で行われる。形成されたポリペプチドのうち，アミノ基が残っている側を**N末端**，カルボキシ基が残っている側を**C末端**といい，リボソーム内では「**N末端→C末端**」の方向でペプチド結合が形成され，タンパク質が合成されるよ。細胞内におけるタンパク質合成の詳しいしくみはテーマ58で勉強していこうね。

類題を解こう

タンパク質に関する計算問題

グリシンどうしのペプチド結合のみで構成されているタンパク質があるとする。このタンパク質が10個のグリシンが結合したものであるとすると，このタンパク質の原子の数は何個か。

解説

グリシンは10個の原子より構成されているが，ペプチド結合の過程で3個の原子からなるH_2Oが1分子とれるため，このタンパク質のN末端とC末端以外のグリシンは7個の原子より構成されている。また，N末端のグリシンはカルボキシ基の「OH」の2個の原子が失われ8個の原子より構成され，C末端のグリシンはアミノ基の「H」の1個の原子が失われ9個の原子より構成される。

原子の数は8個　　各グリシンの原子の数はそれぞれ7個ずつ　　原子の数は9個

グ－グ－グ－グ－グ－グ－グ－グ－グ－グ

(N末端)　　　　(C末端)

したがって，このタンパク質の原子の数は

8個×1＋7個×8＋9個×1＝73個…(答)

テーマ16 タンパク質の構造

板書

タンパク質の構造

❶
・一次構造…ペプチド結合のみからなる鎖

・高次構造…“立体構造”を形成
➡熱やpHによって変性（テーマ20）

《高次構造の種類》

❷
・二次構造…ペプチド結合＋水素結合
➡タンパク質中の“部分”的な立体構造
例　αヘリックス構造，βシート構造

・三次構造…ペプチド結合＋S-S結合，疎水結合，イオン結合
➡タンパク質“全体”を構成する立体構造
例　ミオグロビン，インスリン，コラーゲン

・四次構造…三次構造どうしが結合➡サブユニットを形成
例　ヘモグロビン，免疫グロブリン

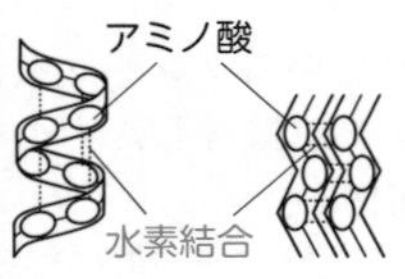

αヘリックス構造　βシート構造

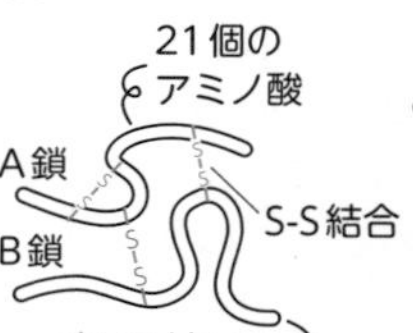

ミオグロビン　インスリン

ヘモグロビン

❸
POINT 分子シャペロン

タンパク質の立体構造は，細胞内に存在する**分子シャペロン**というタンパク質によって折りたたまれて形成される。**小胞体**で行われる**加工**（テーマ6）は分子シャペロンによって起こる。分子シャペロンによってタンパク質が折りたたまれることを**フォールディング**という

ポイントレクチャー

❶　タンパク質の構造は，テーマ15で勉強したようなペプチド結合のみからなる「**一次構造**」とペプチド結合以外の結合が加わることで立体構造となった「**高次構造**」に２大別されるよ。

❷　さらに，高次構造は「**二次構造**」と「**三次構造**」と「**四次構造**」に分けられるよ。ここでは，**各構造に形成するための“結合名”と“その例”をしっかりと頭に叩き込もう**！二次構造に関しては，タンパク質中の“**部分**”的な立体構造を表すので，タンパク質の具体例というより，「構造」の具体例になっていることに注目しておこう。また，三次構造を形成する**S-S 結合**は，**システイン**２分子のそれぞれの SH 基の H 原子がとれてつながる結合であり，“ジスルフィド結合”や“システイン結合”ともよばれているよ。

❸　テーマ6で勉強した粗面小胞体に付着しているリボソームが合成するタンパク質の多くは，**分子シャペロン**によって折りたたまれ(**フォールディング**)，正しく機能するようになる。分子シャペロンによるフォールディングを受けず，細胞内に放置されてしまったタンパク質どうしが勝手に集まってしまい，アルツハイマーの原因物質を形成してしまうことがあるのね。分子シャペロンの研究は最新の医学でも注目されている研究なんだよ。

あともう一歩踏み込んでみよう

パーマヘアのしくみ

髪の毛の主成分であるタンパク質のケラチンにはシステインが多く，多くの S-S 結合が含まれている(Ⓐ)。カーラーで髪の毛を巻いたあと，その S-S 結合を還元剤でいったん切断し(Ⓑ)，髪の形を整えたあとに酸化剤で再結合させ(Ⓒ)，形状を固め直したものがパーマヘアである(Ⓓ)。

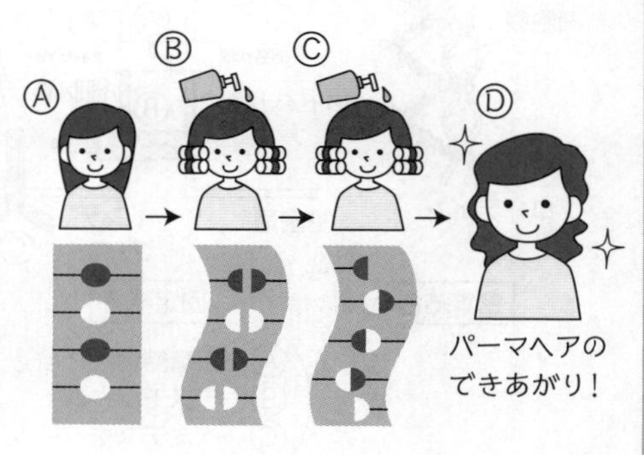

テーマ17 細胞接着

板書

❶

細胞接着

❷

・細胞どうしの接着
- ・密着結合 …クローディンによって細胞どうしを隙間なく密着させる。
- ・接着結合 …細胞の形態を保持するために，アクチンフィラメントと結合したカドヘリンが，Ca^{2+}の存在下で部分的に細胞どうしを接着させる。
- ・デスモソーム …細胞どうしをボタン状に接着させる構造。中間径フィラメントと結合したカドヘリンがCa^{2+}の存在下で部分的に接着させる。
- ・ギャップ結合 …イオンなどの分子を細胞間で通すように，細胞どうしをコネクソン(中空のタンパク質)で接着させる。

❸

・細胞と細胞外基質(細胞外マトリックス)との接着
- ・ヘミデスモソーム…細胞とコラーゲンやフィブロネクチンなどの細胞外マトリックスを接着させる構造。中間径フィラメントと結合したインテグリンが部分的に接着させる。

❹

㊟接着結合，デスモソームによる結合，ヘミデスモソームによる結合を合わせて固定結合という。

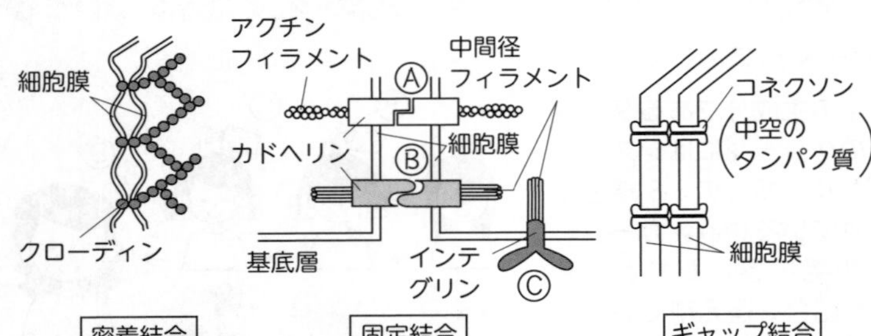

(Ⓐ…接着結合
Ⓑ…デスモソーム
Ⓒ…ヘミデスモソーム)

ポイントレクチャー

❶　細胞接着は“細胞どうしの接着”と“細胞と細胞外マトリックスとの接着”に分けられるよ。

❷　“細胞どうしの接着”はさらに「**密着結合**」「**接着結合**」「**デスモソーム**による結合」「**ギャップ結合**」の4つの接着に分けられるよ。**接着結合とデスモソームによる結合に関しては，接着タンパク質の種類とその接着タンパク質に結合する細胞骨格の種類をしっかりと押さえておこう**！また，ギャップ結合では，細胞どうしを**中空**の接着タンパク質で接着させ，イオンなどの分子を細胞間で通すことで，細胞間の連絡を円滑に行っている。例えば，心臓において，右心房にある洞房結節(生物基礎範囲)の興奮が即座に心室へと伝わり，心室全体が収縮できるのは，心筋の細胞が多くのギャップ結合をもっているからだよ。

❸　“細胞と細胞外マトリックスとの接着”に関しては「**ヘミデスモソーム**による結合」のみを押さえておこう。これに関しても，**接着タンパク質の種類とその接着タンパク質に結合する細胞骨格の種類を頭に叩き込んでおこう**！さらに，細胞外マトリックスの例として**コラーゲン**や**フィブロネクチン**も覚えておこうね。下の**覚えるツボを押そう**の表で，各接着の違いを確認しておこうね。

❹　**細胞骨格が関与する**細胞接着である「接着結合」「デスモソームによる結合」「ヘミデスモソームによる結合」を合わせて**固定結合**というよ。

覚えるツボを押そう

各接着における接着タンパク質と細胞骨格

細胞接着	接着タンパク質	結合する細胞骨格
密着結合	クローディン	なし
接着結合	カドヘリン	アクチンフィラメント
デスモソーム	カドヘリン	中間径フィラメント
ギャップ結合	コネクソン	なし
ヘミデスモソーム	インテグリン	中間径フィラメント

テーマ18 代謝と酵素

板書

代謝について

➡生体内における物質の化学的変化

～エネルギー代謝～

❶
- 同化…エネルギーを吸収する合成反応　例　光合成➡テーマ36
- 異化…エネルギーを放出する分解反応　例　呼吸　➡テーマ25

❷

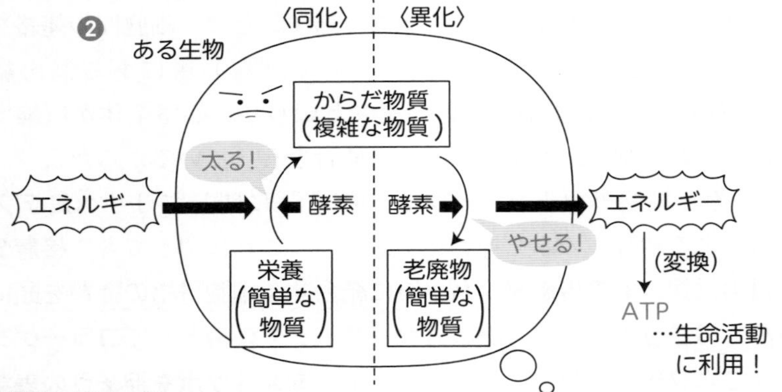

❸

酵素について

➡主成分：タンパク質（テーマ14）

《はたらき》
- 化学反応を促進する（※）
- 反応前後で自身は変化しない

➡このようなはたらきをもつ物質を触媒という。酵素は“生体内（細胞内）でつくられる”ため，「生体触媒」とよばれる。

❹ POINT （※）酵素は活性化エネルギーを下げる。

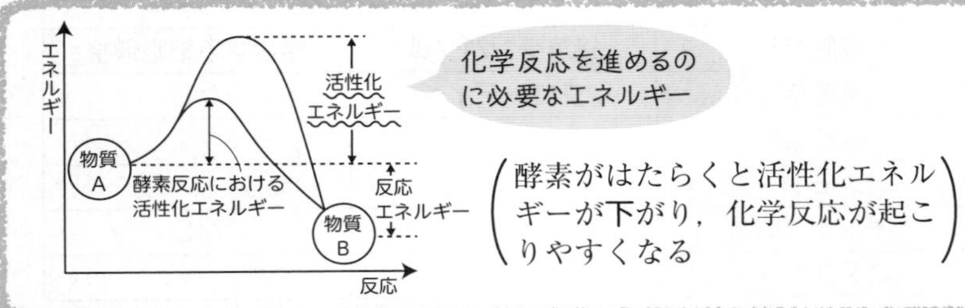

ポイントレクチャー

❶ 第2章では，代謝の中でもエネルギーの吸収と放出に注目した**エネルギー代謝**について勉強していこうね。エネルギー代謝は，エネルギーを吸収する合成反応である「**同化**」とエネルギーを放出する分解反応である「**異化**」に大別されるよ。同化の例としては葉緑体が行う光合成，異化の例としてはミトコンドリアが行う呼吸があげられるよ。

❷ ここで同化と異化の違いを“ある生物”を用いて説明するね。まず，同化とは，図の左側のように簡単な物質(**栄養**)を，エネルギーを用いて複雑な物質(**からだ物質**)に変換することだ。これを僕たちのからだで例えると，**ズバリ“太る”ということ**！外界から得た食べ物(**栄養**)をエネルギーを用いてお腹の脂肪など(**からだ物質**)に変換しているイメージだね。次に異化とは，図の右側のように複雑な物質(**からだ物質**)を簡単な物質(**老廃物**)に変換することでエネルギーを放出し，**ATP** をつくること。これを僕たちのからだで例えると，**ズバリ“やせる”ということ**！運動することでお腹の脂肪などを燃焼しているイメージだ。そして，図の中央にある，同化と異化を反応促進する「**酵素**」についても注目しよう。次は，この酵素について押さえていくね。

❸ 酵素の主成分はテーマ14でも勉強した**タンパク質**だよ。酵素は**たくさんのアミノ酸からなる物質**，ということだね。**ここでは，酵素のはたらき2つをきちんと押さえておこう**！また，**触媒**と**生体触媒**の違いもつかんでおいてね。

❹ ある物質Aがある物質Bへと変化するためには，大きな**活性化エネルギー**が必要であるが，酵素によって，その活性化エネルギーが**下**がるんだ。この図はそのようすを表している図で，酵素がはたらくことで物質Aが物質Bへと変化しやすくなっていることが読み取れるね。酵素が「無理矢理，化学反応を進めていく」というよりは，酵素は「**物質が化学反応しやすいようにそっと手助けをしている**」というイメージだね。

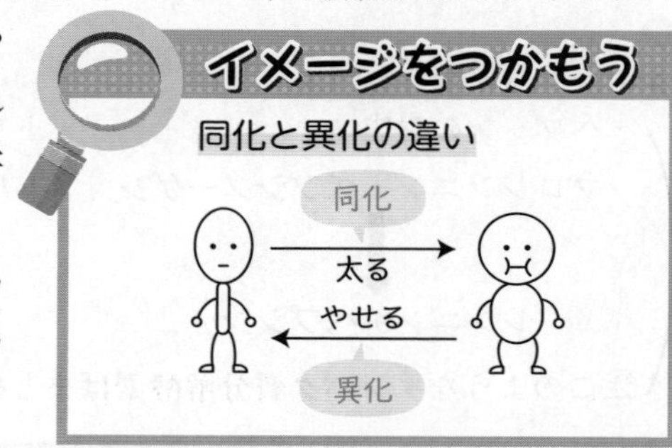

テーマ19 消化酵素

板書

ヒトの消化系

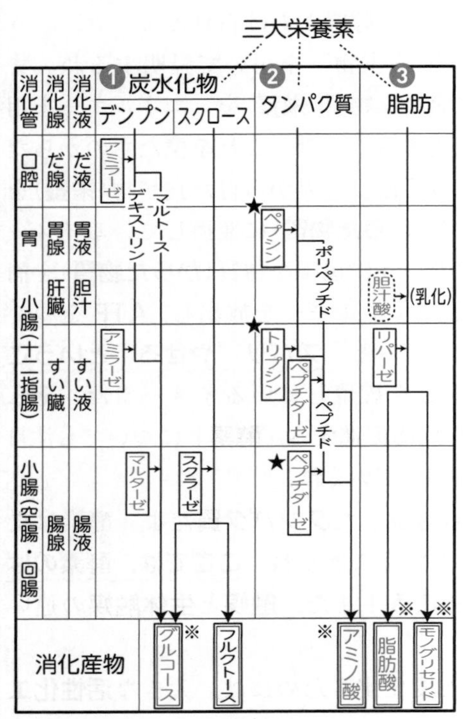

三大栄養素
❶炭水化物
❷タンパク質
❸脂肪
消化管
消化腺
消化液
デンプン
スクロース
口腔
だ腺
だ液
アミラーゼ
マルトース
デキストリン
胃
胃腺
胃液
★
ペプシン
ポリペプチド
小腸(十二指腸)
肝臓
胆汁
胆汁酸
(乳化)
すい臓
すい液
アミラーゼ
★
トリプシン
ペプチダーゼ
リパーゼ
ペプチド
小腸(空腸・回腸)
腸腺
腸液
マルターゼ
スクラーゼ
★
ペプチダーゼ
消化産物
グルコース※
フルクトース
※アミノ酸
脂肪酸※
モノグリセリド※

❹(※)小腸における消化産物の吸収

ここでグルコースとアミノ酸を吸収

ここで脂肪酸とモノグリセリドを吸収

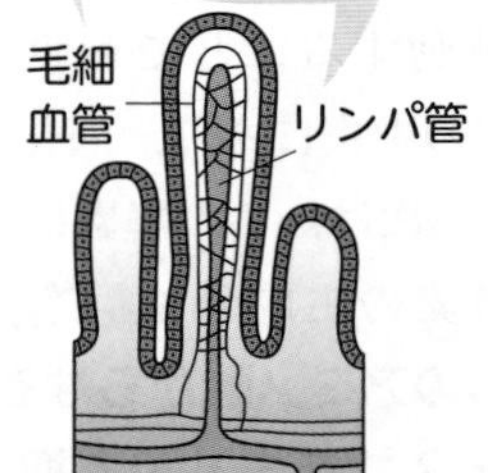

(柔毛の構造)
➡小腸の内面のひだにある長さ約1mmの突起

❷

★…タンパク質分解酵素

・ペプシンの生成

プロレンニン＋ペプシノーゲン

レンニン＋ペプシン

・トリプシンの生成

トリプシノーゲン

＋エンテロキナーゼ

トリプシン

㊟このようなタンパク質分解酵素はまとめてプロテアーゼとよばれる

ポイントレクチャー

❶　本テーマでは，酵素の中でも消化酵素に注目して勉強していこうね。まずは，三大栄養素の1つである炭水化物の消化について押さえておこう。デンプンが**アミラーゼ**によってマルトースなどになり，そのマルトースが**マルターゼ**によってグルコースへと変換されていくようすをこの図から把握しておこうね。このデンプンの分解過程については，テーマ156でも勉強していくよ。

❷　次にタンパク質の消化に注目していくよ。タンパク質分解酵素として，**ペプシン**，**トリプシン**，**ペプチダーゼ**の3つを押さえておこうね。特にペプシンとトリプシンに関しては，その生成過程もつかんでおこう。酵素原である**ペプシノーゲン**は胃液に含まれる**塩酸**によって**ペプシン**に，同じく酵素原である**トリプシノーゲン**は十二指腸に含まれる酵素である**エンテロキナーゼ**によって**トリプシン**に変換されるよ。また，下の**覚えるツボを押そう**で「酵素」と「酵素原」の名称の違いもつかんでおいてね。

❸　脂肪の消化についても軽く押さえておこう。生物基礎範囲で勉強した**胆汁酸**の乳化，および，脂肪分解酵素である**リパーゼ**によって脂肪が**脂肪酸**と**モノグリセリド**(グリセリンに1分子の脂肪酸が付加したもの)へと変換されるよ。

❹　小腸では三大栄養素の消化産物がすべて吸収されるよ。ここで，炭水化物の消化産物である「**グルコース**」とタンパク質の消化産物である「**アミノ酸**」が柔毛の**毛細血管**へ，脂肪の消化産物である「**脂肪酸**」「**モノグリセリド**」が柔毛の**リンパ管**へ吸収されることを押さえておこう。ちなみに「柔毛」は，医学の世界では「絨毛」と表記されるんだよ。

覚えるツボを押そう

「酵素名」と「酵素原名」

◆「○○○ーゼ」➡酵素名　例 アミラーゼ，エンテロキナーゼ
◆「プロ○○○」➡酵素原名　例 プロレンニン，プロトロンビン
◆「○○ーゲン」➡酵素原名　例 ペプシノーゲン，トリプシノーゲン

テーマ20 酵素の性質

板書

酵素の性質

❶ ・基質特異性をもつ
　➡酵素の反応を受ける相手

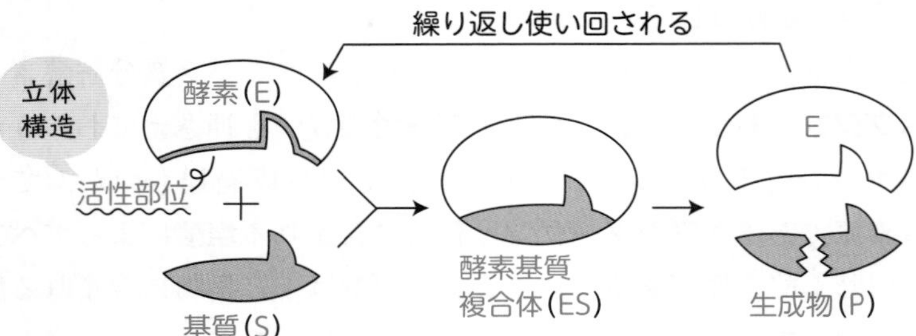

❷
POINT 酵素の反応式

$$E + S \rightleftarrows ES \rightarrow E + P$$

（E … Enzyme　S … Substrate　P … Product）

❸
・最適温度をもつ

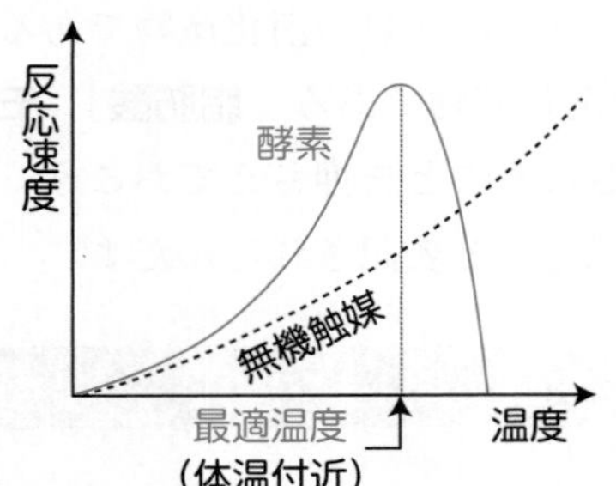

・最適 pH をもつ

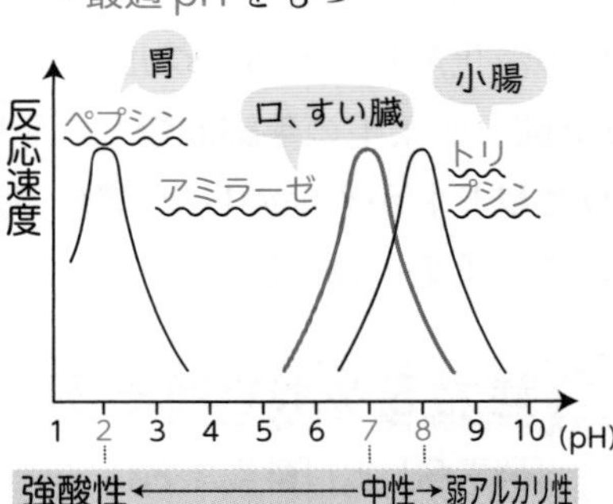

➡酵素は高温，または，最適 pH 以外の pH だと，活性部位がもつ立体構造が崩れ（変性➡テーマ16），失活する。

ポイントレクチャー

❶　酵素が**基質特異性**をもつことを押さえておこう。基質とは“酵素の反応を受ける相手”のことで，テーマ19で勉強したアミラーゼで例えると，「デンプン」のことだね。僕たちがおにぎり🍙を食べたときに，口の中で甘い味覚を感じるのは，口の中で分泌されたアミラーゼがデンプンを**生成物**であるマルトースへと変換させたからなんだ。このとき，図のような反応が行われていることをイメージしていくと頭に入りやすいよ。また，**ここでは，酵素が特定の基質と結合する部位である活性部位をもつこと，酵素は触媒であるため反応後も繰り返し使い回されることをきちんとつかんでおこう**！

❷　酵素は「**E**」，基質は「**S**」，酵素基質複合体は「**ES**」と，すぐに明記できるようにしておこう。また，この反応式も書けるようにしておこうね。この式からは，酵素(E)と基質(S)が結合して酵素基質複合体(ES)が形成されても，必ずしも生成物が生じるわけではないことが読み取れるね。

❸　酵素が**最適温度**をもつことは，僕たちの平熱が36℃～37℃であることを考えれば当然だね。また，**最適pH**をもつことも，胃液が塩酸を含むことなどを考えたらうなずける内容だよね。**ここで注意してほしいのは，「変性」と「失活」の言葉の違い。**変性とはテーマ16でも勉強したように“タンパク質の立体構造が崩れること”，失活は言葉の通り“活性が失われること”なので，「**変性の結果，失活が起きる**」と考えるようにしよう。

イメージをつかもう

酵素の性質

A君
Bさん
ドキ
ドキ
LOVE
LOVE
ドキ
ドキ
えー!?
LOVE!
C君
好きです
僕も好きだ
愛♥
うれしい
カップルに変化
何も変わらない
ぐすん
まとめ
酵素E　…C君
基質S　…Bさん
生成物P…愛♥
(またはカップル)

A君とBさん。
実は2人は両想い

そこでC君が
Bさんに告白！！

すると、両想いのA君と
Bさんがつき合うことに
なったのです（つづく…）

テーマ21 透析実験

板書

透析実験

➡ホロ酵素から補酵素を除き，アポ酵素をつくること

導入 補助因子について

❶ POINT 酵素には**補助因子がないとはたらかない**ものが多い

補助因子
- ・補酵素 …酵素本体から外れやすい　例 NAD^{+}，$NADP^{+}$
- ・補欠分子族…酵素本体から外れにくい　例 FAD
- ・金属 …例 Mg^{2+}，Zn^{2+}

❷

《補酵素について》

本体：アポ酵素
➡ ・高分子
（セロハンを透過できない）
・熱に弱い

合わせてホロ酵素という

補酵素
➡ ・低分子
（セロハンを透過できる）
・熱に強い

注 消化酵素は補助因子をもたない

❸ 実験

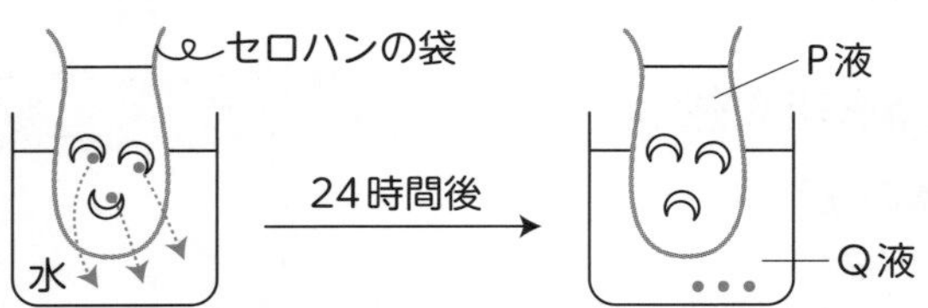

		（生成物の有無）
・Ⓐ：基質 ＋ P液	➡	×
・Ⓑ：基質 ＋ Q液	➡	×
・Ⓒ：基質 ＋ P液とQ液の混合	➡	○
・Ⓓ：基質 ＋ Q液と熱処理したP液の混合	➡	×
・Ⓔ：基質 ＋ P液と熱処理したQ液の混合	➡	○

ポイントレクチャー

❶ **酵素には，消化酵素を除き，補酵素などの補助因子がないとはたらかないものが多いことを押さえておこう**！補酵素の例としては，ビタミンB_3を材料として合成される**NAD$^+$**(テーマ26)や**NADP$^+$**(テーマ39)があげられるよ。また補助因子には，ビタミンB_2を材料として合成される**FAD**(テーマ27)などの**補欠分子族**や，Mg^{2+}などの金属もあることをつかんでおこうね。

❷ 補酵素を含まない酵素タンパク質の本体の部分を**アポ酵素**というよ。また，アポ酵素に補酵素が結合したものを**ホロ酵素**というんだ。つまり，消化酵素以外の多くの酵素は，ホロ酵素の状態でないとはたらかないことを押さえておこう。アポとホロ…，少し覚えにくい名称ではあるが，アポ(apo ～)は「～から離れて」，ホロ(whole)は「すべて」という意味であることを知っておくと頭に詰め込みやすいよ。ちなみに，補酵素の英語名称は「co(補)enzyme(酵素)」だよ。

❸ この実験の図のように，ホロ酵素から補酵素を除き，**アポ酵素のみを含むP液と補酵素のみを含むQ液**を用意した場合，実験Ⓐ～Ⓒの中で，基質と反応させて生成物をつくることができる実験は，**ホロ酵素を再び形成できるⒸのみ**である。また，アポ酵素は熱に**弱**いため，実験Ⓓでは**ホロ酵素が形成されず**，生成物がつくられなかったこと，さらには，補酵素は熱に**強**いため，実験Ⓔでは**ホロ酵素が再形成され**，生成物がつくられたことをしっかりと押さえておこうね。

イメージをつかもう

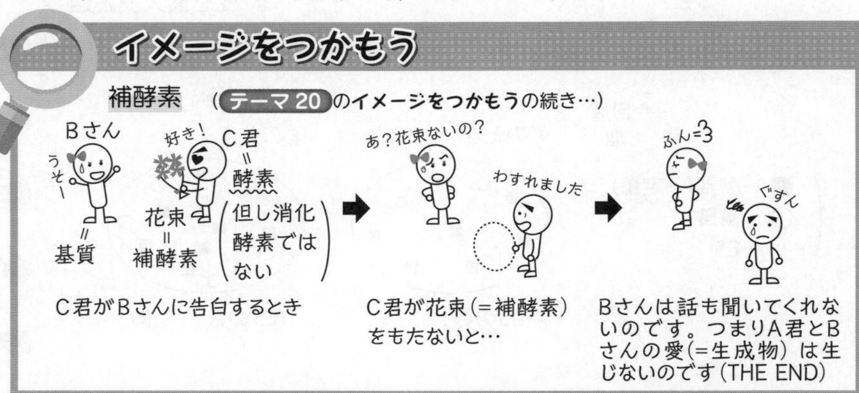
補酵素 (テーマ20のイメージをつかもうの続き…)
Bさん
うそー
=
基質
好き！
C君
=
酵素
花束
=
補酵素
但し消化酵素ではない
C君がBさんに告白するとき
あ？花束ないの？
わすれました
C君が花束(=補酵素)をもたないと…
ふん=3
ぐすん
Bさんは話も聞いてくれないのです。つまりA君とBさんの愛(=生成物)は生じないのです(THE END)

テーマ22 酵素反応とグラフ

板書

酵素反応とグラフ

❶ ・反応時間と生成物の量

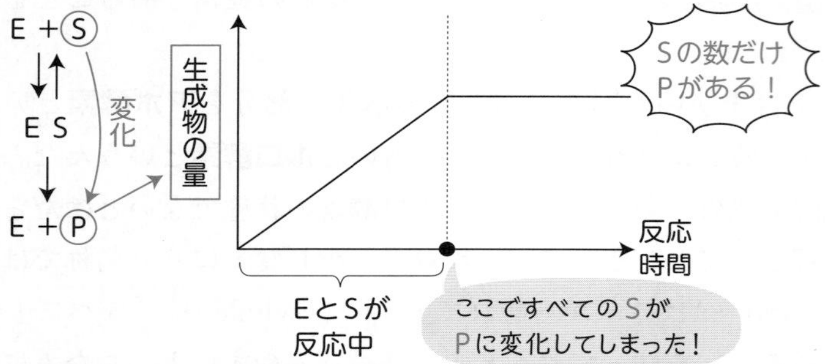

E ＋Ⓢ
↓↑
E S　変化
↓
E ＋Ⓟ → 生成物の量

生成物の量（縦軸）／反応時間（横軸）

Sの数だけPがある！

EとSが反応中

ここですべてのSがPに変化してしまった！

❷ ・基質濃度と反応速度
（酵素濃度は一定）

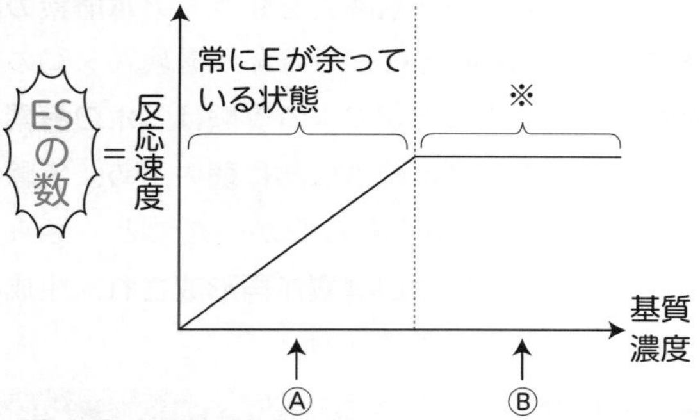

ESの数 ＝ 反応速度（縦軸）／基質濃度（横軸）

常にEが余っている状態

※

Ⓐ　Ⓑ

POINT

※のときは，**すべてのEがESを形成している**ため，これ以上Sを増やしても**新しくESがつくられない**。このときの反応速度を**最大反応速度**という

《ⒶとⒷの状況をイメージ》

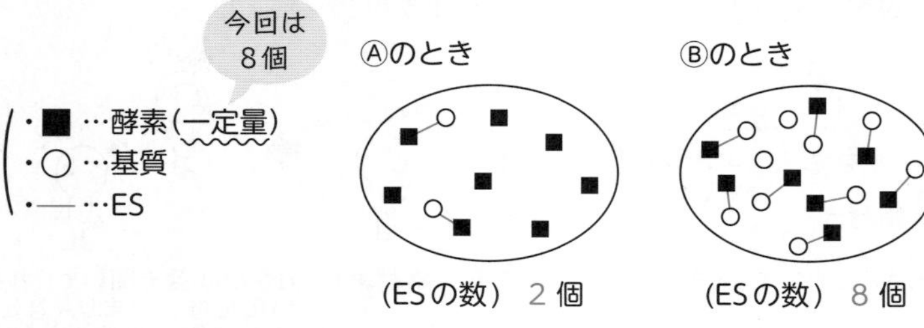

今回は8個

・■ …酵素（一定量）
・○ …基質
・— …ES

Ⓐのとき

（ESの数）　2個

Ⓑのとき

（ESの数）　8個

ポイントレクチャー

❶ 「酵素反応とグラフ」の単元では，２種類のグラフの見極めをしていくことが大切だよ。**問題を解く際，横軸に「反応時間」が，縦軸に「生成物の量」が記載されていた場合，必ず思い浮かべてほしいキーワードは“Sの数だけPがある”だ**！この場合，「**酵素反応＝Sを生成物(P)へと変換させること**」であることに注目し，グラフが上昇しているときは“酵素(E)と基質(S)が反応中”であり，グラフが横ばいになった瞬間に“すべてのSがPに変化してしまった”と考えれば難しくないよ。Sが10個あれば，最終的に生成されるPの数も10個のはずだし，Sが1000個あれば，最終的に生成されるPの数も1000個のはずだよね。とにかく，**Sの数だけPがある**！これを肝に銘じてテーマ23のグラフ問題に挑んでいこう。

❷ ここで，もう１種類のグラフについて勉強していこうね。**問題を解く際，横軸に「基質濃度」が，縦軸に「反応速度」が記載されていた場合，必ず思い浮かべてほしいキーワードは“反応速度＝ESの数”だ**！この場合も，Ⓐのとき(基質濃度が少ないとき＝グラフが上昇しているとき)は“常にEが余っている状態である”こと，Ⓑのとき(基質濃度が多いとき＝グラフが横ばいであるとき)は“すべてのEがES(酵素基質複合体)を形成しているため，これ以上Sを増やしても新しくESが形成されない状態である”ことに注目し，「**あくまでESの数が反応速度を反映している**」と考えれば難しくないはずだよ。例えば，Eが８個あれば，Sが８個を超えるまでは，「**反応速度＝ESの数**」も増え続けるし，Sが８個を超えた場合，これ以上はESの数は増えることはないはずだしね。とにかく，「**反応速度＝ESの数**」がキーワードだよ。❶同様，このキーワードを用いてテーマ23のグラフ問題に挑んでいこう。

覚えるツボを押そう

酵素反応のグラフに関するキーワード

◆「反応時間と生成物の量」の場合 ➡ Sの数だけPがある！
◆「基質濃度と反応速度」の場合 ➡ 反応速度＝ESの数！

テーマ23 酵素反応のグラフ問題

板書

“反応時間と生成物の量”に関するグラフ問題

❶

右図の曲線 a は，酵素反応の生成物の量と時間の関係を示したものである。
同じ実験を次の(i)～(iii)の条件のみを変えて行うと，グラフはどうなるか。
b～e より1つずつ選べ。
(i) 酵素量を2倍にする
(ii) 基質量を半分にする
(iii) 温度を最適温度から遠ざける

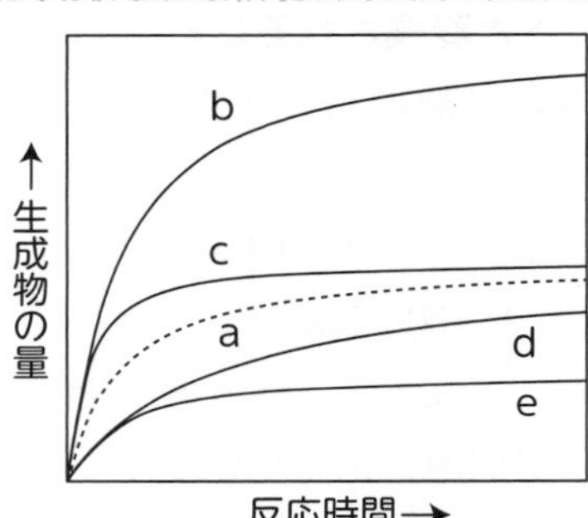

解説 (i) 酵素量：2倍➡グラフの傾き：2倍
基質量：変わらない➡最大の生成物の量：変わらない c …(答)
(ii) 基質量：半分➡最大の生成物の量：半分 e …(答)
(iii) 最適温度から遠ざける➡グラフの傾きが小さくなる
基質量：変わらない➡最大の生成物の量：変わらない d …(答)

“基質濃度と反応速度”に関するグラフ問題

❷

右図の曲線 a は，一定濃度の酵素の存在下で，酵素の反応速度と基質濃度の関係を示したものである。同じ実験を次の(i)・(ii)の条件のみを変えて行うと，グラフはどうなるか。b～e より1つずつ選べ。
(i) 酵素量を半分にする
(ii) 温度を最適温度に近づける

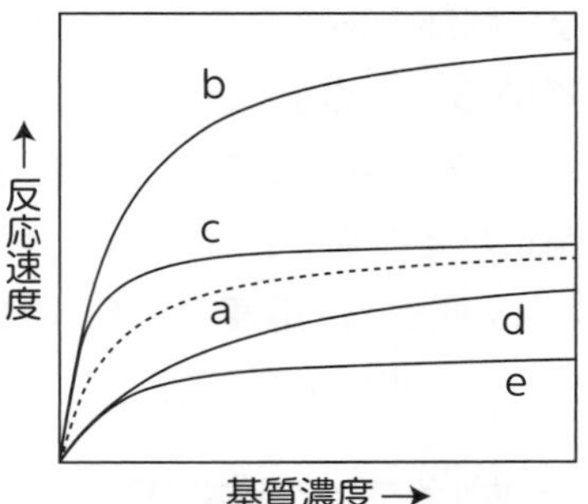

解説 (i) 酵素量：半分➡最大反応速度：半分 e …(答)
(ii) 最適温度に近づける➡グラフの傾きが大きくなる
基質量：変わらない➡最大の生成物の量：変わらない c …(答)

ポイントレクチャー

❶ テーマ22で勉強したように，「**Sの数だけPがある**」ことに注目しながら問題を解いていこう。(i)では，酵素量が2倍になったため酵素反応の速度も2倍に増加し，**グラフの傾きが2倍になる**が，基質量は変わらないため“**グラフの頭打ちの高さ(最終的に生成される生成物の量)”は変わらない**はずだね。(ii)では，基質量が半分になったことから“**グラフの頭打ちの高さ”も半分になる**，ということだね。(iii)では，温度が最適温度から遠ざかったため酵素反応速度が低下し，**グラフの傾きが小さくなる**が，基質量は変わらないため“**グラフの頭打ちの高さ”は変わらない**はずだ。

❷ この場合も，テーマ22で勉強したキーワード「**反応速度＝ESの数**」に注目しながら問題を解いていこう。(i)では，酵素量が半分になったことから，“**グラフの頭打ちの高さ(ESの最大数)”も半分になる**ね。(ii)では，温度が最適温度に近づいたため，基質濃度が低いうちは酵素反応速度が増加し，**グラフの傾きが大きくなる**が，あくまで酵素量は変わらないため，“**グラフの頭打ちの高さ”は変わらない**はずだね。(ii)で「bが正解だ」と考えてしまった人は，とにかく，温度が最適温度になり，酵素反応速度が増加しそうな状況であっても，“**最終的に形成されるESの最大数**”に注目するようにしよう。

類題を解こう

“反応時間と生成物の量”に関するグラフ問題

左ページの上のグラフ問題(❶の問題)の図において，同じ実験を次の(iv)〜(v)の条件のみを変えて行うと，グラフはどうなるか。
(iv) pHを最適pHに近づける
(v) 水を加えて反応液量を2倍にする

解説 (iv) 最適pHに近づける➡**グラフの傾きが大きくなる**
基質量：変わらない➡**最大の生成物の量：変わらない c …(答)**
(v) 反応液量：2倍➡**グラフの傾きが小さくなる**
基質量：変わらない➡**最大の生成物の量：変わらない d …(答)**

02 代謝

テーマ24 酵素反応の阻害

板書

① 酵素反応の阻害

毒物としてはたらくことが多い。

- 競争的阻害
  ➡ “基質と似た物質(阻害剤)”が活性部位に結合して反応が遅れる。
- 非競争的阻害(アロステリック阻害)
  ➡アロステリック部位に“ある物質(最終産物＝阻害剤)”が結合すると活性部位が変性し，失活する。

《競争的阻害》

《非競争的阻害》

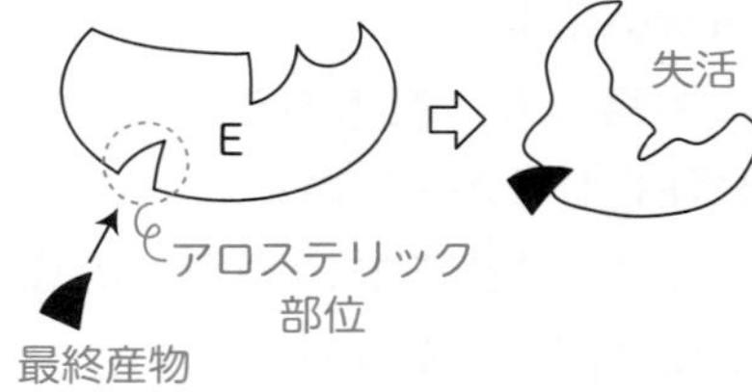

② POINT 非競争的阻害の生物学的なメリット

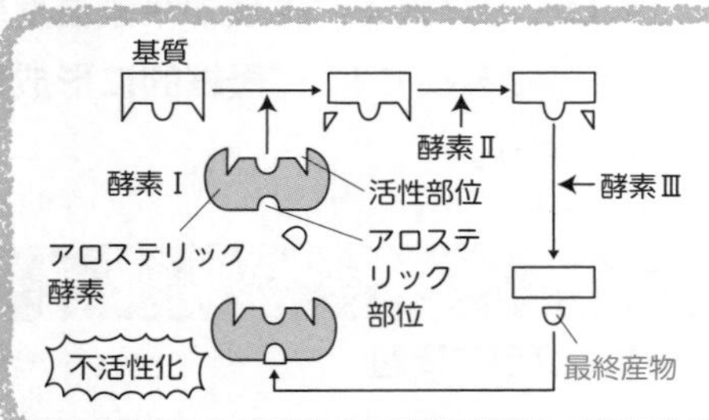

ある化学反応系の最初の反応を促進する酵素はアロステリック部位をもち，その反応系の最終産物によって阻害される
➡物質生成量が調節できる
＝フィードバック調節

③ POINT 酵素反応の阻害とグラフ

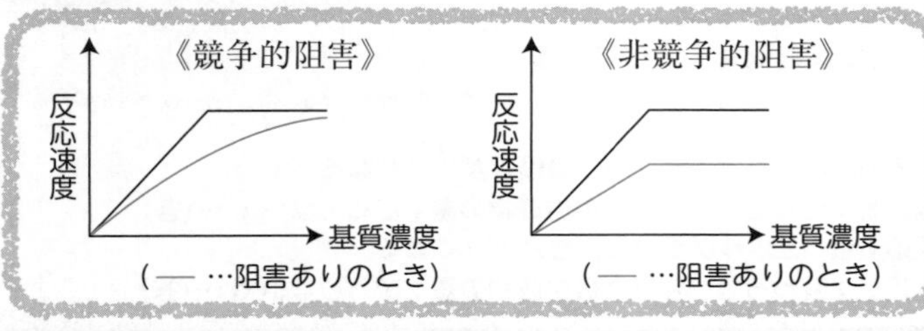

ポイントレクチャー

❶ 酵素反応において，“2 種類の阻害の見極め”をしていこう。**両者の阻害の違いとして，阻害剤が結合する部位が異なること（競争的阻害➡活性部位，非競争的阻害➡アロステリック部位），競争的阻害では酵素は失活しないが非競争的阻害では酵素が失活すること，この 2 点をしっかりと押さえておこう**！後者においては，「アロ（allo ➡異なる）ステリック（steric ➡構造）」の意味を知っておくと，非競争的阻害が“立体構造である活性部位の構造を変化させる”こととととらえることができて，頭に詰め込みやすいよ。

❷ 阻害と聞くと，僕たちのからだにとって“悪い”印象を受けるかもしれないが，非競争的阻害に関しては，生物学的なメリットがあげられるんだ。この図のように，ある反応系の**最終産物が阻害剤としてはたらく**ことによって，体内の物質生成量が調節されているんだよ。このしくみを**フィードバック調節**というよ。

❸ **各阻害によるグラフの形の変化もしっかりと押さえておこう**！競争的阻害においては，基質濃度が十分に高いときは，基質が酵素と結合する確率が高くなるため阻害効果が小さくなる。でも，酵素量が変わるわけではないから，**“頭打ちの高さ（ES の最大数）”は変わらない**はずだね。非競争的阻害においては，酵素自体が失活し，酵素量も少なくなってしまっているため，**“頭打ちの高さ”も低くなってしまう**ことに注目しよう。

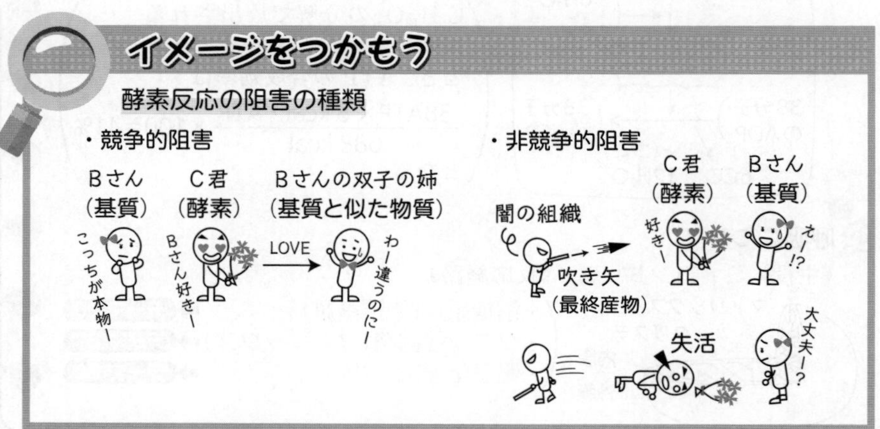

テーマ25 異化の導入

板書

ATP(アデノシン三リン酸)について

➡全生物が生命活動に利用するエネルギーの通貨単位

❶

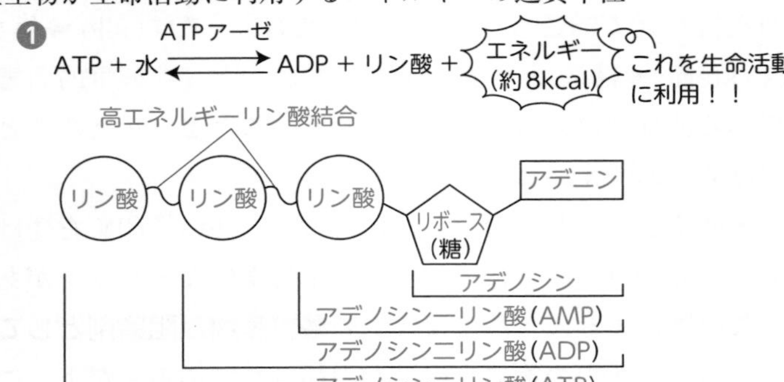

❷

異化について

➡グルコース($C_6H_{12}O_6$)などの呼吸基質を分解して**エネルギー**を放出し，ATPを取り出すはたらき

- ・呼吸…酸素を必要とする
- ・発酵…酸素を必要としない➡テーマ29&30

(イメージ) 呼吸

反応式　$C_6H_{12}O_6 + 6H_2O + 6O_2 \rightarrow 6CO_2 + 12H_2O + 38ATP$

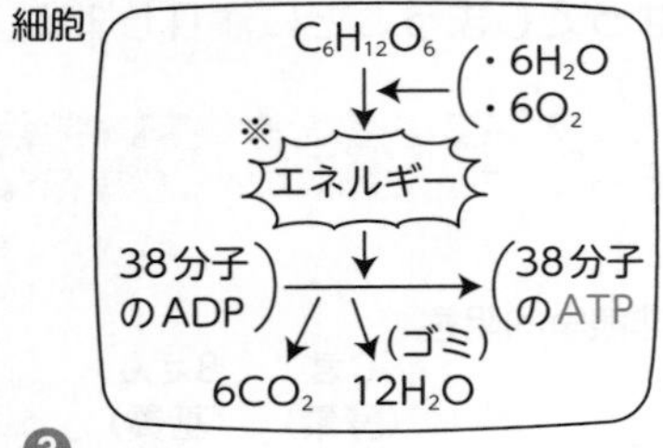

(※)ATPの合成効率

$C_6H_{12}O_6$の分解で放出されるエネルギーが688 kcalであるとき，ATPの合成効率は

$$\frac{38\text{ATP} \times 8\ \text{kcal}/\text{ATP}}{688\ \text{kcal}} \times 100 \fallingdotseq 41\%$$

となる。

❸

呼吸について

《主役》ミトコンドリア

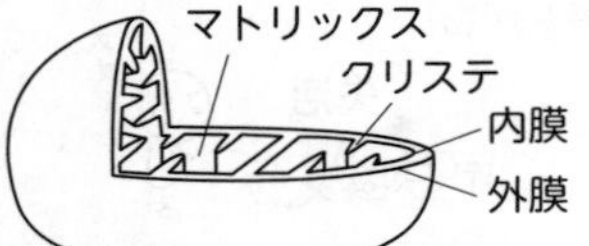

《反応経路》

- ・解糖系(細胞質基質) ➡テーマ26
- ・クエン酸回路(マトリックス) ➡テーマ27
- ・電子伝達系(内膜) ➡テーマ28

ポイントレクチャー

❶ ATPは**アデニン**と**リボース**からなる**アデノシン**という物質に**リン酸**が**3つ**結合した物質で，リン酸とリン酸の間の結合である**高エネルギーリン酸結合**が切断されることで得られたエネルギーが，僕たちが普段，**生命活動に利用しているエネルギー**なんだ。ATPが分解されると**ADP**と**リン酸**が放出されるよ。ちなみに，1モルのATPの分解で生じるエネルギーは約8kcalだよ。

❷ 異化とは，からだ物質を呼吸基質として分解して**エネルギー**を取り出し，そのエネルギーを利用して**ADP**と**リン酸**からATPを合成するはたらきのことをいうよ。**このエネルギーが，ATPがもつエネルギー(約8kcalのエネルギー)とは異なるものであることに注意しよう**！異化は酸素を必要とする**呼吸**と必要としない**発酵**に大別されるが，ここに，呼吸のイメージと反応式(テーマ28にて絶対暗記の式)を示したので，軽く目を通しておこうね。ここでは，“1モルのグルコースの分解によって生じたエネルギーの何%がATPの合成に使われたか”を求める計算がしっかりできるようにしようね。

❸ テーマ26〜28では，呼吸の3つの反応経路である「**解糖系**」「**クエン酸回路**」「**電子伝達系**」の詳しいしくみをそれぞれ勉強していくよ。本テーマでは，呼吸の主役が**ミトコンドリア**であること，解糖系がミトコンドリアの周りの液体である**細胞質基質**で行われ，クエン酸回路がミトコンドリアの中の液体である**マトリックス**で行われ，電子伝達系がミトコンドリアの**内膜**で行われることを押さえておこうね。

あともう一歩踏み込んでみよう

ATPとRNAワールド仮説

ATPの構成成分である五炭糖はDNAがもつデオキシリボースではなく，**RNAがもつリボース**である。
➡これは，テーマ179で勉強する**RNAワールド仮説**を指示する根拠の1つであると考えられている。

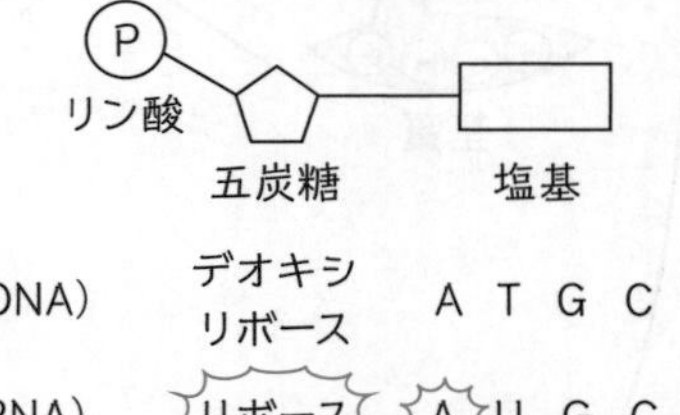

テーマ26 解糖系

板書

❶ 解糖系の反応経路

（細胞質基質）

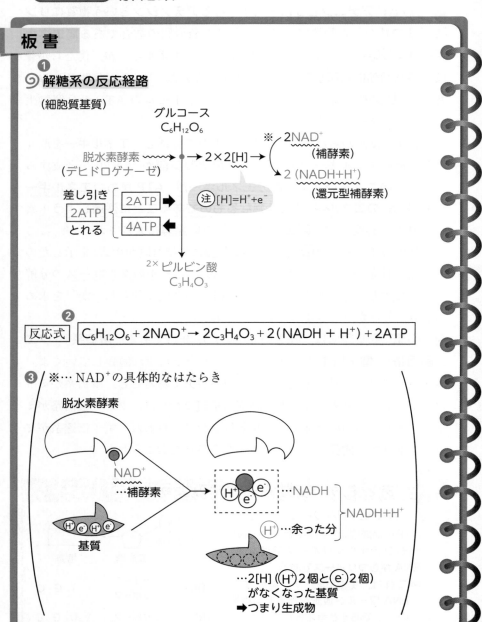

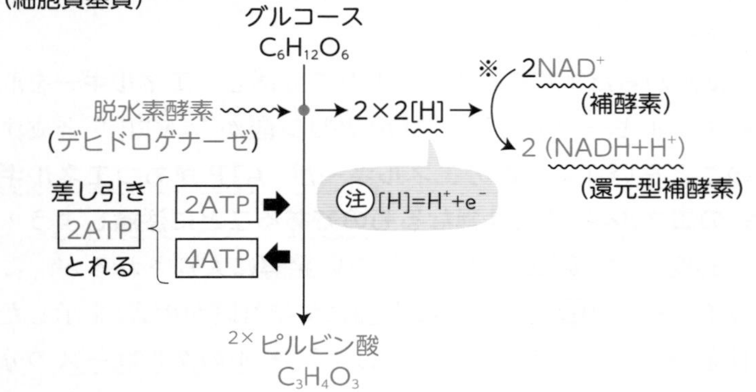

グルコース
$C_6H_{12}O_6$

脱水素酵素（デヒドロゲナーゼ） → $2\times2[H]$ → ※ $2NAD^+$（補酵素） → $2(NADH+H^+)$（還元型補酵素）

注 $[H]=H^++e^-$

差し引き 2ATP とれる｛2ATP ➡ ／ 4ATP ⬅｝

$2\times$ ピルビン酸
$C_3H_4O_3$

❷ 反応式　$C_6H_{12}O_6+2NAD^+\rightarrow 2C_3H_4O_3+2(NADH+H^+)+2ATP$

❸ ※… NAD^+ の具体的なはたらき

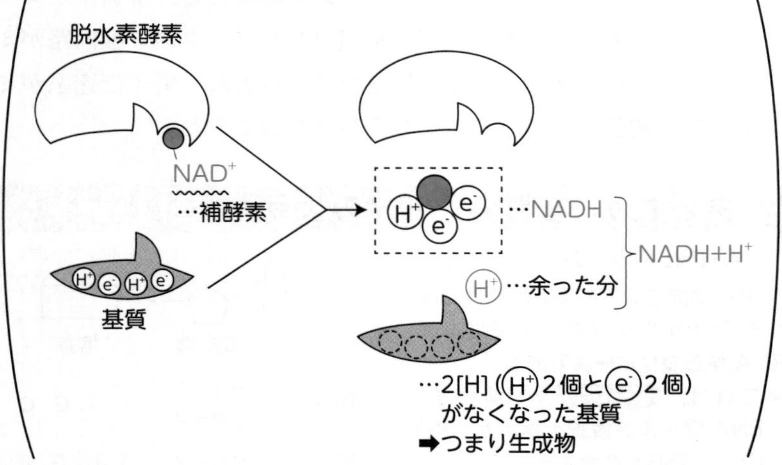

脱水素酵素

NAD^+ …補酵素

基質（H^+ e^- H^+ e^-）

H^+ e^- e^- …NADH ｝$NADH+H^+$
H^+ …余った分

…2[H]（H^+ 2個と e^- 2個）がなくなった基質
➡つまり生成物

ポイントレクチャー

❶ テーマ26〜28 **で勉強する各反応経路では，とにかく各反応系の赤字の内容を押さえておくことが大切だよ**！本テーマではまず，解糖系の概要を説明するね。まず，1分子のグルコース($C_6H_{12}O_6$)に**脱水素酵素**がはたらき，放出された4分子の[H]は，脱水素酵素がもつ補酵素である**2分子の NAD^+** と結合し，**2分子の $NADH+H^+$** が合成されるのね。その後，**2分子のATP**が消費され，**4分子のATP**が合成されるので，**差し引き2分子のATP**が合成されるんだ。その結果，**2分子のピルビン酸($C_3H_4O_3$)**が合成されるんだ。ここで，グルコースの化学式 $C_6H_{12}O_6$ から4分子の[H]が取り出され，その後，2分子に分かれていることから，ピルビン酸の化学式は「$C_6H_{12}O_6$ → **$C_6H_8O_6$**（[H] が4分子失われた状態）→ **$C_3H_4O_3$**（すべての分子数を÷2した状態）」となる，と考えていけば，頭に詰め込みやすいよ。**このような内容がどうしても頭に入っていかない人はこの解答系の反応経路をすべて別の紙などに一から書いとーけー(解糖系)**！(笑)

❷ 解糖系の反応を示した式をここに示しておくね。この反応式を特に覚えておく必要はないが，❶の赤字の内容をふまえながら押さえていけば，それほど難しい式ではないはずだよ。

❸ ここに，(※)の「$NAD^+ + 2[H] → NADH + H^+$」となるしくみを示しておくね。$NAD^+$ はもともと＋の電荷を帯びているイオンの状態なので，1分子の H^+ と2分子の電子(e^-)と結合することでNADHになることをつかんでおこう。その際，余った H^+ が遊離することも確認しておいてね。

あともう一歩踏み込んでみよう

酸化と還元

◆**酸化**…物質に O_2 が**化合する**反応。または，物質から H^+(e^-)が**放出される**反応。

◆**還元**…物質から O_2 が**放出される**反応。または，物質に H^+(e^-)が**化合する**反応。

➡左ページの(※)の場合，基質は**酸化**され，補酵素(NAD^+)は**還元**されたということだよ。

テーマ27 クエン酸回路

板書

❶

クエン酸回路の反応経路

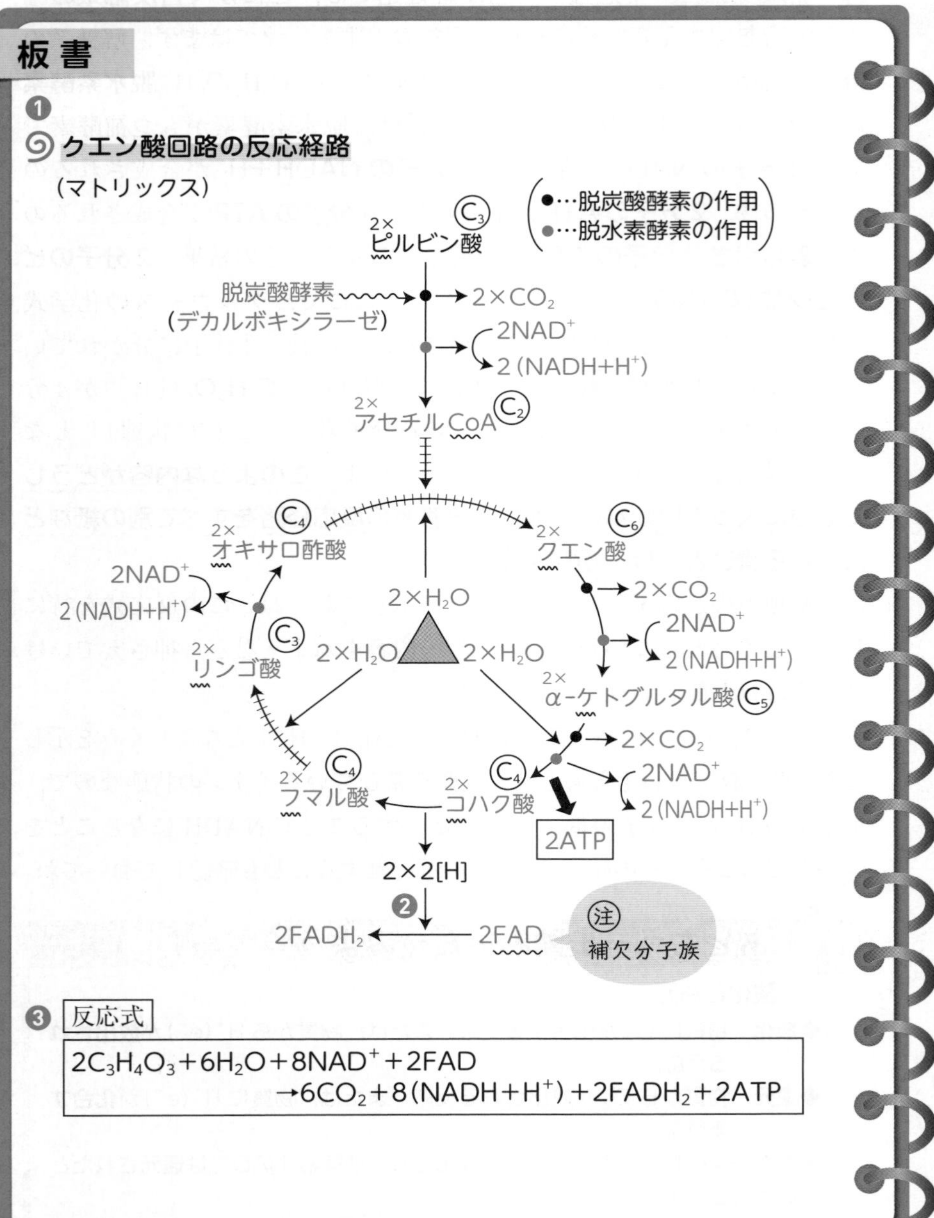

❸ 反応式

$$2C_3H_4O_3 + 6H_2O + 8NAD^+ + 2FAD \rightarrow 6CO_2 + 8(NADH + H^+) + 2FADH_2 + 2ATP$$

ポイントレクチャー

❶ テーマ26 **同様，とにかく赤字の内容を押さえていこう**！ただ，クエン酸回路では，その覚える量が半端なく多いので，下の**ゴロで覚えよう**にそってつかんでいくといいよ。まずは，解糖系（細胞質基質）で合成された２分子のピルビン酸がミトコンドリアのマトリックス内に入ることで，クエン酸回路の反応がスタートするよ。下図のように，ピルビン酸１分子につき１周分のクエン酸回路と考え，各物質の頭に「**2×**」がついていることを確認しておこう。次に，**アセチル CoA やクエン酸などの有機酸**の頭文字（波線で示してある）に注目してほしい。それが下の**ゴロで覚えよう**の赤字の部分を表すよ。また，ゴロの**黒太字**である「**イ**」は**脱炭酸酵素**がはたらく反応箇所で，ここから CO_2 が放出されるよ。この反応箇所を覚えておけば，**C_3 化合物であるピルビン酸が，炭素数が１つ少ない C_2 化合物のアセチル CoA に変換**されたこと，**C_6 化合物であるクエン酸が炭素数が１つ少ない C_5 化合物の α－ケトグルタル酸や炭素数が２つ少ない C_4 化合物のコハク酸に変換**されたことなどがつかみやすいよ。あとは，「**[H]が放出される箇所**（⟼以外の箇所）」「**水（H_2O）が吸収される箇所**（▲の箇所）」「**ATP が合成される箇所**（α－ケトグルタル酸→コハク酸の間の箇所）」も確認しておこうね。

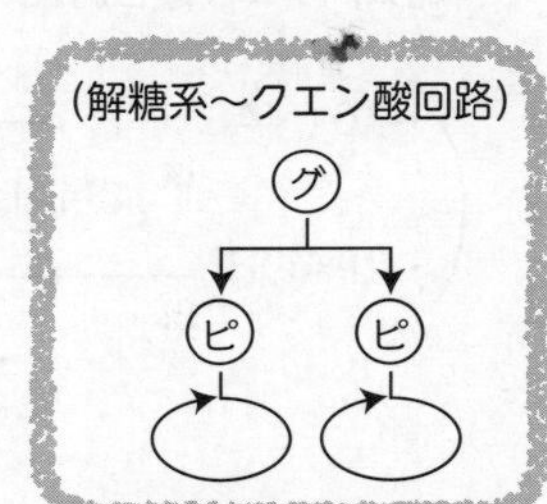

❷ コハク酸をフマル酸に変換する脱水素酵素（テーマ24&31）は補酵素（NAD^+）ではなく**補欠分子族（FAD）**をもつことに注意しよう。[H]の受け取りの反応もここだけ「$FAD+2[H] \rightarrow FADH_2$」となるよ。

❸ 解糖系の反応式と同様，クエン酸回路の反応式も覚えておく必要はないが，❶の赤字の内容をふまえながら押さえておこうね。

ゴロで覚えよう

クエン酸回路の反応経路

ピ**イ** Co、
オク**イ**ケ**イ**コ**の**フリ

- 赤字…物質名
- **黒太字**…CO_2 の出るところ
- 「の」…唯一，FAD がはたらくところ

テーマ28 電子伝達系

板書

❶ 電子伝達系の反応経路

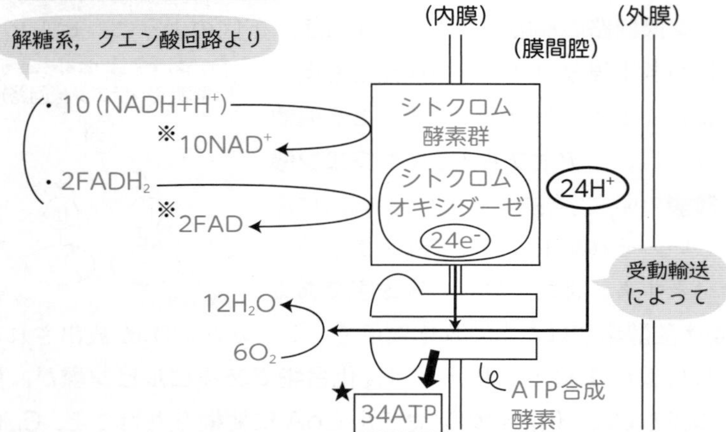

（※）この際生じたNAD^+や FAD は再びクエン酸回路で使い回される

（➡酸素が少ない条件下では，電子伝達系からクエン酸回路へNAD^+や FAD が供給されなくなるので，電子伝達系とともにクエン酸回路も停止してしまう）

❷ POINT （★）酸化的リン酸化

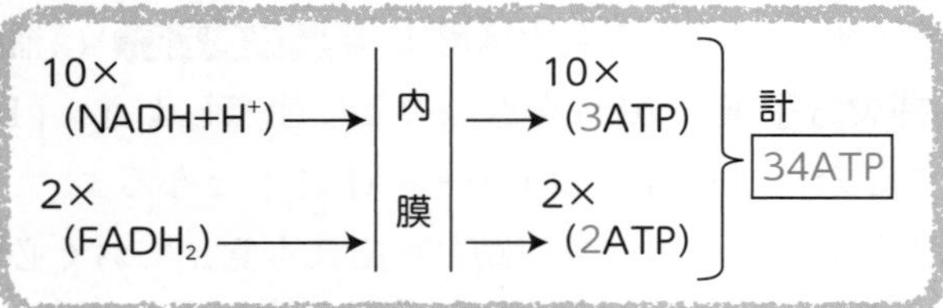

❸ 反応式

$$10(NADH+H^+)+2FADH_2+6O_2 \rightarrow 12H_2O+10NAD^++2FAD+34ATP$$

絶対暗記！

❹ 呼吸の全体式

$$C_6H_{12}O_6+6H_2O+6O_2 \rightarrow 6CO_2+12H_2O+38ATP$$

ポイントレクチャー

❶　本テーマもテーマ26&27同様，赤字の内容を押さえていこう！解糖系（細胞質基質）やクエン酸回路（マトリックス）で合成された**10分子の（NADH＋H^+）**や**2分子の$FADH_2$**が内膜で**酸化**され（H^+やe^-が奪われ），**10分子のNAD^+**や**2分子のFAD**となり，これらは再び**クエン酸回路**で使い回されるよ。そして，図のように内膜に入った**24分子のe^-はシトクロムオキシダーゼやATP合成酵素**のはたらきによって運ばれ，膜間腔に入った**24分子のH^+は濃度勾配（受動輸送）**によって運ばれることで**6分子のO_2**と結合し，**12分子のH_2O**となる。ちなみに，サスペンスドラマなどで使用される青酸カリはこのe^-の伝達を阻害することで呼吸全体を止める薬品だよ。

❷　このように，e^-の伝達とH^+の濃度勾配によるATP合成のしくみを**酸化的リン酸化**というよ。この際，**34分子のATPが合成されることを押さえておこう**！

❸　解糖系・クエン酸回路の反応式と同様，この反応式も覚えておく必要はないが，❶の赤字の内容をふまえながらつかんでおこうね。

❹　**呼吸の全体式**は**必ず暗記しよう**！下のような計算問題や酵母菌の呼吸（テーマ34）に関する計算問題を解く際に必ず必要となるよ。

類題を解こう

呼吸の計算問題

(1)呼吸において，CO_2が176g放出されるとき，グルコースは何g消費されるか。
(2)また，グルコースが0.7モル消費されるとき，CO_2は何g放出されるか。なお，原子量はC = 12，H = 1，O = 16とする。

解説　呼吸の反応式を書く！

(1) $\underline{C_6H_{12}O_6}+6H_2O+6O_2 \rightarrow \underline{6CO_2}+12H_2O$
　　↓ xg　　　　　　　　↓ 176g

$C_6H_{12}O_6$の分子量は（12×6＋1×12＋16×6＝）**180**，$6CO_2$の分子量は（6×（12＋16×2）＝）**264**なので，**180：x＝264：176**

x＝120g…（答）

(2) モルは“化学反応式の係数”で表される。式を**0.7**倍して書く！
$0.7C_6H_{12}O_6+4.2H_2O+4.2O_2 \rightarrow \underline{4.2CO_2}+8.4H_2O$

$4.2CO_2$の分子量は（4.2×（12＋16×2）＝）**184.8g…（答）**

テーマ29 アルコール発酵

板書

アルコール発酵について

❶《反応経路》

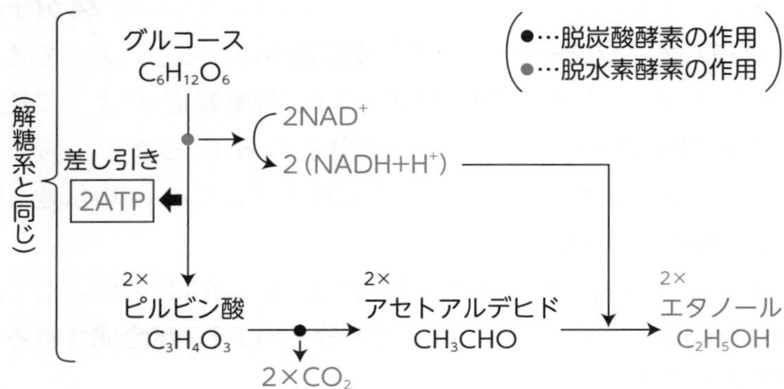

絶対暗記！

❷ 反応式　$C_6H_{12}O_6 \rightarrow 2CO_2 + 2C_2H_5OH + 2ATP$

❸《工業的利用法》
- 酒（ビール）
- パン

❸（生物例）
- 酵母菌
- 植物（発芽前の種子）

参考　発酵と腐敗

テーマ30

- 発酵…炭水化物を分解することでアルコールや乳酸を生成
  ➡ヒトにとって有益

テーマ33

- 腐敗…タンパク質を分解することで硫化水素やアンモニアを生成
  ➡ヒトにとって有害

ポイントレクチャー

❶　本テーマから，酸素を必要としない異化である**発酵**について勉強していこうね。発酵は**アルコール発酵**と**乳酸発酵**（テーマ30）に大別されるよ。**発酵においても呼吸同様，反応経路を押さえておく必要があるので，本テーマでも赤字の内容を押さえていこう**！まず，１分子のグルコースから２分子のピルビン酸が生成される過程は，**解糖系と同じ反応過程**なので，テーマ26の内容を復習しておけばＯＫだね。次に，クエン酸回路ではピルビン酸に脱炭酸酵素と脱水素酵素がはたらいたが，アルコール発酵では**脱炭酸酵素のみ**がはたらくよ。それによって生成されたアセトアルデヒドに $NADH+H^+$ が作用することで**エタノール**（C_2H_5OH）が生成されるよ。

❷　**このアルコール発酵の反応式は必ず暗記しよう**！下のような計算問題や酵母菌の呼吸に関する計算問題を解く際に必ず必要となるよ。

❸　アルコール発酵における工業的利用法と生物例を押さえておこう。**酵母菌**に関してはテーマ34にて，**植物**（発芽**前**の種子）に関してはテーマ35にて詳しく説明するね。

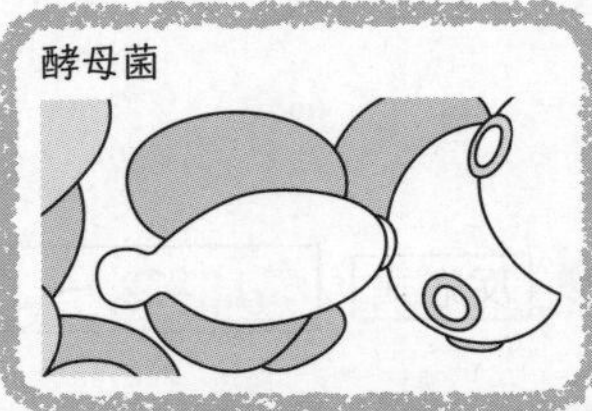

類題を解こう

アルコール発酵の計算問題

(1)アルコール発酵において，エタノールが138g 生成されるとき，グルコースは何 g 消費されるか。
(2)また，エタノールが3.0モル生成されるとき，CO_2 は何 g 放出されるか。なお，原子量はC＝12，H＝1，O＝16とする。

解説　アルコール発酵の反応式を書く！

(1) $C_6H_{12}O_6 \rightarrow 2CO_2 + 2C_2H_5OH$

xg　　　　　138g

$C_6H_{12}O_6$ の分子量は **180**，$2C_2H_5OH$ の分子量は（2×（12×2＋1×5＋16＋1）＝）**92** なので，180：x＝**92**：138

x＝**270**g…（答）

(2) $2C_2H_5OH$ を $3C_2H_5OH$ に**換算**するので，式を（3÷2＝）**1.5 倍**して書く！

$1.5C_6H_{12}O_6 \rightarrow 3CO_2 + 3C_2H_5OH$

$3CO_2$ の分子量は（3×（12＋16×2）＝）132g…（答）

テーマ30 乳酸発酵

板書

乳酸発酵について

❶《反応経路》

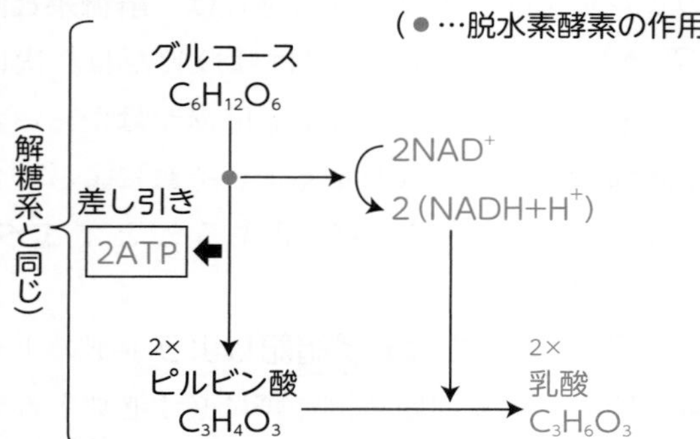

絶対暗記！

❷ 反応式 $C_6H_{12}O_6 \rightarrow 2C_3H_6O_3 + 2ATP$

❸《工業的利用法》
- 乳酸飲料
- ヨーグルト
- キムチ
- ぬか漬け

❸（生物例）
- 乳酸菌
- 動物（★）

❹

POINT （★）動物の組織と疲労物質

筋肉などで，酸素の供給が間に合わないような激しい運動を行うと，乳酸発酵と同じ反応が生じる。これを解糖という（テーマ133）。このとき蓄積した乳酸は疲労物質となる
➡この際生じた乳酸は肝臓の“コリ回路”で再びグルコースへと変換される

ポイントレクチャー

❶　本テーマでは乳酸発酵について勉強していくよ。**もちろん，乳酸発酵においても赤字の内容を押さえていこう**！ただ，乳酸発酵の反応過程は今までに比べると非常に楽だよ。まず，1分子のグルコースから2分子のピルビン酸が生成される過程は，**解糖系と同じ反応過程**なので，テーマ29同様，テーマ26の復習を徹底すればＯＫ。次に，アルコール発酵ではピルビン酸に脱炭酸酵素がはたらいたが，**乳酸発酵ではここでは一切物質が放出されることなく**，ピルビン酸に**NADH＋H$^+$**が作用することで**乳酸($C_3H_6O_3$)**が生成されるよ。このように，乳酸発酵は**気体の出入りが一切ない反応**なので，最終生成物である乳酸の化学式はグルコースの化学式($C_6H_{12}O_6$)の**ちょうど半分である$C_3H_6O_3$**となる，と考えればわかりやすいよ。

❷　**この乳酸発酵の反応式は必ず暗記しよう**！計算問題を解く際に必要となることがあるよ。

❸　テーマ29同様，乳酸発酵においても，工業的利用法と生物例を押さえておこう。

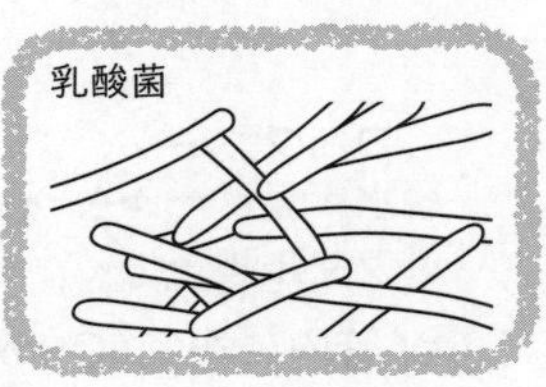

❹　激しい運動をしたあとに起きる“筋肉痛”の原因物質は**乳酸**である。筋肉は酸素の供給が間に合わないほどの激しい運動を行うと，乳酸発酵と同じ反応である**解糖**を行う。「解糖系」だと“**グルコース→ピルビン酸**”までの反応なのに，「解糖」の場合(「系」という文字が無いだけなのに)“**グルコース→ピルビン酸→乳酸**”まで反応が進むんだね。少しややこしいが，しっかりと覚えようね。ちなみに，年をとると筋肉痛が治りにくくなるのは，肝臓の機能が低下して，“乳酸→グルコース”のコリ回路の反応が鈍くなるからだよ。年はとりたくないものですね…。

イメージをつかもう

発酵の工業的利用法

・アルコール発酵

ビール

パン

・乳酸発酵

ヨーグルト

乳酸飲料

ぬか漬け

テーマ31 異化に関する実験

板書

❶

ツンベルク管を用いたコハク酸脱水素酵素の実験

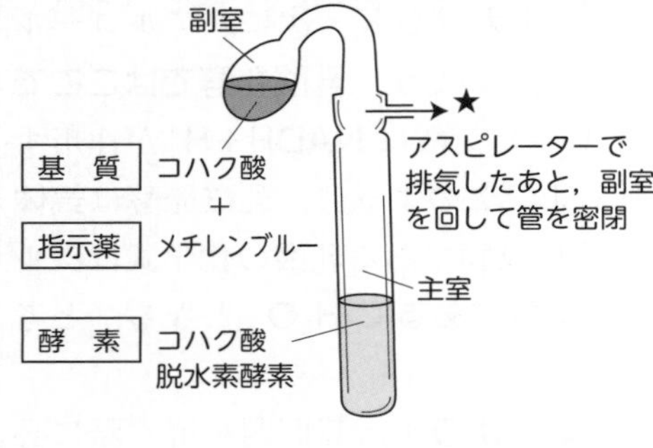

コハク酸脱水素酵素のはたらきの 確認方法

主室と副室の液体を混ぜる

⬇

コハク酸脱水素酵素がはたらくとメチレンブルー（Mb）の色が脱色する

《ツンベルク管内での反応》

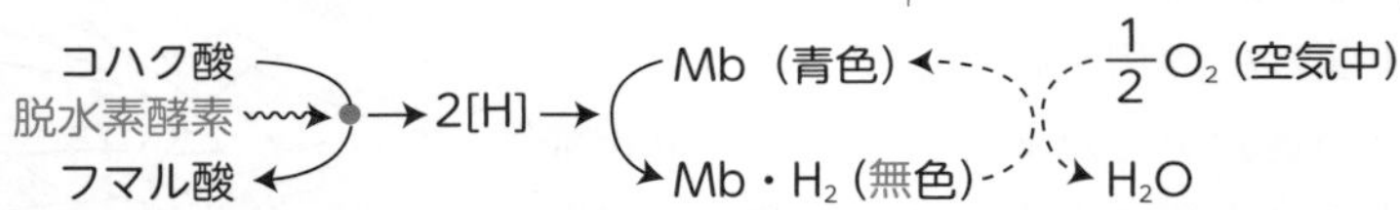

注（管内に空気（O_2）があると，Mbの色の変化が見られなくなるため，★のように排気しなければならない。）

❷

キューネ発酵管を用いたアルコール発酵の実験

1897年 ブフナー（ドイツ）➡
- ・アルコール発酵に関する酵素 …チマーゼ
- ・アルコール発酵に関する補酵素…コチマーゼ

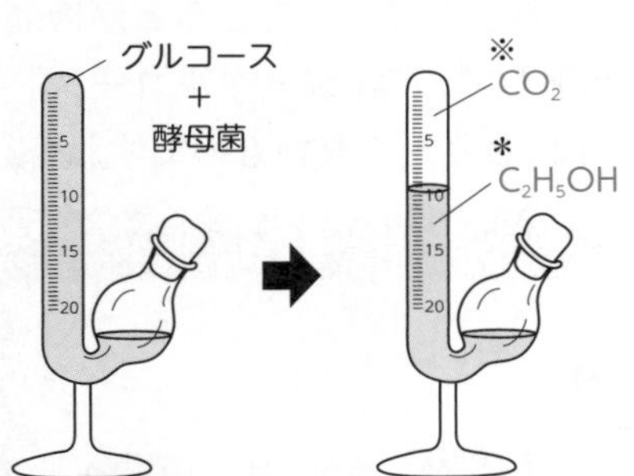

※… CO_2 の 確認方法 （CO_2 吸収剤）

水酸化カリウム（KOH）水溶液を加えて，減圧することを確かめる

＊… C_2H_5OH の 確認方法

ヨウ素液を加え，温めると，黄色の沈殿物が生じる（ヨードホルム反応）

ポイントレクチャー

❶　本テーマでは異化の反応経路に関する２つの有名な実験について説明していくね。まずは，テーマ27で勉強したクエン酸回路の“「コハク酸→フマル酸」の反応の触媒を行う**コハク酸脱水素酵素のはたらきを確認する実験**”について勉強していくよ。主室のコハク酸脱水素酵素を含む液体と副室の基質であるコハク酸と指示薬であるメチレンブルー(Mb)を含む液体を混ぜた結果，左ページのような反応がツンベルク管内で行われていることをしっかりと押さえておいてね。**この際，「Mbが還元されることで脱色し，コハク酸脱水素酵素のはたらきが確認できること」，「そのMbの還元を確認するため，必ず管内は排気しておくこと」の２点を押さえておこう**！

❷　次に，キューネ発酵管を用いたブフナーの実験について勉強していこう。ブフナーはアルコール発酵に関する酵素(の前身)を**チマーゼ**，補酵素(の前身)を**コチマーゼ**と名づけたよ。テーマ29で勉強したように，アルコール発酵は「解糖系(10カ所の酵素反応を伴う)」と「ピルビン酸の脱炭酸反応」と「アセトアルデヒドの還元反応」からなるから，アルコール発酵に関する酵素や補酵素は１つずつであるわけはないはずだが，ブフナーはこれらの酵素や補酵素を“複合体”として，こう名づけたんだ(詳しくは下の**生物学史と偉人伝**を読んでおいてね)。**また，ここでは，アルコール発酵(反応式：$C_6H_{12}O_6 \rightarrow 2CO_2+2C_2H_5OH$)で発生する$CO_2$と$C_2H_5OH$の確認方法(※と＊)をそれぞれしっかりと押さえておこう**！

生物学史と偉人伝

酵素の“前身”の発見

ブフナー

1897年，ドイツの化学者であるブフナーは，すり潰した酵母菌とスクロースからアルコール発酵が生じることを発見した。ブフナーは，この反応を引き起こした物質をチマーゼと名づけ，無細胞の状態でも発酵が起こることを示した。酵素の存在が確認されていなかった時代に，酵素の“前身”ともいえる物質を示した人物である。今現在，チマーゼはアルコール発酵を引き起こす酵素の“複合体”という扱いになっている。

テーマ32 呼吸商

板書

化学反応式の“係数”

呼吸商(RQ)について

❶

$$RQ=\frac{\text{ある呼吸基質を分解したときに放出される }CO_2\text{ 体積(モル比)}}{\text{ある呼吸基質を分解するために消費した }O_2\text{ 体積(モル比)}}$$

➡この値を求めることで“異化によってどのような呼吸基質が使われたのか”がわかる。

三大栄養素
- 炭水化物
- 脂質
- タンパク質

❷ 例

・グルコース $C_6H_{12}O_6$(炭水化物)の分解

$$C_6H_{12}O_6 + 6H_2O + \boxed{6}\,O_2 \longrightarrow \boxed{6}\,CO_2 + 12H_2O$$

$$RQ=\frac{\boxed{6}}{\boxed{6}}=1.0$$

・トリステアリン $C_{57}H_{110}O_6$(脂質)の分解

$$2C_{57}H_{110}O_6 + \boxed{163}\,O_2 \longrightarrow \boxed{114}\,CO_2 + 110H_2O$$

$$RQ=\frac{\boxed{114}}{\boxed{163}}\fallingdotseq 0.7$$

➡このように，RQは化学反応式の O_2 と CO_2 の“係数”から算出することができる。

❸ ⬇(以上のことより)

POINT 各呼吸基質のRQ

絶対暗記！

炭水化物…1.0 脂質…0.7 タンパク質…0.8

(各動物のRQ)

ウマ	クマ(冬眠中)	ライオン
草食 ＝ 炭水化物	体内に蓄積している脂肪を利用	肉食 ＝ タンパク質
RQ…約1.0	RQ…約0.7	RQ…約0.8

肉には脂肪分も多く含まれるため，RQは0.8よりも低いことが多い。

㊟“雑食”であるヒトのRQは約0.9ほどである

ポイントレクチャー

❶　呼吸商(RQ)とは何か？まずは，それについて押さえていこうね。呼吸商とは“異化によってどのようなからだ物質(呼吸基質…三大栄養素であることが多い)が分解されたのか”を見極める指標であり，左ページにあるような式で表されるよ。**この式は絶対に暗記しておこう**！「分子→分母」の順に**“出入り(CO_2＝出る，O_2＝入る)”**と押さえておくと覚えやすいよ。

❷　RQの算出法を押さえておこう。テーマ28&29の類題で勉強したように，モルは化学反応式の“係数”であることをふまえ，**RQが化学反応式のO_2とCO_2の“係数”から算出することができる**ことを押さえておこう。テーマ25&28で勉強したように，グルコースの分解の反応式に関してはサクサクっと書けるようにしてほしいが，**トリステアリンなど，暗記する必要のない物質の分解に関しては，左ページのように，左辺と右辺のCとHとOの数を同じにそろえるようにして立式するように練習しておこう**！立式後は，分子にCO_2の係数を，分母にO_2の係数をおくことで，RQが簡単に算出できるよ。

❸　**各呼吸基質のRQについても絶対に暗記しておこう**！炭水化物のRQは❷のグルコース分解の反応式から「1」であることはすぐにわかるね。脂質のRQは「**脂質➡“シチ(＝7)”ツ➡0.7**」，タンパク質のRQは「**タン“パ(＝8)”ク質➡0.8**」と押さえておくとよいよ。各動物(ヒトも含む)のRQも，各動物の食生活からつかんでおこうね。

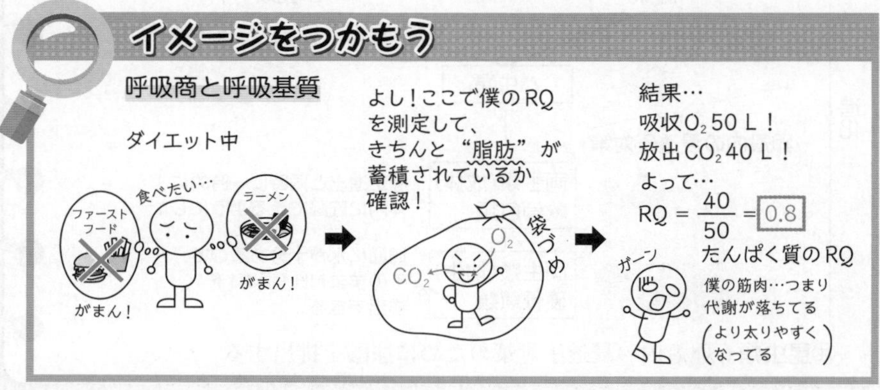

イメージをつかもう
呼吸商と呼吸基質
ダイエット中
食べたい…
ファーストフード
がまん！
ラーメン
がまん！
よし！ここで僕のRQを測定して、きちんと“脂肪”が蓄積されているか確認！
袋づめ
O_2
CO_2
結果…
吸収O_2 50 L！
放出CO_2 40 L！
よって…
$RQ = \frac{40}{50} = 0.8$
たんぱく質のRQ
ガーン
僕の筋肉…つまり代謝が落ちてる
(より太りやすくなってる)

テーマ33 タンパク質と脂肪の分解，排出

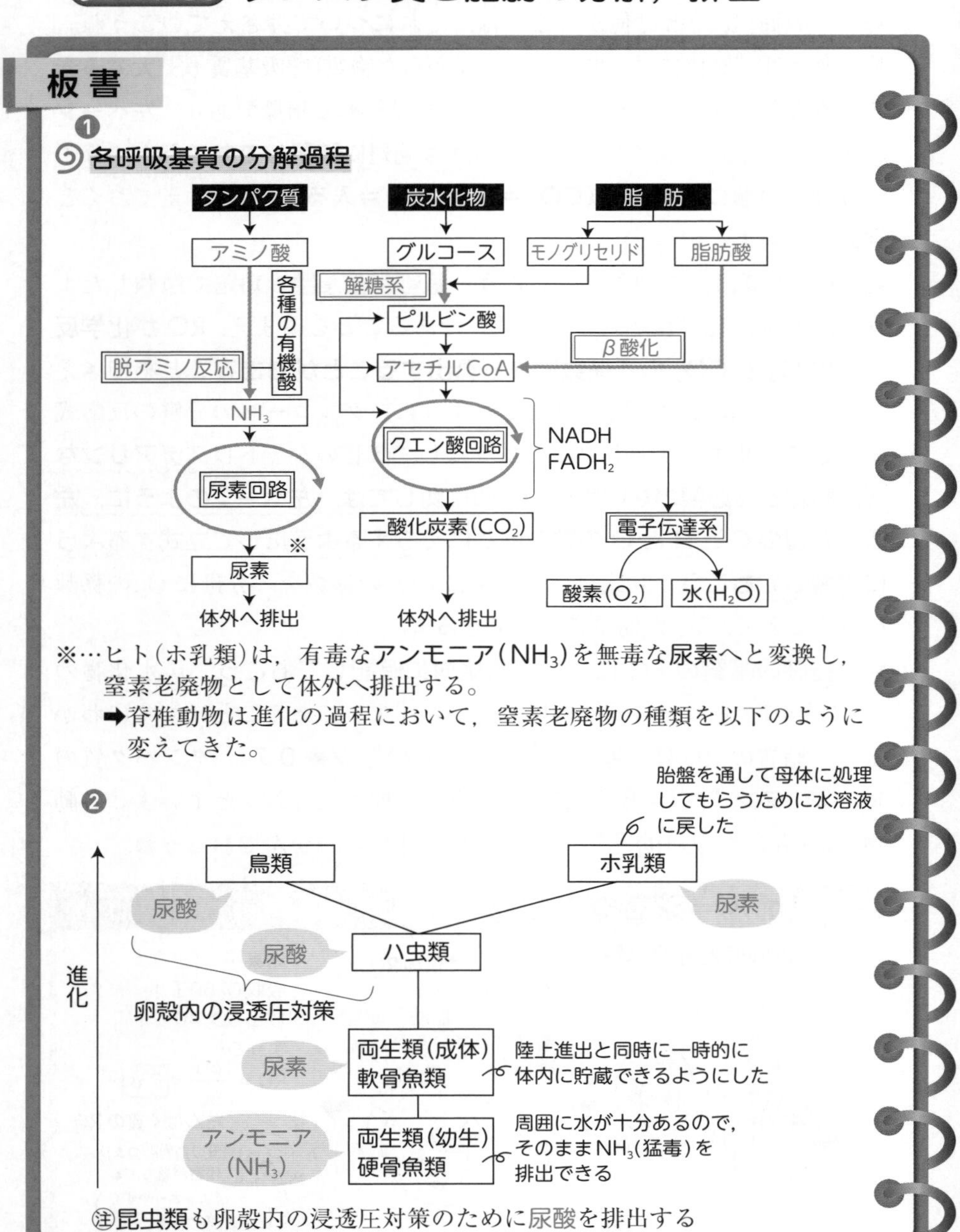
板書
❶
各呼吸基質の分解過程
タンパク質
炭水化物
脂肪
アミノ酸
グルコース
モノグリセリド
脂肪酸
各種の有機酸
解糖系
ピルビン酸
β酸化
脱アミノ反応
アセチルCoA
NH3
クエン酸回路
NADH
FADH2
尿素回路
二酸化炭素(CO2)
電子伝達系
※
尿素
酸素(O2)
水(H2O)
体外へ排出
体外へ排出
※…ヒト(ホ乳類)は，有毒なアンモニア(NH3)を無毒な尿素へと変換し，窒素老廃物として体外へ排出する。
➡脊椎動物は進化の過程において，窒素老廃物の種類を以下のように変えてきた。
❷
胎盤を通して母体に処理してもらうために水溶液に戻した
鳥類
ホ乳類
尿酸
尿素
尿酸
ハ虫類
進化
卵殻内の浸透圧対策
尿素
両生類(成体)
軟骨魚類
陸上進出と同時に一時的に体内に貯蔵できるようにした
アンモニア(NH3)
両生類(幼生)
硬骨魚類
周囲に水が十分あるので，そのままNH3(猛毒)を排出できる
㊟昆虫類も卵殻内の浸透圧対策のために尿酸を排出する

ポイントレクチャー

❶ 本テーマでは，タンパク質と脂肪の分解過程について押さえていこう。タンパク質は消化酵素(テーマ19)で**アミノ酸**へと分解されたあと，肝臓へと運ばれ，そこで**脱アミノ反応**により，各種の有機酸へと変換され，クエン酸回路の反応過程へと入る。そのとき生じたNH_3は肝臓でそのまま尿素回路(オルニチン回路)に入るよ。また，脂肪は胆汁酸とリパーゼ(テーマ19)で**脂肪酸**と**モノグリセリド**へと分解されたあと，脂肪酸は**β酸化**により**アセチル CoA** へと変換されクエン酸の反応過程へ，モノグリセリドは**解糖系**の反応過程へ入るよ。脂肪の分解過程においては下の**ゴロで覚えよう**でしっかり覚えようね。

❷ 各窒素老廃物の特徴を以下の表にまとめておくね。

窒素老廃物	アンモニア	尿素	尿酸
毒性	高い	低い	低い
可溶性	非常に高い	高い	低い

水生動物は可溶性が非常に高い**アンモニア**を，両生類(成体)は陸上進出を機に毒性の低い**尿素**を(軟骨魚類はふだんの浸透圧調節のため体内に蓄積している**尿素**を)，ホ乳類も胎児が胎盤を通じて母体に送ることができる水溶性の**尿素**を排出している。陸上の乾燥での生育に適応するため，固い卵殻をもった卵を産むハ虫類や鳥類では，卵殻内で胚が水溶性の尿素が排出されてしまうと，**卵殻内で浸透圧が上昇し，胚の脱水が起こってしまう**せいで命の危機にさらされてしまうんだ(右図)。だから，ハ虫類や鳥類では浸透圧とは無関係な，可溶性の低い**尿酸**を排出するんだね。

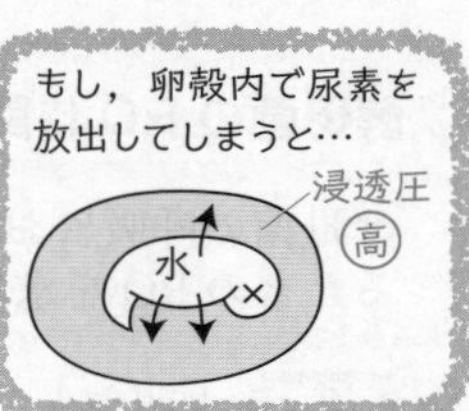

ゴロで覚えよう

脂肪の分解過程

太った（脂肪酸） **ベジタリアン**（β酸化） **アセチル運動**（アセチル CoA）
死に物狂いで（モノグリセリド） **書いとーけー！**（解糖系）

(脂肪酸はβ酸化でアセチル CoA へ
モノグリセリドは解糖系へ)

テーマ34 酵母菌の異化の計算問題

板書

酵母菌の RQ に関する計算問題（その１）

酵母菌が呼吸とアルコール発酵を同時に行い，そのときの呼吸商（RQ）を求めたところ，3.0 であった。呼吸とアルコール発酵で消費されたグルコース量を最も簡単な比で答えよ。

❶ **解説** 以下のように，各反応式をそれぞれ x 倍，y 倍した形で書く！

・呼吸：$xC_6H_{12}O_6 + 6xH_2O + \boxed{6x}O_2 \longrightarrow \boxed{6x}CO_2 + 12xH_2O$

・発酵：$yC_6H_{12}O_6 \longrightarrow \boxed{2y}CO_2 + 2yC_2H_5OH$

よって，

$$RQ=\frac{6x+2y}{6x}=3.0 \rightleftarrows 6x+2y=18x \rightleftarrows 2y=12x \rightleftarrows x:y=1:6$$ …（答）

❷

POINT 酵母菌はまわりの酸素の量に応じて RQ を変化させる

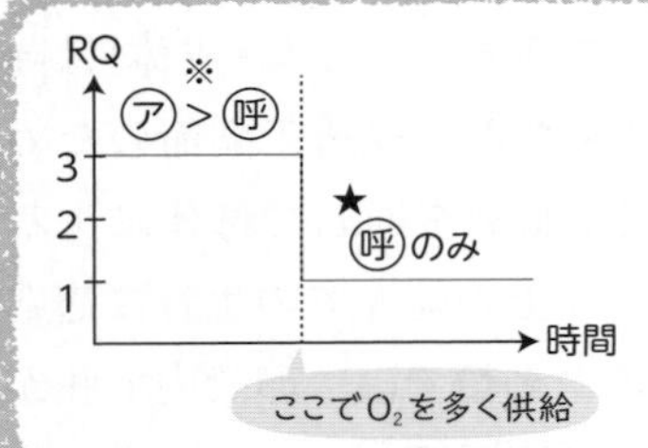

（※）酸素が少ないときは呼吸よりもアルコール発酵が盛んになる。
（★）酸素が供給され，多くなると，**呼吸が盛んになる。**
➡**酵母菌にとって ATP の生産効率が高い呼吸のみが行われることに＝パスツール効果**

酵母菌の RQ に関する計算問題（その２）

酵母菌の呼吸において，O_2が 192 g 消費され，CO_2が 1056 g 放出されるときの RQ を求めよ。なお，原子量は C＝12，H＝1，O＝16 とする。

❸ **解説** 本問でも，各反応式をそれぞれ x 倍，y 倍した形で書く！

・呼吸：$xC_6H_{12}O_6 + 6xH_2O + \boxed{6xO_2} \longrightarrow \boxed{6xCO_2} + 12xH_2O$
（$6xO_2$ → 192g）

・発酵：$yC_6H_{12}O_6 \longrightarrow \boxed{2yCO_2} + 2yC_2H_5OH$
（$6xCO_2$，$2yCO_2$ → 1056g）

$6xO_2$ の分子量は $192x$，$6xCO_2 + 6yCO_2$ の分子量は $264x+264y$ なので，$192x=192$，$264x+264y=1056$ となり，$x=1$，$y=3$ となる。
よって，これを問題（その１）の＊の式に代入すると RQ ＝ 2.0…（答）

ポイントレクチャー

❶ 本テーマでは，呼吸とアルコール発酵を同時に行う酵母菌のRQに注目した計算問題の対策を行っていこうね。テーマ32で勉強したように，RQは「化学反応式を書く→“係数”をRQの式に代入」で求めることができるよね。酵母菌の異化の場合も同様にして考えていけばいいんだよ。この問題では，呼吸とアルコール発酵で消費されたグルコース量が問われているので，**各反応式をそれぞれ x 倍，y 倍して書いていくのがポイントだよ**！

❷ 酵母菌は酸素が多いと，アルコール発酵より呼吸を優先させるよ。テーマ28&29で勉強したように，呼吸では1分子のグルコースから**38分子**のATPが合成されるが，アルコール発酵では**2分子**しかATPが合成されないことを考えればうなずける現象だよね。つまり，呼吸はアルコール発酵の(38÷2＝)**19倍**もATP合成効率が高いということ。このように，呼吸がアルコール発酵より優先されて行われる現象を，発見者であるパスツール(テーマ178)にちなんで**パスツール効果**というよ。

❸ もう1問，酵母菌のRQに関する計算問題を極めていこう。この問題でも，まずは，各反応式をそれぞれ x 倍，y 倍して書いていこうね。あとは，テーマ28の**類題を解こう**の問題の解法と同様，$6xO_2$ と $6xCO_2+6yCO_2$ の分子量を算出し，これらと実際に消費された O_2 の質量，および放出された CO_2 の質量をそれぞれ＝(イコール)でつなぎ，x と y の値を求めることで，各反応式の係数，つまりはRQが算出できるよ。**ここで，RQはあくまで，消費 O_2 の“体積”を消費 CO_2 の“体積”で割った値であり，消費 O_2 の“質量”を消費 CO_2 の“質量”で割らないように** $\left(RQ=\dfrac{1056\,g}{192\,g}=5.5\right.$ **としないように) 注意しよう**！

類題を解こう

酵母菌のRQに関する計算問題

酵母菌の呼吸において，O_2 が288g消費され，CO_2 が2178g放出されるときのRQを求めよ。なお，原子量はC＝12，H＝1，O＝16とする。

(左ページの「酵母菌のRQに関する計算問題(その2)」の数字を変えただけの問題！自力でやってみよう！)

RQ ＝ **2.5…(答)**

テーマ35 マノメーターを使った呼吸商の測定

板書

❶ マノメーターを使った呼吸商(RQ)の測定

実験1 フラスコ内の液体＝KOH水溶液のとき

KOH：CO_2吸収剤

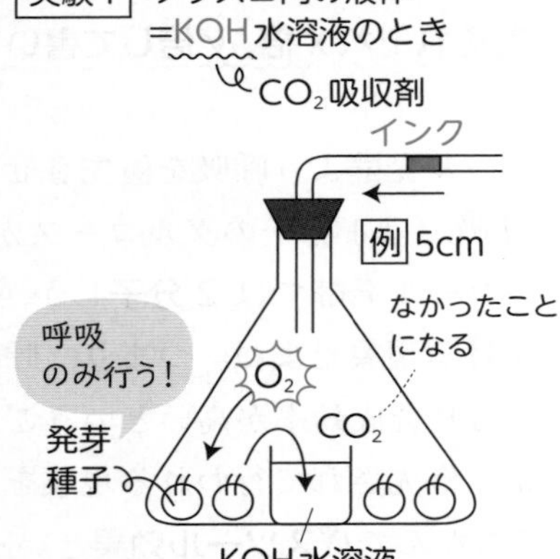

実験2 フラスコ内の液体＝水のとき

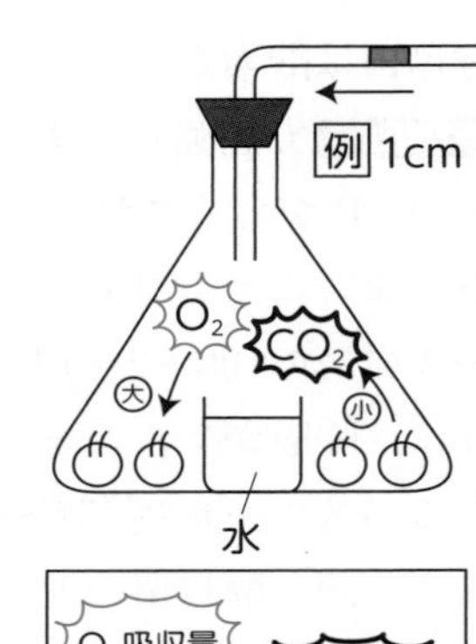

(インクの移動距離が示すもの)

❷

➡ ・RQの分母(O_2吸収量) …「実験1の値」で求められる
・RQの分子(CO_2放出量)…「実験1－実験2の値」で求められる

O_2吸収量－(O_2吸収量－CO_2放出量)
＝CO_2放出量

❸ POINT マノメーターを使ってRQを求める公式

$$RQ=\frac{\boxed{実験1}の値-\boxed{実験2}の値}{\boxed{実験1}の値}=\frac{KOHのとき-水のとき}{KOHのとき}$$

(上記の実験の場合) $RQ=\dfrac{5cm-1cm}{5cm}=0.8$ ➡ タンパク質種子

ポイントレクチャー

❶ 発芽種子の入ったフラスコを2つ準備し，1つ(実験1)は**KOH(水酸化カリウム)水溶液**の入った容器を入れ，もう1つ(実験2)には**水**の入った容器を入れ，それぞれ，図のように，フラスコ内のO_2とCO_2の収支量をインクの移動距離と見立てて測定していくんだ。その結果，実験1では，**発芽種子の呼吸で放出されたCO_2がKOH水溶液に吸収される**ため，インクの移動距離が「**O_2吸収量**」を示すこと，実験2では，発芽種子の呼吸で消費されたO_2量が放出されたCO_2量を上回っているため，インクの移動距離が「**O_2吸収量－CO_2放出量**」を示すことを押さえておこう。

❷ RQを算出するにあたって，実験1と実験2で得られた値の利用方法をここに示したよ。ここでは特に，RQの分子の値(O_2吸収量－CO_2吸収量)が，「**実験1の値－実験2の値**」を示していることを，吹き出し内の計算過程とともにつかんでおこうね。

❸ ❷より，マノメーターを使ったRQを求める公式がこのようになることはわかるよね。**まずはこの公式をしっかり覚えよう**！あとは，この式に実験1と実験2で得られた値を代入するだけでRQが求められるから簡単だね。そして，RQを求めたあと，その種子の呼吸基質を見極めるクセをつけるようにしようね。

類題を解こう

マノメーターを使ったRQの測定の問題

左ページの実験1のインクの移動距離をx[mm]，実験2のインクの移動距離をy[mm]としたとき，右表の植物A～Cの種子のRQはそれぞれいくらか。小数第2位まで求めよ。また，植物A～Cはそれぞれコムギ，エンドウ，トウゴマのどの植物に対応するか。

植物	x[mm]	y[mm]
A	157	45
B	180	30
C	154	3

解説

植物A $\frac{157-45}{157} \fallingdotseq$ **0.71**　植物B $\frac{180-30}{180} \fallingdotseq$ **0.83**　植物C $\frac{154-3}{154} \fallingdotseq$ **0.98** …(答)

脂肪種子➡**トウゴマ**　タンパク質種子➡**エンドウ**　炭水化物種子➡**コムギ** …(答)

テーマ36 同化の導入

板書

同化について

❶ ➡エネルギーを吸収して，からだ物質を合成するはたらき。

➡同化は“合成するからだ物質の種類”や“吸収するエネルギーの種類”によって，以下のように分けられる。

- 炭酸同化…C・H・Oを含む物質(炭水化物など)を合成
  - ➡ ・光エネルギーを吸収 …光合成(テーマ37〜47)
  - ・化学エネルギーを吸収…化学合成(テーマ47)
- 窒素同化…C・H・O・Nを含む物質を合成(テーマ48)
  - ➡❷ ・タンパク質 ➡C・H・O・N・S
  - ・核酸 ➡C・H・O・N・P
  - ・ATP ➡C・H・O・N・P
  - ・クロロフィル➡C・H・O・N・Mg
  - など

❸

光合成について

《主役》葉緑体

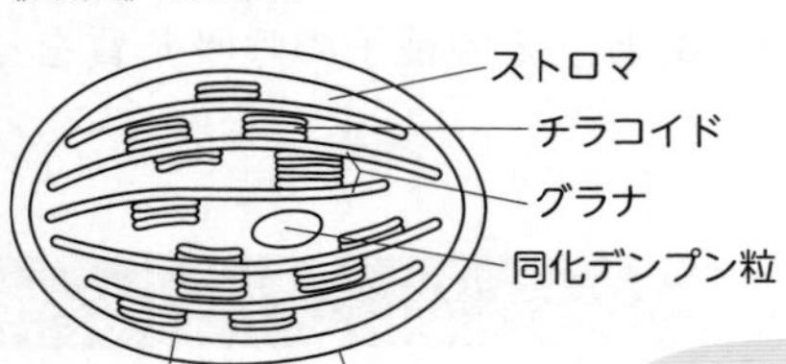

(生物例)
- 緑色植物
- 光合成細菌(テーマ47)

光エネルギーを吸収し，化学エネルギーに変換する色素である光合成色素(テーマ37&38)を含む

《反応経路》
- 光化学反応
- ヒル反応
- 光リン酸化

} (チラコイド) ➡テーマ39

- カルビン・ベンソン回路(ストロマ)➡テーマ40

ポイントレクチャー

❶ 本テーマより，同化について勉強していこうね。同化とは，エネルギーを吸収して，からだ物質を合成するはたらきのことをいうよ。同化はC・H・Oを含む物質(**炭水化物**など)を合成する**炭酸同化**と**C・H・O・N**を含む物質(**タンパク質・核酸・ATP・クロロフィル**など)を合成する**窒素同化**に大別されること，さらに，炭酸同化は光エネルギーの吸収による**光合成**と化学エネルギーの吸収による**化学合成**に細かく分けられることを知っておこう。**特に テーマ47 以降では，これらの作用がごっちゃになってしまうので，本テーマでこれら同化の定義をしっかり押さえておこうね！**

❷ テーマ13&25では，タンパク質や核酸・ATPの構成元素について勉強したね。本テーマではこれらの物質にクロロフィルが加わっているよ。テーマ13同様，クロロフィルの構成元素に関しても，下の**覚えるツボを押そう**のように，声に出して覚えようね。

❸ テーマ39&40では，光合成の4つの反応経路である「**光化学反応**」「**ヒル反応**」「**光リン酸化**」「**カルビン・ベンソン回路**」の詳しいしくみをそれぞれ勉強していくよ。本テーマでは，光合成の主役が**葉緑体**であること，光化学反応とヒル反応と光リン酸化が葉緑体の中にある扁平な袋状の膜構造である**チラコイド**で行われ，カルビン・ベンソン回路が葉緑体の中の液体である**ストロマ**で行われることを押さえておこうね。また，チラコイドには**クロロフィルなどの光合成色素**(詳しくはテーマ37&38にて)が含まれることも知っておこう。さらに，光合成が**緑色植物**だけでなく，**光合成細菌**(テーマ47)でも行われることをつかんでおこう。

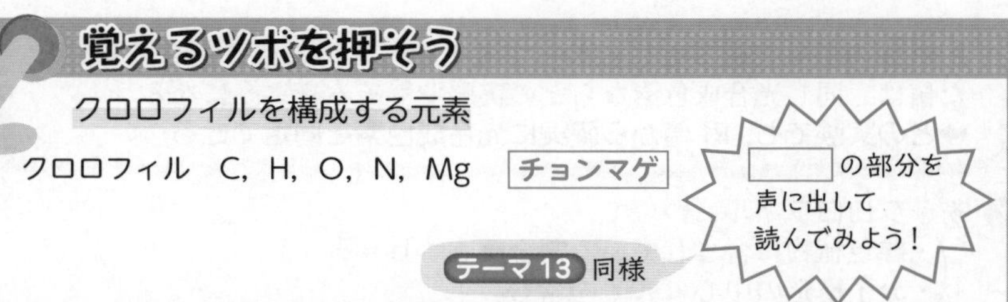

覚えるツボを押そう
クロロフィルを構成する元素
クロロフィル C，H，O，N，Mg チョンマゲ
の部分を
声に出して
読んでみよう！
テーマ13 同様

02 代謝

テーマ37 ペーパークロマトグラフィー法

板書

ペーパークロマトグラフィー法について

➡光合成生物がもつ光合成色素の種類を同定する方法

❶ POINT 緑色植物がもつ光合成色素

カロテン＞キサントフィル＞クロロフィルa＞クロロフィルb

（トルエンやキシレンなどの展開液に対する溶けやすさの順）

❷

ホウレンソウなどの葉を乳鉢に入れ，抽出液を加えてつぶし，色素を抽出する
（抽出液…メタノール：アセトン＝3：1）

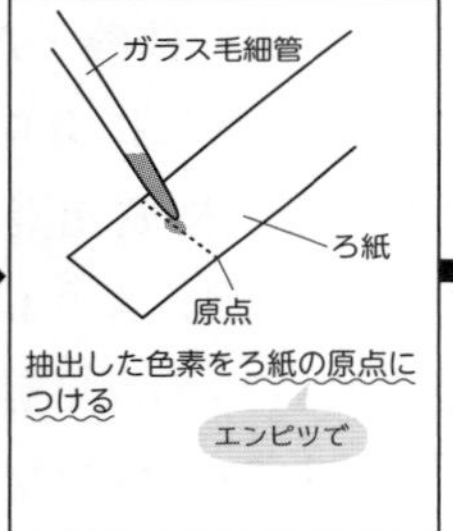

抽出した色素をろ紙の原点につける
エンピツで

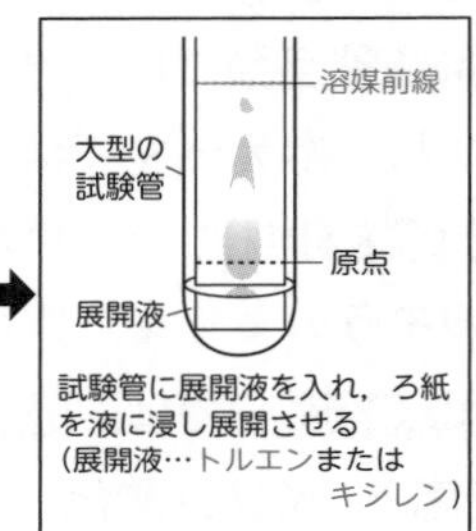

試験管に展開液を入れ，ろ紙を液に浸し展開させる
（展開液…トルエンまたはキシレン）

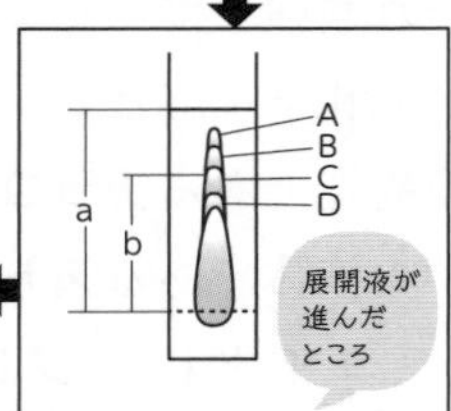

ろ紙を取り出し，溶媒前線に鉛筆で印をつけたあと，色素の輪郭をなぞる

実験の結果

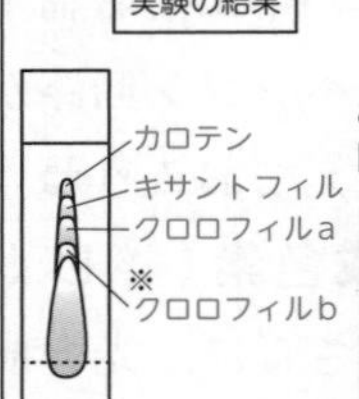

$$Rf値 = \frac{b}{a}$$

aは原点から溶媒前線までの距離
bは原点から各色素の中心までの距離

色素	色	Rf値
カロテン	橙	0.9～1.0
キサントフィル	黄	0.7～0.8
クロロフィルa	青緑	0.5～0.6
クロロフィルb	黄緑	0.4～0.5

❸ POINT Rf値の意義

aやbの値は実験ごとに変わってくるが，このように割合で算出した値は，同じ光合成色素ならどの実験でもそろうようになる
➡どの実験でも，Rf値から確実に光合成色素を同定できる

❹ ※…クロロフィルについて
- 緑色植物に含まれている割合➡a：b＝3：1
- 分子構造の中心にMgを含む

ポイントレクチャー

❶ テーマ36で勉強した光合成色素を種類ごとに分離・同定する実験方法であるペーパークロマトグラフィー法について勉強していこう。光合成の分野を扱った試験問題は，緑色植物に注目したものがほとんどであるため，まずは，緑色植物がもつ光合成色素について押さえていこう。これら4つの光合成色素(**カロテン・キサントフィル・クロロフィル a・クロロフィル b**)をこのように，**トルエンやキシレンなどの展開液に対する溶けやすさの順**で覚えておくと，この実験の結果がわかりやすくなるよ。

❷ ここに，ペーパークロマトグラフィー法の概要を示しておくね。光合成色素を溶かす抽出液が「**メタノール：アセトン＝3：1**」の混液であること，展開液(トルエンやキシレン)がすすんだところが**溶媒前線**とよばれること，実験の結果が❶で示した光合成色素の順になっていること，**Rf 値**は原点から溶媒前線までの距離と原点から各色素の中心までの距離から算出されることを押さえておこう。

❸ 日本中どの場所で行われた実験でも，同じ光合成色素なら同じ Rf 値として算出されるよ。このように，Rf 値はどの環境で行われた実験でも確実に光合成色素を同定するために設定された値なんだね。

❹ 緑色植物では光合成色素としておもに**クロロフィル a** が利用されるよ。右図にその分子構造を示しておくね。ここで，分子構造の中心に **Mg** があることに注目しておこう。

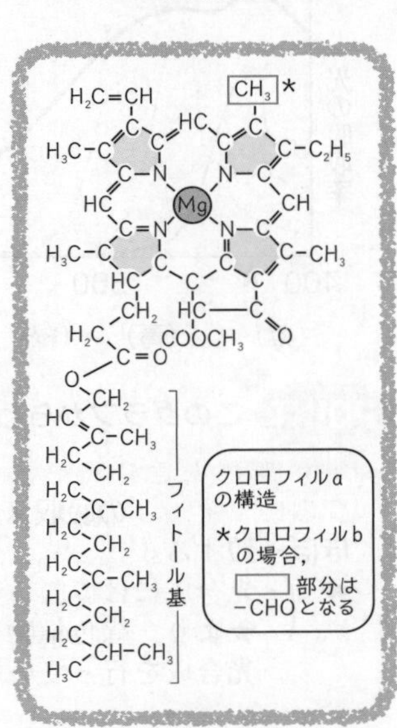

CH_3 *
Mg
フィトール基
クロロフィル a の構造
*クロロフィル b の場合，□部分は −CHO となる

ゴロで覚えよう

緑色植物がもつ光合成色素

カキクうエビ
カ(ロテン) キ(サントフィル) ク(ロロフィル) うめー エ(a) ビ(b)

エビ　カキ

(トルエンやキシレン(展開液)に対する溶けやすさの順)

テーマ38 光の吸収スペクトル

板書

光の吸収スペクトルについて

❶
- ・吸収スペクトル…各光合成色素が吸収する光の波長とその吸収率との関係を示したグラフ
- ・作用スペクトル…光の波長と光合成生物が行う光合成速度との関係を示したグラフ

《緑色植物の吸収スペクトルと作用スペクトル》

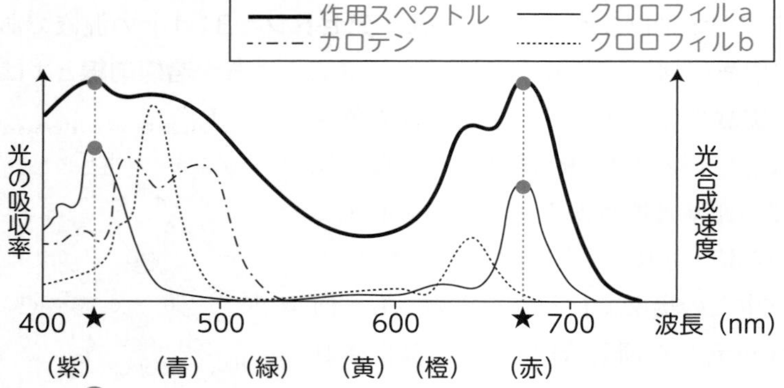

❷
POINT このグラフからわかること

クロロフィル a の吸収スペクトルの形と作用スペクトルの形がほぼ一致する。

➡
- ・光合成にはクロロフィル a がおもに利用される
- ・★より，緑色植物は青紫色と赤色の光を利用して効率よく光合成を行っている

❸
まとめ 緑色植物がもつ光合成色素の分類

この2つを合わせてカロテノイドという。

- ・主色素　…クロロフィル a
- ・補助色素…クロロフィル b，カロテン，キサントフィル

➡クロロフィル a が吸収できなかった光を吸収し，エネルギーをクロロフィル a に渡す色素

ポイントレクチャー

❶ テーマ37で勉強したカロテン，クロロフィルa，クロロフィルbが光合成にどのくらい利用されているかを，**吸収スペクトル**と**作用スペクトル**で確認していこう。吸収スペクトルとは“どのような波長の光で光合成色素がどのくらい光を吸収したか”を表すグラフのこと，作用スペクトルとは“どのような波長の光で光合成がどのくらい行われたか”を表すグラフのことだよ。大体，紫色が400 nm付近の波長，赤色が700 nm付近の波長であることを押さえておき，残りの色(波長)はこの間のグラデーションでつかんでおくとよいよ。

❷ このグラフから，クロロフィルaの吸収スペクトルの2つ山のてっぺんと作用スペクトルのてっぺんの位置がほぼ同じ波長に現れていることが読み取れるね。**これにより，光合成にはおもにクロロフィルaが利用されること，および，緑色植物は青紫色と赤色の光を利用して効率よく光合成を行っていることを押さえておこう**！

❸ クロロフィルaのような，おもに光合成に利用されている光合成色素を**主色素**，それ以外の光合成色素を**補助色素**というよ。カロテンとキサントフィルを合わせて**カロテノイド**ということも知っておこうね。

あともう一歩踏み込んでみよう

各光合成生物がもつ光合成色素

詳しくはテーマ194&195&199で勉強するが，ここでも軽く押さえておこう！

光合成色素			色	原生生物				植物	細菌類	
				ケイ藻類	褐藻類	紅藻類	緑藻類		シアノバクテリア	光合成細菌
クロロフィル	クロロフィルa		青緑	●	●	●	●	●	●	
クロロフィル	クロロフィルb		黄緑				●	●		
クロロフィル	クロロフィルc		緑	●	●					
クロロフィル	バクテリオクロロフィル		青緑							●
カロテノイド	カロテン		橙	○	○	○	●	●	○	
カロテノイド	キサントフィル	ルテイン	黄			○	●	●		
カロテノイド	キサントフィル	フィコキサンチン	褐	●	●					
フィコビリン	フィコシアニン		青			○			●	
フィコビリン	フィコエリトリン		紅			●			○	

(●…使用している色素　○…もってはいるが使用していない色素)

テーマ39 光化学反応，ヒル反応，光リン酸化

板書

光合成の反応経路

絶対暗記！

❶ 反応式 $6CO_2 + 12H_2O \rightarrow C_6H_{12}O_6 + 6O_2 + 6H_2O$

テーマ36 の復習

（イメージ）

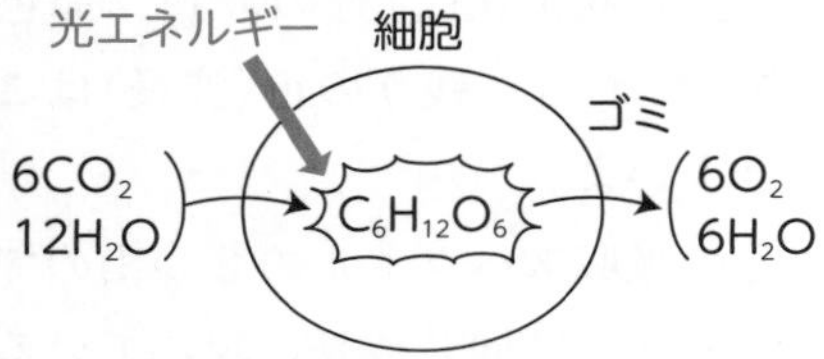

光エネルギー　細胞

$6CO_2$ $12H_2O$ → $C_6H_{12}O_6$ → ゴミ（$6O_2$ $6H_2O$）

（葉緑体のチラコイドでは3つの反応（反応Ⓐ～反応Ⓒ）が，ストロマでは1つの反応（反応Ⓓ ➡ テーマ40）が見られる。）

チラコイドでの反応

❷

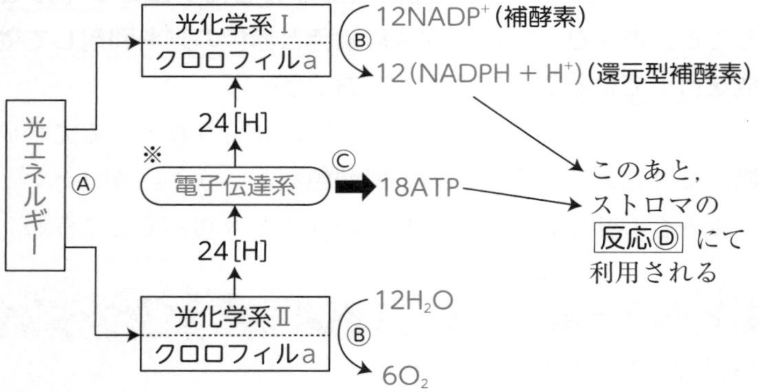

光エネルギー Ⓐ → 光化学系Ⅰ（クロロフィルa） Ⓑ $12NADP^+$（補酵素）→ $12(NADPH + H^+)$（還元型補酵素）

光エネルギー Ⓐ → 光化学系Ⅱ（クロロフィルa） Ⓑ $12H_2O$ → $6O_2$

光化学系Ⅱ → 24[H] → ※電子伝達系 Ⓒ ➡ 18ATP → 24[H] → 光化学系Ⅰ

$12(NADPH + H^+)$，18ATP → このあと，ストロマの反応Ⓓにて利用される

- 反応Ⓐ　光化学反応➡光エネルギーの吸収
- 反応Ⓑ　ヒル反応　➡$12H_2O$ と $12NADP^+$から $6O_2$ と $12(NADPH+H^+)$を生成
- 反応Ⓒ　光リン酸化➡18ATP の生成

※…この電子伝達系も呼吸の場合（テーマ28）と同様，H^+の濃度勾配を利用してATPを合成するしくみである。

POINT

反応Ⓐ…光反応　反応Ⓑ・Ⓒ…酵素反応（温度や pH の影響を受ける）

ポイントレクチャー

❶　本テーマより，光合成の反応経路について勉強していこう。ここに，光合成の反応式とイメージを示しておいたので，目を通しておいてね。**そして，光合成の反応式は，呼吸の反応式（テーマ25）の“逆反応”ととらえ，絶対に暗記しておこう！**

❷　**本テーマとテーマ40で勉強する各反応経路では，とにかく各反応系の赤字の内容を押さえておくことが大切だよ！**本テーマではまず，チラコイドでの反応である反応Ⓐ**光化学反応**，反応Ⓑ**ヒル反応**，反応Ⓒ**光リン酸化**の概要を説明するね。まず，反応Ⓐでは，**光化学系（クロロフィル a**などを含むタンパク質の複合体）による**光エネルギー**の吸収が行われるよ。次に反応Ⓑでは，反応Ⓐで光化学系Ⅱのクロロフィル a のエネルギーによって，**12 分子の H_2O** から **6 分子の O_2** と **24 分子の［H］**が取り出され，その 24 分子の［H］が光化学系Ⅰのクロロフィル a のエネルギーによって，$NADP^+$還元酵素の補酵素である **12 分子の $NADP^+$** と結合し，**12 分子の $NADPH+H^+$** が合成される。その際，反応Ⓒでは，テーマ28と同様，**電子伝達系**のしくみにより，**18 分子の ATP** が合成されるよ。右図で，**H^+の濃度勾配**のようすをしっかりとつかんでおいてね。**ここで，反応Ⓑと反応Ⓒで合成された 12（$NADPH+H^+$）や 18ATP は反応Ⓓカルビン・ベンソン回路（テーマ40）で利用されることを押さえておこうね！**また，反応Ⓑで放出された 6 分子の O_2 は，「ゴミ」として放出されることもつかんでおこう。

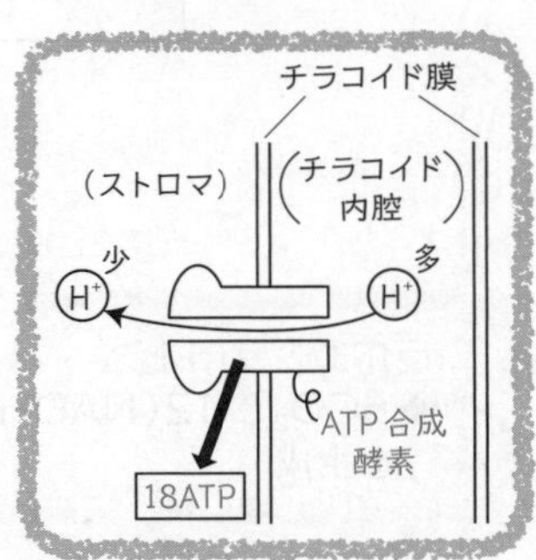

覚えるツボを押そう

呼吸と光合成の水素（電子）供与体の違い

◆呼吸　…**10（$NADH+H^+$）**と **$2FADH_2$** から $24H^+$ と $24e^-$ を取り出して電子伝達系へ（テーマ28）

◆光合成…**$12H_2O$** から $24H^+$ と $24e^-$ を取り出して電子伝達系へ

テーマ40 カルビン・ベンソン回路

板書

ストロマでの反応

❶

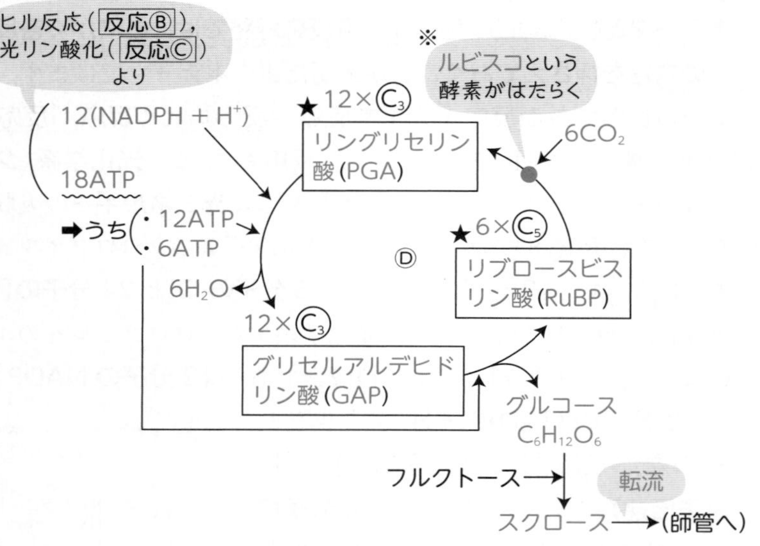

反応Ⓓ　カルビン・ベンソン回路
➡ $6CO_2$と12(NADPH＋H^+)と18ATPから$C_6H_{12}O_6$と$6H_2O$を生成

❷ ※…**ルビスコ**（RuBPカルボキシラーゼ／オキシゲナーゼ）はストロマ内のCO_2濃度が低くなると，あまりCO_2を固定しなくなる。

➡テーマ43

★…別名
- ・リングリセリン酸　…**ホスホグリセリン酸，グリセリン酸リン酸**
- ・リブロースビスリン酸…**リブロース2リン酸**

POINT

反応Ⓓ…酵素反応（温度やpHの影響を受ける）

ポイントレクチャー

❶ テーマ39 同様，とにかく赤字の内容を押さえていこう！反応Ⓓカルビン・ベンソン回路では，リングリセリン酸（PGA）やグリセルアルデヒドリン酸（GAP），リブロースビスリン酸（RuBP）の３つの物質の名称を覚えておくことが鍵。その上で，PGA と GAP が C_3 化合物であり，RuBP が C_5 化合物であることを押さえておこう。「RuBP → PGA」の反応では，ルビスコという酵素によって６分子の CO_2 が固定され，６分子の RuBP（C の合計 30 個）が 12 分子の PGA（C の合計 36 個）へと変換される。また，「GAP → RuBP」の反応では，１分子の $C_6H_{12}O_6$ が放出され，12 分子の GAP（C の合計 36 個）が６分子の RuBP（C の合計 30 個）へと変換される。このように，カルビン・ベンソン回路の各物質の炭素数に注目して覚えていくと，頭に詰め込みやすいよ。また，反応Ⓑと反応Ⓒにより合成された 12 分子の $NADPH+H^+$ と 18 分子の ATP のうち 12 分子の ATP は「PGA → GAP」の反応過程ではたらき，この過程で６分子の H_2O が放出されること，反応Ⓒの残りの６分子の ATP は「GAP → RuBP」の反応過程ではたらくこともつかんでおこう。さらに，「GAP → RuBP」の反応で放出された $C_6H_{12}O_6$ はフルクトースが付加され，スクロースとなって師管へと転流することも知っておこう。

❷ ルビスコは地球上で最も多く存在するタンパク質であり，気体である CO_2 を固定してからだ物質の合成に活かしたという素晴らしい機能をもった，光合成生物にとっては欠かせない酵素の１つだ。しかし，その反面，ストロマ内の CO_2 濃度が低いとへそを曲げて，O_2 を固定して CO_2 を放出する反応を触媒してしまうこともあるんだよ（この反応を光呼吸というよ）。その対策の例として テーマ43 で勉強する C_4 回路があげられるよ。ちなみに，ルビスコという名称は，とある研究者が食品会社のナビスコをもじってつけられたんだよ。

覚えるツボを押そう

物質の炭素数

◆ RuBP ➡ PGA ：6 × C_5（C が 30 個）に $6CO_2$ が固定されて $12×C_3$（C が 36 個）
◆ GAP ➡ RuBP ：12×C_3（C が 36 個）から $C_6H_{12}O_6$ が放出されて $6×C_5$（C が 30 個）

02 代謝

テーマ41 ヒルとルーベンの実験

板書

ヒル（イギリス）の実験（1939年）➡ 反応Ⓑ の解明

❶

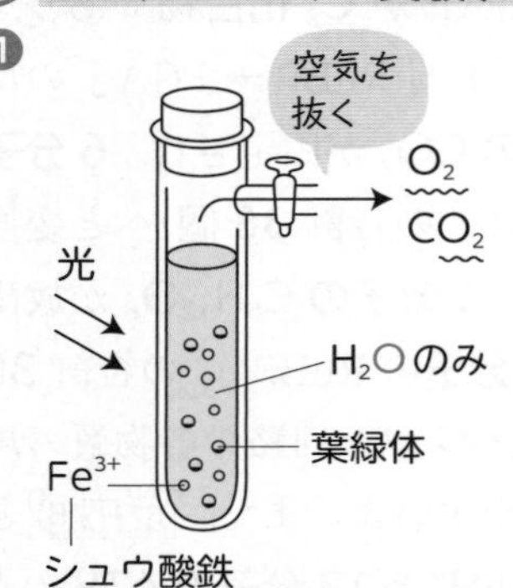

緑藻から取り出した葉緑体の懸濁液に，[H]（H^+やe^-）の受け取り役であるシュウ酸鉄（Ⅲ）を加え，空気（O_2やCO_2）を排気した状態で，光を照射すると，O_2が発生した。

➡この発生したO_2はH_2OのOから生じたものであることがわかる。

結論

光合成で発生するO_2はH_2O由来である

❷ **参考**

ヒルは❶の実験で発生したO_2の確認方法として「ヘモグロビン（Hb）→酸素ヘモグロビン（HbO_2）」の反応を利用した

ルーベン（アメリカ）の実験（1941年）➡ 反応Ⓑ の解明

❸

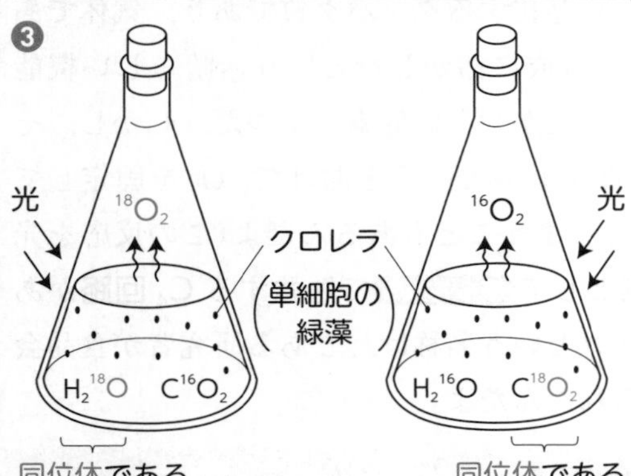

クロレラの培養液に^{16}Oの同位体である^{18}Oを含む$H_2{}^{18}O$を与え光を照射すると，$^{18}O_2$が発生した。また，^{18}Oを含む$C^{18}O_2$を与えて光を照射しても，$^{18}O_2$は発生しなかった。

結論　光合成で発生するO_2はH_2O由来である

ポイントレクチャー

❶ 本テーマでは，テーマ39で勉強した反応Ⓑヒル反応の解明に貢献した2つの実験について説明するね。まず1つ目はその名の通り，**ヒル**が行った実験から。イギリスの生化学者であるヒルは，この図にあるように，葉緑体の懸濁液が入った試験管に[H]の受け取りを行う$NADP^+$の代わりとなる**シュウ酸鉄**を入れ，もともと空気中にあったO_2やCO_2を取り除くために十分に排気したのちに光を照射すると，O_2が発生することを確認した。また，シュウ酸鉄を加えなかった場合には，O_2の発生は確認できなかった。発生したO_2の由来について追及を始めたヒルは，「**試験管内に存在するO(酸素原子)はH_2OがもつOしかない**」と考え，「光合成で発生するO_2は**H_2O**由来である」という結論に至ったよ。

❷ HbO_2をあまり含まない静脈血は暗赤色を帯び，HbO_2を多く含む動脈血は鮮紅色を帯びるよ。このHbの性質を利用して，ヒルはO_2の発生を視覚的に確認したんだね。

❸ 反応Ⓑヒル反応の解明に貢献した2つ目の実験は，アメリカの生化学者である**ルーベン**の実験だよ。ヒルの実験では，“光合成で発生したO_2が本当にH_2O由来であるかどうか”まではわからなかったが，ルーベンはこの図のように**同位体である^{18}Oを含む$H_2{}^{18}O$**と含まない$C^{16}O_2$の培養液中で光合成を行わせたクロレラは**$^{18}O_2$を発生させた**が，^{18}Oを含む$C^{18}O_2$と含まない$H_2{}^{16}O$の培養液中で光合成を行わせたクロレラは**$^{18}O_2$を発生させなかった**ことを示したよ。つまり，ルーベンはヒルが示そうとした「光合成で発生するO_2は**H_2O**由来である」という結論の信憑性を高めた研究者だね。

あともう一歩踏み込んでみよう

同位体と放射性同位体

- 同位体 …原子番号は同じだが質量数が異なるもの。放射線を放出しない。➡本テーマやテーマ54
- 放射性同位体…同位体の中で放射線を放出するもの。
  ➡ハーシーとチェイスの実験(生物基礎範囲)

テーマ42 カルビンとベンソンの実験

板書

❶ カルビン（アメリカ）の実験（1957年）➡ 反応Ⓓの解明

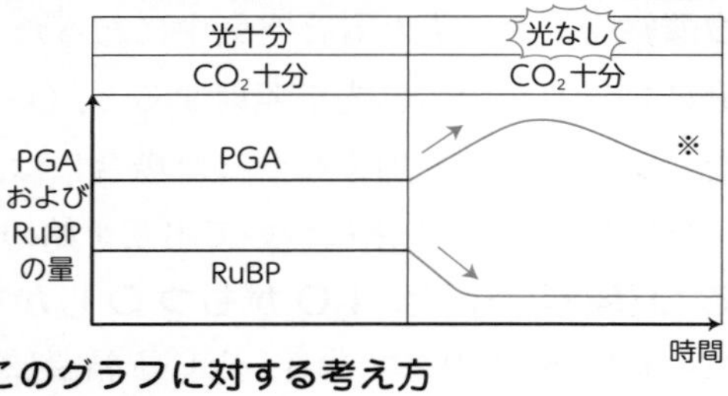

光十分	光なし
CO_2十分	CO_2十分

PGAおよびRuBPの量
PGA
RuBP
※
時間

POINT このグラフに対する考え方

(iii)↑
NADPH + H^+
PGA
CO_2
ATP
(i)
RuBP
(iii)↓
(ii)

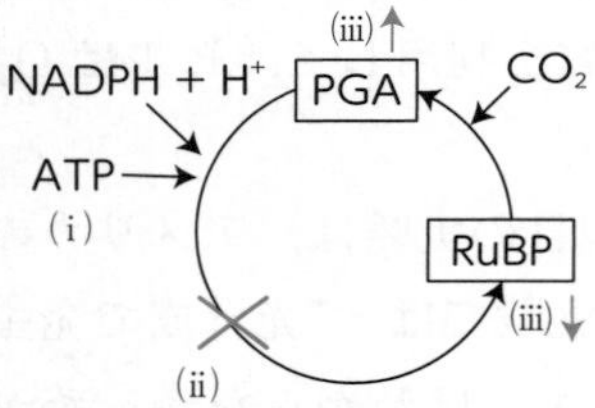

(i)光がなくなり，チラコイドからのNADPH＋H^+やATPの供給が止まる
(ii) PGA → RuBPへの反応が停止する
(iii)一方，CO_2の供給は続くため，RuBP → PGAへの反応は進行する。その結果，PGAが増加し，RuBPが減少する

❷ ベンソン（アメリカ）の実験（1949年）➡ 反応Ⓓの解明

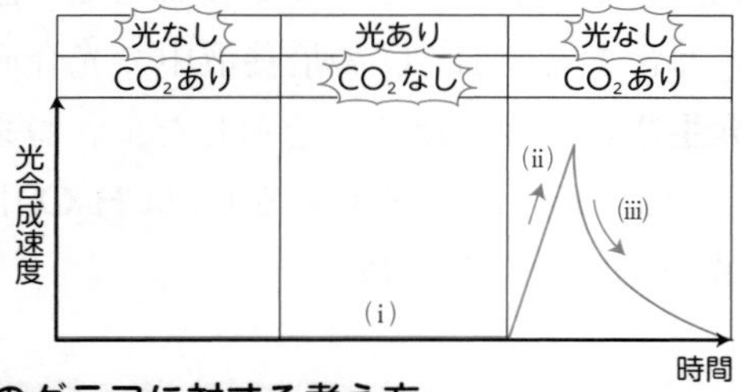

光なし	光あり	光なし
CO_2あり	CO_2なし	CO_2あり

光合成速度
(i)
(ii)
(iii)
時間

POINT このグラフに対する考え方

(i) CO_2がないため，光合成速度は0であるが，光の照射により，チラコイドからのNADPH＋H^+やATPの供給は進行している状態
(ii) CO_2の供給により，(i)で供給されたNADPH＋H^+やATPがカルビン・ベンソン回路で消費され，光合成速度が一瞬増加する
(iii) NADPH＋H^+やATPがなくなり，次第に光合成速度は低下する

ポイントレクチャー

❶ テーマ41に引き続き，本テーマでも光合成反応を解明した実験について説明するね。テーマ40で勉強した反応Ⓓカルビン・ベンソン回路の解明に貢献した，アメリカの生化学者である**カルビン**は，藻類に光とCO_2を十分与えたのちに光を消すと，**PGAが増加し，RuBPが減少する**ことに注目した。これは，光を消したことにより，**PGA → RuBPへの反応は停止したがRuBP → PGAへの反応は進行した**ことが原因だよ。**POINTのグラフに対する考え方を(i)〜(iii)の順序でしっかりと理解しておこうね**！ちなみに，生体内にPGAなどの有機酸が増えすぎると，これらは窒素同化のアミノ酸生成の反応に使い回されるよ（テーマ48）。だから，左ページの※のように，時間が経つとPGAは減少しているんだね。この流れも軽くつかんでおこう。

❷ もう1つ，反応Ⓓの解明に貢献した，アメリカの生物学者である**ベンソン**の実験について説明するね。ベンソンは，光を照射するがCO_2は与えない環境下で緑藻を培養した直後に，光は照射しないがCO_2は与える環境下で培養すると，**光合成が起こる**ことを確認した。これは，反応Ⓐ〜反応Ⓒ（テーマ39）で合成された**NADPH＋H^+やATP**が反応Ⓓで**一瞬だけ使われた**ことが原因だよ。**これも❶同様，POINTのグラフに対する考え方を(i)〜(iii)の順序でしっかりと理解しておこうね**！

02 代謝

イメージをつかもう

カルビンの実験

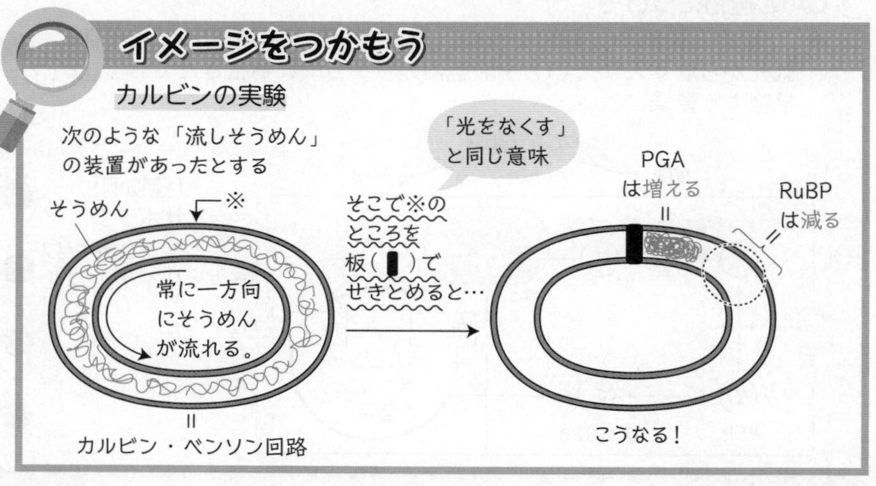
次のような「流しそうめん」の装置があったとする
そうめん
※
常に一方向にそうめんが流れる。
＝
カルビン・ベンソン回路
「光をなくす」と同じ意味
そこで※のところを板（ ）でせきとめると…
PGAは増える
RuBPは減る
こうなる！

テーマ43 C_4植物，CAM植物

板書

❶

C_4植物について

➡ CO_2をカルビン・ベンソン回路に提供する専用の回路であるC_4回路をもつ。CO_2を外気から多く取り込む必要がないため，**気孔をあまり開かなくて済む**。**強光・高温・乾燥**に強い。

葉肉細胞
維管束鞘細胞
オキサロ酢酸
リンゴ酸
リンゴ酸
C_4
PEP
カルボキシラーゼ
C_4回路
CO_2
RuBP
カルビン・ベンソン回路
※
CO_2
C_3
PEP
ピルビン酸
ピルビン酸
PGA

（植物例）
ススキ
シバ
サトウキビ
トウモロコシ

❷ ※…この反応を触媒する**ルビスコ**は，ストロマ内のCO_2濃度が低くなると，あまりCO_2を固定しなくなる（テーマ40）が，C_4植物は気孔が開いてしまいがちな「高温」環境においても，**C_4回路をもつことで効率よくCO_2をカルビン・ベンソン回路に供給できる**，という利点をもつ。

❸

CAM植物について

➡ C_4植物と同様，C_4回路をもつ。**昼は完全に気孔を閉じ**，夜の間に気孔から取り入れたCO_2を液胞内のリンゴ酸に蓄積させておく。C_4植物より**乾燥**に強い。

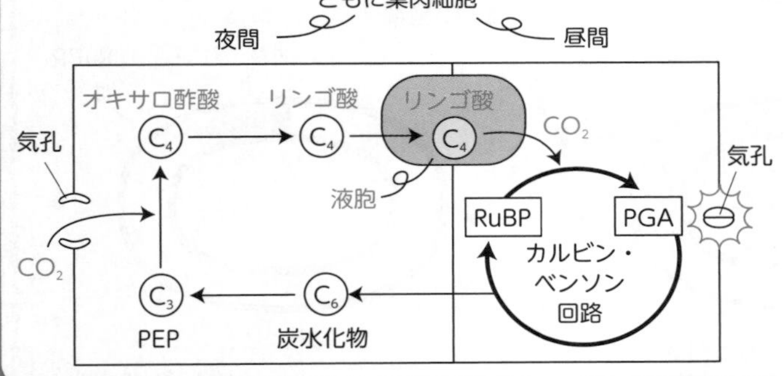

（植物例）
サボテン
ベンケイソウ
パイナップル

ポイントレクチャー

❶ C_4植物は図のように，カルビン・ベンソン回路にCO_2を提供する専用の回路である**C_4回路**をもつ植物だよ。この回路をもつことで，体内のCO_2を効率よく濃縮できるんだ。このため，C_4植物は**気孔が多く開いてしまい体内のCO_2濃度が不足がちになるような環境(強光・高温・乾燥)**での生育に適しているんだよ。**葉肉細胞**にC_4回路を，葉肉細胞に比べて温度が低いところであり，**比較的気孔が開きにくい環境(ルビスコがはたらきやすい環境)**である**維管束鞘細胞**にカルビン・ベンソン回路を配置させることで，効率よくCO_2の固定を行っているんだ。C_4回路における炭素(CO_2)が**「オキサロ酢酸→リンゴ酸→ピルビン酸」**の流れで伝わることを押さえておこうね。これは，クエン酸回路(テーマ27)の「リンゴ酸→オキサロ酢酸」の流れとは逆だね。あと，C_4植物の植物例も軽く押さえておこう。ちなみに，C_4回路をもたない，いわゆるふつうのカルビン・ベンソン回路のみをもつ植物のことをC_3植物というよ。

❷ ルビスコのはたらきに関して，テーマ40で確認しておいてね。

❸ CAM植物のCO_2濃縮のしくみは基本的にはC_4植物と同じだよ。ただ，C_4植物のように，C_4回路とカルビン・ベンソン回路のはたらきを別の細胞で分けず(両方とも**葉肉細胞**に配置されている)，また，**昼間は完全に気孔を閉じ**，夜間のみに気孔を開け，CO_2を**液胞**内の**リンゴ酸**に蓄積させておく，という違いはあるよ。そのため，CAM植物はC_4植物よりも**乾燥**の環境での生育に適しているよ。C_4植物ではCO_2の固定と有機物の合成の**“場所的分業”**が見られ，CAM植物ではCO_2の固定と有機物の合成の**“時間的分業”**が見られる，ということだね。また，CAM植物に関しても，植物例も軽く押さえておこう。

覚えるツボを押そう

C_4植物とCAM植物の環境への適応方法

◆ C_4植物　…CO_2の固定は葉肉細胞，有機物の合成は維管束鞘細胞とで分けている➡**場所的分業**

◆ CAM植物…CO_2の固定は夜間，有機物の合成は昼間とで分けている➡**時間的分業**

テーマ44 限定要因

板書

これがその反応の速度を限定(決定)している！

限定要因について

➡ある反応を支配する要因の中で“最も不足する要因”

❶ 例　梅おにぎり＝梅＋米＋海苔

・梅　…80個
・米　…十分量
・海苔…100枚
→ 梅おにぎり…80個 ➡ この場合，限定要因は「梅」となる

❷ POINT グラフを読み取るコツ

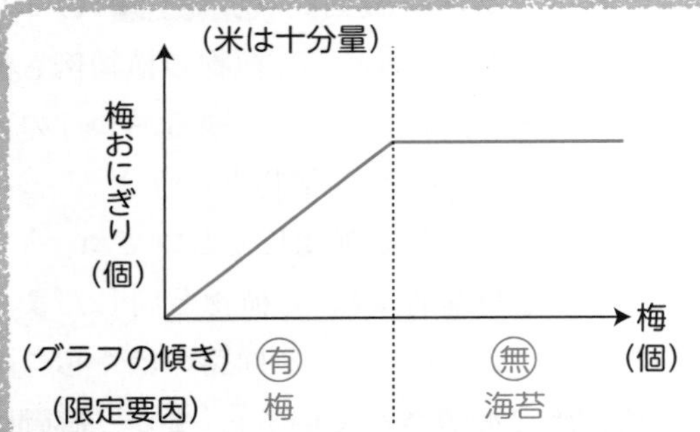

グラフの傾き㊒の領域
➡限定要因は横軸の要因
➡つまり「梅」

グラフの傾き㊏の領域
➡限定要因は横軸の要因でもなく，十分量でもない要因
➡つまり「海苔」

❸《光合成速度に影響を与える３つの要因》

1905年　ブラックマン(イギリス)　光の強さ・温度・CO_2濃度

❸《光合成速度と限定要因》

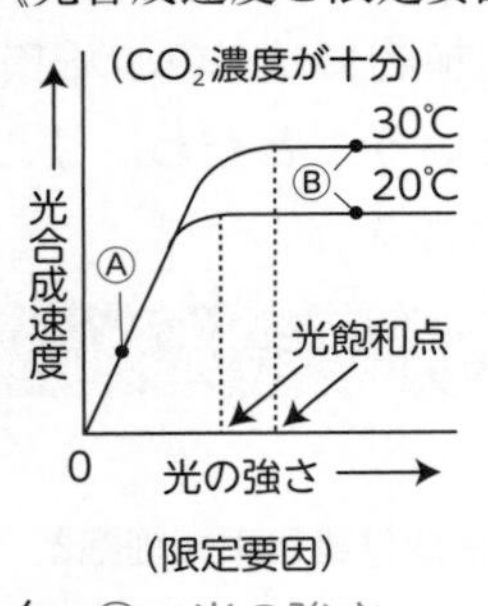

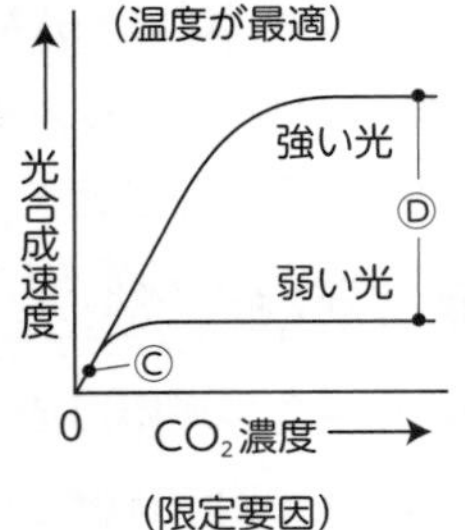

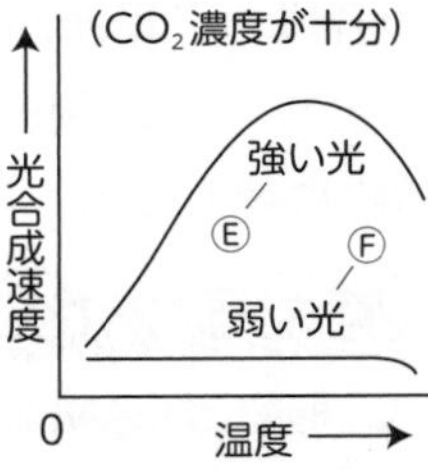

(限定要因)
・Ⓐ…光の強さ
・Ⓑ…温度

(限定要因)
・Ⓒ…CO_2濃度
・Ⓓ…光の強さ

(限定要因)
・Ⓔ…温度
・Ⓕ…光の強さ

ポイントレクチャー

❶ 例のように，梅おにぎりが梅と米と海苔からなることを利用して，限定要因の決定法を押さえておいてね。ちなみに，“1個の梅おにぎりには1個の梅，1枚の海苔”というルールでよろしく。

❷ このグラフは海苔の枚数を変えずに，梅の数を増やしていった場合における梅おにぎりの数を表したものだよ。**ここで注意しておきたいのは，常にグラフの傾きを意識すること**！傾き㊒のときは，梅の数に応じて梅おにぎりが増えていることから，限定要因は「**梅**」，傾きが㊣のときは，梅おにぎりが梅の数に応じていない＆米は十分量であることから，限定要因は梅でも米でもない「**海苔**」ということになるね。つまり，**傾き㊒の場合は横軸の要因**が，**傾き㊣の場合は横軸の要因でもなく十分量でもない要因**が限定要因になるよ。

❸ 光合成速度に影響を与える3つの要因(**光の強さ・温度・CO_2 濃度**)を押さえ，あとは，❷のようにグラフの傾きに注目しながら，限定要因を見極めるクセをつけていこう。Ⓐ・Ⓒ・Ⓔは傾き㊒を表している部分，Ⓑ・Ⓓ・Ⓕは傾き㊣を表している部分だよ。ちなみに，温度は**25℃～30℃**で最適，CO_2 濃度は**0.1％**もあれば十分量であることも押さえておこう。CO_2 濃度に関しては，大気中の濃度が0.04％だと考えれば合点がいくね。例えば陸上植物の場合，気温が30℃の天気が良い日なら，限定要因は**CO_2 濃度**になるよ。

類題を解こう

光合成曲線の計算問題

右図に関する次の文章の空欄に入る語句を記せ。
1キロルクスの弱光下での限定要因は(　i　)で，30キロルクスの強光下での限定要因は(　ii　)である。30℃以上で光合成速度が低下するのは，光合成に関与する(　iii　)が失活したためである。

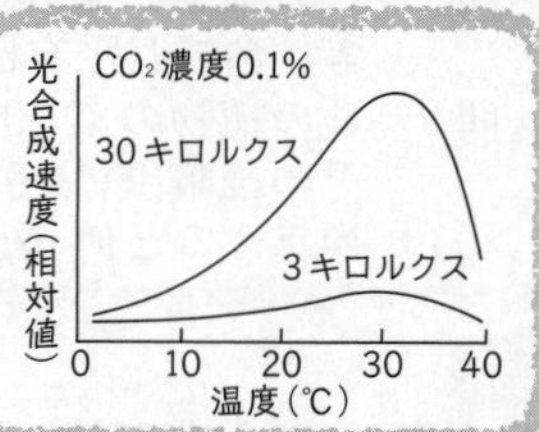

解説 CO_2 濃度が0.1％なら十分量であると考える。また，iに関しては「1キロルクスが弱光だから」と考えるのではなく，「グラフの傾きが無いだろうから」と考える。

(i) **光の強さ**　(ii) **温度**　(iii) **酵素** …(答)

テーマ45 光合成曲線

板書

光合成曲線について

❶《光合成と呼吸》

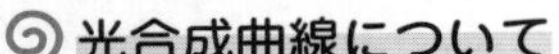

❷

POINT 光合成曲線

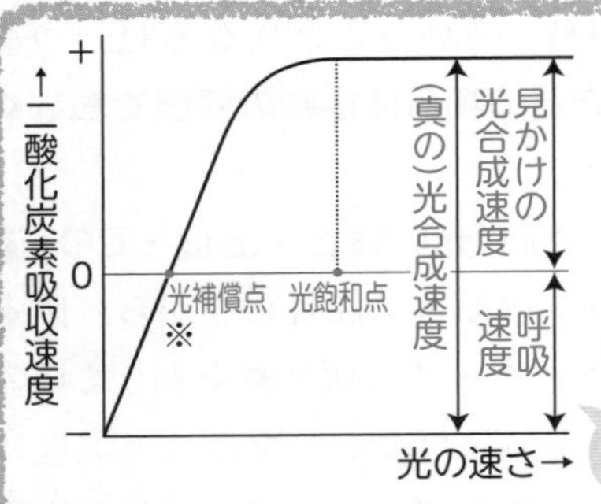

❸（関係式）

グルコースの合成量　グルコースの蓄積量　グルコースの消費量

（真の）光合成速度 ＝ 見かけの光合成速度 ＋ 呼吸速度

（※）光補償点…（真の）光合成速度と呼吸速度が同じときの光の強さ

光合成曲線の計算問題

次の表は光の強さ（単位はルクス）を変え，ある植物の葉一枚の CO_2 量の収支（単位は mg／50 cm^2・1時間）を測定した結果である。

光の強さ	0	1000	4000	8000	10000	12000	14000
CO_2 量	－1.2	－0.6	1.2	3.6	4.0	4.0	4.0

❸ 問1　この植物の葉 50 cm^2 に 8000 ルクスの光を5時間照射したとき，**合成**した有機物を CO_2 に換算すると何 mg になるか。

❹ 問2　この植物の葉 50 cm^2 に 10000 ルクスの光を 14 時間照射し，その後暗黒に 10 時間おいたとき，**蓄積**した有機物を CO_2 に換算すると何 mg になるか。

解説

問1　(真の)光合成速度を求める。
(3.6 ＋ 1.2)mg／1時間× 5時間＝ 24 mg…(答)

問2　見かけの光合成速度を求める。
4.0 mg／1時間× 14時間－ 1.2 mg／1時間× 10時間＝ 44 mg…(答)

ポイントレクチャー

❶　光合成と呼吸は **“逆”** 反応である。図を見て，光合成の**「真の値」**と**「見かけの値＝実測値」**の違いを明確にしておこうね。

❷　光合成曲線において，**「(真の)光合成速度」「見かけの光合成速度」「呼吸速度」**を表す範囲，および，**「光補償点」「光飽和点」**を表す点の位置を確認しておこう。また，暗所では呼吸のみが行われ，光合成は行われない。このことより，**呼吸速度は暗所で測定できる**ことも押さえておこうね。

❸　問1ではグルコースの**合成**量に相当するCO_2量が問われているため，まずは8000ルクスの光照射下における**(真の)光合成速度＝真の値**を求める必要があるよ。表に書かれた3.6は**見かけの値(実測値)**であるため，これに暗所での数値(**呼吸速度**に相当)である1.2を足して，真の値を求めたあとは，5時間換算で計算すればいいんだよ。

❹　問2ではグルコースの**蓄積**量に相当するCO_2量が問われているため，**表に書かれた数値である見かけの値をそのまま使うことができるよ。**あとは，10000ルクスの光照射下における表の数値(4.0)と，暗所での表の数値(－1.2)を問1と同様にそれぞれ時間換算して計算すればいいんだ。

類題を解こう

光合成曲線の計算問題

問1　左ページの問題の植物の葉$100cm^2$に4000ルクスの光を12時間照射し，その後暗黒に5時間おいたとき，蓄積した有機物をCO_2に換算すると何mgになるか。

問2　左ページの問題の植物の葉$50cm^2$を密閉した容器に入れ，暗黒に15時間おいた。その後，14000ルクスの光を照射したとき，何時間何分で暗黒時に放出したCO_2を使い果たしてしまうか。

解説

問1　葉の面積が$50cm^2$ → $100cm^2$(2倍)になっていることに注意！

1.2mg／1時間×**12**時間×**2**－**1.2**mg／1時間×**5**時間×**2**＝**16.8mg**…(答)

問2　**1.2**mg／1時間×**15**時間＝**18mg**…暗黒時に放出したCO_2量

➡ 18mg ÷ **4.0**mg／1時間＝**4.5時間**＝**4時間30分**…(答)

テーマ46 陽生植物と陰生植物

板書

陽生植物と陰生植物

- 陽生植物(陽樹)…光が多いところで生育する植物(樹木)
- 陰生植物(陰樹)…日陰で生育する植物(樹木)

❶《陽生植物と陰生植物の光合成曲線の違い》

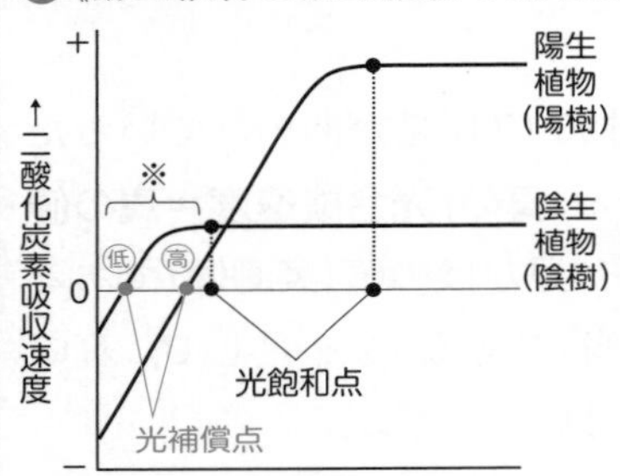

	呼吸速度	光飽和時の光合成速度	光補償点	光飽和点
陽生植物(陽葉)	大きい	大きい	高い	高い
陰生植物(陰葉)	小さい	小さい	低い	低い

❷

POINT 極相林の林床では陰樹のみが生育する

植物は光補償点よりも弱光下だと枯れ，強光下だと成長する
➡森林内において，陽樹よりも光補償点が低い陰樹の方が，光が届きにくい林床で生育しやすい(※)

〈光の奪い合いの勝者＝陰樹〉

陽葉と陰葉

❸

- 陽葉…日当たりのよいところについている葉。
- 陰葉…日当たりのよくないところについている葉。

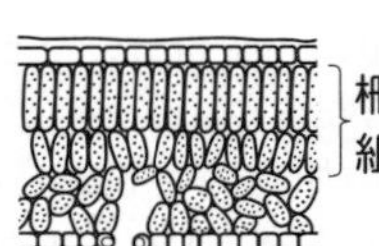

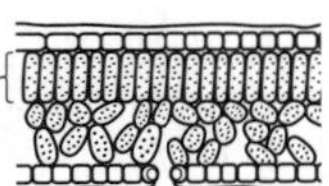

	厚さ	広さ
陽葉	厚い(柵状組織が発達している)	狭い
陰葉	薄い	広い(なるべく多くの光が欲しい)

ポイントレクチャー

❶ **陽生植物**と**陰生植物**の光合成曲線の違いをしっかりと確認しておこう。この２本の曲線からなるグラフと右側の表の通り，陽生植物の光合成曲線は陰生植物の光合成曲線に比べ，呼吸速度が**大きく**，光飽和時の光合成速度が**大きく**，光補償点が**高く**，光飽和点が**高い**。このことより，陽生植物は光が多いところでは**よく成長する**が，日陰のような光が少ないところでは**生育しにくい**ことがわかるね。逆に，陰生植物は光が多いところでは陽生植物に比べ**あまり成長しない**が，日陰のような光が少ないところでも陽生植物に比べ**生育しやすい**こともわかるね。このように光合成曲線から，植物の適切な生育環境を見い出すことができるんだよ。また，生物基礎範囲の植生の遷移で勉強する陽樹は陽生植物と同様の光合成曲線を示し，陰樹は陰生植物と同様の光合成曲線を示すことを知っておこう。

❷ 植物は光補償点よりも弱光下だと**枯れ**，強光下だと**成長**する。❶の陽樹(陽生植物)と陰樹(陰生植物)の光合成曲線の違いから，陽樹よりも光補償点が低い陰樹の方が，光が届きにくい**林床**で生育しやすいことがわかるね。**つまり陰樹において，光補償点が低いことが，光の奪い合い競争に有利にはたらいたってことなんだよ。**

❸ さらに，日当たりのよいところについている葉である陽葉は陽生植物と同様の光合成曲線を示し，日当たりのよくないところについている葉である陰葉は陰生植物と同様の光合成曲線を示すことも押さえておこう。また，陽生植物(陽樹)と陰生植物(陰樹)とは違い，陽葉と陰葉の光合成曲線は，１個体(１本の木)についている葉の違いに注目したものであることも知っておいてね。**柵状組織**が発達している陽葉は，光の多いところで光合成を行うため陰葉に比べ葉が**厚い**状態であり，光が少なくても生育しやすい陰葉は，光を受け止める効率を向上させるため，陽葉に比べ葉の表面積が**広い**ことを押さえておこう。

テーマ47 細菌が行う同化

板書

❶

光合成細菌が行う光合成

➡(生物例) (・紅色硫黄細菌 ・緑色硫黄細菌) 光合成色素としてバクテリオクロロフィルをもつ

反応式 $6CO_2 + 12H_2S \rightarrow C_6H_{12}O_6 + 12S + 6H_2O$　暗記！

➡（緑色植物はヒル反応の水素(電子)供与体として**水**(H_2O)を用いるが，光合成細菌は**硫化水素**(H_2S)を用いるため，酸素(O_2)ではなく，**硫黄**(S)を放出させる。）

❷

化学合成について

➡無機物を酸化させて得た**化学エネルギー**(※)で**炭水化物**などを合成するはたらき

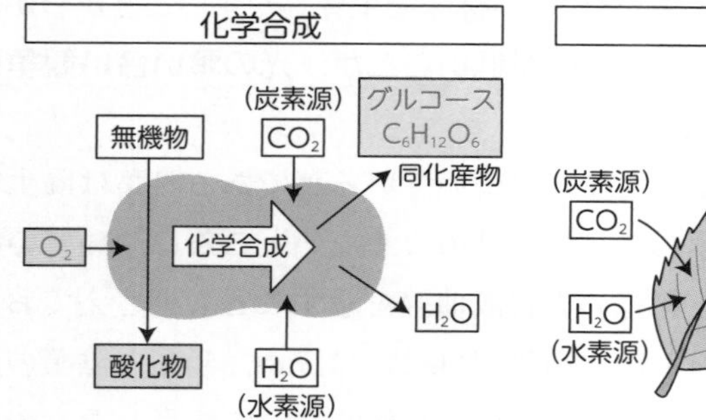

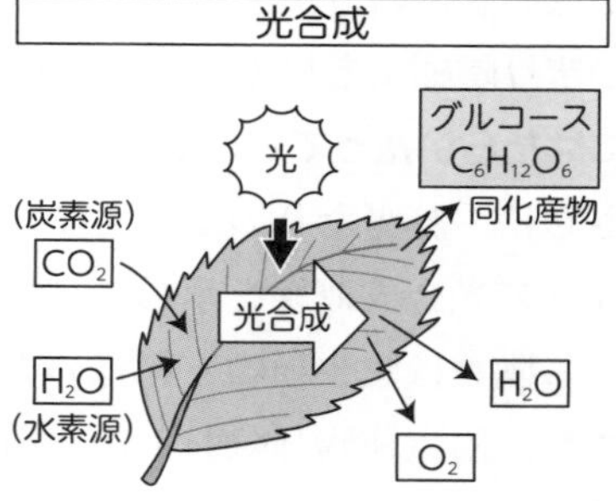

(※)（化学エネルギーで NADPH+H^+や ATP が合成され，カルビン・ベンソン回路に供給される。）

➡(生物例) (・硝酸菌 ・亜硝酸菌) 硝化菌(★)➡テーマ48
・硫黄細菌
・鉄細菌

❸

★…硝化菌が化学エネルギーを得る過程の反応式

・硝酸菌　：$2NO_2^- + O_2 \rightarrow 2NO_3^-$ + 化学エネルギー

・亜硝酸菌：$2NH_4^+ + 3O_2 \rightarrow 2NO_2^- + 2H_2O + 4H^+$ + 化学エネルギー

ポイントレクチャー

❶ **光合成細菌が行う光合成の反応式を暗記しよう**！コツとしては，まずは，緑色植物が行う光合成の反応式（$6CO_2 + 12H_2O \rightarrow C_6H_{12}O_6 + 6O_2 + 6H_2O$）を書き，その後，左辺の $12H_2O$ を **$12H_2S$** に，右辺の $6O_2$ を **12S** におき換えればいいんだよ。緑色植物が行うヒル反応（テーマ39&41）の「$12H_2O \rightarrow 6O_2$」が「$12H_2S \rightarrow 12S$」へ変わったと考えれば，覚えやすいよ。あと，光合成細菌の生物例と光合成色素の種類も押さえておこうね。ちなみに，右上図にあるような，温泉の岩などにある“ぬめぬめ”した緑色っぽいこの部分（これをバイオマットというよ）には多くの光合成細菌が生息しているんだよ。

❷ 光合成では光エネルギーによって **NADPH＋H^+** や **ATP** が合成されるが，化学合成では無機物を**酸化**させて得られた**化学エネルギー**によって合成されるよ。また，化学合成では**酸素**が利用されるが，同じく酸素が利用される呼吸とは全くの別反応（ましてや逆反応）だよ。化学合成での勉強においては以上の２点に注意しよう。あと，化学合成を行う細菌の生物例も押さえておこうね。

❸ 硝化菌は，テーマ48で勉強する**窒素同化**において，とても重要なはたらきを行うよ。ここでは，硝酸菌が**亜硝酸イオン（NO_2^-）**から**硝酸イオン（NO_3^-）**を生成し，亜硝酸菌が**アンモニウムイオン（NH_4^+）**から**亜硝酸イオン（NO_2^-）**を生成することを押さえておこうね。これら細菌の名称は基本的に自身が生成する物質に由来している，と考えると頭に詰め込みやすいよ（例乳酸菌➡**乳酸**を生成）。

あともう一歩踏み込んでみよう

チューブワーム

光の届かない深海の熱水噴出孔付近に，体内に硫黄細菌を共生させ，硫黄細菌が合成した有機物を利用生活しているチューブワームという環形動物（ミミズの仲間）が生息している。チューブワームは栄養分の供給を硫黄細菌に全て任せているため，口や肛門や消化管をもたない。
➡これが本物の“ヒモ”生活だね（笑）

チューブワーム（ハオリムシ）
硫黄細菌

02 代謝

テーマ48 窒素同化

板書

テーマ36の復習

窒素同化について

➡タンパク質，核酸，ATP，クロロフィルなどのC・H・O・Nを含む物質を合成するはたらき

❶ POINT 窒素同化を押さえるためのツボ

植物にとって，C・H・Oは光合成などで簡単に得ることができるが，「N」はどうにか体外から得なければならない。
➡「N」を提供してくれる細菌（硝化菌など）の存在が重要！
➡また，その「N」がどのように運ばれていくのかに注目！

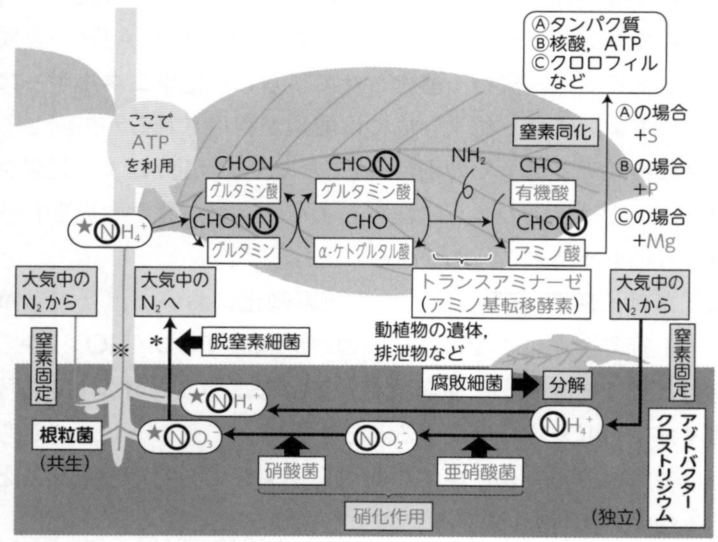

❷ ★… NH_4^+ と NO_3^- の性質

・NH_4^+…“吸収”される形であり，“利用”される形
・NO_3^-…ただ“吸収”されるためだけの形

❸ ※…このとき植物体内では以下の反応が行われている。

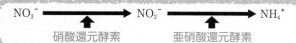

NO_3^- ──（硝酸還元酵素）──→ NO_2^- ──（亜硝酸還元酵素）──→ NH_4^+

＊…脱窒素細菌（脱窒菌）による「$NO_3^- \rightarrow N_2$」の反応もみられる。

ポイントレクチャー

❶　**窒素同化においては，とにかく左ページの反応経路の赤字の内容を覚えていくことが大切だよ**！その際，「N」の流れをバケツリレーの要領(➡Nを◯で囲ったよ)で押さえていくことで，全体的な流れがつかみやすくなるよ。まず，動植物の遺体や排泄物が土壌中の腐敗細菌によって分解され生じた$\textcircled{N}H_4^+$が**亜硝酸菌**と**硝酸菌**のはたらきによって**硝化**(酸化)され，$\textcircled{N}O_3^-$を経て$\textcircled{N}O_3^-$となる(テーマ47)。根から吸収された$\textcircled{N}O_3^-$は**硝酸還元酵素**と**亜硝酸還元酵素**のはたらきによって$\textcircled{N}H_4^+$に還元される。$\textcircled{N}H_4^+$と**グルタミン酸**(C・H・O・N)が**ATP**のエネルギーによって結合して**グルタミン**(C・H・O・N・Ⓝ)となり，さらにグルタミンと**α-ケトグルタル酸**が結合することにより2分子の**グルタミン酸**(C・H・O・Ⓝ)が生じ，その後，グルタミン酸と**有機酸**との間で**トランスアミナーゼ**がはたらき，**アミノ酸**(C・H・O・Ⓝ)が合成される。その後，アミノ酸に**S**や**P**や**Mg**が付加されてタンパク質や核酸，ATPやクロロフィルが合成されるよ。図中の**窒素固定**に関してはテーマ49で詳しく勉強するね。

❷　NH_4^+は根から**吸収**もされるし，植物体内でアミノ酸などの窒素有機物の合成に直接**利用**される形であるが，NO_3^-はただ根から**吸収**されるためだけ形である。僕たちヒトでイメージすると，NH_4^+は食べられることも，細胞呼吸に直接利用されることもある“グルコース”，NO_3^-はただ食べられるだけの“おにぎり”って感じかな？

❸　引き続き，❷の論理で説明していくと，硝酸還元酵素はおにぎり(デンプン)の消化を行う“アミラーゼ”，亜硝酸還元酵素はマルトースの消化を行う“マルターゼ”，NO_2^-はデンプンの消化産物である“マルトース”ってところかな？テーマ19の復習もよろしくね。

あともう一歩踏み込んでみよう

植物が吸収する「N」の形

土壌には硝化菌が大量に存在しているため，ほとんどの陸上植物は硝化菌によって変換されたNO_3^-の形で「N」を取り込むことになる。しかし，水田には硝化菌があまり存在しないため，イネなど，水田に生えている植物は，ほとんどをNH_4^+の形で「N」を取り込む。

テーマ49 窒素固定

板書

植物はこの形で窒素を体内に取り込む

❶

窒素固定について

➡大気中の窒素(N_2)をアンモニウムイオン(NH_4^+)に変換するはたらき

《植物が窒素を体内に取り入れるときの考え方》

大気の78％はN_2(…植物はできればこれを窒素同化に利用したい)

➡しかし，一般の植物は大気中のN_2をそのまま直接取り込むことができない

➡そこで，窒素固定生物(窒素固定細菌)によって，大気中の窒素が植物体内に取り込まれる

❷《窒素固定生物》

(生物例)
- ・根粒菌(※)…マメ科植物(エンドウ，レンゲ，シロツメクサ)の根に根粒をつくって共生生活を行う
- ・アゾトバクター…単独で生活。呼吸を行う
- ・クロストリジウム…単独で生活。発酵を行う
- ・シアノバクテリア…ネンジュモ，アナベナ
- ・光合成細菌…紅色硫黄細菌，緑色硫黄細菌

❸ ※…根粒菌の共生

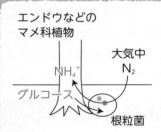

エンドウなどのマメ科植物

大気中 N_2

NH_4^+

グルコース

※

根粒菌

㊟(根粒菌は“単独”でも生活できる)

❹ POINT ニトロゲナーゼ

窒素固定を触媒する酵素
すべての窒素固定生物がもつ
酸素によって失活する性質をもつ

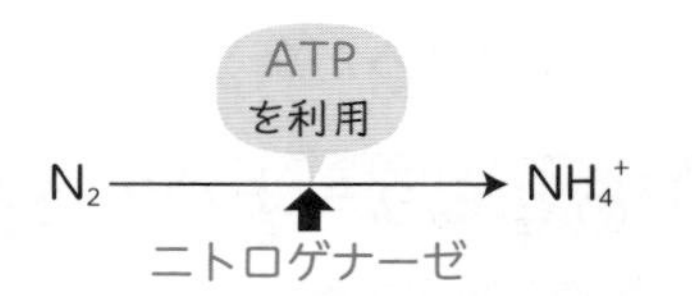

ポイントレクチャー

❶ テーマ48で勉強したように，植物は土壌中のNを根から吸収して窒素同化を行うが，その土壌中のNの供給源は，腐敗細菌が動植物の遺体や排泄物から合成したNH_4^+だけとは限らないんだ。生物の中には**大気中のN_2をNH_4^+に変換する**はたらきである**窒素固定**を行うものもいて，植物はその**窒素固定生物（窒素固定細菌）**によって土壌中に固定されたNに由来したNO_3^-やNH_4^+を根から吸収して窒素同化を行っている，ともいえるよ。

❷ 窒素固定生物として，**マメ科植物**の根に根粒（根に生じるコブ）をつくって**共生**生活を行う**根粒菌**，**単独**生活を行う**アゾトバクター**と**クロストリジウム**を押さえておこう。ちなみに，クロストリジウムの中には，あの北里柴三郎博士の研究で有名な破傷風菌もいるんだよ。

❸ 根粒菌は**糖（グルコース）**をマメ科植物からもらい，自らは**NH_4^+**をマメ科植物に渡すことで，共生生活を行っているよ。このように生物間において両者が利益を得る共生を**相利共生**（テーマ167）というよ。また，根粒菌が“単独”で生活できることにも注意しようね。

❹ **ニトロゲナーゼ**はテーマ40&43で勉強したルビスコ同様，気体分子を触媒として物質を合成する酵素だよ。窒素固定のはたらきはこのニトロゲナーゼによるものだよ。ハーバー・ボッシュ法という，四酸化三鉄という無機触媒を用いて高温・高圧下でN_2をNH_4^+に変換する工業的製法があるが（⬅化学を履修している人は知っているかな？），これと同じ反応を常温・常圧下でニトロゲナーゼが触媒としてはたらくことを考えると，改めて生物の進化でつくられた触媒である酵素の偉大さを感じるよね。

あともう一歩踏み込んでみよう

稲妻

なぜ，稲妻（雷）を“稲の妻”と書くのか？

➡**それは雷によって，大気中の窒素が土壌中に大量に吸収され，そのNを利用して稲が育つ（子どもができる）ため。**

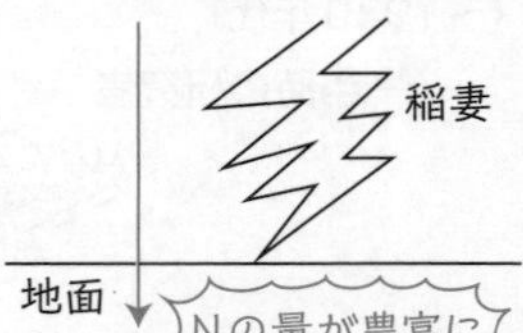

テーマ50 遺伝子の本体

板書

遺伝子の本体

❶➡（・親から子に伝わるもの
　　・からだの設計図

1865年　メンデル（オーストリア）
　　　　「遺伝子は因子である」
1903年　サットン（アメリカ）
　　　　「遺伝子は染色体上に存在する（＝染色体説）」

❷

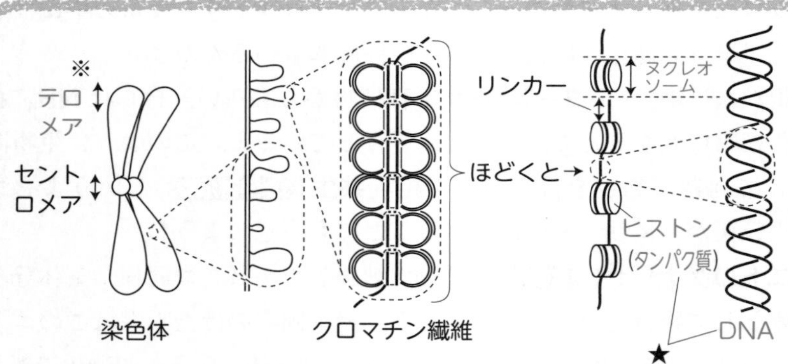

※テロメア…染色体の末端を保護する役割をもつ構造
　　　　　　細胞分裂のたびに短くなる➡テーマ55
　　　　　　短くなったテロメアはテロメラーゼという酵素によって修復される

★のように，染色体上に存在する物質は「DNA」と「タンパク質」の２つしかない。遺伝子の本体は，“この２つのどっちか”ということになる

（～1930年代）
　❸当時の研究者

しかし，今現在は，遺伝子の本体は「DNA」となっている。

ポイントレクチャー

❶ 第3章のテーマは「**遺伝子**」。**そこで，まずは遺伝子の定義を2つ完璧に押さえておこう**！これをしっかりと把握しておくと，今後の勉強がスムーズにいくはずだよ。

❷ **サットン**が「**遺伝子が染色体上に存在する**」ことを示したことにより，世の研究者たちが“染色体に含まれるどの物質が遺伝子を担当する物質(**遺伝子の本体**)であるか”を調べ始めた。すると，染色体に存在する物質は「**DNA**」と「**ヒストン(タンパク質)**」の2つだけであることがわかった。ここでは，染色体の特定の構造である**テロメア**や**セントロメア**，DNAとヒストンの集合体が凝縮してできる**クロマチン繊維**，クロマチン繊維の基本単位となる**ヌクレオソーム**などの名称を押さえておこうね。ちなみに，テロメアは，一定の長さまで短くなると細胞が分裂しなくなることから“細胞の寿命を示す時計”のような役割をしていると考えられているよ。そこで，アメリカのブラックバーン(2009年ノーベル生理学・医学賞受賞)が**テロメラーゼ**を発見したことで，「僕たちヒトの寿命を延ばせる可能性があるのでは！？」と正に夢のような研究が今現在行われているよ。

❸ もちろん，**今現在では，遺伝子の本体は「DNA」であることは当然である**！しかし，1930年代までは遺伝子の本体は「**タンパク質**」であると考える研究者が多かった。タンパク質はホルモンなど，体内の情報伝達を担当する物質などを構成しているため，当時の研究者には「情報伝達を行う➡親から子に伝わる➡遺伝子」とイメージしやすかったみたいなんだ。確かに，左ページの図を見ても，タンパク質が“本体”で，DNAがクリップのような“留め金”に見えなくもないかも…。

生物学史と偉人伝

“遺伝”研究から“遺伝子”研究へ

バッタの細胞を使って減数分裂(テーマ77～79)の研究を行っていたアメリカのサットンは，25歳の若さで，“染色体の挙動”から「メンデルの遺伝の法則」を見出した人物である。正に“遺伝”研究を“遺伝子”研究へ発展させた人物である。

サットン

テーマ51 DNAの構造

板書

ヌクレオチドを基本単位とする

DNAについて

❶ DNAは「デオキシリボ核酸」っていう物質

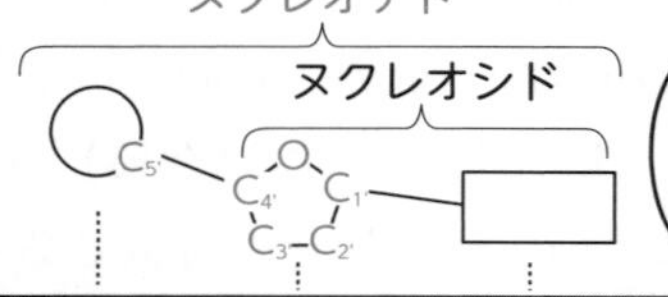

(㊟ATPもヌクレオチドの一種)

	リン酸	(五炭)糖	塩基	構造	長さ
DNA(デオキシリボ核酸)	リン酸	デオキシリボース	A,T,G,C	2本鎖	長い
RNA(リボ核酸)	リン酸	リボース	A,U,G,C	1本鎖	短い

❷ 塩基の並び(**塩基配列**)によって，遺伝子の種類や形質が決まってくる。
(A：アデニン　T：チミン　G：グアニン　C：シトシン　U：ウラシル)
➡塩基は“大きさ”によって2大別される。
(大きい塩基) プリン塩基　…　AとG
(小さい塩基) ピリミジン塩基　…　CとUとT

DNAの構造は二重らせん構造

これらの実験を元にして…

❸ 1953年　ワトソン(アメリカ)とクリック(イギリス)
1949年　**シャルガフ**(アメリカ)「塩基対合則」
➡ A：T＝1：1　G：C＝1：1
1952年　**ウィルキンス**(イギリス)と**フランクリン**(イギリス)
「DNAのX線構造回析」

❹

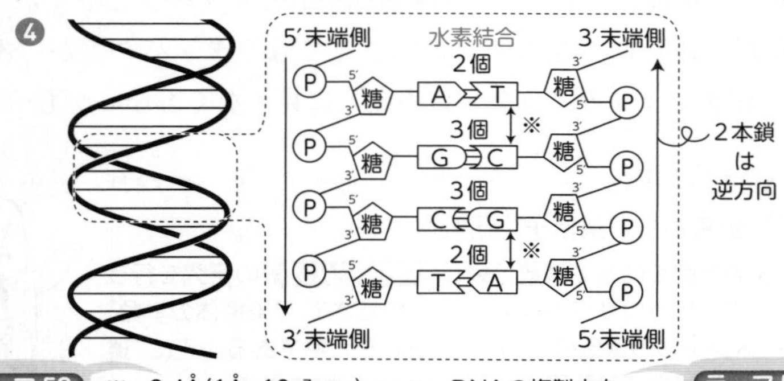

テーマ52　※…3.4Å(1Å=10^{-7}mm)，→…DNAの複製方向　テーマ55

ポイントレクチャー

❶ DNAは**デオキシリボ核酸**という物質で，**ヌクレオチド**を基本単位として構成されている物質だよ。**同じ核酸の仲間であるRNAとともに，(五炭)糖や塩基の種類，全体の構造や長さなどの違いを押さえておこう**！ここでは，五炭糖において，塩基と結合しているCを1番として，各炭素に時計回りに番号がふられていることもつかんでおこうね。**今後は特に「5′」と「3′」に注目していくよ**！

❷ **塩基の配列**によって，僕たちのからだを設計する遺伝子の種類や遺伝子によってつくられる形質が決まってくる。例えば，著者本人の髪の毛は生まれつき天然パーマだけど，この本を読んでいる人も天然パーマなら，毛髪の性質を決める遺伝子に関しては，著者本人と“同じ塩基配列をもつ”ということになるよ。**ここでは，各塩基の名称，プリン塩基とピリミジン塩基の分類を覚えよう**！

❸ “20世紀最大の発見”と称される研究がこの**ワトソン**と**クリック**の「DNAの**二重らせん構造**」の研究である。**シャルガフ**や**ウィルキンス**，または**フランクリン**の実験を元にして，ワトソンは25歳という若さでDNAの細かい分子構造を解明したよ。クリックはのちに，生命現象の基本原則であるセントラルドグマ(テーマ56)を提唱した研究者として有名だよ。ここで驚きなのが，ワトソンの元々の専門は化学，クリックの専門は物理学ということだ。

ワトソン　クリック

❹ ここでDNAの二重らせん構造をしっかり見ておいてね。**特に，「AとT，GとCが鍵と鍵穴の関係のように相補的に水素結合を形成していること」「2本鎖が互いに逆方向であること」「5′末端側から3′末端側にDNAが複製されること」は今後の勉強で重要になってくるから，絶対に押さえておこう**！

ゴロで覚えよう

プリン塩基とピリミジン塩基

プリンをアグ！
プリン塩基　A G

ミジンにCUT！
ピリミジン塩基

テーマ52 DNA の構造の計算問題

板書

DNA の塩基組成を求める計算問題

あるDNAについて，これを構成する塩基組成を調べたところ，GとCの合計が全塩基数の46%を占めていた。また，一方の鎖(H鎖とする)を構成する塩基については，この鎖の全塩基数の28%がAであった。H鎖と対をなすH′鎖の全塩基数のうち何%がAか。

❶ 解説 以下の表を書く！

DNA	H鎖	A	T	G	C
	H′鎖	T	A	C	G
%		28	x		
		54		46	
		100			

G + C = 46%より A + T = 100% − 46% = 54%となる。
左の表にて，H′鎖のA = x %とおくと，H鎖のA = 28%より
28% + x % = 54%となる。
x = 26% …(答)

DNA の長さを求める計算問題

分子量が 2.1×10^9 である大腸菌のDNAの長さは何mmか。ただし，塩基対間の距離を 3.4×10^{-7} mm，DNA中のヌクレオチド1個当たりの平均分子量を350とする。

❷ 解説 以下の図を書く！

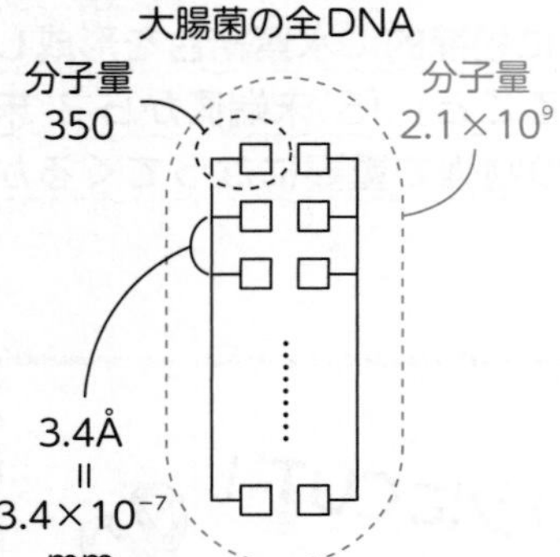

$2.1 \times 10^9 \div 350 = 6.0 \times 10^6$ 個
… DNA中のヌクレオチドの数
6.0×10^6 個 $\div 2 = 3.0 \times 10^6$ 対
… DNA中のヌクレオチド対の数
「ヌクレオチド対の数」=「塩基対の数」より，3.0×10^6 対が塩基対の数となり，これに塩基対間の距離を掛ければよい。
3.0×10^6 対 $\times 3.4 \times 10^{-7}$ mm
= 1.02 mm …(答)

ポイントレクチャー

❶ DNA の塩基組成を求める計算問題の中には テーマ51 で勉強したシャルガフの「塩基対合則(**A：T＝1：1，G：C＝1：1**)」を使えば簡単に解ける問題(例二本鎖 DNA の A＝T＝20%，G＝C＝30%だけが問われる問題)もあるが，本問のように，**二本鎖 DNA のうちの一方の鎖における塩基の割合が問われる問題**もある。**この場合は，とにかく左ページの表を書くことをオススメする**！あとは解説にあるように，表の空白に問題文に沿った数値を代入していけば解けるよ。

❷ **DNA の長さを求める計算問題では，左ページのような図を書き，問題文に書かれている数値を 1 つ 1 つ丁寧に当てはめていくことをオススメしたい**！図を書いたあと，まず，最初に行うことは，DNA 全体の分子量とヌクレオチド 1 個当たりの分子量からヌクレオチド数を算出すること。そのあと，**ヌクレオチド 2 個**でヌ**クレオチド対 1 対**になることに注意して，ヌクレオチド対の数を求めていくのね。そして，最後に，**「ヌクレオチド対の数」＝「塩基対の数」(⬅ヌクレオチド 1 個当たりに塩基は必ず 1 個含まれるためこうなる)**を利用して，塩基対の数と塩基対間の距離を掛け合わせれば答えが出るよ。本問でしっかり解法パターンをつかんでおこうね。

類題を解こう

DNA の長さを求める計算問題

ある動物の細胞 1 個に含まれる DNA の分子量を 1.6×10^{12} とすると，この DNA を切れ目なくつないだ場合の長さは何 m か。ただし，塩基対間の距離を 3.4×10^{-7}mm，DNA 中のヌクレオチド 1 個当たりの平均分子量を 320 とする。

解説

$1.6 \times 10^{12} \div 320 = 5.0 \times 10^{9}$ 個… DNA 中のヌクレオチドの数

5.0×10^{9} 個 $\div 2 = 2.5 \times 10^{9}$ 対

… DNA 中のヌクレオチド対(塩基対)の数

2.5×10^{9} 対 $\times 3.4 \times 10^{-7}$ $\underline{\text{mm}} \times \underline{10^{-3}}$ ＝ **0.85m…(答)**

(⬆単位を mm → m に換算し直すことに㊟)

テーマ53 DNAの複製

DNAの複製＝半保存的複製

❶

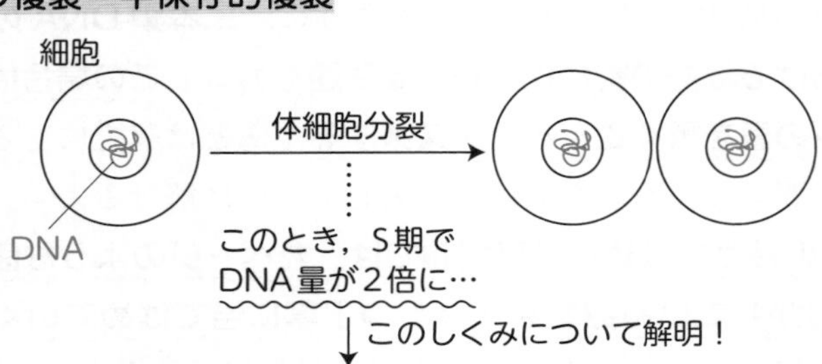

❷《DNA複製の3つの案》

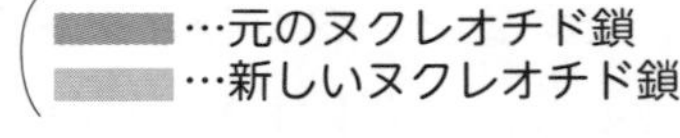

Ⓐ 保存的複製

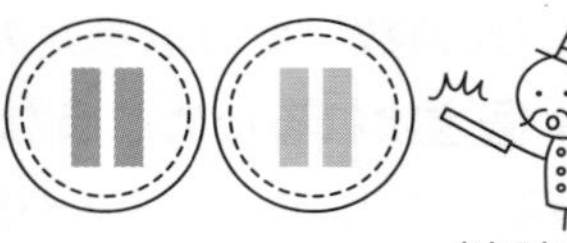

Ⓑ 半保存的複製

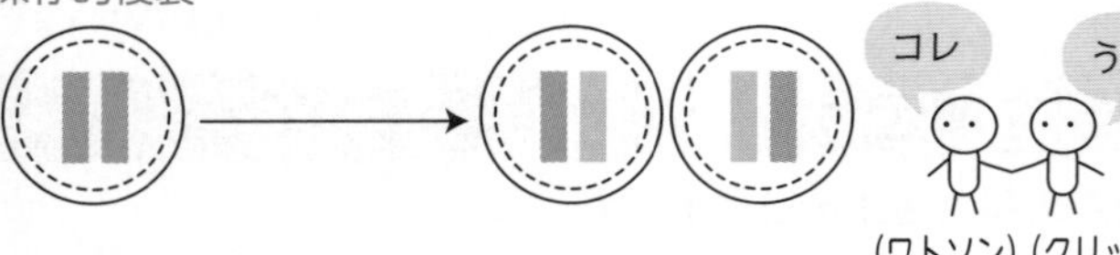

Ⓒ 分散的複製

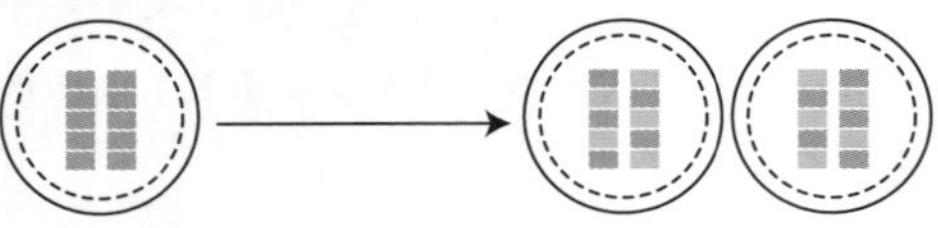

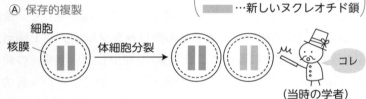

❸ これら3つの案のうち，「Ⓑ半保存的複製が正しい」とした実験が1958年のメセルソン(アメリカ)とスタール(アメリカ)の実験である。

➡テーマ54

ポイントレクチャー

❶ 細胞は細胞分裂を行うときに**S期(DNA合成期)**を経ることを生物基礎分野で学習した。このときにDNAが2倍に複製されているはずだが，そのしくみがどのように解明されていったのかを本テーマからテーマ54&55にかけて勉強していこうね。

❷ 1950年代当時，DNA複製の案として3つの案があげられたよ。まずはⒶ**保存的複製**：複製後の2つの二本鎖DNAのうち，片方の二本鎖DNAは元の鎖の二本，もう片方のDNAは新しい鎖の二本からなる複製様式。この様式だと，元の鎖を分解するエネルギーも必要ないため容易に行われ，かつ，いわゆる“コピー”とも見てとれる(下の**イメージをつかもう**を参照)ので，当時の研究者の多くはこれを支持したんだ。次にⒷ**半保存的複製**：複製後の2つの二本鎖DNAが，それぞれ元の鎖と新しい鎖からなる複製様式。テーマ51で勉強したワトソンとクリックはこれを支持したんだ。最後にⒸ**分散的複製**：複製後の2つの二本鎖DNAの鎖が，それぞれ元の鎖と新しい鎖が等量ずつ混ざっている複製様式。ヌクレオチドのリン酸と糖との結合を切断するためには相当なエネルギーが必要なことから，この様式に賛同する研究者は少なかったみたいだね。

❸ これら3つの案のうち，正しかったのはⒷの**半保存的複製**。テーマ54では，Ⓐ保存的複製ではなくⒷ半保存的複製が正しいことを示した**メセルソン**と**スタール**の実験について勉強していこうね。

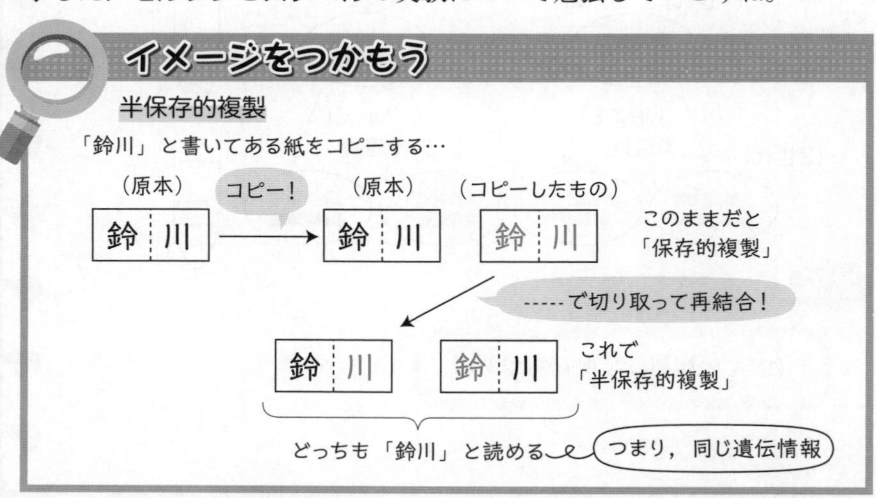

テーマ54 メセルソンとスタールの実験

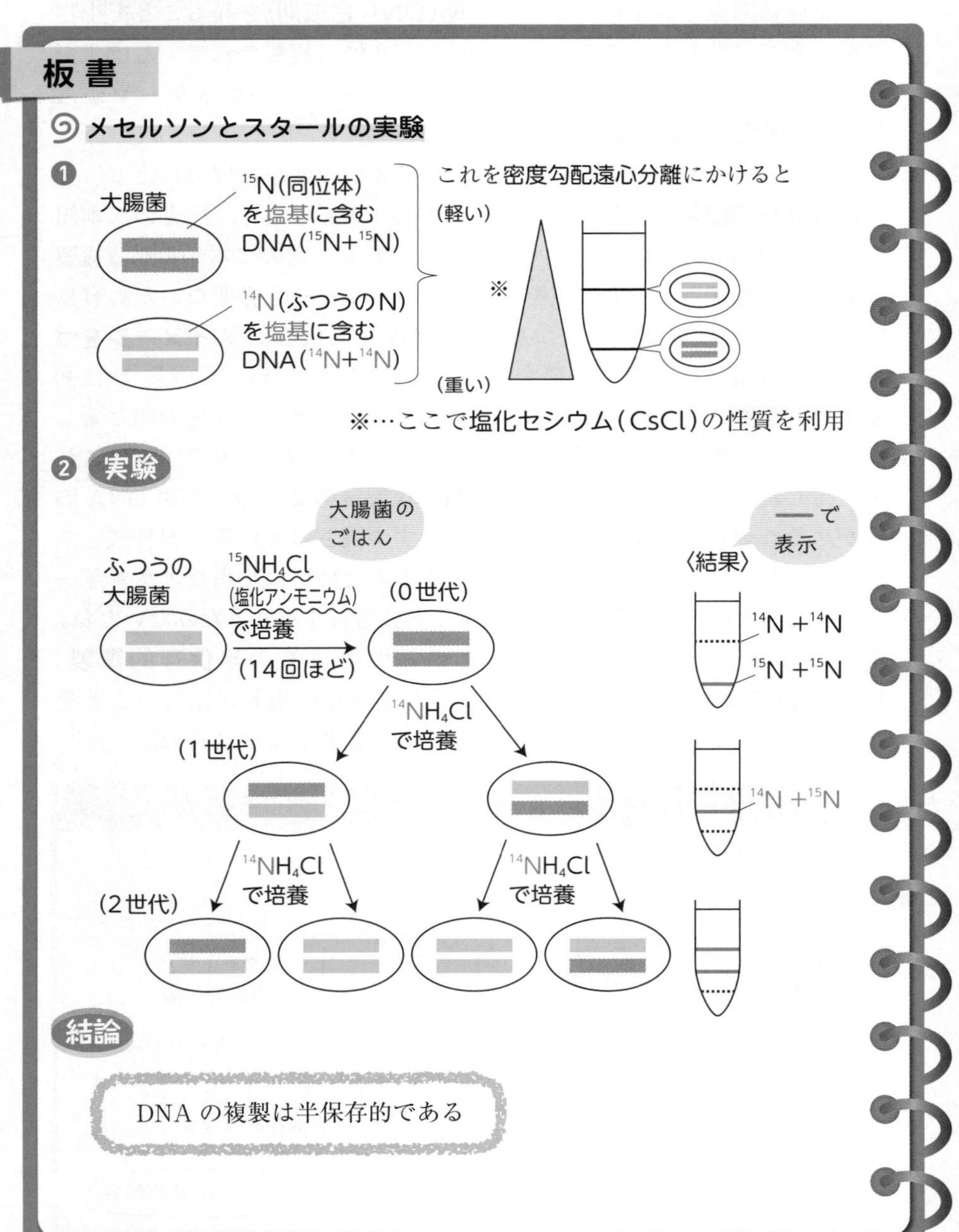
板書
メセルソンとスタールの実験
❶
大腸菌
15N(同位体)
を塩基に含む
DNA(15N+15N)
14N(ふつうのN)
を塩基に含む
DNA(14N+14N)
これを密度勾配遠心分離にかけると
(軽い)
※
(重い)
※…ここで塩化セシウム(CsCl)の性質を利用
❷ 実験
大腸菌の
ごはん
ふつうの
大腸菌
15NH4Cl
(塩化アンモニウム)
で培養
(14回ほど)
(0世代)
14NH4Cl
で培養
(1世代)
(2世代)
—で
表示
〈結果〉
14N +14N
15N +15N
14N +15N
結論
DNAの複製は半保存的である

ポイントレクチャー

❶　メセルソンとスタールは，大腸菌のDNAの**塩基**に含まれる**N**を同位体である^{15}**N**(通常は^{14}**N**)におき換え，各DNAの“重さ”の違いを利用することで，元のヌクレオチド鎖と新しいヌクレオチド鎖を別々に検出する方法を考案したんだ。彼らは，**密度勾配遠心分離**により，^{14}**Nのみを含むDNA(**^{14}**N＋**^{14}**N)**をもつ大腸菌と^{15}**Nのみを含むDNA(**^{15}**N＋**^{15}**N)**をもつ大腸菌の試験管内の沈む位置に注目して，これらを視覚的に見分けた。その際，**塩化セシウム**がDNAの重さを検出するために必要であることも押さえておこうね。ちなみに，彼らが大腸菌を材料として用いた理由は，「核膜がなくDNAを検出しやすいから」「分裂速度が**大きい**(20分に1回分裂)から」だよ。

❷　彼らは通常の^{14}**N＋**^{14}**N**の重さの大腸菌を^{15}**NH$_4$Cl(塩化アンモニウム**…大腸菌のごはん)を含む培地で複数回培養し，^{15}**N＋**^{15}**N**の重さの大腸菌を準備したのね。その後，ふつうのNを含む^{14}**NH$_4$Cl**を含む培地で1回培養するごとに密度勾配遠心分離にかけ，どの重さの大腸菌が検出されるかを確かめたんだ。その結果，1世代後，および2世代後に^{14}**N＋**^{15}**N**の重さの大腸菌が検出され，元の鎖と新しい鎖をもつ2本鎖DNAが複製されていることが示され，これによって，DNAの複製が**半保存的**であることが証明されたんだ。**ここでは，半保存的複製のようす(元の鎖と新しい鎖のようす)を自分の手で書けるようにし，各世代におけるそれぞれの重さの大腸菌の比率(1世代後なら**^{14}**N＋**^{14}**N：**^{14}**N＋**^{15}**N：**^{15}**N＋**^{15}**N＝0：1：0，2世代後なら**^{14}**N＋**^{14}**N：**^{14}**N＋**^{15}**N：**^{15}**N＋**^{15}**N＝1：1：0)の比率もしっかりと把握しておこう**！

あともう一歩踏み込んでみよう

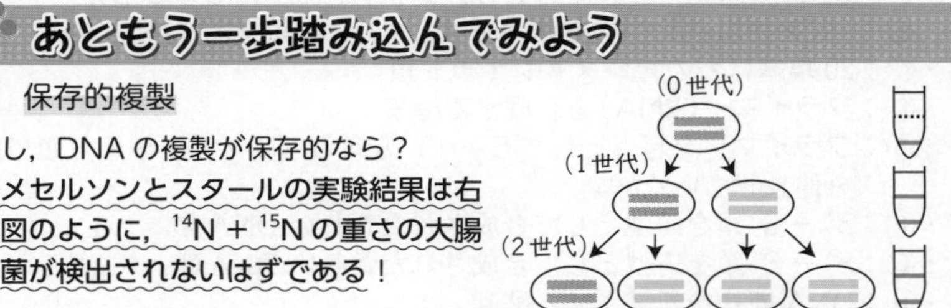

保存的複製
もし，DNAの複製が保存的なら？
➡メセルソンとスタールの実験結果は右図のように，^{14}N＋^{15}Nの重さの大腸菌が検出されないはずである！
(0世代)
(1世代)
(2世代)

テーマ55 半保存的複製のしくみ

板書

半保存的複製のしくみ

POINT 岡崎フラグメント（下図の※）

常に一定量出現する100～200塩基ほどの小さいDNA断片のこと

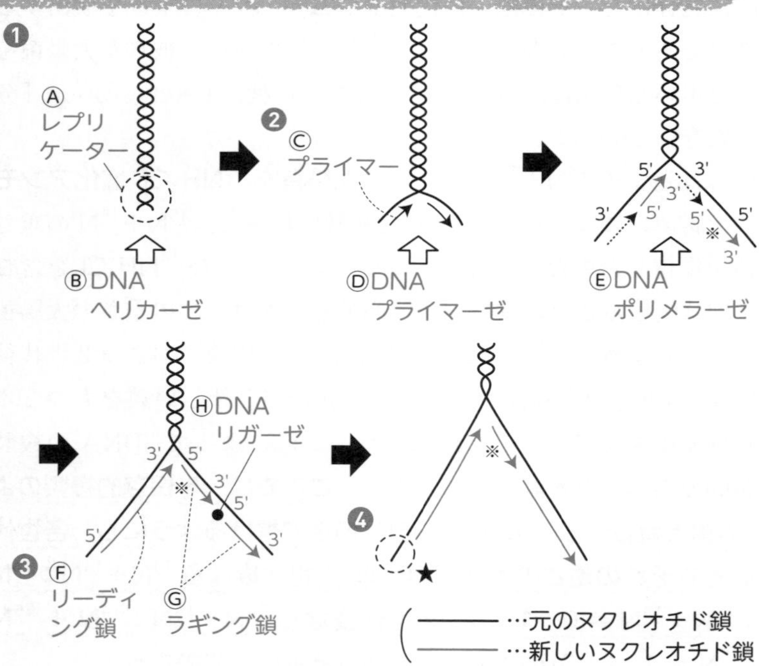

- Ⓐ：DNAの二重らせんがほどけ，2本鎖が開きはじめる部分
- Ⓑ：DNAの塩基間の**水素結合**を壊して，2本鎖を開く酵素
- Ⓒ：20塩基ほどの短いヌクレオチド鎖
- Ⓓ：**プライマー（RNA）**を合成する酵素
- Ⓔ：**プライマー**を起点として5′→3′方向のみにヌクレオチド鎖（DNA）を伸長していく酵素
- Ⓕ：3′→5′鎖を鋳型として合成された新しいDNA鎖
- Ⓖ：5′→3′鎖を鋳型として合成された新しいDNA鎖
- Ⓗ：DNA断片を連結させる酵素

ポイントレクチャー

❶ 半保存的複製の詳しいしくみについて説明していくね。Ⓐ**レプリケーター**にⒷ **DNA ヘリカーゼ**が作用すると DNA がほどかれ，Ⓓ **DNA プライマーゼ**によってⒸ**プライマー**が元の鎖に相補的に結合し，プライマーを起点としてⒺ **DNA ポリメラーゼ**が新しい鎖（Ⓕ**リーディング鎖**，およびⒼ**ラギング鎖**）を 5′→3′ 方向に合成し，ラギング鎖でできた**岡崎フラグメント**（※）がⒽ **DNA リガーゼ**によって連結されていく。この流れをしっかりと押さえておこうね。

❷ 本テーマで出現するプライマーは **RNA** からなり，テーマ 71 で勉強する PCR 法で出現するプライマーは **DNA** からなることをつかんでおこう。**プライマーは“生体内”では RNA，“生体外（試験管内）”では DNA と考えておくとわかりやすいよ**！

❸ DNA ポリメラーゼは 5′→3′ 方向にしか新しい鎖を合成できないため，リーディング鎖は常に DNA がほどかれていく方向へ**連続的**に，ラギング鎖は常にその逆方向へ**断続的**に合成されていくよ。リーディングは「leading…読み取りやすい」，ラギングは「lagging…ラグが生じる」と，語源から押さえておくと覚えやすいよ。また，ラギング鎖が断続的に合成されるからこそ，岡崎フラグメントが“**常に一定量出現する**”ことになるんだね。

❹ ★において，合成された RNA プライマーは分解される。染色体の最末端部分では，プライマーが分解されたあと，その部分は 1 本鎖のままとなり，その後は複製されない。だから，テロメア（テーマ 50）が細胞分裂ごとに短くなる，ということなんだね。ちなみに，短くなったテロメアを修復するテロメラーゼ（テーマ 50）は多くのがん細胞で見られ，これが“がん”の原因の 1 つであると考えられているよ。

生物学史と偉人伝

岡崎フラグメントの発見

岡崎フラグメントは 1966 年，名古屋大学の岡崎令治博士らによって発見された。岡崎はこのあと，学生時代に過ごした広島での被爆が原因で白血病にかかり，1975 年，アメリカ旅行中に 44 歳の若さで亡くなった。ノーベル賞が確実視されていた中での突然の訃報であった。

テーマ56 セントラルドグマの導入

板書

セントラル・ドグマ
➡中心　➡命題（教義）

❶ セントラルドグマとは全生物が行う生命現象のこと

原始生命（≒原核生物）でも行うことができる生命現象

「DNAが設計するもの＝タンパク質」

❷

POINT セントラルドグマに至った考え方

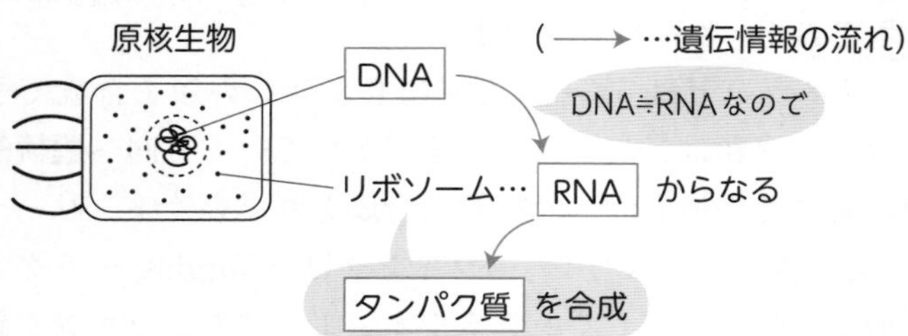

➡DNA（遺伝子）がもっている遺伝情報はいったんRNAに移される（DNAとRNAの構造が似ていることからこう考えられた）

➡RNAに移された遺伝情報を元にリボソームで**タンパク質**が合成される

よって，遺伝情報の流れは次のようになっていることが考えられる。

この考えは**セントラルドグマ**と名づけられた。

（1958年　クリックと**ガモフ**（アメリカ））

ポイントレクチャー

❶ **セントラルドグマ**とは何か？まずは，それについて押さえていこうね。セントラルドグマは，二重らせん構造の研究で有名な**クリック**が提唱した生命現象の基本原則のことであり，元々は物理学者であるクリックのいわば“思想”のようなもの。クリックは，“全生物が行うことができる生命現象とは何か？”という疑問を抱き，その糸口を「38億年前に誕生した原始生命」から見出そうとした。そして，今現在，原始生命に近い形質をもつと考えられている**原核生物**に注目したんだ。クリックは**DNA(遺伝子)**をもたない生物などいないことを想定し，**DNAは何を設計しているのか？**という観点で物事を捉えていった結果，「DNAは**タンパク質**を設計する情報を保有しており，全生物はそのDNAの情報を元にタンパク質をつくる」という考え(セントラルドグマ)に至ったんだ。

❷ ❶でクリックがそのように考えた理由について説明するね。クリックは，「**原核生物はDNAとリボソームをもつ**(テーマ2)」「**リボソームはRNAからなり，タンパク質をつくる**(テーマ6)」「**DNAとRNAの構造が似ている**(テーマ51)」などをヒントにして，セントラルドグマという考えを導き出した。したがって，DNAがもつ“タンパク質を設計する”という遺伝情報が**DNA → RNA(転写)，RNA →タンパク質(翻訳)**の過程を経て，**一方通行**に伝わっていくと考えた。このようにひたすら論理的に物事を考え抜いていったからこそ，この素晴らしいセントラルドグマという考えが誕生したんだね。

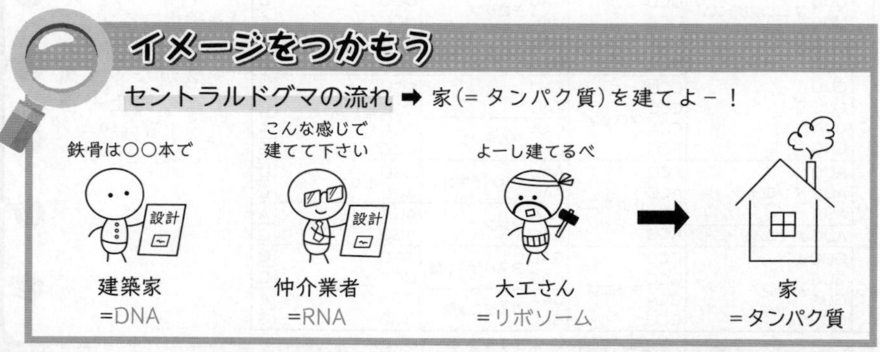

イメージをつかもう
セントラルドグマの流れ ➡ 家(＝タンパク質)を建てよー！
鉄骨は○○本で
こんな感じで建てて下さい
よーし建てるべ
設計
設計
建築家
=DNA
仲介業者
=RNA
大工さん
＝リボソーム
家
＝タンパク質

テーマ57 遺伝暗号の解読

板書

生物体を構成しているアミノ酸は全部で20種類（テーマ14）

遺伝暗号の解読（翻訳の解明）

…RNA→タンパク質（アミノ酸の集まり）

❶

1955年　ガモフ　「トリプレット説」

遺伝暗号はDNAやRNAの塩基配列であり，“3個の塩基のまとまり（トリプレット）”が“1個のアミノ酸”を決定する。

塩基	アミノ酸	
1個	4種	(<20)
2個	4^2種	(<20)
3個	4^3種	(>20)

ガモフ

↓ これを受けて，以下の2つの実験が行われた…

❷

1961年　ニーレンバーグ（アメリカ）

UUUUUUUUUUUU ➡ フェニルアラニンのみからなるタンパク質

1963年　コラーナ（アメリカ）

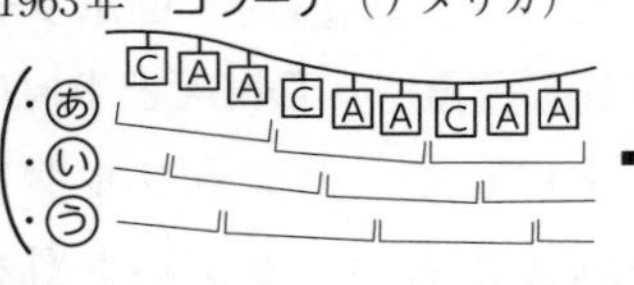

➡
- あ グルタミンのみからなるタンパク質
- い アスパラギンのみからなるタンパク質
- う トレオニンのみからなるタンパク質

➡その後，翻訳に利用されるRNA（mRNA）専用のトリプレットはコドンと名づけられ，1960年代にコドン表（下表）が完成！

❸

第1塩基	第2塩基 U	第2塩基 C	第2塩基 A	第2塩基 G	第3塩基
U	UUU フェニルアラニン	UCU セリン	UAU チロシン	UGU システイン	U
U	UUC フェニルアラニン	UCC セリン	UAC チロシン	UGC システイン	C
U	UUA ロイシン	UCA セリン	UAA（※終止コドン）	UGA（※終止コドン）	A
U	UUG ロイシン	UCG セリン	UAG（※終止コドン）	UGG トリプトファン	G
C	CUU ロイシン	CCU プロリン	CAU ヒスチジン	CGU アルギニン	U
C	CUC ロイシン	CCC プロリン	CAC ヒスチジン	CGC アルギニン	C
C	CUA ロイシン	CCA プロリン	CAA グルタミン	CGA アルギニン	A
C	CUG ロイシン	CCG プロリン	CAG グルタミン	CGG アルギニン	G
A	AUU イソロイシン	ACU トレオニン	AAU アスパラギン	AGU セリン	U
A	AUC イソロイシン	ACC トレオニン	AAC アスパラギン	AGC セリン	C
A	AUA イソロイシン	ACA トレオニン	AAA リシン	AGA アルギニン	A
A	AUG メチオニン（★開始コドン）	ACG トレオニン	AAG リシン	AGG アルギニン	G
G	GUU バリン	GCU アラニン	GAU アスパラギン酸	GGU グリシン	U
G	GUC バリン	GCC アラニン	GAC アスパラギン酸	GGC グリシン	C
G	GUA バリン	GCA アラニン	GAA グルタミン酸	GGA グリシン	A
G	GUG バリン	GCG アラニン	GAG グルタミン酸	GGG グリシン	G

★開始コドン
…翻訳の開始を指示する（AUG）。

※終止コドン
…対応するアミノ酸がなく，翻訳の終止を指示する（UAA，UAG，UGA）

ポイントレクチャー

❶ 数学や物理学が専門である**ガモフ**は，「**3 個の塩基のまとまり（トリプレット）が 1 個のアミノ酸を決定する**」という**トリプレット説**を提唱した。ガモフがこのような考えに至った経緯を説明するね。**20 種類**あるアミノ酸をすべて規定する際，塩基が **1 個**や **2 個**だと **4 種類**，**4^2= 16 種類**しか配列ができない。そこで，塩基が **3 個**あれば配列は **4^3= 64 種類**でき，アミノ酸を重複させれば 20 種類すべてのアミノ酸を規定できると考えたんだよ。クリック（元物理学者）といい，ガモフ（数学者，物理学者）といい，畑違いの研究を行っていた研究者の発想のおかげで，分子生物学の基礎が築かれたんだ。

❷ ガモフのトリプレット説を受けて，**ニーレンバーグ**と**コラーナ**は，試験管内で **RNA** から**タンパク質**を合成する実験を行った。❸の**コドン表**と照らし合わせて，UUU がフェニルアラニンを指定していること，Ⓐ CAA，Ⓘ AAC，Ⓤ ACA がそれぞれグルタミン，アスパラギン，トレオニンを指定していることを確認しておこうね。

❸ ニーレンバーグやコラーナらによって，“どのトリプレット（コドン）がどのアミノ酸を指定しているか”を対応させた表である**コドン表**が完成した。**ここで，開始コドン（AUG）と終止コドン（UAA, UAG, UGA）は覚えよう**！生体内で翻訳が起こる際は，必ず**メチオニン**から始まるんだよ（❷でニーレンバーグやコラーナらが行っていた実験はあくまで“試験管内”での実験なのでメチオニンから始まらなかった）。終止コドンには対応するアミノ酸がなく，リボソームがアミノ酸を結合させていく際，この終止コドンが出現すると，文字通り，翻訳が“終止”してしまうんだ。ちなみに，コドン表そのものを覚える必要はないので，その点はご安心を…。

ゴロで覚えよう

開始コドンと終止コドン

すべて殴られているときの声

始まりは August。うあー，うあぐ，うがー！

AUG　UAA　UAG　UGA

終わった…

テーマ58 セントラルドグマの流れ

板書

❶ セントラルドグマの流れをつかむ

（メチオニン－ヒスチジン－トレオニンからなるタンパク質をつくる）

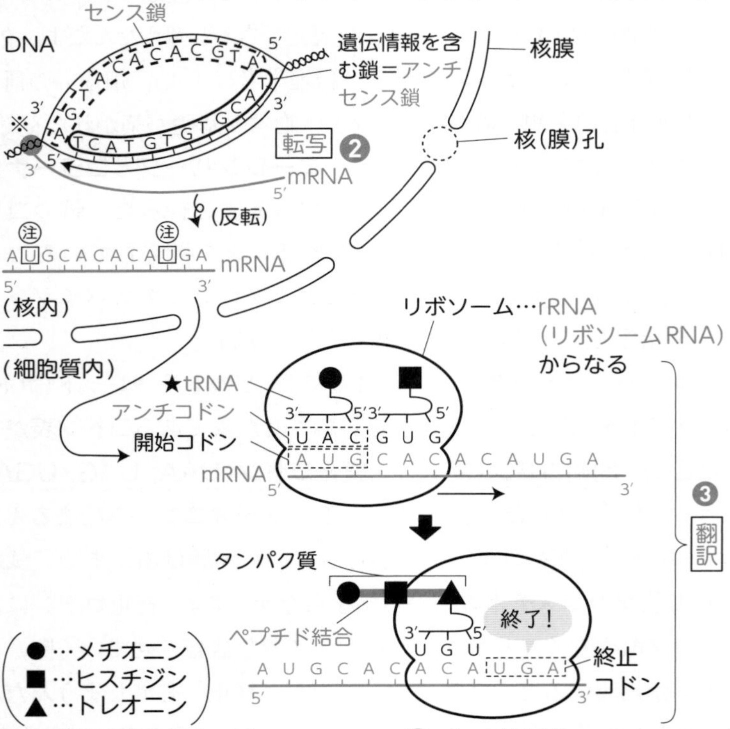

❷ ※… RNAポリメラーゼ

アンチセンス鎖を 3′→5′ 方向に移動しながら，5′→3′ 方向に mRNA を合成する酵素

- ・アンチセンス鎖と相補鎖
- ・センス鎖とほぼ同じ塩基配列

（このとき，A の相補的塩基が T ではなく U であることに注意！）

❸ ★… tRNA

様々なアンチコドンをもった tRNA が多数，細胞質に存在している

➡アミノ酸と結合した tRNA は，アンチコドンと相補的な mRNA のコドンとも結合することで，アミノ酸をリボソーム上に運搬する

ポイントレクチャー

❶　細胞内の図でセントラルドグマの流れをつかんでいこう。**左ページの図全体を白紙の状態から自分で書いていくことを強くオススメするよ**！

❷　まず，二本鎖 DNA の片方の鎖である**アンチセンス鎖**に入っている遺伝情報は，**RNA ポリメラーゼ**がアンチセンス鎖の **3′ → 5′** 方向に移動し，**5′ → 3′** 方向に **mRNA（メッセンジャー RNA，伝令 RNA）**を合成することで RNA へと写し取られるよ。ここで，DNA の A の相補的塩基は **T** ではなく **U** であることにも注意し，**mRNA の配列はアンチセンス鎖の配列と“相補的”であり，アンチセンス鎖の相補鎖であるセンス鎖の配列とほぼ同じになることにを押さえておこう**！

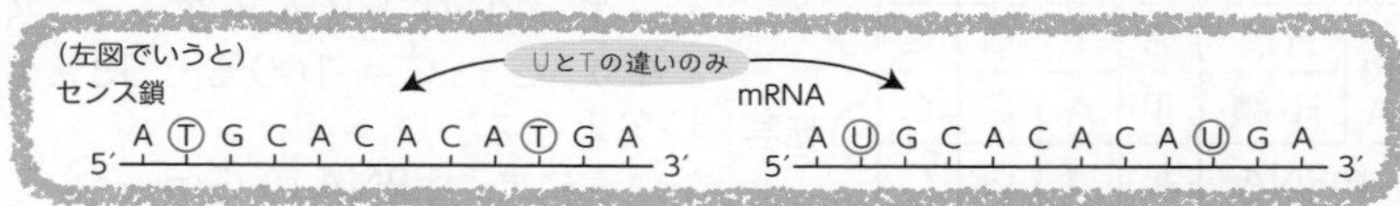

❸　合成された mRNA は細胞質内へと移動し，**rRNA（リボソーム RNA）**からなる**リボソーム**と結合するよ。その後，リボソームと結合した mRNA のコドンと相補的な**アンチコドン**をもった **tRNA（トランスファー RNA，運搬 RNA）**が，コドンに対応した**アミノ酸**を運んでくるんだ。例えば，UAC というアンチコドンをもった tRNA は mRNA の AUG コドンに結合することで，AUG コドンに対応したアミノ酸であるメチオニンを運搬してくる。あとは，図のように，リボソームが終止コドンを読み取るまで tRNA によるアミノ酸の運搬が続いていくのね。**図の●がメチオニン，■がヒスチジン，▲がトレオニンであることを，テーマ 57 のコドン表で確認しておこう**！そして，運ばれたアミノ酸は**ペプチド結合**で順次つながっていき，**タンパク質**が合成される。また，終止コドンに対応する tRNA が存在しないことから，アンチコドンの種類数はコドンの全種類（**64 種類**）から **3 種類**の終止コドンの分を引いた（**64－3＝**）**61** 種類であることにも注目しようね。

覚えるツボを押そう

トリプレットとコドン・アンチコドンの違い

◆**トリプレット**…3 つの塩基のまとまり
◆**コドン**　…mRNA 専用のトリプレット
◆**アンチコドン**…tRNA 専用のトリプレット
➡**コドンもアンチコドンもトリプレットの一種である**

トリプレット
コドン　アンチコドン
mRNA 専用　tRNA 専用

テーマ59 セントラルドグマの計算問題

板書

DNA と RNA の塩基組成の計算問題

ある DNA 分子の中に A が 29 % 含まれていた。また，この DNA 分子の片方の鎖に対応する mRNA 分子の中に C が 24% 含まれていた。mRNA 分子の中に G は何% 含まれているか。

❶ 解説　以下の表を書く！

DNA	H鎖	A	T	G	C
	H´鎖	T	A	C	G
mRNA		A	U	G	C
%				x	24
		29×2=58 → 42			
		100			

転写

A = T = 29%より A + T = 58%となり，G + C = 100% − 58% = 42%となる。
左の表にて，mRNA の G = x % とおくと，mRNA の C = 24%より
24% + x % = 42%となる。
x = 18%…(答)

遺伝情報の発現の計算問題

細菌 X の DNA 塩基対の数は 4.2×10^6 である。細菌 X の 1 遺伝子は平均 1200 塩基対からなり，全 DNA 領域が転写・翻訳される。
問 1　細菌 X がつくるタンパク質は何個のアミノ酸からなるか。
問 2　細菌 X は何種類のタンパク質をつくることができるか。

❷ 解説　以下の図を書く！

細菌Xの全DNA　（⬭…1つの遺伝子）

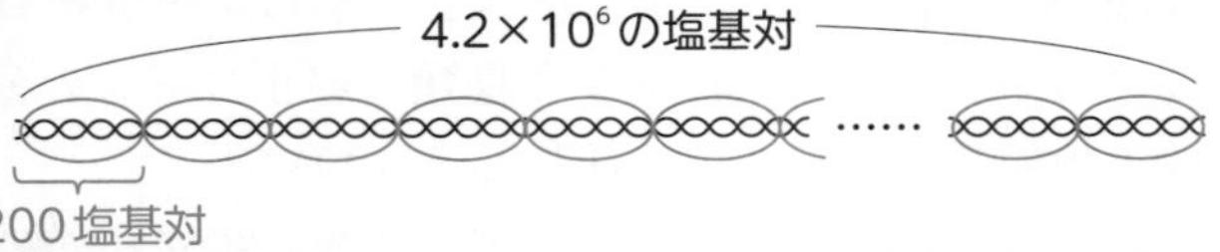

4.2×10^6 の塩基対

1200塩基対

転写・翻訳

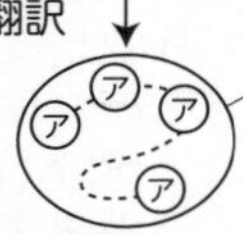

タンパク質
（㋐…アミノ酸）

問 1　よって，
アミノ酸の数
1200÷3=400個
…(答)

問 2　1 つの⬭から 1 種類のタンパク質がつくられることから，⬭の数を求めればよい。よって，
$4.2 \times 10^6 \div 1200$
$= 3.5 \times 10^3$ 種類 …(答)

ポイントレクチャー

❶ この問題は，テーマ52で勉強した「DNA の塩基組成を求める計算問題」から派生したものだよ。本問においても，テーマ52のときと同様に，**とにかく左ページの表を書くことをオススメする**！あとは解説にあるように，テーマ51で勉強したシャルガフの「塩基対合則（**A：T＝1：1，G：C＝1：1**）」を使い，表の空白に問題文に沿った数値を代入していけば解けるよ。

❷ **遺伝情報の発現の計算問題では，左ページのような図を書き，問題文に書かれている数値を1つ1つ丁寧に当てはめていくことをオススメしたい**！図を書きながら意識すべきことは，**全 DNA の塩基対数と1遺伝子の塩基対数を明示していくこと**だよ。遺伝子1つ1つを⬭で示し，そこから合成される**タンパク質**とそのタンパク質を構成している**アミノ酸**を丁寧に書いていこう。問1では，**1200 塩基対**からなる DNA 領域から転写されてできた**1200 個**のヌクレオチドをもつ mRNA から翻訳されてできたアミノ酸数を，**トリプレット説**を利用して算出していこう（**1200÷3＝400 個**）。問2では，図からわかるように，⬭の数が問われていることから，全 DNA の塩基対数を1遺伝子の塩基対数で割ることで答えが出るよ。本問でしっかり解法パターンをつかんでおこうね。

類題を解こう

遺伝情報の発現の計算問題

ヒトの DNA は 3.0×10^9 塩基対からなり，そのうちタンパク質に翻訳される塩基対の割合は 1.1％である。ヒトのすべてのタンパク質が 500 個のアミノ酸から構成されているとすると，ヒトは何個の遺伝子をもっていると考えられるか。

解説 ヒトの DNA のうち，翻訳される領域は **3.0×10^9 塩基対 $\times$ 0.011 ＝ 3.3×10^7 塩基対**であり，1遺伝子は **500 個×3＝1500 塩基対**からなることから，**3.3×10^7 塩基対÷1500 塩基対／個＝2.2×10^4 個** …(答)
（これを機に覚えよう！ ヒトの遺伝子の数…**22000 個➡テーマ75**）

テーマ60 真核生物の転写調節機構

DNA｜調節遺伝子｜転写・翻訳｜　｜　　　DNA｜調節遺伝子｜転写・翻訳｜　｜

＝エンハンサー　　　調節タンパク質　　　　　　　　　　　　調節タンパク質
調節領域｜　　DNA　＝アクチベーター　　　　調節領域｜　DNA　＝リプレッサー

調節領域

基本
転写因子　転写複合体

RNA
ポリメラーゼ　転写領域（遺伝子）

↓転写

〜〜〜〜〜〜

調節領域
＝
サイレンサー

基本
転写因子

RNA
ポリメラーゼ

✕

プロモーター｜転写領域（遺伝子）

転写されず

❸ 応用 エピジェネティック制御

遺伝子のON・OFFの制御

ON!　　ーアセチル基　　　　OFF!　　　　ーメチル基

ヒストンのアセチル化　　　　ヒストンのメチル化
（転写されやすい状態）　　　（転写されにくい状態）

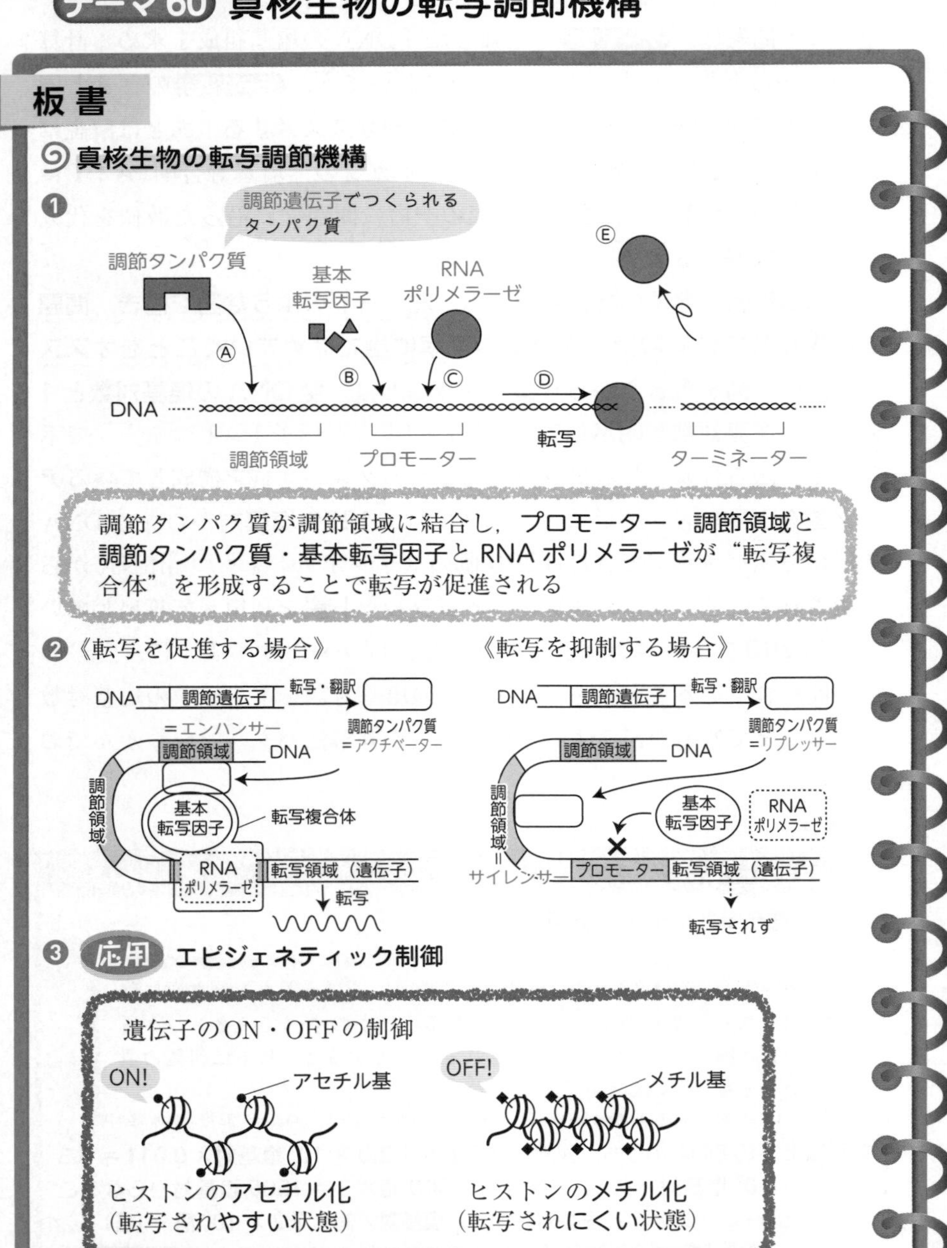

ポイントレクチャー

❶ テーマ58では，セントラルドグマの流れを真核生物と原核生物とで区別せずに勉強してきたけど，本テーマとテーマ61では真核生物，テーマ62&63では原核生物について，きっちりと区別をしながら説明していくね。本テーマでは真核生物の転写の開始と終結，および，調節機構について説明していくね。真核生物では，Ⓐまず，**調節遺伝子**でつくられた**調節タンパク質**が**調節領域**に結合する。Ⓑその後，**基本転写因子**という複数種類のタンパク質が**プロモーター**に結合し，Ⓒさらにその後，**RNAポリメラーゼ**がプロモーターに結合すると，Ⓓ転写が始まり，Ⓔ**ターミネーター**でRNAポリメラーゼが外れ，転写が終結する。この流れを押さえておこう。

❷ 転写が促進される場合，プロモーター・調節領域と調節タンパク質・基本転写因子とRNAポリメラーゼからなる“転写複合体”が形成されるよ。転写が抑制される場合は，調節領域に調節タンパク質が結合したあと，基本転写因子がプロモーターに結合できなくなるため，転写複合体が形成されなくなるんだ。ここで，転写を促進する場合の調節領域が**エンハンサー**，調節タンパク質が**アクチベーター**とよばれること，および，転写を抑制する場合の調節領域が**サイレンサー**，調節タンパク質が**リプレッサー**とよばれることをしっかりとつかんでおこうね。リプレッサーは原核生物のもの(テーマ62)と共通であるということも押さえておいてね。

❸ 「**エピジェネティック制御**」についても知っておこう。最近では，空腹時間を増やすことで“寿命を延ばす遺伝子”がONになる(ヒストンの**アセチル化**)のではないか？というテーマの研究をしている機関もあるんだよ。遺伝子研究にはロマンが溢れているね〜。

覚えるツボを押そう

調節領域と調節タンパク質の組合せ

	転写を促進する場合	転写を抑制する場合
調節領域	エンハンサー	サイレンサー
調節タンパク質	アクチベーター	リプレッサー

テーマ61 (RNA)スプライシング

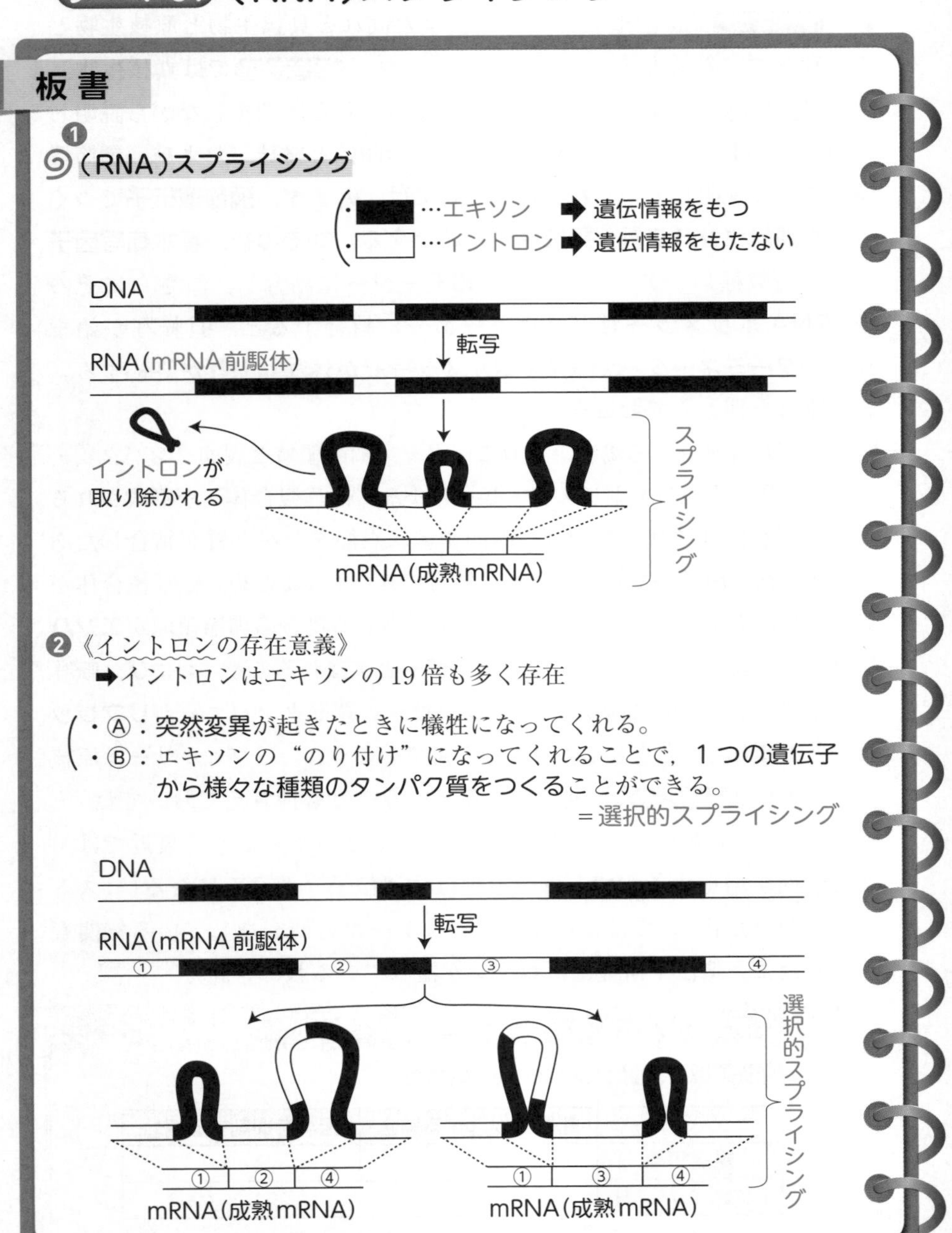

板書
❶
(RNA)スプライシング
…エキソン ➡ 遺伝情報をもつ
…イントロン ➡ 遺伝情報をもたない
DNA
転写
RNA(mRNA前駆体)
イントロンが
取り除かれる
mRNA(成熟mRNA)
スプライシング
❷《イントロンの存在意義》
➡イントロンはエキソンの19倍も多く存在
・Ⓐ：突然変異が起きたときに犠牲になってくれる。
・Ⓑ：エキソンの“のり付け”になってくれることで，1つの遺伝子から様々な種類のタンパク質をつくることができる。
＝選択的スプライシング
DNA
転写
RNA(mRNA前駆体)
①
②
③
④
①
②
④
mRNA(成熟mRNA)
①
③
④
mRNA(成熟mRNA)
選択的スプライシング

ポイントレクチャー

❶ テーマ60に引き続き，真核生物特有の現象について勉強していこう。真核生物のDNAには，アミノ酸配列をコードし“タンパク質に翻訳される”**エキソン**と“タンパク質に翻訳されない”**イントロン**の2つの領域があるよ。この図のように，DNAが転写されてできた**mRNA前駆体**から**イントロン**が除去され，**エキソン**だけが連結され，(成熟)mRNAが合成されるんだ。この現象は**スプライシング**とよばれ，真核細胞の核内で見られるよ。**赤字**の箇所をしっかりと覚えておこうね。

❷ イントロンは“イラン”トロン(下の**ゴロで覚えよう**を参照)なのに，どうして僕たちのDNA上ではイントロンをエキソンの19倍も多く保持されているのだろうか？もちろん，この疑問に100％完璧な答えはないが，ここにあるⒶとⒷの2つこそがイントロンの存在理由であると考えられているよ。特にⒷにおいて，下の図にあるように，スプライシングの際に，一部のエキソンが除去されるなど，結果的に**1つの遺伝子から複数種類のmRNAがつくられる**現象を**選択的スプライシング**というよ。ヒトの遺伝子は約22000個(テーマ75)であるのに対して，ヒトがつくるタンパク質の種類は何と10万種類もあるんだ。これはつまり，平均して1つの遺伝子から5種類のmRNAが合成されていることを表しているよ。実際に，テーマ132で勉強するトロポミオシンというタンパク質をコードしている遺伝子からは，選択的スプライシングによって「骨格筋」「平滑筋」「繊維芽細胞」「肝臓」「脳」をそれぞれ構成するタンパク質も発現するんだよ。このようにして，効率よくからだを設計するために選択的スプライシングが行われているんだね。イントロンの存在意義もうなづけるよね。

ゴロで覚えよう

エキソンとイントロン

エキソンは 有益(エキ)！

イントロンは イラントロン！

テーマ62 原核生物のセントラルドグマ

板書

❶ 原核生物のセントラルドグマ

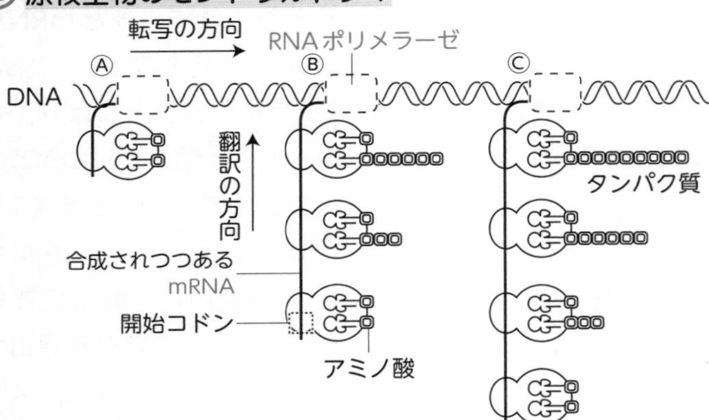

❷ 参考 セントラルドグマの反例

1970年　テミン(アメリカ)　「逆転写酵素の発見」
➡逆転写酵素は，インフルエンザウイルスやHIV(エイズウイルス)などのレトロウイルスがもつ

DNA ⇄ RNA ——→ タンパク質
逆転写
《一方通行》

❸ 原核生物の転写調節機構

真核生物のDNA(テーマ60)とは違い，原核生物のDNAは次の図のようにオペロンを形成し，転写を調節している。

POINT オペロン…遺伝子群

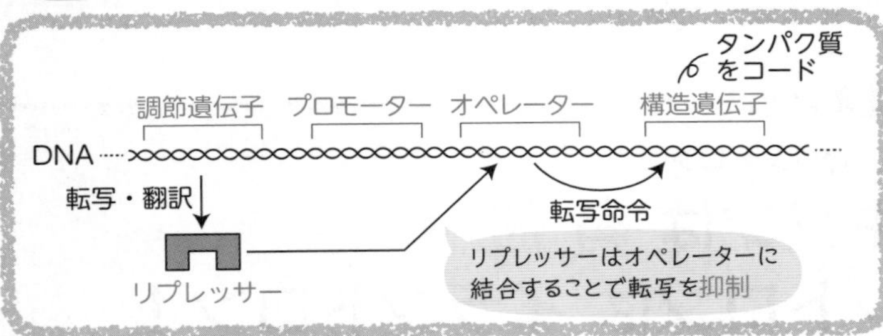

ポイントレクチャー

❶　本テーマからは，原核生物特有のセントラルドグマについて勉強していこう。ここで押さえておいてほしいのは，「**原核生物には核膜がなく，転写と翻訳が同時に行われること**」なんだ。そのようすを図で示しておいたよ。プロモーターに**RNAポリメラーゼ**が結合し転写が始まると同時に，合成されつつある**mRNAにリボソーム**が結合し，翻訳が始まる。図のⒶ→Ⓑ→Ⓒの順番に反応が進んでいることを確かめておこう。

❷　セントラルドグマでは，遺伝情報が**「DNA → RNA →タンパク質」の一方通行**の過程を経て伝わっていくもの(テーマ56)だとしたが，テミンが発見した**逆転写酵素は「RNA → DNA」の“逆転写”**を触媒する酵素であり，セントラルドグマに反するものである。**インフルエンザウイルス**や**HIV**などの**レトロウイルス**が逆転写酵素をもつことを押さえておこう(実はヒトも逆転写酵素をもつけどね…)。ちなみに，コロナウイルスもレトロウイルスの一種だよ。

❸　次に原核生物の転写調節機構について説明していくね。原核生物はテーマ60で勉強した真核生物の転写調節機構とは違い，DNA上に**オペロン**という遺伝子群を形成している。**図の通り，左から順に，調節遺伝子，プロモーター，オペレーター，構造遺伝子と配列しているが，まずはその順番を下のゴロで覚えようでしっかりと暗記しよう**！そして，真核生物とは違い，調節遺伝子から合成される調節タンパク質が**リプレッサー**のみであること，その**リプレッサーがオペレーターに結合して転写を抑制していること**をつかんでおこう。また，**オペレーターは構造遺伝子に対し転写命令を送る領域，構造遺伝子は酵素などのタンパク質をコードしている領域**であることも同時に押さえておこうね。このしくみはテーマ63にて説明していくよ。

ゴロで覚えよう

オペロン

超　プロ　い　オペ　する　構造　先生。

調節遺伝子　モーター　レーター　遺伝子

(順番に左から覚えよう！)

03 遺伝情報の発現

テーマ63 オペロン説

板書

オペロン説

1961年　ジャコブ(フランス)とモノー(フランス)
「遺伝子は必要なときのみ使われる」

❶《ラクトースオペロン》(@大腸菌)
(➡ガラクトース＋グルコース)

大腸菌はなるべくグルコースが欲しい！

ラクトースが存在するときのみ，β－ガラクトシダーゼなどのラクターゼ(ラクトース分解酵素)がつくられる

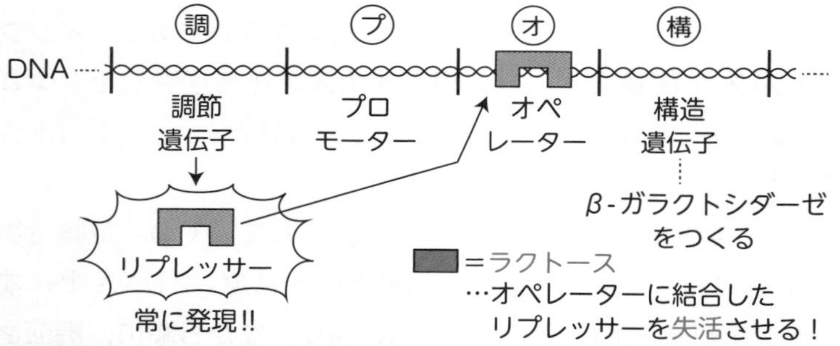

❷・ラクトースが存在しないとき

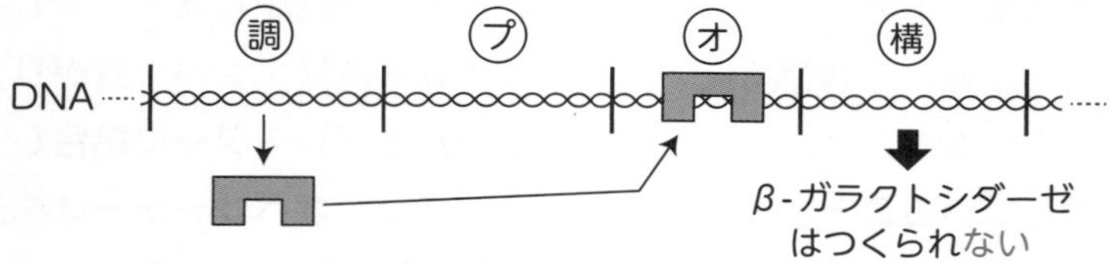

❸・ラクトースが存在するとき

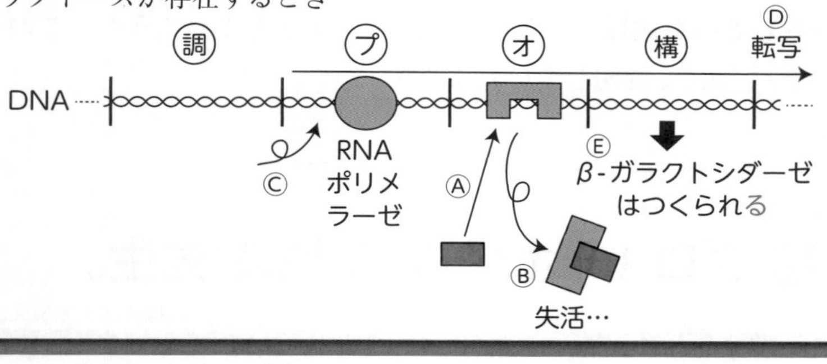

ポイントレクチャー

❶ 本テーマでは，**ジャコブ**と**モノー**が提唱した**オペロン説**の中でも**ラクトースオペロン**について説明していくね。他にもトリプトファンオペロンなどもあるが，入試対策としては，このラクトースオペロンを完璧にしておけば大丈夫だよ。大腸菌はグルコースを得るために**β－ガラクトシダーゼ**などのラクターゼを使って**ラクトースを分解**する作用をもつ。テーマ62 **で勉強したオペロンの内容に加え，オペレーターに結合したリプレッサーにラクトースが結合すると，リプレッサーが失活することを押さえておこう**！

❷ リプレッサーは常に発現している。ラクトースが存在しないときは**リプレッサーが常にオペレーターに結合している**ため，オペレーターから構造遺伝子に転写命令が送られず，β－ガラクトシダーゼはつくられ**ない**，ということなんだ。

❸ ラクトースが存在するときは，Ⓐ**ラクトースがリプレッサーに結合する**ことで，Ⓑリプレッサーが**失活**し，Ⓒオペレーターから構造遺伝子へ転写命令が送られ，**プロモーターにRNAポリメラーゼが結合**し，Ⓓ**転写**が起こることで，Ⓔβ－ガラクトシダーゼが**つくられる**，ということだ。内容が少しややこしいけど，**Ⓐ～Ⓔの流れを自分の手で書けるようにしておこうね**！

03 遺伝情報の発現

類題を解こう

オペロン説に関する問題

大腸菌を変異剤で処理し，変異菌１と２を得た。変異菌１ではリプレッサーの構造が変わりラクトースが結合できない変異が，変異菌２ではオペレーターの塩基配列が変わりリプレッサーが結合できない変異が生じていた。それぞれの変異菌の培地中にラクトースを加えた場合，β－ガラクトシダーゼはつくられるか。

解説
- 変異菌１…ラクトースが存在しても常にリプレッサーがオペレーターに結合している　**➡つくられない…(答)**
- 変異菌２…ラクトースが存在しようがしまいが，常にリプレッサーがオペレーターに結合できない　**➡つくられる…(答)**

テーマ64 変異の分類，染色体突然変異

板書

❶
変異の分類

➡同じ種の個体間における形質の違い

- ・環境変異…発育する環境の違いによる変異　➡遺伝しない
- ・突然変異…親とは異なる形質が突然出現する変異➡遺伝する
  - ➡ ・染色体突然変異：染色体の数や構造が変化
  - ・遺伝子突然変異：DNA の塩基配列が変化➡テーマ65

染色体突然変異について

・異数性…染色体が１～数本増減する。❷

例
- ・21番染色体が３本になる➡ダウン症
- ・性染色体構成が XXY　➡クラインフェルター症候群
- ・性染色体構成が XO　➡ターナー症候群

・倍数性…染色体数が $3n$，$4n$，$5n$…になる。

例
- ・種なしスイカの作製

❸ コルヒチンで処理した苗 →生育→ 四倍体（4n） 雌花 → 実をつける → 三倍体の種子 → 発芽生育 → 三倍体（3n） 雌花

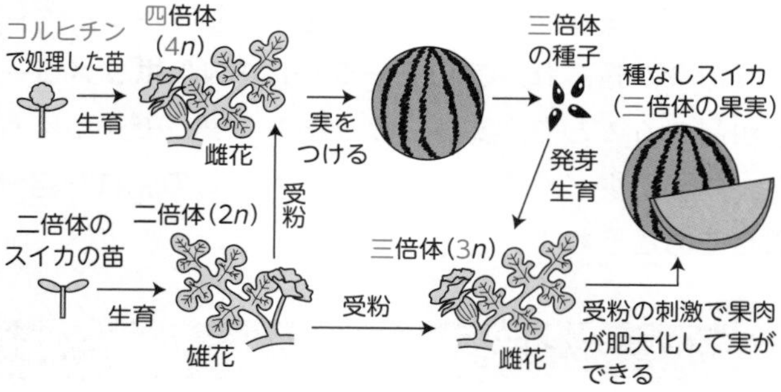

二倍体のスイカの苗 →生育→ 二倍体（2n） 雄花 →受粉→ 四倍体の雌花／→受粉→ 三倍体の雌花

受粉の刺激で果肉が肥大化して実ができる → 種なしスイカ（三倍体の果実）

- ・アユ，ニジマスなど➡ $3n$ になると“巨大化”

❹
・構造上の異常…染色体の構造が部分的に変化

正常　A B C D ／ a b c d

欠　失	逆　位	転　座	重　複
A B C D	A B C D	A B C D	A B C D
a c d	a c b d	a b E F	a b c c d
染色体の一部が欠けたもの	染色体の一部が逆転したもの	染色体の一部が他の染色体と入れ替わったもの	染色体の一部が重複したもの

ポイントレクチャー

❶ 変異は**環境変異**と**突然変異**に大別されるよ。環境変異は“遺伝**しない**”変異であり，突然変異は“遺伝**する**”変異であることを押さえておこうね。また，突然変異は**染色体突然変異**と**遺伝子突然変異**に大別され，この2つについては入試でもよく問われるので，細かく勉強していこうね。

❷ ヒトの染色体異常の具体例として**ダウン症**があげられるよ。ダウン症では，**21** 番染色体が３本になり，心身の発育不全などが引き起こされる。他にも性染色体構成の異常により，**クラインフェルター症候群**や**ターナー症候群**も異数性の例としてあげられる。このように，異数性が生じた個体を**異数体**というよ。

❸ 倍数性の例として種なしスイカの作製があげられるよ。**紡錘糸形成を阻害する**薬品である**コルヒチン**で処理したスイカの苗は**四倍体**（**4** n）となり，この個体と**二倍体**（**2** n）との交配で生じた**三倍体**（**3** n）では，**減数分裂**（テーマ 77&78）**が行われない**ため，種がないスイカとなる，ということなんだ。このように，倍数性が生じた個体を**倍数体**というよ。

❹ 染色体突然変異は異数性や倍数性など，染色体の“数”の変化以外に，“構造”の変化によるものもあるよ。**構造上の異常**としては，「**欠失**」「**逆位**」「**転座**」「**重複**」の４つがあり，いずれも押さえておいてほしい用語だよ。特に重複においては，進化の過程において重要な役割を果たしてきた。例えば，ハ虫類や鳥類がもつクリスタリン（テーマ 124）をコードする遺伝子は，尿素を合成する遺伝子が重複してできたことがわかっている。進化って神秘的だよね〜。

イメージをつかもう

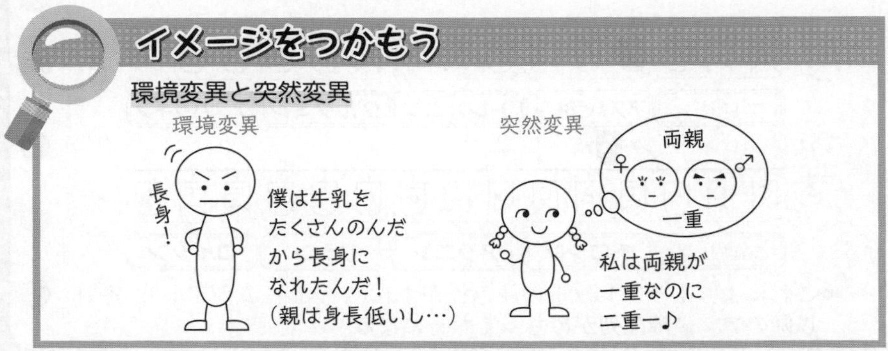
環境変異と突然変異
環境変異
長身！
僕は牛乳をたくさんのんだから長身になれたんだ！（親は身長低いし…）
突然変異
両親
♀
♂
一重
私は両親が一重なのに二重ー♪

テーマ65　遺伝子突然変異

板書

❶
置換について

…塩基配列の一部が他の塩基配列に変化すること

正常	C C A	A T A	C G C	A A A	A T T
	プロリン	**イソロイシン**	アルギニン	リシン	イソロイシン
置換	C C A	**T** T A	C G C	A A A	A T T
	プロリン	**ロイシン**	アルギニン	リシン	イソロイシン

➡これはあくまで DNA の微小な変化＝点突然変異

❷ 例
・鎌状赤血球貧血症

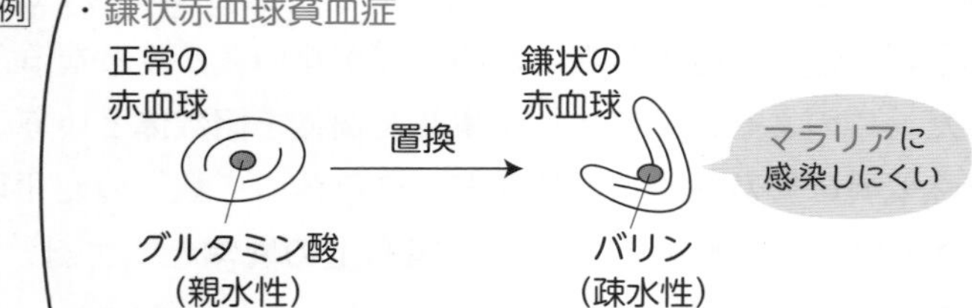

・SNP…置換による，個人間における１塩基の違い。
➡この違いが病気のなりやすさや薬の効きやすさなどの個人の体質の違いに関連している。

❸
挿入・欠失について

…新たな塩基が入り込んだり，塩基が失われたりすること

挿入	C C A	**A** A T	A C G	C A A	A A T
	プロリン	**アスパラギン**	**トレオニン**	**グルタミン**	**アスパラギン**
欠失（A）	C C A	T A C	G C A	A A A	T T A
	プロリン	**チロシン**	**アラニン**	**リシン**	**ロイシン**

➡これによりトリプレットの読み枠がずれ(＝フレームシフト)，それ以降のアミノ酸配列がめちゃくちゃになる。

ポイントレクチャー

❶ 遺伝子突然変異は**置換**と**挿入・欠失**に大別されるよ。その中でも置換はDNAの微小な変化に過ぎないため，**危険度が低い点突然変異**だよ。図にあるようなアミノ酸の変化を伴う置換を**非同義置換**，伴わない置換を**同義置換**というんだ。これらについてはまた，テーマ187にて詳しく勉強していこうね。

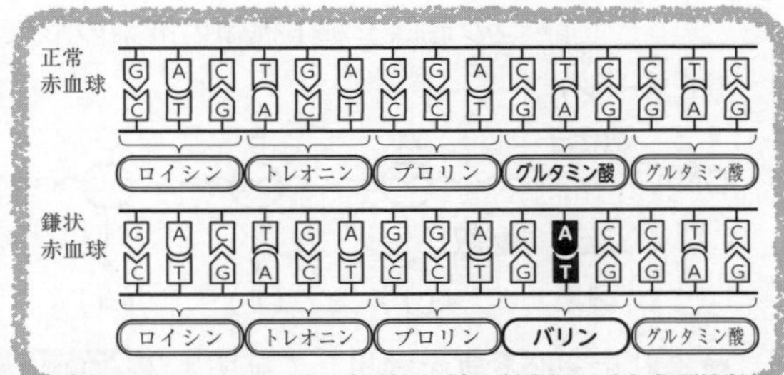

❷ **鎌状赤血球貧血症**はヘモグロビンβ鎖の第6番目のアミノ酸が置換によって，親水性の**グルタミン酸**から疎水性の**バリン**へと変化した結果生じる遺伝病で，赤血球が鎌状に変形し，貧血を引き起こす。この鎌状の赤血球内ではマラリア病原虫が増殖できないため，**この赤血球をもつヒトはマラリアに感染しにくい**んだ。また，**SNP(一塩基多型)**も置換によってみられる現象である。SNPの研究が進むことで，将来的には**オーダーメイド医療**(各個人の特徴に合った病気の予防や治療を行う医療)に応用できるのでは？と期待されているよ。このように，置換が起きることによって生じるメリットもあるんだね。

❸ 挿入・欠失は，**フレームシフト**が起きてしまう**危険度が高い突然変異**である。正常のアミノ酸配列(左ページの一番上の図)との比較でもわかるように，挿入・欠失以降のアミノ酸配列がめちゃくちゃになってしまうため，本来とは全く違うタンパク質が合成されてしまうんだ。

覚えるツボを押そう

置換と挿入・欠失の危険度

◆置換　　　：危険度は**低い**　➡**鎌状赤血球貧血症**や**SNP**など，逆にいいこともあるかも…

◆挿入・欠失：危険度は**高い**　➡**フレームシフト**が生じ，本来とは全く違うタンパク質に…

テーマ66 一遺伝子一酵素説

板書

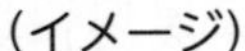

一遺伝子一酵素説

❶ 1945年　ビードル(アメリカ)とテータム(アメリカ)
「1つの遺伝子が1種類の酵素の形成を支配する」

(イメージ)

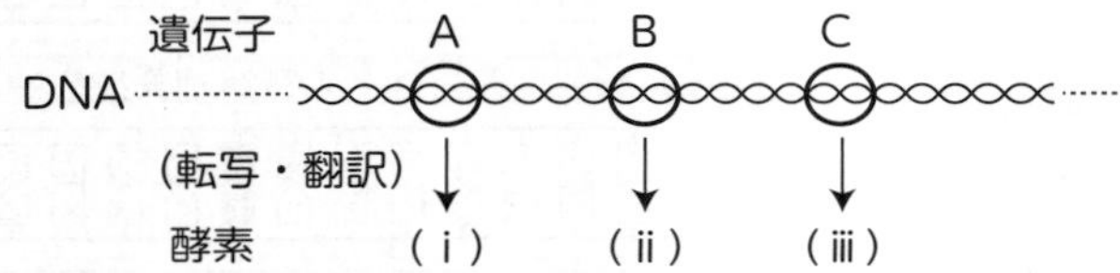

➡これを突然変異を利用して証明！(テーマ67)

❷《アカパンカビについて》
➡生活の主体が単相(n)であるため，各遺伝子が1つずつしか存在しない。よって，**変異させた遺伝子は必ず異常な形質発現をみせる。**

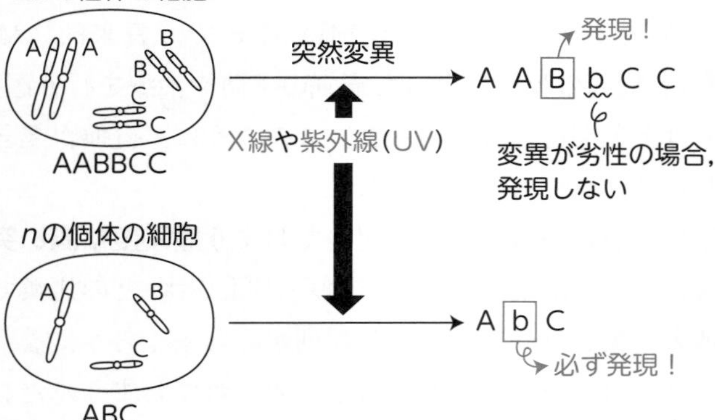

❸《正常なアカパンカビの代謝経路》

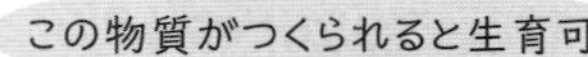

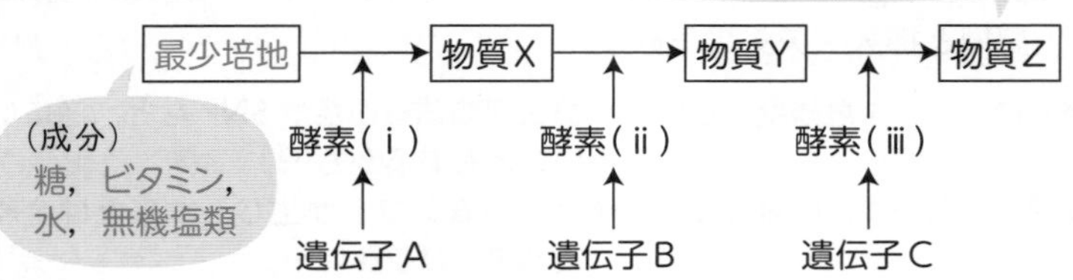

ポイントレクチャー

❶ テーマ66～68にかけて，**一遺伝子一酵素説**について勉強していこう。**ビードル**と**テータム**は，「1つの遺伝子が1種類の酵素の形成を支配する」ことを**突然変異**を利用して証明した研究者たちだよ。もちろん，今現在となっては，テーマ61で勉強した**選択的スプライシング**が発見されているため，1種類の遺伝子から複数種類の酵素が形成されることはわかってはいるが，「遺伝子の本体がDNA」だと明確化されておらず，転写・翻訳のしくみもわかっていない時代に，このことを証明した彼らはとてもすごいよね。

❷ 彼らは，各遺伝子を1つずつしかもたない**単相(n)**の生物である**アカパンカビ**(子のう菌類)を材料とした。図にもあるように，単相の生物だと，**X線**や**紫外線(UV)**などの変異原(突然変異を引き起こさせる物質，または物理的作用)によって突然変異を誘発させた際，複相($2n$)の個体とは違って，**変異した遺伝子が必ず異常な形質発現をみせる**ことがわかるね。つまり，突然変異させやすい生物を材料として採用したってことだ。

❸ ここでアカパンカビの代謝経路も軽くつかんでおこう。アカパンカビが生育するのに必要な最少培地の成分は**糖**，**ビタミン**，**水**，**無機塩類**だよ。アカパンカビはこれらの成分を遺伝子Aの発現によって形成された酵素(ⅰ)の触媒により物質Xに変換し，またこの物質Xは，遺伝子Bの発現によって形成された酵素(ⅱ)の触媒により物質Yに変換され，またこの物質Yは，遺伝子Cの発現によって形成された酵素(ⅲ)の触媒により物質Zに変換される。アカパンカビは**物質Zがつくられることで生育できるようになる**。この流れを押さえながら，テーマ67で彼らの実験の内容を理解していこうね。

あともう一歩踏み込んでみよう

変異原

X線や紫外線(UV)の照射や喫煙などの変異原によって損傷したDNAは，DNAポリメラーゼ(テーマ55)によって修復されるが，その修復が間に合わないような場合に，突然変異が生じることになる。ちなみに，がんもこのような変異原によるDNAの損傷によって生じる。

テーマ67 ビードルとテータムの実験

板書

ビードルとテータムの実験

❶

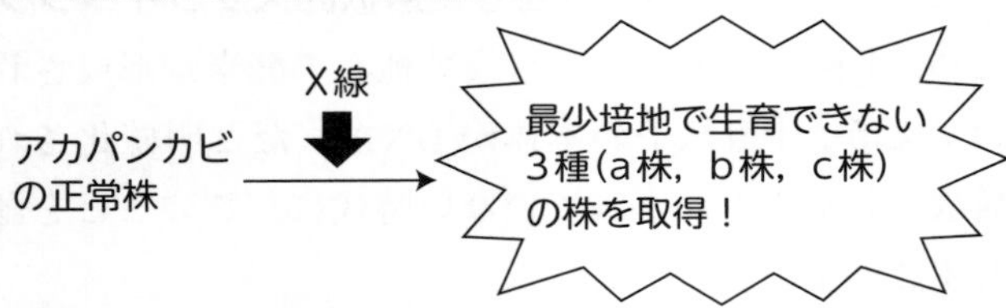

《最少培地で生育不可の３種》

- ａ株…遺伝子Ａの故障➡酵素（ｉ）が合成できない
  ➡**最少培地の成分を物質Xに変換できない**
- ｂ株…遺伝子Ｂの故障➡酵素（ii）が合成できない
  ➡**物質Xを物質Yに変換できない**
- ｃ株…遺伝子Ｃの故障➡酵素（iii）が合成できない
  ➡**物質Yを物質Zに変換できない**

➡これらは**物質Ｚ**を与えれば生育できる（栄養要求性突然変異株）
➡正常株とこれら３種の変異株に**物質Ｘ**と**物質Ｙ**も与えてみる

❷➡

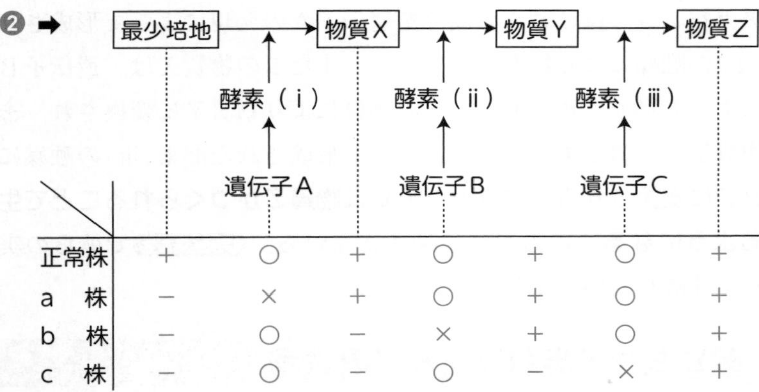

	最少培地	遺伝子A	物質X	遺伝子B	物質Y	遺伝子C	物質Z
正常株	＋	○	＋	○	＋	○	＋
a　株	−	×	＋	○	＋	○	＋
b　株	−	○	−	×	＋	○	＋
c　株	−	○	−	○	−	×	＋

上の図のルール

・生育に関して（＋…できる　−…できない）　・遺伝子に関して（○…正常　×…故障）

ポイントレクチャー

❶ テーマ66で勉強した「アカパンカビの代謝経路」の内容を元に，ビードルとテータムの実験について説明していくね。彼らは，アカパンカビの正常株にＸ線を照射し，**遺伝子Ａが故障したａ株，遺伝子Ｂが故障したｂ株，遺伝子Ｃが故障したｃ株**の３種の突然変異株を取得した。ａ株では**酵素(ⅰ)**が，ｂ株では**酵素(ⅱ)**が，ｃ株では**酵素(ⅲ)**が合成されない。そのため，**これら３種はいずれも最少培地では生育できない**ことがわかるね。**ここで，故障する遺伝子は必ず１つずつであることに注意したい**！その理由は，注目した３つの遺伝子のうち２つ以上の遺伝子を故障させることは，確率的に見てほぼ不可能だから。そして，これら３種は物質Ｚを与えれば生育できる**栄養要求性突然変異株**であることも押さえておこう。

❷ 次に，正常株とこれら３種の変異株に，最少培地と物質Ｚを与える以外に，物質Ｘと物質Ｙも与えた際に生育できるかどうかの表を示したよ。この表を，一番下に示した［ルール］に基づいて説明していくね。まず，正常株についてはすべての遺伝子が○なので，どの物質を与えても＋となる。次にａ株は遺伝子Ａが×であり，**最少培地を物質Ｘに変換できない**が，遺伝子ＢとＣは○なので，**物質Ｘ以降の物質を与えると＋となる**。ｂ株は遺伝子Ｂが×であるため，**物質Ｘを物質Ｙに変換できないが，物質Ｙ以降の物質を与えると＋となる**。ｃ株は遺伝子Ｃが×であるため，**物質Ｙを物質Ｚに変換できず，物質Ｚ以外の物質では－になってしまう**。**ここで，以上の流れとテーマ68の問題を解く際にやることを，下の覚えるツボを押そうでしっかり押さえておこうね！**

覚えるツボを押そう

ビードルとテータムの実験

◆やること①：横軸に**代謝物質**を，縦軸に**変異株**を配置し，右上に＋，左下に－が来るように表を作成しよう！

◆やること②：「**－と＋の間に×が来る**」
➡これを意識しよう！

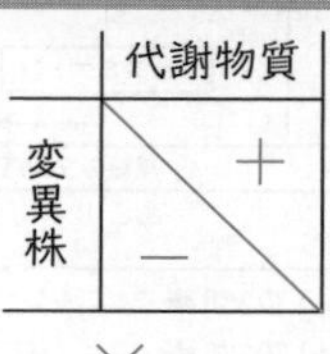

03 遺伝情報の発現

テーマ68 一遺伝子一酵素説の問題

板書

一遺伝子一酵素説の問題

アカパンカビの野生株にX線を照射し，栄養要求性突然変異株(1～4)を得た。物質A～Dのいずれかを加えた最少培地での変異株の生育は右表のようになった。物質A～Cは右下図の代謝経路の中間物質でア～ウのどれかである。空欄ア～ウに入る物質，および，①～④を触媒する酵素を合成する遺伝子に欠損があると考えられる変異株をそれぞれ述べよ。

	最少培地に加えた物質				
	A	B	C	D	E
変異株 1	＋	＋	－	＋	－
変異株 2	－	＋	－	＋	－
変異株 3	＋	＋	＋	＋	－
変異株 4	－	－	－	＋	－

＋は生育したことを，－は生育しなかったことを示す。

前駆物質 →［ア］→［イ］→［ウ］→ D
　　　　①　　②　　③　　④

図

❶ 解説　テーマ67の**覚えるツボを押そう**にならって，下の表を書く。

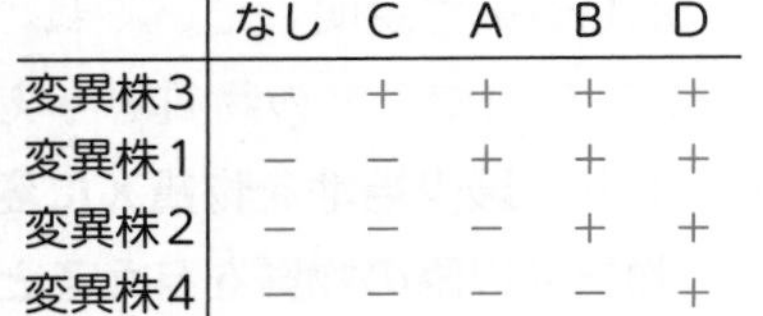

	なし	C	A	B	D
変異株3	－	＋	＋	＋	＋
変異株1	－	－	＋	＋	＋
変異株2	－	－	－	＋	＋
変異株4	－	－	－	－	＋

(あとは，横軸の順番(C→A→B)と，－と＋の間の×(例 変異株1の場合，CとAの間の②)に注目する)

ア：C　イ：A　ウ：B　①：3　②：1　③：2　④：4…(答)

❷

ヒトの代謝異常

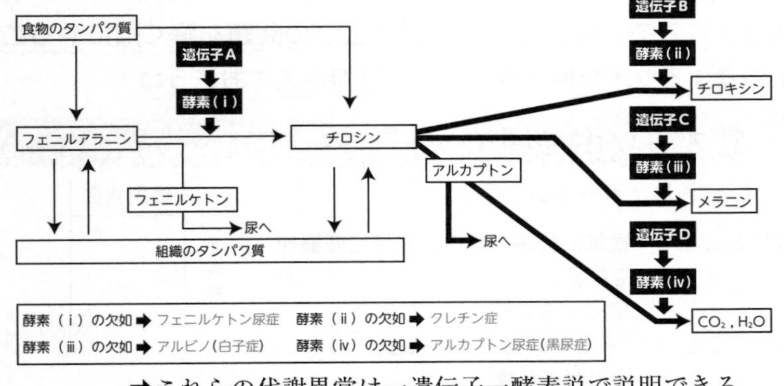

➡これらの代謝異常は一遺伝子一酵素説で説明できる。

ポイントレクチャー

❶　**一遺伝子一酵素説の問題では，テーマ67の覚えるツボを押そうにならって，右上に＋，左下に－が来るように，最少培地に加えた物質（なし，A～D）と変異株（1～4）を配置するように表を作成することが大切**！この表を作成する際には，まず，**最少培地に加えた各物質（横軸）の＋の数**に注目することがコツだよ。最初に，＋が一番多い「D（4つ）」を**一番右端**にもっていく。次に＋が多い「B（3つ）」を**右から2番目**に，その次に＋が多い「A（2つ）」を**右から3番目**に…という風に配置させていく。そして，**変異株（縦軸）に関しても同様に＋の数**に注目して，＋が一番多い「**変異株3（4つ）**」を**一番上**にもっていく。次に＋が多い「**変異株1（3つ）**」を**上から2番目**に，その次に＋が多い「**変異株2（2つ）**」を**上から3番目**に…という風に配置させていく。その後，数に注意しながら，右上に＋，左下に－がくるように＋と－を書き込んでいく。表が完成したら，**横軸の順番**と**各変異株の－と＋の間の×**に注目するだけで答えが出るよ。一遺伝子一酵素の問題では“慣れ”が必要だから，下の**類題を解こう**でも表が作成できるように訓練しておこうね。

❷　ヒトのフェニルアラニンの代謝異常は，一遺伝子一酵素説で説明できる事例として有名だよ。1つの遺伝子が故障することで，1種類の酵素が欠如し「**フェニルケトン尿症**」「**クレチン症**」「**アルビノ（白子症）**」「**アルカプトン尿症（黒尿症）**」が引き起こされてしまうことを押さえておこう。

類題を解こう

一遺伝子一酵素説の問題

左ページの問題の表を右のように差し替えた場合，空欄ア～ウに入る物質，および，①～④を触媒する酵素を合成する遺伝子に欠損があると考えられる変異株をそれぞれ述べよ。

	最少培地に加えた物質				
	A	B	C	D	なし
変異株1	＋	－	－	＋	－
変異株2	＋	－	＋	＋	－
変異株3	－	－	－	＋	－
変異株4	＋	＋	＋	＋	－

（左ページの解法を参考にして，表を書きながら問題に挑もう！）

ア：B　イ：C　ウ：A　①：4　②：2　③：1　④：3…(答)

テーマ69 遺伝子組換え実験

板書

遺伝子組換え

テーマ73

❶ ➡目的の物質を遺伝子組換えによって細菌に大量につくらせる
➡インスリン，成長ホルモン，抗生物質，インターフェロン

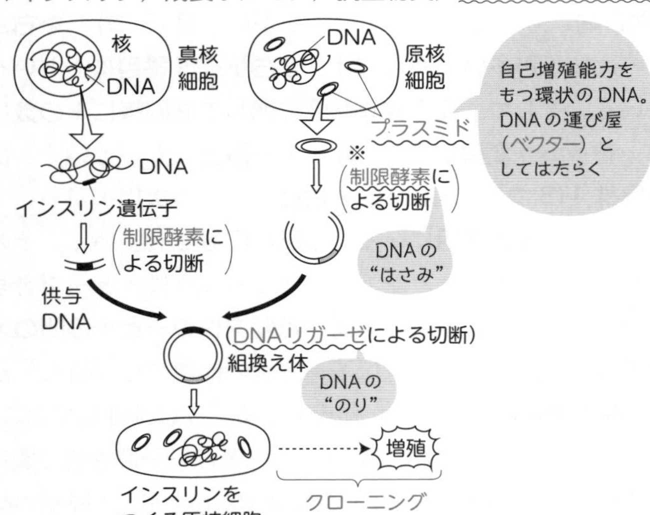

❷
※ 制限酵素…特定の繰り返し配列を認識して切断する酵素

制限酵素	認識配列
EcoRI	−G│AATTC− −CTTAA│G−
BamHI	−G│GATCC− −CCTAG│G−
AluI	−AG│CT− −TC│GA−

例 EcoRI が DNA を切断する確率

GAATTC
CTTAAG

ここが G/C になる確率 $= \frac{1}{4}$

たまたま左の配列が出現する確率 $= \left(\frac{1}{4}\right)^6 = \frac{1}{4096}$

❸ POINT トランスジェニック生物

本来入っていない遺伝子が導入された生物
《ベクターの種類》
- 動物：ウイルスを用いる
- 植物：アグロバクテリウムを用いる

ポイントレクチャー

❶ **遺伝子組換え**とは**バイオテクノロジー**の一種で「特定の遺伝子を人工的に別のDNAに組み込む操作」のことだよ。遺伝子組換えでは，DNAの“はさみ”である**制限酵素**と，テーマ55でも勉強したDNAの“のり”である**DNAリガーゼ**がとても重要。**インスリン**や**成長ホルモン**，**抗生物質**や**インターフェロン**(テーマ73)などの目的の物質の遺伝子と**プラスミドなどのベクターを同じ制限酵素で切断し，両者をDNAリガーゼで結合させる**ことで組換え体をつくり，それを大腸菌などに組み込むことで目的の物質を大量につくらせる。遺伝子組換えによってこのようなことが可能になるんだよ。

❷ 制限酵素が認識する“繰り返し配列”とは，EcoRIでいう「GAATTC」のこと。上の段を左から読んだ場合と，下の段を右から読んだ場合とで同じ配列になるんだ。あと，ここで，制限酵素がDNAを切断する確率の計算方法として$(\frac{1}{4})^n$(**➡ nは認識配列の塩基対数**)を導けるようにしておこうね。そして，下の**類題を解こう**を解いておこう。

❸ **トランスジェニック生物**を作製する際のベクターの種類(動物：**ウイルス**，植物：**アグロバクテリウム**)をしっかりと押さえておこう。ちなみに，この技術によって，成長ホルモンの遺伝子が導入された解剖用の巨大化マウスや，食糧難などの問題を解決するために害虫を殺す遺伝子が導入されたトウモロコシなどが作製されていることも知っておこうね。

類題を解こう

制限酵素に関する計算問題

制限酵素Xは，ある特定の8つの塩基対を認識し切断する。そこで，塩基が全く任意に並んでいる1,310,720個の塩基対からなるDNAをこの制限酵素で切断すると，理論上，切断箇所は何カ所得られるか。

解説

制限酵素XがDNAを切断する確率が$(\frac{1}{4})^8 = \frac{1}{65536}$

したがって，制限酵素Xが1,310,720個の塩基対からなるDNAの切断箇所は

$$1{,}310{,}720 \times \frac{1}{65536} = 20$$ カ所…(答)

03 遺伝情報の発現

テーマ70 遺伝子組換え実験の問題

板書

遺伝子組換え実験の問題

❶

プラスミド pBR322 には，抗生物質アンピシリンに対する耐性遺伝子(amp^R 遺伝子)と，抗生物質テトラサイクリンに対する耐性遺伝子(tet^R 遺伝子)，および，Pst Ⅰという制限酵素の切断部位が存在する(図1)。この切断部位に目的の遺伝子が組み込まれると amp^R 遺伝子の機能は失われる。このプラスミドと Pst Ⅰを用いて，ヒトのある遺伝子 X を導入する操作を大腸菌に施し，テトラサイクリンを含む培地で培養したところ，図2の a に示す位置にコロニーが形成された。さらに，これをアンピシリンを含む培地にそのまま移して培養したところ，図2の b に示す位置にコロニーが形成された。

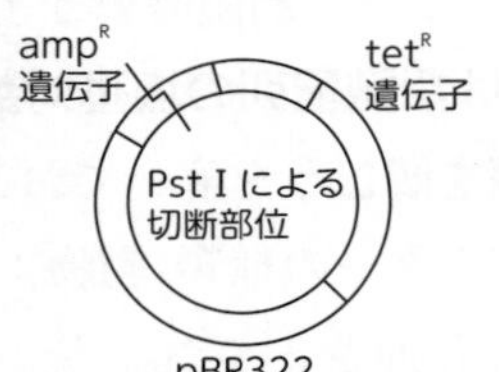

図1

a
(Ⅰ)
(Ⅱ)
(Ⅲ)
(Ⅳ)
(Ⅴ)
テトラサイクリンを含む
培地上で形成されたコロニー

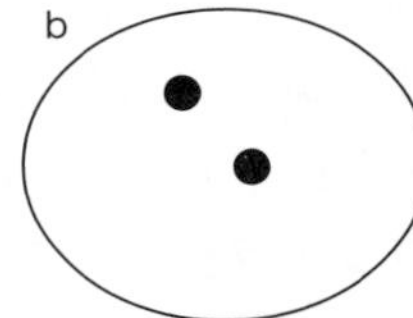

アンピシリンを含む
培地上で形成されたコロニー

図2

図2の a の(Ⅰ)～(Ⅴ)のコロニーの中で，ヒト由来の遺伝子 X が導入された大腸菌のコロニーとして適当なものはどれか。すべて記せ。

❷ **解説** 以下のように考える。

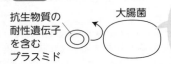

抗生物質の耐性遺伝子を含むプラスミド
大腸菌

そもそもプラスミドが入らないと，大腸菌は抗生物質テトラサイクリンを含む図2のaでコロニーを形成しない
➡(Ⅰ)～(Ⅴ)のコロニーはプラスミドをもつ(※)

遺伝子X を含むプラスミド

amp^R が故障している
➡図2のbでコロニーを形成しない

したがって，遺伝子 X が導入されたプラスミドを含む大腸菌は図2の a ではコロニーを**形成する**が，図2の b ではコロニーを**形成しない**。

(Ⅱ)・(Ⅲ)・(Ⅴ)…(答)

ポイントレクチャー

❶　本問の解説をしっかり理解していくことで，入試問題で頻出である遺伝子組換え実験に関する問題を極めていこう！まず，問題文からわかる情報として，次の２点を押さえておいてほしい。「**Ⓐプラスミドには amp^R 遺伝子と tet^R 遺伝子が含まれる**」ことと，「**Ⓑ目的遺伝子であるヒト由来の遺伝子 X が導入されると，amp^R 遺伝子の機能が失われる**」ことだ。

❷　❶のⒶからわかることは，そもそもプラスミド pBR322 をもたない大腸菌は，**抗生物質であるテトラサイクリンを含む培地でコロニーを形成できない**ことである。したがって，図２のａで形成されているすべてのコロニー(**(Ⅰ)～(Ⅴ)**)は，プラスミドを**もつ**はずである。その流れで，次は❶のⒷに注目していくよ。ヒト由来の遺伝子 X が導入され，amp^R 遺伝子の機能が失われてしまったプラスミド pBR322 をもっている大腸菌は，**抗生物質であるアンピシリンを含む培地でコロニーを形成できない**はずだね。ということは，図２のａでコロニーを形成していたにもかかわらず，図２のｂでコロニーを形成しなくなった**(Ⅱ)**・**(Ⅲ)**・**(Ⅴ)**は，**ヒト由来の遺伝子 X が導入されたプラスミド pBR322 をもっている**ということがわかるね。このように，遺伝子組換え実験に関する問題では，問題文から情報を１つ１つ丁寧に整理していくことが鍵となるよ。

類題を解こう

遺伝子組換え実験の問題

左ページの図２において，テトラサイクリンを含む培地でもアンピシリンを含む培地でもコロニーを形成した大腸菌(コロニーの(Ⅰ)と(Ⅳ))はプラスミド pBR322 とヒト由来の遺伝子 X をもつか。

解説

- 左ページの(※)より，(Ⅰ)と(Ⅳ)はプラスミド pBR322 をもつ…**(答)**
- 右図より，(Ⅰ)と(Ⅳ)は遺伝子 X をもたない…**(答)**

遺伝子Aを含まないプラスミド

➡ amp^R が故障していない
…図２のｂでコロニーを形成する

テーマ71 PCR法

板書

PCR法（ポリメラーゼ連鎖反応法）

❶ …特定のＤＮＡ断片を大量に生産する方法
1983年　マリス（アメリカ）

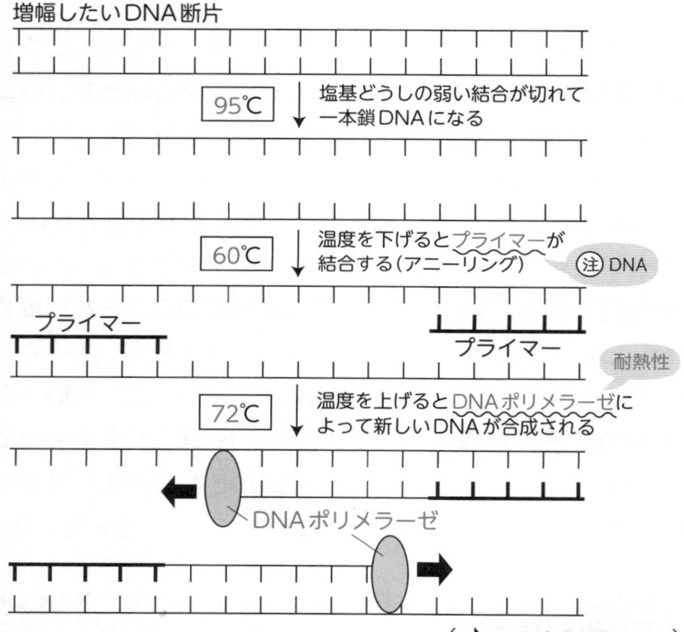
増幅したいDNA断片
95℃
塩基どうしの弱い結合が切れて
一本鎖DNAになる
60℃
温度を下げるとプライマーが
結合する（アニーリング）
㊟ DNA
プライマー
プライマー
耐熱性
72℃
温度を上げるとDNAポリメラーゼに
よって新しいDNAが合成される
DNAポリメラーゼ
（➡DNA合成の進む方向）

PCR法に関する計算問題

PCRの操作を20回繰り返すと理論上DNAは，およそ何倍に増えるか。ただし，$\log 2 = 0.3$とする。

❷ 解説

PCRの操作を20サイクル繰り返すと2^{20}倍

$2^{20} = x$とおくと，$\log 2^{20} = \log x$ ⇄ $20 \log 2 = \log x$

➡（$\log 2 = 0.3$より）$20 \times 0.3 = \log x$ ⇄ $6 = \log x$ ⇄ $x = 10^6$倍…（答）

POINT PCRを1サイクル繰り返すごとにDNAは2倍に増える

ポイントレクチャー

❶ 本テーマでは，読者の方も日々耳にする**PCR法**について勉強していこう。PCR法は特定のDNA断片を人工的に短時間で増やす方法だよ。PCRは，テーマ55で勉強したDNAの半保存的複製を人工的に行わせたもの，って考えるとわかりやすいよ。まず，**95℃**で塩基どうしの**水素結合**を切り，**60℃**まで温度を下げることで**プライマー**を結合させる（これを**アニーリング**というよ）。その後，**72℃**まで温度を上げ，好熱菌（古細菌➡テーマ193）由来の**耐熱性**をもった**DNAポリメラーゼ**を反応させることでDNAが**2倍**に増幅する。ちなみに，テーマ55でも話題に取り上げたが，PCRはあくまで**"生体外（試験管内）"**で行われるので，ここで使用されるプライマーはRNAではなく**DNA**であることに注意しよう。また，温度変化のようす（**95℃→60℃→72℃**）もしっかりと押さえておこうね。

❷ PCR法に関する計算問題もしっかりと対策しておこう。**PCRの操作をn回繰り返すと，DNA断片は2^n倍に増幅される**ことから，20回のPCRの操作ではDNA断片は2^{20}倍に増幅される。あとは解説のように，$2^{20}=x$と立式し，xの値を求めていけばいいんだよ。ここで，万が一，logを用いない方法で問題を解かなくてはいけない場合は，$2^{10}=1024$（⬅これを覚えている人は多いんじゃないかな？）を用いて，$2^{20}=2^{10}\times 2^{10}=1024\times 1024$（$\fallingdotseq 1000\times 1000=10^6$）として計算すると簡単に解けるよ。

03 遺伝情報の発現

類題を解こう

PCR法に関する計算問題

同じ配列をもつDNAであるPとQをPCR法で増やした。開始時はPとQの量は異なっていたが，Pの13.5サイクル後とQの16サイクル後のそれぞれのDNAの量は一致した。実験開始時，PはQの何倍の量のDNAが含まれていたか。ただし，$\sqrt{2}=1.4$とする。

解説 PがQのx倍の量のDNAを含んでいたとして，次のように立式する。

$$x\times 2^{13.5}=2^{16} \rightleftarrows x=2^{2.5}=2^{2+\frac{1}{2}}=2^2\times 2^{\frac{1}{2}}=4\times\sqrt{2}\fallingdotseq \mathbf{5.6倍}\cdots(答)$$

テーマ72 細胞融合

板書

細胞融合

❶ …自然では交配できない異種の細胞を融合させ，雑種をつくる

例
・ジャガイモ＋トマト　＝**ポマト**(ナス科)
・トマト＋ピーマン　＝**トマピー**(ナス科)
・オレンジ＋カラタチ　＝**オレタチ**(ミカン科)
・ハクサイ＋キャベツ　＝**ハクラン**(アブラナ科)
・抗体産生細胞＋がん細胞＝ハイブリドーマ
➡たくさん抗体をつくる細胞

❷

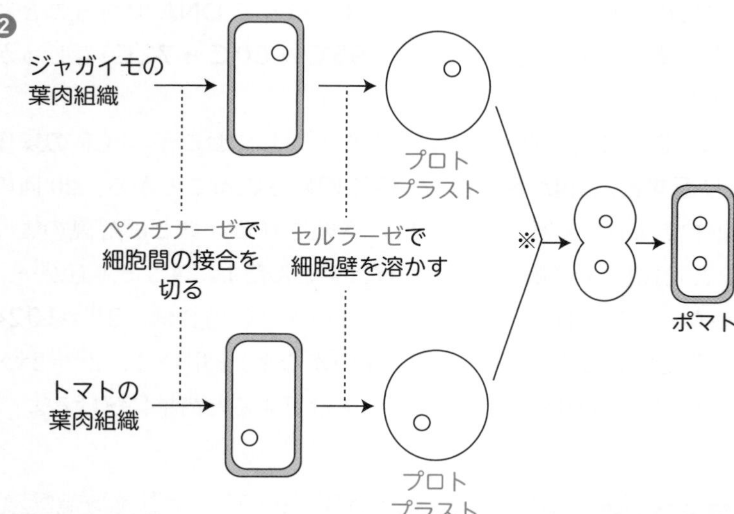

POINT ※融合方法

・植物：ポリエチレングリコール(PEG)で処理，
　または，電気刺激を与える
・動物：ポリエチレングリコールで処理，
　または，センダイウイルスに感染させる，
　または，電気刺激を与える

ポイントレクチャー

❶ ジャガイモ(ポテト)とトマトの細胞融合によって**ポマト**が，**ハク**サイとキャベツ(カンランという種)の細胞融合によって**ハクラン**ができるように，バイオテクノロジーによって，自然では交配できない異種どうしの雑種をつくることができる。ここで注意しておきたいのは，なるべく近縁種どうしの細胞融合でないと成功率が下がってしまうこと。植物に関しては「○○科」を揃えて行うのが一般的だよ。動物に関する細胞融合においては，抗体産生細胞とがん細胞の細胞融合によって作製された**ハイブリドーマ**が有名だよ。ハイブリドーマはがん細胞の特徴である**“無限に増え続ける性質”**と抗体産生細胞の特徴である**“抗体(**テーマ73**)をつくる性質”**を兼ね備えた細胞なんだ。ちなみに，抗体産生細胞はリンパ球(白血球の一種)なので，ハイブリドーマの作製に利用するがん細胞は「**ミエローマ(骨髄腫)**」という白血病(血液のがん)の原因となる細胞を用いるよ。

❷ 植物の細胞融合では，まず，**ペクチナーゼ**と**セルラーゼ**で細胞壁の主成分であるペクチンとセルロースを溶かし，**プロトプラスト**の状態にする必要がある。あとは，**ポリエチレングリコール(PEG)**で処理したり，**電気刺激**を与えたりすることで，細胞融合が起こるよ。動物に関しては，細胞壁を溶かす必要がないので，一気に**ポリエチレングリコール(PEG)**で処理したり，**センダイウイルス**に感染させたり，**電気刺激**を与えたりすることで，細胞融合が起こるよ。また，センダイウイルスとは，東北大学の石田名香雄博士によって発見されたため，地名の仙台にちなんでつけられた名称だよ。

あともう一歩踏み込んでみよう

モノクローナル抗体

ハイブリドーマがつくる抗体は，テーマ75で勉強するDNAスプライシングを終えた抗体産生細胞によって作製されるため，抗原に特異的な抗体(**モノクローナル抗体**)である。現在，バイオテクノロジーでつくられた薬の約3分の1はモノクローナル抗体によるものである。

テーマ73 免疫に関するタンパク質

板書

フレミング（イギリス）（テーマ167）が発見

❶

免疫に関するタンパク質

《自然免疫の際に，免疫細胞が放出するタンパク質》
- リゾチーム　　…粘液に含まれる細菌の**細胞壁**を分解する
- ディフェンシン…菌類や細菌類などの**細胞膜**に穴を開ける

❷《免疫細胞が放出する刺激物質＝サイトカイン》
- リンホカイン　　…**リンパ球**（T 細胞や B 細胞）が放出する
- インターロイキン…リンパ球とリンパ球の**間**で放出
- ケモカイン　　…**食細胞**（好中球，樹状細胞，マクロファージ）が放出
- モノカイン　　…**単球**（樹状細胞，マクロファージ）が放出

《抗体を構成するタンパク質＝免疫グロブリン》➡ 生物基礎範囲

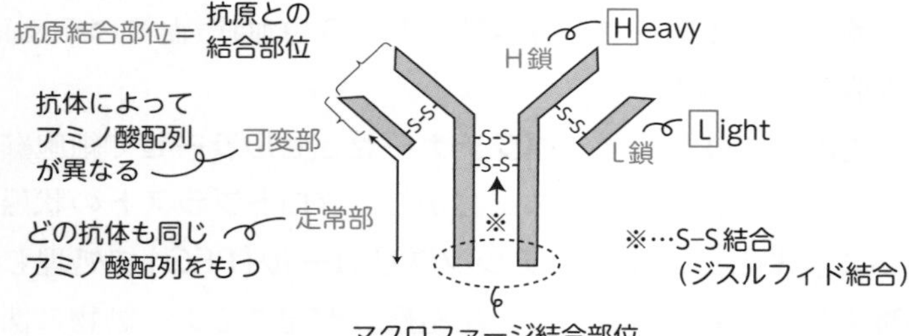

❸《樹状細胞などがもつ，**パターン認識受容体**＝ TLR》

樹状細胞　TLR

TLR で特異的に病原体が認識されると，マクロファージや別の樹状細胞での**食作用**やヘルパー T 細胞（**適応免疫**）の活動が促進される。また，TLR ではインターフェロン（※）の受容も行われ，その後，樹状細胞はさらに**インターフェロンを放出**する。

（※）…**適応免疫が成立する前**に非特異的に**ウイルスやがん**の増殖を防ぐタンパク質。樹状細胞やマクロファージ，T 細胞などが放出。抗がん剤や肝炎の薬の一種。➡テーマ69

《樹状細胞やマクロファージの細胞表面に提示され，拒絶反応に関与する膜タンパク質＝ MHC 分子》➡詳しくはテーマ74にて

ポイントレクチャー

❶ 「免疫分野は生物基礎範囲だ！」という印象が強いかもしれないが，免疫分野においても“タンパク質”や“遺伝子”に関わる内容は，生物基礎範囲では説明しきれない。本テーマからテーマ76にかけては，その内容について勉強していこう。

❷ 免疫細胞が放出する刺激物質の総称を**サイトカイン**というよ。サイトは「cyto＝細胞」，カインは「kine＝動く」の意味で，細胞間の情報伝達にはたらく物質のことだよ。テーマ152などで勉強する植物ホルモンであるサイトカイニンと混同しないように注意しようね。サイトカインには，**リンホカイン**，**インターロイキン**，**ケモカイン**，**モノカイン**などがあげられるが，これらの物質の定義を左のページでしっかりと確認し，下の**覚えるツボを押そう**で各物質の定義の違いをしっかりとつかんでおこう！

❸ **パターン認識受容体**とは，多くの病原体に幅広く共通する分子（パターン）を認識して，細胞を活性化する受容体のことで，その例として**TLR（トル様受容体）**があげられるよ。TLR で病原体が認識されると適応免疫が促進されるんだ。TLR ではサイトカインの一種である**インターフェロン**の受容も行われること，インターフェロンは**適応免疫が成立する前にウイルスなどの増殖を防ぐ**こと（右のグラフを参照）を押さえておこう。テーマ69の遺伝子組換えでインターフェロンが目的の物質になっていた理由は，インターフェロンが抗がん剤や肝炎の薬になるからなんだね。また，がんに関する研究で，2018 年に**本庶佑**博士がノーベル生理学・医学賞を受賞したことも知っておこう。

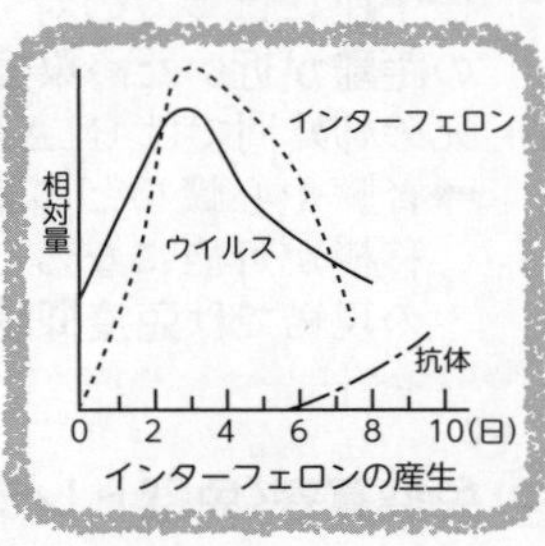

覚えるツボを押そう

免疫細胞が放出する刺激物質の区別

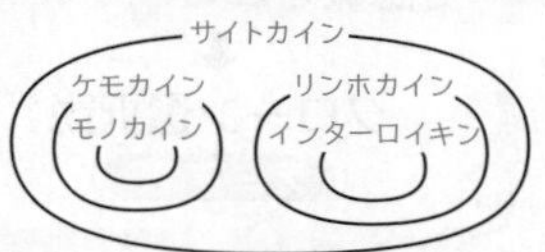

（注 インターフェロンもサイトカインの一種である）

テーマ74 拒絶反応

板書

拒絶反応のしくみ

❶ 臓器の細胞表面にはMHC分子（テーマ73）が存在していて，このMHC分子の“型”が個体間によって異なることで拒絶反応が起こる。
➡MHC分子は，MHC（主要組織適合遺伝子複合体）が発現することでつくられる。ヒトのMHC分子はHLA（ヒト白血球抗原）とよばれる。

❷

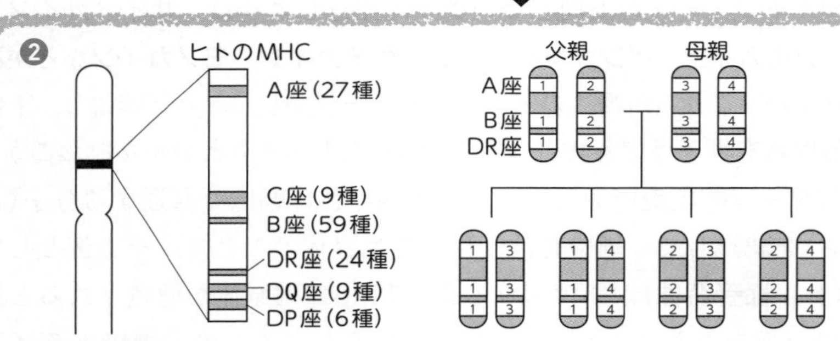

HLAの型は6つの遺伝子座（A, C, B, DR, DQ, DP）で決まり，各遺伝子座には多くの対立遺伝子が存在する。また，それらの遺伝子座の**距離が近い**ため**乗換え**や**組換え**（テーマ79）はほとんど起こらず，兄弟姉妹間ではHLAの型が一致する確率は25%となる（右上図）
➡腎臓や心臓などの臓器ではA, B, DRの型が一致すれば他人との移植が可能になる。骨髄では**完全一致**が必要となる。実際，医療の現場では**免疫抑制剤**を用いて拒絶反応を緩和している

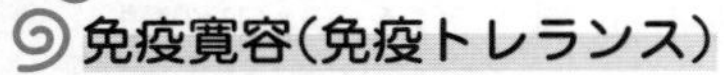

❸

免疫寛容（免疫トレランス）

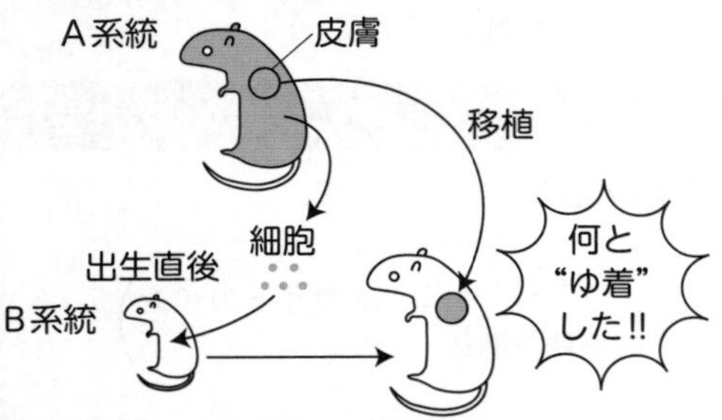

免疫のしくみが確立される前に体内に存在する物質（∴）についてはすべて「自己」として認識される
⬇
クローン選択説
（テーマ76）

ポイントレクチャー

❶ 拒絶反応のしくみを“タンパク質”や“遺伝子”レベルで説明していくね。**MHC分子**とは**MHC(主要組織適合遺伝子複合体)**とよばれる“遺伝子群”が発現することでつくられる“タンパク質”のことである。**MHC分子はほぼすべての細胞の細胞膜上に存在し，自己の“型”を明示する部分**でもあるよ。

❷ ヒトのMHC分子は別名，**HLA(ヒト白血球型抗原)**とよばれ，HLAをコードしている遺伝子群は第6番染色体に6つの遺伝子座として存在している。これら6対の対立遺伝子はそれぞれが**近い距離**にあるため，テーマ79で勉強する**乗換え**や**組換え**がほとんど起こることなく，それぞれ父親と母親の片方ずつの相同染色体が次世代へ伝わるため，右の家系図のように，**兄弟姉妹間ではHLAが一致する確率は25%となることを押さえておこう**！また，腎臓や心臓に対して，**骨髄**の移植では**拒絶反応が起きやすい**ことも知っておこうね。HLAが一致する確率は数百万分の1ともいわれていることを考えると，骨髄バンクがとても重要なものであることが伺えるね。

❸ A系統マウスの細胞(∴)を免疫のしくみが確立されていない出生直後のB系統赤ちゃんマウスに注射し，その後，その赤ちゃんマウスが成長しきったあとにA系統の皮膚を移植すると，何と拒絶反応が起こらずにA系統の皮膚が“ゆ着”した。これは，赤ちゃんマウスの免疫細胞がA系統マウスの細胞膜上に存在していたMHC分子を「**自己**」として認識したためである。なぜ，このようなことが起こったのか？この自己と非自己の成立のしくみに関しては，テーマ76の**クローン選択説**で詳しく説明していくね。

あともう一歩踏み込んでみよう

糖質コルチコイド

生物基礎範囲の「ホルモン」の分野で勉強する糖質コルチコイドは免疫抑制剤としての機能をもつ。糖質コルチコイドは，免疫細胞の核内に入り込み，**サイトカイン**(**インターロイキン**や**ケモカイン**など)の遺伝子発現を不活性化することで，樹状細胞やマクロファージ，T細胞のはたらきを抑え，最終的には拒絶反応を抑制する。

テーマ75 DNAスプライシング

板書

❶

抗体の多様性

ヒトが一生で出会う抗原は約1億種類
➡しかしヒトがもつ遺伝子の数はわずか約22000個(テーマ59)

⬇ そのしくみは？

❷ 1977年　利根川　進　「DNAスプライシング」

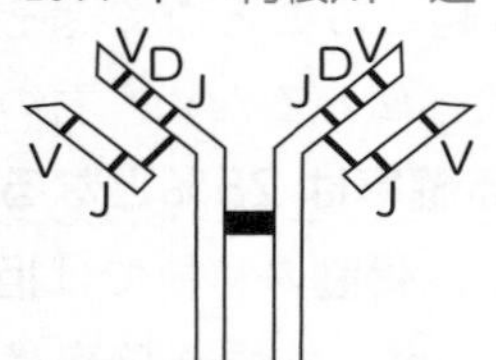

⬅このように，抗体のH鎖の可変部を構成する遺伝子はV・D・Jの3つの遺伝子群からなり，L鎖の可変部を構成する遺伝子はV・Jの2つの遺伝子群からなる。

《H鎖の可変部を構成する遺伝子群を例にとると…》

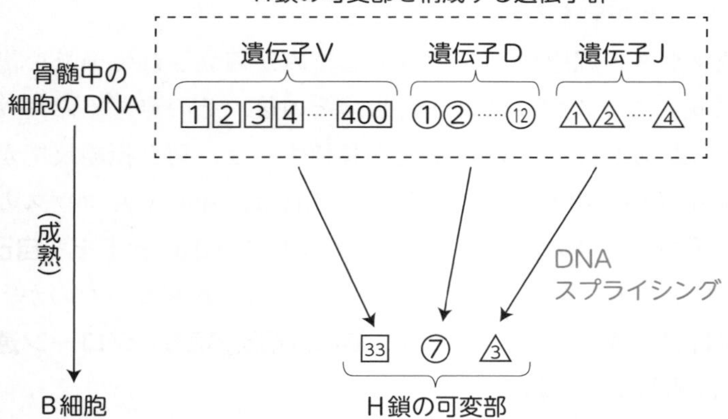

➡L鎖も同様に考え，「遺伝子V：100個」「遺伝子J：10個」であるとすると，可変部の遺伝子(DNA)の構成は

$$\underbrace{400\times12\times4}_{\text{(H鎖)}}\times\underbrace{100\times10}_{\text{(L鎖)}}=1920\text{万種類}$$

となる。

これにさらにDNAスプライシング時における**突然変異**(**挿入**や**欠失**➡テーマ65)が起こることにより1億種類以上になる。

ポイントレクチャー

❶ 本テーマでは，テーマ61で勉強した（RNA）スプライシングではなく，B細胞などのリンパ球にみられる「**DNAスプライシング**」について詳しく説明していくね。まず，押さえておいてほしいことは，“**ヒトが一生で出会う抗原は約1億種類にも上るのに，ヒトがもつ遺伝子の数はわずか約22000個である**”こと。僕たちはどのようにしてそんな多種類の抗原に対応しているのか，それについて勉強していこう。

❷ 1987年，日本人初のノーベル生理学・医学賞を受賞した**利根川進**博士は，「骨髄中の細胞がB細胞へと成熟する過程で，抗体の可変部を構成する遺伝子群の遺伝子が**ランダムに1つずつ選び出され**（DNAスプライシング），そのB細胞独自の可変部の遺伝子が**再構成される**」と考えることで，見事に抗体の多様性を証明することに成功した。図にあるように，遺伝子群はH鎖に3つ，L鎖に2つあるため，その各遺伝子群に含まれる**遺伝子数の積**がそのままB細胞の可変部の遺伝子の種類数となるんだ。これに加え，DNAスプライシング時における，塩基の**挿入**や**欠失**（テーマ65）などの**突然変異**が起こることにより，可変部の遺伝子の構成は1億種類以上になるよ。この図でいうと，400＋12＋4＋100＋10＝526個の遺伝子からこんなにも多種類の遺伝子が構成されるなんて，生物のからだは本当に神秘的だね～。あと，テーマ72の**あともう一歩踏み込んでみよう**で勉強したモノクローナル抗体があくまで抗原に特異的な抗体であることが改めて納得できるよね。

類題を解こう

DNAスプライシングに関する計算問題

抗体遺伝子の再構成のしくみについて，V群はH鎖，L鎖ともに100個，D群はH鎖のみで30個，J群はH鎖，L鎖ともに6個の遺伝子を含むものとした場合，H鎖とL鎖から構成される可変部の遺伝子は理論上何種類生じることになるか。

解説

$\underbrace{100\times30\times6}_{\text{(H鎖)}}\times\underbrace{100\times6}_{\text{(L鎖)}}$＝1080万種類…(答)

テーマ76 ABO式血液型，クローン選択説

板書

❶ ABO式血液型

1901年 ラントシュタイナー（オーストリア）

POINT
凝集原Aは凝集素αと
凝集原Bは凝集素βと
} 抗原抗体反応（凝集反応）を起こす

血液型		A型	B型	AB型	O型
凝集原（赤血球の細胞膜上に存在する抗原）		A	B	AとB	なし
凝集素（血しょう中に存在し，凝集原に結合する抗体）		β	α	なし	αとβ
赤血球凝集反応	抗A血清に対する反応 ➡αを含む	＋	－	＋	－
	抗B血清に対する反応 ➡βを含む	－	＋	＋	－

❷ クローン選択説

1957年 バーネット（オーストラリア） 「クローン選択説」
➡ヒトでは，出生前に“自己”と“非自己”の区別が起こる。

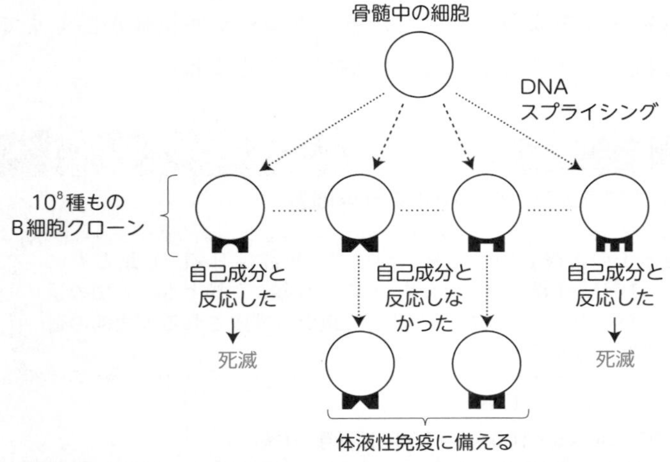

ポイントレクチャー

❶ 血液型は赤血球表面の**抗原**である**凝集原**と血しょう中に存在する**抗体**である**凝集素**の組合せによって異なる。ここでは，**各血液型がもつ凝集原と凝集素の組合せをしっかりと押さえておこう**！Ａ型が**凝集素αをもたずβをもち**，Ｂ型が**凝集素βをもたずαをもち**，ＡＢ型が**凝集素を一切もたず**，Ｏ型が**凝集素αとβをともにもつ**理由については❷のクローン選択説の説明をしながら述べていくね。

❷ ヒトの場合，テーマ75で勉強したDNAスプライシングは**出生前**に行われる。DNAスプライシングによって生じた10^8(1億)種類もの**B細胞クローン**は，母体内で反応した自己成分と反応すると**死滅**してしまうのね。❶のABO式血液型において，Ａ型の人がαをもたない理由は，その人が母体内にいる胎児期において，**凝集素αを産生するB細胞が凝集原であるAと反応することで死滅したから**なんだよ。Ｂ型の人がβを，ＡＢ型の人がαとβをもたない理由もこれと同じだよ。この現象はＢ細胞の分化に限らず，Ｔ細胞の分化においてもみられる。このことより，テーマ74で勉強した**免疫寛容**もクローン選択説で説明できるよ。つまり，Ｂ系統赤ちゃんマウスの体内でＡ系統マウスの細胞表面のMHC分子と反応したＴ細胞が**死滅**したから，Ａ系統マウスのMHC分子が**自己**として認識されたんだよ。

03 遺伝情報の発現

類題を解こう

ABO 式血液型に関する計算問題

ある100人の採血を行ったところ，35人は抗Ａ血清によって，55人は抗Ｂ血清によって凝集反応を示した。また，両方の血清のいずれとも反応しなかったヒトと，両方の血清と反応したヒトの合計は40人であった。この場合における，各血液型の人数を述べよ。

解説
抗Ａ血清(α)に反応：**A型＋AB型**＝35人
抗Ｂ血清(β)に反応：**B型＋AB型**＝55人
両血清に無反応＆反応：**O型＋AB型**＝40人
全員：**A型＋B型＋O型＋AB型**＝100人
} これらの式を連立させて答えを求める。

A型：**20人**　B型：**40人**　AB型：**15人**　O型：**25人**　…(答)

テーマ77 核相と減数分裂

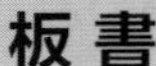

板書

核相…細胞の核がもっている染色体の状態

例 キイロショウジョウバエ(2 n = 8)

❶ (これは一体どういうことか？)

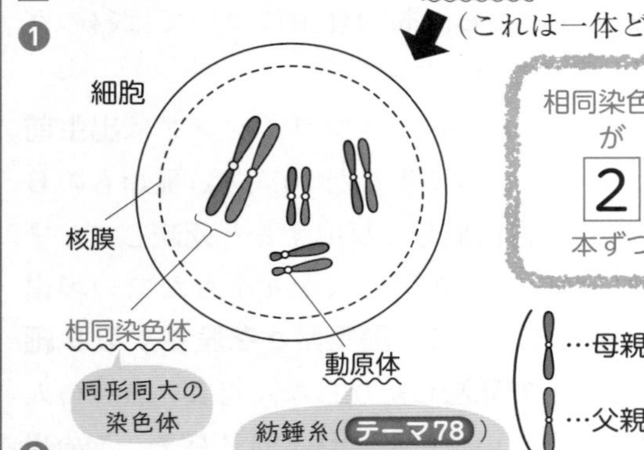

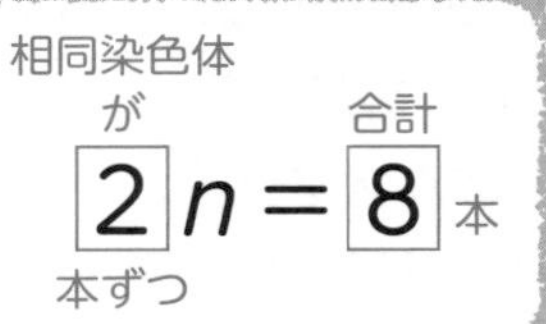

❷

POINT ゲノム

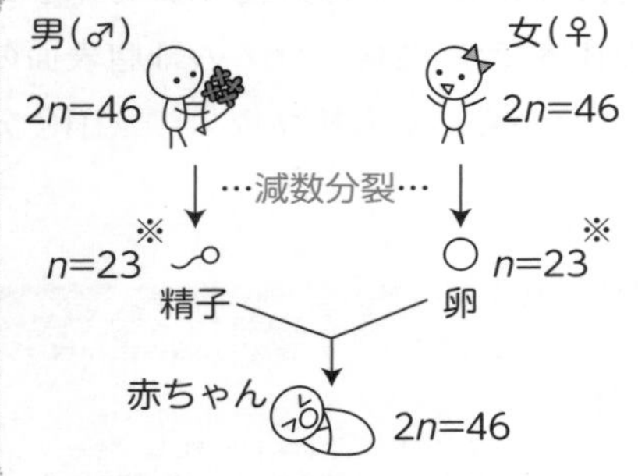

※精子や卵➡生きている！
このような
「生きるために最低限必要な
染色体の1セット」
をゲノムという

(➡ gene + chromosome
(遺伝子)　(染色体))

押しつぶし法(減数分裂の観察法)

❸《手順》(材料：バッタの精巣，ムラサキツユクサのおしべの葯)

(1) 材料の切り取り
(2) 固定(酢酸，カルノア液)
(3) 解離(塩酸) … ペクチンを溶かし，細胞どうしを離れやすくする
(4) 染色(酢酸カーミン，酢酸オルセイン)
(5) 押しつぶし … 細胞どうしの重なりをなくし，観察しやすくする

ポイントレクチャー

❶　第４章は命の誕生に関わる「生殖と発生」。遺伝計算などの重い単元もあるが，乗り越えていこうね。まずは，**核相**について勉強しよう。核相は，同形同大の染色体である**相同染色体**の本数で決まるよ。図にあるように，相同染色体が２本ずつである場合，核相は「**2 *n***」と表現するのね。キイロショウジョウバエと同様，僕たちヒトも，母親と父親から相同染色体を１本ずつ譲り受けるから，ヒトの体細胞（精子や卵以外の細胞）の核相も２*n*。一般に，核相では“**性別の数が係数になる**”と考えればわかりやすいよ。**あと，核に含まれる染色体の合計数を右辺において「2 *n* = 8」と表現することも押さえておこう**！ヒトの体細胞の核相と染色体数は「**2 *n* = 46**」だよ。

❷　精子や卵をつくる分裂を**減数分裂**というよ。減数分裂によって生じた精子や卵の核相は「*n*」であり，受精することで僕たち個体の核相は「２*n*」になる。そして，「生きるために最低限必要な染色体の１セット」のことを**ゲノム**というが，「**精子や卵➡生きている**」…これが少し考えにくいかも…。そんなときは，ミツバチのオスでイメージしてみるといいよ。ミツバチのオスは母親の減数分裂によって生じた卵（*n*）が受精しないで発生（単為発生）して生まれてくる。つまり，ミツバチのオスはゲノム１セットで生きているんだよ。このように考えると，ゲノムの定義がわかりやすくなるね。

❸　生物基礎範囲で勉強する体細胞分裂の観察法でもある「**押しつぶし法**」の手順をしっかりとつかんでおこう。ここで，手順(1)の「材料の**切り取り**」はいつ行ってもいいこと，および，手順(5)の「**押しつぶし**」は“細胞どうしの重なりをなくすこと”が目的であるため，最後に行うのが当然であることを押さえておいてほしい。**その上で，残り３つ「固定」→「解離」→「染色」の順番を絶対に覚えておこう**！また，「解離」の際には**塩酸**を使用することも覚えておこうね。

覚えるツボを押そう

押しつぶし法の手順（大声で歌うように♪）

固定～解離～染色ぅ～↗♪

テーマ78 減数分裂の過程

板書

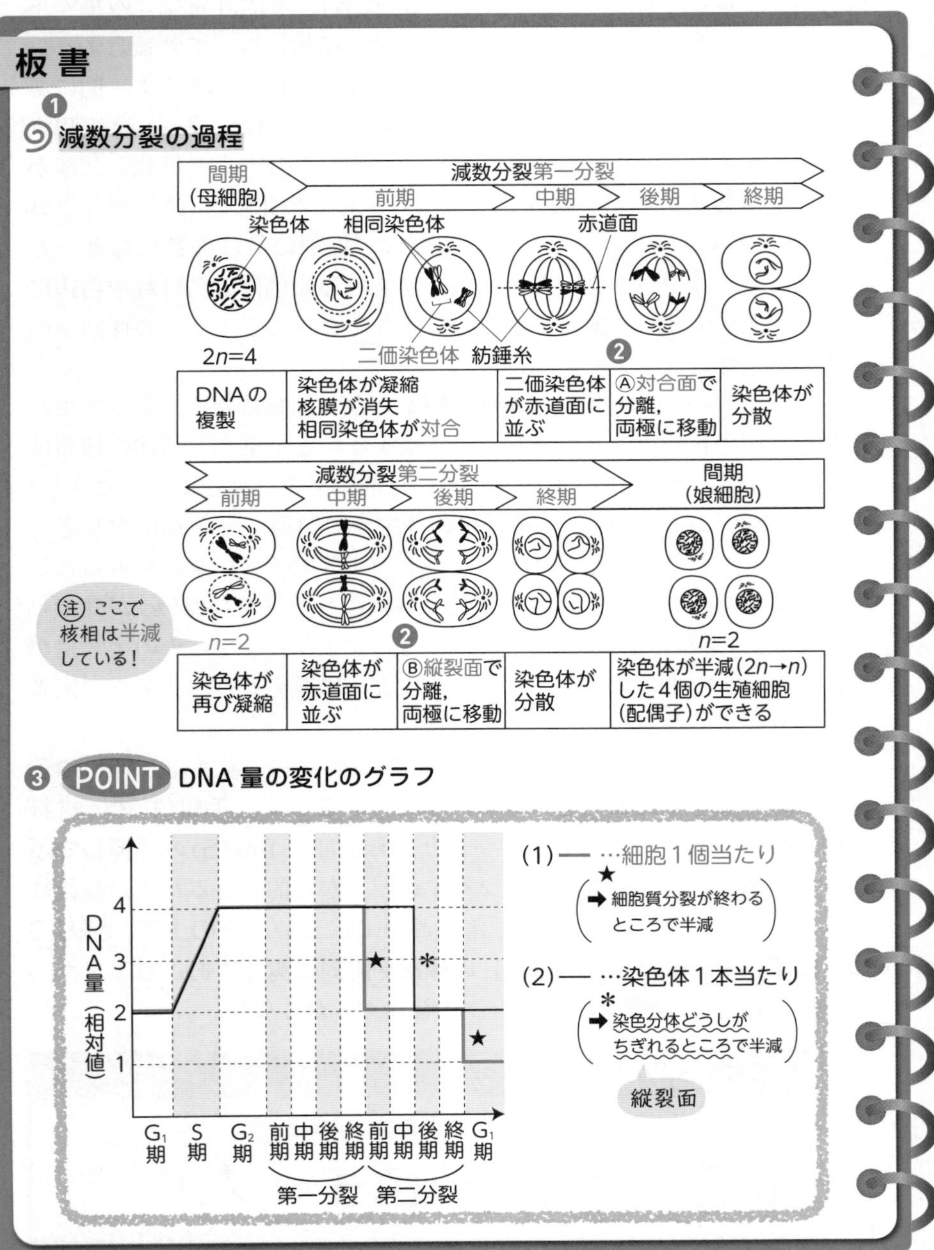
❶
減数分裂の過程
間期
(母細胞)
減数分裂第一分裂
前期
中期
後期
終期
染色体
相同染色体
赤道面
2n=4
二価染色体
紡錘糸
❷
DNAの複製
染色体が凝縮
核膜が消失
相同染色体が対合
二価染色体が赤道面に並ぶ
Ⓐ対合面で分離，両極に移動
染色体が分散
減数分裂第二分裂
前期
中期
後期
終期
間期
(娘細胞)
注 ここで核相は半減している！
n=2
❷
n=2
染色体が再び凝縮
染色体が赤道面に並ぶ
Ⓑ縦裂面で分離，両極に移動
染色体が分散
染色体が半減(2n→n)した4個の生殖細胞(配偶子)ができる
❸ POINT DNA量の変化のグラフ
DNA量(相対値)
4
3
2
1
★
*
★
G1期
S期
G2期
前期
中期
後期
終期
前期
中期
後期
終期
G1期
第一分裂
第二分裂
(1)― …細胞1個当たり
★
➡細胞質分裂が終わるところで半減
(2)― …染色体1本当たり
*
➡染色分体どうしがちぎれるところで半減
縦裂面

ポイントレクチャー

❶　体細胞分裂（生物基礎範囲）と比較すると，減数分裂は，「**2回**の連続した分裂が起こる」「1個の母細胞（**2*n***）から**4個**の娘細胞（***n***）が生じる」「**第一分裂前期**に相同染色体が**対合**し，**二価染色体**をつくる（テーマ79）」などの違いがあげられるよ。この図をしっかりみながら，上記の内容を確認していこうね。

❷　体細胞分裂では，中期に染色体が**染色分体**（右図）間である**縦裂面**に並び，後期で分離するため，核相は分裂前後で**変化しない**（**2*n* → 2*n***）。それに対し，減数分裂第一分裂では，中期に染色体が相同染色体間である**対合面**に並び，後期で分離（Ⓐ）するため，核相が分裂後に**半減する**（**2*n* → *n***）。また，減数分裂第二分裂では，中期に染色体が**縦裂面**に並び，後期で分離（Ⓑ）するため，核相は分裂前後で**変化しない**（***n* → *n***）。下図でそのようすを見ておいてね。

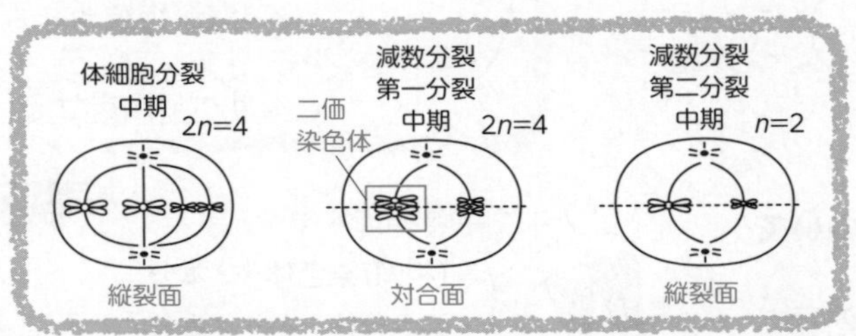

❸　減数分裂の各時期におけるDNA量の変化を表したグラフをみていこう。まず，S期にDNA量が倍加することをグラフで確認してね。次に，**半減する時期が(1)「細胞1個当たりのDNA量」の場合は細胞が2つに分かれる「終期の最後」で，(2)「染色体1本当たりのDNA量」の場合は染色体が縦裂面で2つに分かれる「第二分裂の後期の最初」であることを覚えておこう**！“細胞や染色体が2つに分かれる瞬間”をきちんと押さえていれば，そんなには難しくはないはずだよ。

覚えるツボを押そう

DNA量の変化のグラフ

◆ DNA量倍加の時期 ➡ **S期**

◆ DNA量半減の時期 ➡（・細胞1個当たり　…　**終期の最後**
　　　　　　　　　　　・染色体1本当たり　…　**第二分裂後期の最初**

（㊟ 核相は**第一分裂終期**で半減）

テーマ79 細胞分裂とモータータンパク質，対合

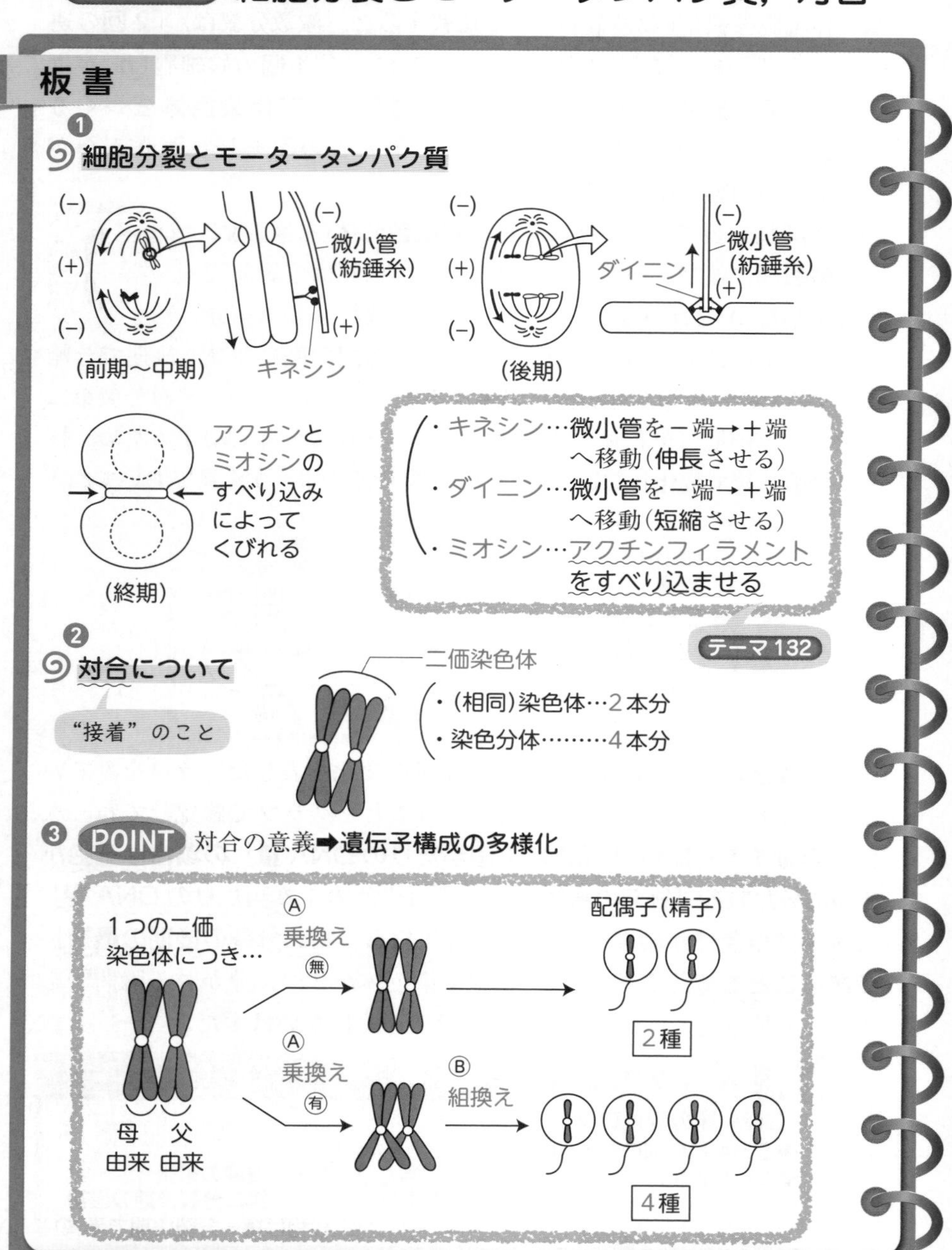

板書
❶
細胞分裂とモータータンパク質
(−)
(+)
(−)
(−)
微小管
(紡錘糸)
(+)
キネシン
(前期〜中期)
(−)
(+)
(−)
(−)
微小管
(紡錘糸)
ダイニン
(+)
(後期)
アクチンと
ミオシンの
すべり込み
によって
くびれる
(終期)
・キネシン…微小管を−端→＋端
へ移動(伸長させる)
・ダイニン…微小管を＋端→−端
へ移動(短縮させる)
・ミオシン…アクチンフィラメント
をすべり込ませる
テーマ132
❷
対合について
"接着" のこと
二価染色体
・(相同)染色体…2本分
・染色分体………4本分
❸ POINT 対合の意義➡遺伝子構成の多様化
1つの二価
染色体につき…
母
由来
父
由来
Ⓐ
乗換え
㊀
Ⓐ
乗換え
㊒
Ⓑ
組換え
配偶子(精子)
2種
4種

ポイントレクチャー

❶ テーマ8で勉強した“細胞骨格とモータータンパク質との関係”を復習しながら，細胞分裂における染色体の移動と細胞質分裂について説明していくね。前期から中期にかけて，染色体に結合した**キネシン**が，**微小管**からなる紡錘糸の**伸長**する方向(−端→＋端)へ移動し，染色体を中心体側から赤道面へ運ぶよ。また，後期では，染色体に結合した**ダイニン**が，紡錘糸の**短縮**する方向(＋端→−端)へ移動し，染色体を赤道面から中心体側へ運ぶよ。さらに，動物細胞の終期では，**ミオシン**が**アクチンフィラメント**をすべり込ませることにより収縮環ができ，細胞質分裂が引き起こされるよ。

❷ 二価染色体が(相同)染色体 **2** 本分，染色分体 **4** 本分であることに注目しておこう。また，「対合＝“接着”」ということは，二価染色体は(相同)染色体 **2 本分**ではあるが，顕微鏡観察時には染色体“**1 本に見える**”ことにも注意しておこう。右図のように，ドロ団子２個を“接着”させたようすを思い浮かべるとわかりやすいよ。

2コ分
接着
“1コ”に見える

❸ 二価染色体が対合することで，Ⓐ**乗換え**やⒷ**組換え**が生じ，様々な染色体の組合せをもつ**配偶子**(精子や卵)が生じることがあるよ。Ⓐ乗換えは「対合面で相同染色体が**交叉**すること」，Ⓑ組換えは「乗換えの結果，**配偶子の遺伝子の組合せが換わること**」だよ(テーマ87)。**1 つの二価染色体につき，Ⓐ乗換えが生じなかったら 2 種類の染色体の組合せをもつ配偶子が，Ⓐ乗換え→Ⓑ組換えが生じたら 4 種類の組合せをもつ配偶子がつくられることを押さえておこう**！

類題を解こう

染色体の組合せを求める計算問題

減数分裂で染色体の乗換えが起こらなかった場合，ヒト($2n=46$)からつくられる配偶子の中の染色体の組合せは全部で何種類か。

解説 乗換えが起こらなかった場合，１つの二価染色体につき２種類の染色体の組合せをもつ配偶子が生じる。ヒト($2n=46$)の場合，二価染色体は**(46÷2＝)23 個**である。 **$2\times2\times2\times2\times\cdots\times2\times2=2^{23}$ 種類…(答)**

テーマ80 生殖法の分類，無性生殖

板書

生殖法

➡新個体を形成すること

❶
- 無性生殖…母体の一部から新個体を形成
  ➡体細胞分裂による＝クローンをつくる
- 有性生殖…配偶子の合体により新個体を形成（テーマ81）
  ➡減数分裂による＝クローンをつくらない

無性生殖の分類

❷
- Ⓐ：分裂

アメーバ

イソギンチャク
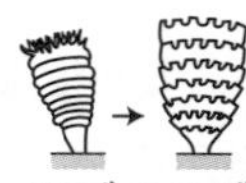
ミズクラゲ

（他の生物例）
- 大腸菌
- プラナリア
- アオミドロ

- Ⓑ：出芽

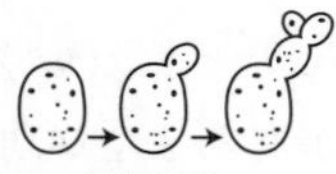
酵母菌
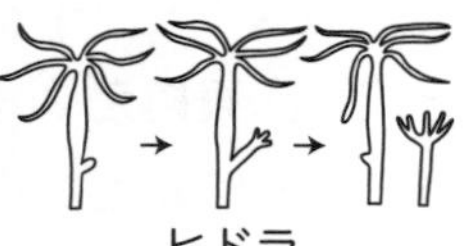
ヒドラ

（他の生物例）
- ホヤ
- ゴカイ

- Ⓒ：栄養生殖…栄養器官（※）から養分をもらいながら新個体を形成

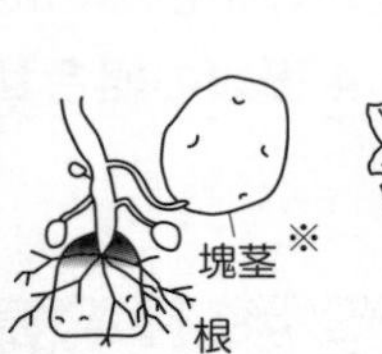

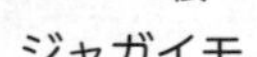
ジャガイモ

オランダイチゴ　オニユリ

（他の生物例）
- サツマイモ（塊根）
- ユキノシタ（ほふく茎）
- ヤマノイモ（むかご）
- サクラ（さし木）

- Ⓓ：胞子生殖…胞子（単独で生活できる細胞）から新個体を形成

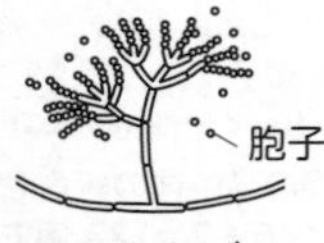

アオカビ

ミズカビ

（他の生物例）
- マツタケ
- シイタケ

ポイントレクチャー

❶　本テーマと テーマ81 にかけて，「生殖法」の勉強をしていこう。この単元はひたすら暗記って感じではあるが，きちんとイメージを膨らませていけばすぐに頭に入るよ。生殖法は，**無性生殖**と**有性生殖**に大別されるよ。無性生殖は**体細胞分裂**によるので**クローン**(遺伝的に同一な個体からなる集団)をつく**る**生殖，有性生殖は**減数分裂**により遺伝子構成が多様化されるのでクローンをつく**らない**生殖と考えるとわかりやすいよ。

❷　無性生殖はさらにⒶ**分裂**，Ⓑ**出芽**，Ⓒ**栄養生殖**，Ⓓ**胞子生殖**の４つに分けられるよ。Ⓐ分裂は親個体が**ほぼ同じ大きさ**に分裂して新しい個体が生じる生殖法(右図)だよ。アメーバなどの単細胞生物だけでなく，イソギンチャクやミズクラゲ，プラナリアなどの**多細胞生物**も行うことに注意しよう。Ⓑ出芽は親個体の一部から**小さなからだ**が形成され，そこから新しい個体が生じる生殖法(右図)。酵母菌やヒドラなどが行うよ。

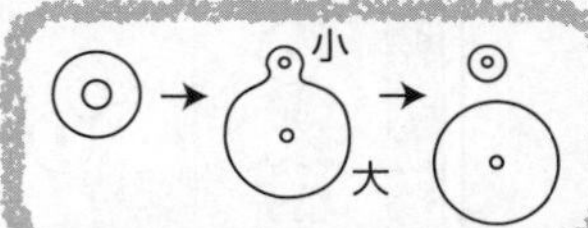

Ⓒ栄養生殖は根，茎，葉などから新しい個体が生じる生殖法で，ジャガイモの**塊茎**，オランダイチゴの**ほふく茎**，オニユリの**むかご**(芽の一種)などが有名だよ。ちなみにサクラの**さし木**(右図)も栄養生殖によるものだよ。ということは，お花見のサクラは，すべて“**クローン**”ということになるんだね。Ⓓ胞子生殖は，**胞子**によって新個体が生じる生殖法で，べん毛をもち，水中を泳ぐ胞子を特に**遊走子**というよ。

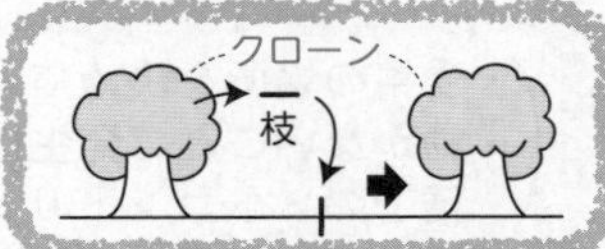

あともう一歩踏み込んでみよう

胞子生殖の分類

◆**菌類**(アオカビ，ミズカビなど)がつくる**栄養胞子**
➡体細胞分裂でつくられる➡つまり“**無性生殖**”

◆**植物全般**，**藻類**(ワカメ，アオサなど)がつくる**真正胞子**
➡減数分裂でつくられる　➡つまり“**有性生殖**”

(このように，胞子生殖は無性生殖と有性生殖に分類されるよ)

テーマ81 有性生殖

板書

有性生殖について

❶

進化(※) ↓

	配偶子	接合	接合子	べん毛	生物例
同形	配偶子 配偶子		接合子	♀…もつ ♂…もつ	クラミドモナス アミミドロ ヒビミドロ
異形	大 雌性配偶子 小 雄性配偶子		接合子	♀…もつ ♂…もつ	アオサ ミル
異形	卵 精子	受精	受精卵	※ ♀…もたない ♂…もつ	ほとんど の動物

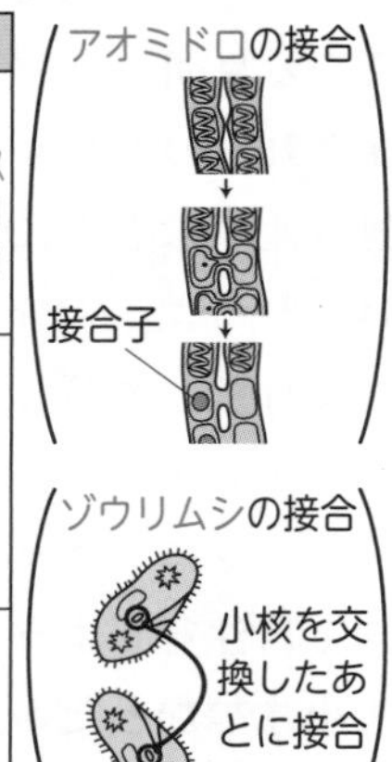

❷ **POINT** 進化の過程で雌性配偶子がべん毛を失くした理由(※)

- 受精の場所を決めておくことで受精の成功率を上げる
- 動かないことで**発生に必要なエネルギー源を貯めておく**
- 精子のミトコンドリアのみを枯渇させ，受精時における卵と精子のミトコンドリアどうしのケンカを避けるため
  ➡ミトコンドリアの遺伝は**母性遺伝**(テーマ119)

❸ **まとめ** 無性生殖と有性生殖の違い

	増殖能力	母体との遺伝子構成	環境の変化
無性生殖	高い	同じ (クローンをつくる)	弱い
有性生殖	低い	異なる (クローンをつくらない)	強い

ポイントレクチャー

❶ テーマ80に引き続き，生殖法について勉強していこう。有性生殖では，精子や卵などの配偶子の合体により，遺伝情報の組合せが新しい個体が生じるのね。この表から，配偶子は**同形配偶子**と**異形配偶子**に大別され，**精子や卵は異形配偶子の一種である**ことがわかるね。あと，同形配偶子どうし，異形配偶子どうしの合体のことを**接合**といい，その異形配偶子どうしの接合のうち，精子と卵の合体のことを**受精**というよ。つまり，**受精は接合の一種である**と考えるとわかりやすいよ。さらに，ここでは，同形配偶子は♀も♂もべん毛を**もつ**こと，**クラミドモナス**や**アオミドロ**などがこれらによる接合を行うことを押さえておこう。また，精子や卵以外の異形配偶子である雄性配偶子と**雌性配偶子**はともにべん毛を**もつ**こと，**アオサ**や**ミル**がこれらによる接合を行うことも押さえておこう。さらに，**受精卵は接合子の一種である**ことも知っておこう。

❷ 進化の過程で雌性配偶子がべん毛を失くした理由も知っておこう。この3つの理由を見ると，生物が生殖や発生の効率を上げるために上手く進化してきたことがわかるね。特に，3つめの，精子のみをべん毛運動させることで精子のミトコンドリアのみを枯渇させ，ミトコンドリアどうしのケンカを避けるように進化してきた，ということに著者本人はとても感銘を受けるよ。確かに，テーマ3で勉強したように，ミトコンドリアの中にはDNAが入っているため，お互いのミトコンドリアが元気だと，そのせいで卵と精子がお互いに“異物”として認識されてしまうかもだしね。生命は本当に神秘的だね。

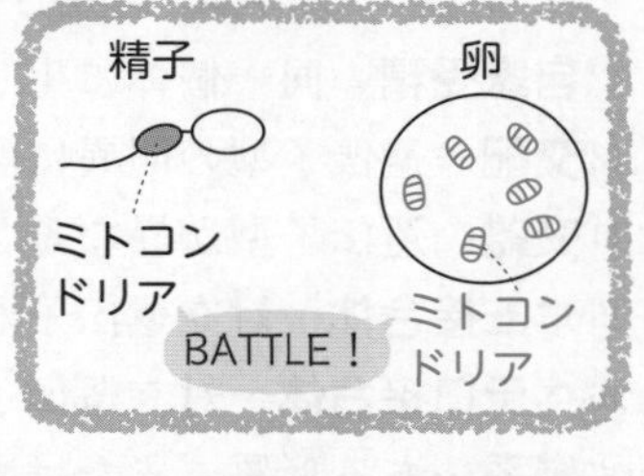

❸ 何となく，有性生殖の方がすべての面でイケてる，という風に感じるかもしれないが，**増殖能力に関しては無性生殖の方が優れている**ことに注目しておこう。

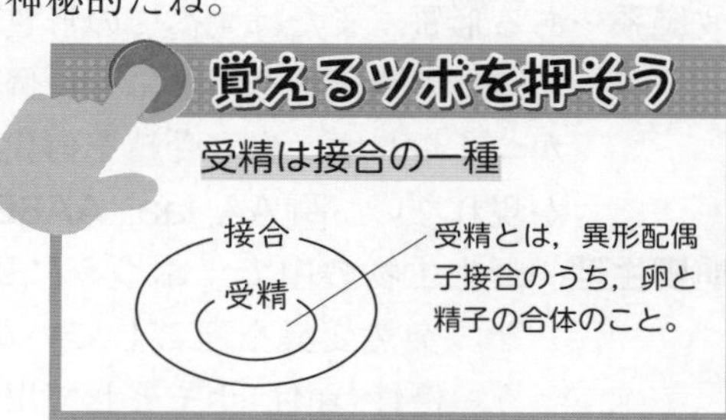

覚えるツボを押そう
受精は接合の一種
接合
受精
受精とは，異形配偶子接合のうち，卵と精子の合体のこと。

特別編 「遺伝」の学習に必要な全34語

テーマ82～95&119 の「遺伝」分野を勉強する際に“辞書”の代わりとなるコーナーです！

①**遺伝**…親がもっている形態や性質(**形質**)が子に伝えられる現象。
②**形質**…色，形，大きさなど，個体のもっている形態や性質。
③**対立形質**…互いに対になっていて，どちらか一方が現れると，他方は現れないという関係にある二つの形質。例丸形としわ形
④**優性(顕性)形質**…対立形質をもつ両親の子に一方の親の形質のみが現れた場合，現れた形質。
⑤**劣性(潜性)形質**…④の際，現れなかった形質。
⑥**対立遺伝子**…対立形質のそれぞれの形質を決定する遺伝子。
⑦**優性(顕性)遺伝子**…優性(顕性)形質を発現させる遺伝子。
⑧**劣性(潜性)遺伝子**…劣性(潜性)形質を発現させる遺伝子。
⑨**遺伝子記号**…形質を決定する遺伝子を記号で表したもの。例A，a
⑩**表現型**…個体に現れているみかけ上の形質。例**丸形**または[A]
⑪**遺伝子型**…表現型を決めるための遺伝子の組合せ。例AA，AaBb
⑫**自家受精**…同一個体に生じた配偶子の間で受精が起こること。
⑬**交配**…遺伝子型の同異に関係なく，2個体間で受精を行うこと。
⑭**交雑**…遺伝子型が異なる2個体間の交配。
⑮**ホモ接合体**…対立遺伝子が均一な対になっている個体。例AA，aa
⑯**ヘテロ接合体**…対立遺伝子が不均一な対になっている個体。例Aa
⑰**純系**…ある形質，またはすべての形質について遺伝的に均一な個体。すべての遺伝子をホモにもつ個体。純系では1種類の配偶子しかつくられず，自家受精を何代繰り返しても同じ形質の子孫しか現れない。例AA，aa，AABB，AAbb，aaBB，aabb
⑱**野生型**…野生生物の中で，ふつうに見られる表現型や遺伝子型のこと。突然変異を起こしていない個体をいい，正常型ともいう。優性(顕性)ホモとして用いることが多い。

⑲**自由交配**…あり得るすべての個体との交配。
⑳**遺伝子座**…染色体上を占める遺伝子の位置。
㉑**乗換え**…相同染色体の間で部分的に交換が起こること。**交叉**ともいう。
㉒**組換え**…同一染色体上で連鎖している遺伝子が，染色体の乗換えによってその組合せを換えること。ふつう，乗換えの結果として遺伝子の組換えが起こる。
㉓**組換え価**…組換えが起こる比率。
㉔**完全連鎖**…染色体の乗換えが一切行われない場合での連鎖。**タイプⅠ**（テーマ89）の場合つくられる配偶子が AB：ab ＝ 1：1 となり，**タイプⅡ**（テーマ89）の場合つくられる配偶子が Ab：aB ＝ 1：1 となる。
㉕**不完全連鎖**…染色体の乗換えが行われた場合での連鎖。**タイプⅠ**の場合つくられる配偶子が AB：Ab：aB：ab ＝ n：1：1：n となり，**タイプⅡ**の場合つくられる配偶子が AB：Ab：aB：ab ＝ 1：n：n：1 となる。
㉖**連鎖群**…同一染色体上にあって，互いに連鎖している遺伝子群。ヒト（$2n=46$）の場合、連鎖群の数は 23 となる。
㉗**染色体地図**…染色体上の遺伝子の位置関係を図に表したもの。
㉘**三点交雑**…互いに連鎖している三つの遺伝子を選び，相互の組換え価を求めることにより，遺伝子の位置関係を知る方法。
㉙**二重乗換え**…同一染色体上で連鎖している二つの遺伝子に着目した場合，その遺伝子間の 2 カ所で乗換えが起こること。
㉚**性染色体**…性の決定に関係する染色体。X・Y・Z・W などの記号で表す。
㉛**常染色体**…性の決定に関係しない染色体。
㉜**伴性遺伝**…雌雄に共通した性染色体上に存在する遺伝子による遺伝。
㉝**母性遺伝**…受精によって生じた子の遺伝形質が，雌性配偶子を通じてのみ遺伝する様式。
㉞**キセニア**…白色胚乳系のめしべに，黄色胚乳系の花粉を与えると，生じる種子の胚乳は黄色になる現象。このキセニアという現象は 1881 年，胚乳はめしべの一部と見なされていたので“不可解”とされていた。

テーマ82 遺伝の導入

板書

❶
配偶子のつくり方

例 耳あか（・A…ウェット ・a…ドライ） つむじ（・B…右巻き ・b…左巻き）

《一遺伝子雑種》➡1つの形質に注目

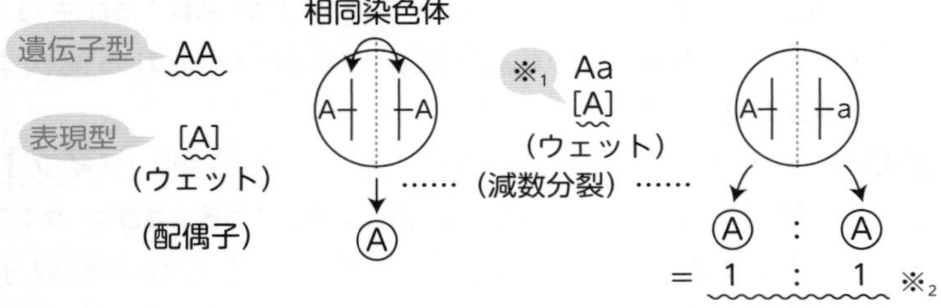

❷
※1 優性(顕性)の法則…アルファベットの大文字が「優性」として発現する。
※2 分離の法則…遺伝子の優性・劣性(潜性)に関係なく，**配偶子を均等につくる。**➡単なる**減数分裂**

❸《二遺伝子雑種》➡2つの形質に注目

(ⅰ)注目した形質が別々の染色体上にある場合＝独立

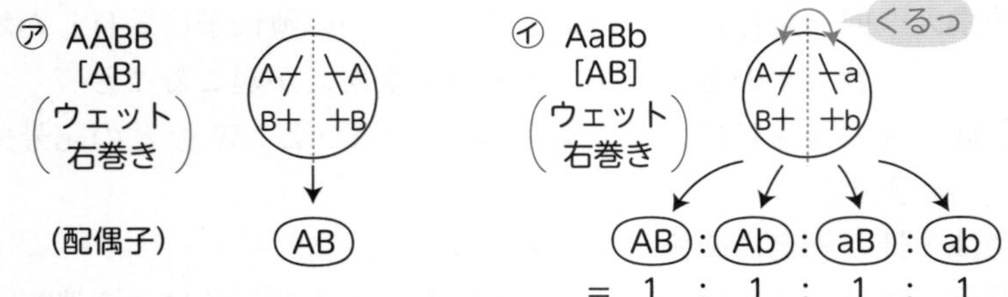

(ⅱ)注目した形質が同じ染色体上にある場合＝連鎖

➡“ここからどのような配偶子がつくられるか”はテーマ87へ

ポイントレクチャー

❶ 本テーマからは，多くの受験生を苦しめる「**遺伝**」分野を極めていこう！遺伝用語などで行き詰まったら，p176 & 177 の 特別編 ですぐに確認していこうね。テーマ50 で勉強したように，**遺伝子は染色体上に存在する**。まずは，遺伝子をＡやａなどのように記号化し，相同染色体上にこのように表記するクセをつけていこう。また，**遺伝子型**や**表現型**の書き方も習得していこうね。そして，遺伝を勉強する上で最も大切なのが「**配偶子のつくり方**」。**配偶子は減数分裂(テーマ 77〜79)により“相同染色体が対合面で分離する(縦割れする)”ことでつくられることを把握しておこう！**

❷ **メンデル**が 1865 年に発表した２つの法則をしっかりと押さえておこう。※$_1$ **優性の法則(顕性の法則)…ラージとスモールではラージが勝つ！**，※$_2$ 分離の法則…**単なる縦割れ，つまりは減数分裂である**！と簡単に捉えておけば，今後の勉強が楽になるよ。

❸ 二遺伝子雑種の場合，注目した２つの形質が(ⅰ)別々の染色体上にある(**独立**している)のか，(ⅱ)同じ染色体上にある(**連鎖**している)のかによって，つくられる配偶子の遺伝子型が変わってくる。(ⅰ)の㋐の場合は，単なる“縦割れ(減数分裂)”なのですぐに配偶子の遺伝子型がわかるが，(ⅰ)の㋑の場合は，細胞内が“液体”であり，相同染色体が**50%**の確率で「**くるっ**」て反転することを考慮して“縦割れ”しよう。この場合，ＡａＢｂ個体からは「**(ＡＢ):(Ａｂ):(ａＢ):(ａｂ)=１:１:１:１**」の比率で配偶子がつくられるということだよ。また，(ⅱ)に関しては テーマ87 にて詳しく説明するね。

あともう一歩踏み込んでみよう

分離の法則

なぜ，メンデルは“単なる減数分裂”の現象を「法則化」したのか？

➡**それは，メンデルが「メンデルの法則」を発表した年(1865 年)には，まだ“減数分裂”自体のことが何もわかっていなかったため。**

➡サットンが染色体説(テーマ50)を発表した年は，メンデルの死後の 1903 年である。**つまり，メンデルは遺伝子が染色体上にあることも知らなかった。**

04 生殖と発生

テーマ83 一遺伝子雑種

板書

一遺伝子雑種

❶ POINT 1865年　メンデルの法則

テーマ82で勉強した優性(顕性)の法則，分離の法則
➡ 1900年　チェルマク(オーストリア)，コレンス(ドイツ)，
ド・フリース(オランダ)が再発見

エンドウの細胞
2*n*=14

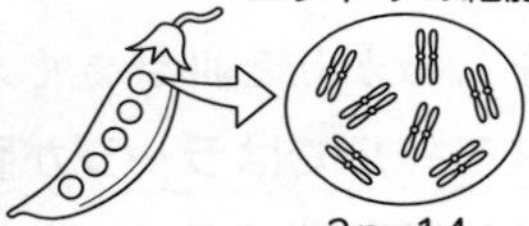

エンドウははっきりとした対立形質をもつ
➡ 種子（・A…丸形　・a…しわ形）　子葉（・B…黄色　・b…緑色）

❷ Ⓟ　(丸形) AA ―交配― aa (しわ形)
(減数分裂)…↓
(配偶子)…Ⓐ　ⓐ
Ⓕ1＝雑種第一代　Aa（すべて丸形）―自家受精※― Aa
(配偶子)…Ⓐ：ⓐ＝1：1　　Ⓐ：ⓐ＝1：1

Ⓕ2＝雑種第二代
AA　Aa　Aa　aa
1　：　2　：　1　遺伝子型の分離化
3　：　1　表現型の分離化
[A]（丸形）　[a]（しわ形）

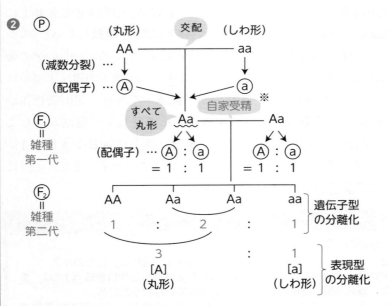

※…同一個体に生じた配偶子の間で受精が起こること

ポイントレクチャー

❶ 本テーマで改めて，メンデルの法則について説明していくね。メンデルは８年にわたる**エンドウ**の交雑実験によって遺伝に規則性があることを発見し，1865年に**優性（顕性）の法則**や**分離の法則**を発表したよ。しかし，発表当時，この法則の価値は認められず，メンデルの死後（⬅メンデルは1884年死去），1900年に**チェルマク**，**コレンス**，**ド・フリース**（テーマ185）によって再発見されたのね。メンデルがエンドウを材料として用いた理由は，エンドウが“**はっきりとした対立形質をもっていたから**”だよ。このメンデルの考えが優性の法則を生んだんだね。

❷ メンデルが行ったエンドウの交雑実験について説明するね。まず，エンドウの種子の形を丸くする遺伝子を**A**，しわにする遺伝子を**a**とする。**P**世代（Parens…ラテン語で「親」の意味）であるＡＡ個体からⒶの配偶子が，同じくＰ世代であるａａ個体からはⓐの配偶子がつくられ，これらが受精することで，F_1世代（Filius…ラテン語で「雑種」の意味）であるＡａ個体が生じる。次に，Ａａ個体どうしの**自家受精**の結果は，Ａａ個体がつくる配偶子がⒶ：ⓐ＝１：１であることから右の表のようになり，F_2世代の**遺伝子型**とその分離比は**ＡＡ：Ａａ：ａａ＝１：２：１**，**表現型**とその分離比は［A］：［a］＝３：１，または，**丸形：しわ形＝３：１**となる。ここで，**個体の遺伝子型と配偶子の遺伝子型をきちんと区別して表現する（配偶子の遺伝子型は〇で囲うなどの工夫をする）こと，遺伝子型と表現型の違いを明確化することに注意しよう**！

	Ⓐ	ⓐ
Ⓐ	ＡＡ	Ａａ
ⓐ	Ａａ	ａａ

生物学史と偉人伝

遺伝子を“因子”として捉えた最初の研究者

オーストリアの修道士であったメンデルは，当時考えられていた「遺伝子は交雑によって“液体”のように混ざり合う」という考え方を否定し，「遺伝子は“因子”によって引き継がれる（テーマ50）」という今現在では当然すぎる考え方を最初に提唱した人物である。

メンデル

テーマ 84 自家受精と自由交配の問題

板書

❶ 自家受精の問題

遺伝子型が AA の個体と Aa の個体が 2：1 の割合で含まれている集団で自家受精が行われた。次世代の遺伝子型の分離比，および表現型の分離比を求めよ。

解説　AA どうし(※)，Aa どうし(★)の自家受精のようすを次のように家系図で書く！

「数合わせ」に注意して
（遺伝子型）　AA：Aa：aa=(4×2+1)：2：1 =9：2：1
（表現型）　［A］:［a］= 11：1　…(答)

❷ 自由交配の問題

遺伝子型が AA の個体と Aa の個体が 2: 1 の割合で含まれている集団で自由交配が行われた。次世代の遺伝子型の分離比，および表現型の分離比を求めよ。

解説　「数合わせ」に注意しながら AA(※)，Aa(★)がつくる配偶子の数を算出し，**その数を係数にしながら**次のように表を書く！

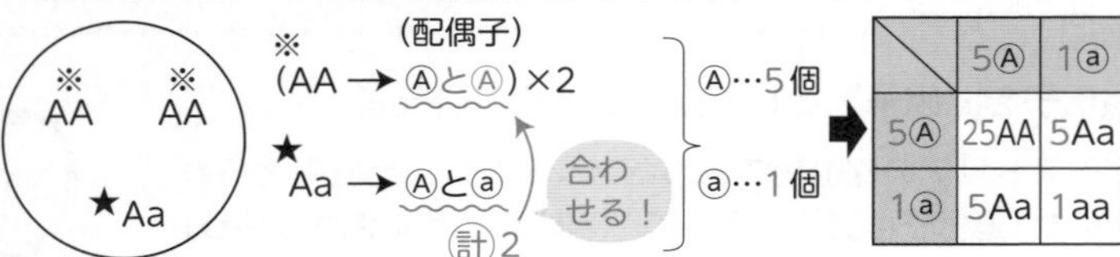

	5Ⓐ	1ⓐ
5Ⓐ	25AA	5Aa
1ⓐ	5Aa	1aa

（遺伝子型）　AA：Aa：aa = 25：(5 + 5)：1 = 25：10：1
（表現型）　［A］:［a］=35：1　…(答)

ポイントレクチャー

❶ 本テーマでは，「**集団遺伝**」というジャンルの問題の対策を行っていこう。まず，この問題では，この集団の全個体を左のように書き，各個体の自家受精の結果を書いていけばいいんだよ。ここで注意したいのは必ず「**数合わせ**」をすること！ Aa 個体(★)の自家受精の結果生じる次世代の遺伝子型の分離比は **AA：Aa：aa ＝ 1：2：1** なので，これらの個体の合計は「**4**」である。**この合計数は AA 個体(※)の自家受精の結果生じる次世代においても同じでなくてはならない**。したがって，この場合の次世代は，AA 個体が 1 個体ではなく，**4 個体**として数える。あとは，この集団の中に AA 個体(※)が元々2 個体いることを考慮して，遺伝子型，および表現型を求めていけば答えが出るよ。

❷ **自由交配**とは「あり得るすべての個体との交配」のことだが，実際にすべての交配を考えていくのは非効率である(問題によっては時間がかかりすぎるし…)。**この問題では，この集団の全個体がつくる配偶子の遺伝子型とその数を算出し，その数を係数にしながら表を作成していく方法が一番**！ここで，配偶子の数を算出する際は，1 個体当たりがつくる配偶子数の「**数合わせ**」に注意しようね。あとは❶と同様，この集団の中に AA 個体(※)が元々2 個体いることを考慮し，配偶子数を正確に算出した上で，その配偶子数を係数にした右のような表を作成し，遺伝子型，および表現型を求めていけば答えが出るよ。

類題を解こう

自家受精と自由交配の問題

遺伝子型が AA の個体と Aa の個体と aa の個体が 1：3：2 の割合で含まれている集団で自家受精および自由交配が行われた。それぞれにおける次世代の遺伝子型の分離比，および表現型の分離比を求めよ。

解説　左ページと同様の解法で問題に挑もう！

(自家受精)遺伝子型➡ AA：Aa：aa=**7：6：11**　表現型➡[A]：[a]=**13：11**

(自由交配)遺伝子型➡ AA：Aa：aa=**25：70：49**　表現型➡[A]：[a]=**95：49**

…(答)

テーマ85 二遺伝子雑種(独立)

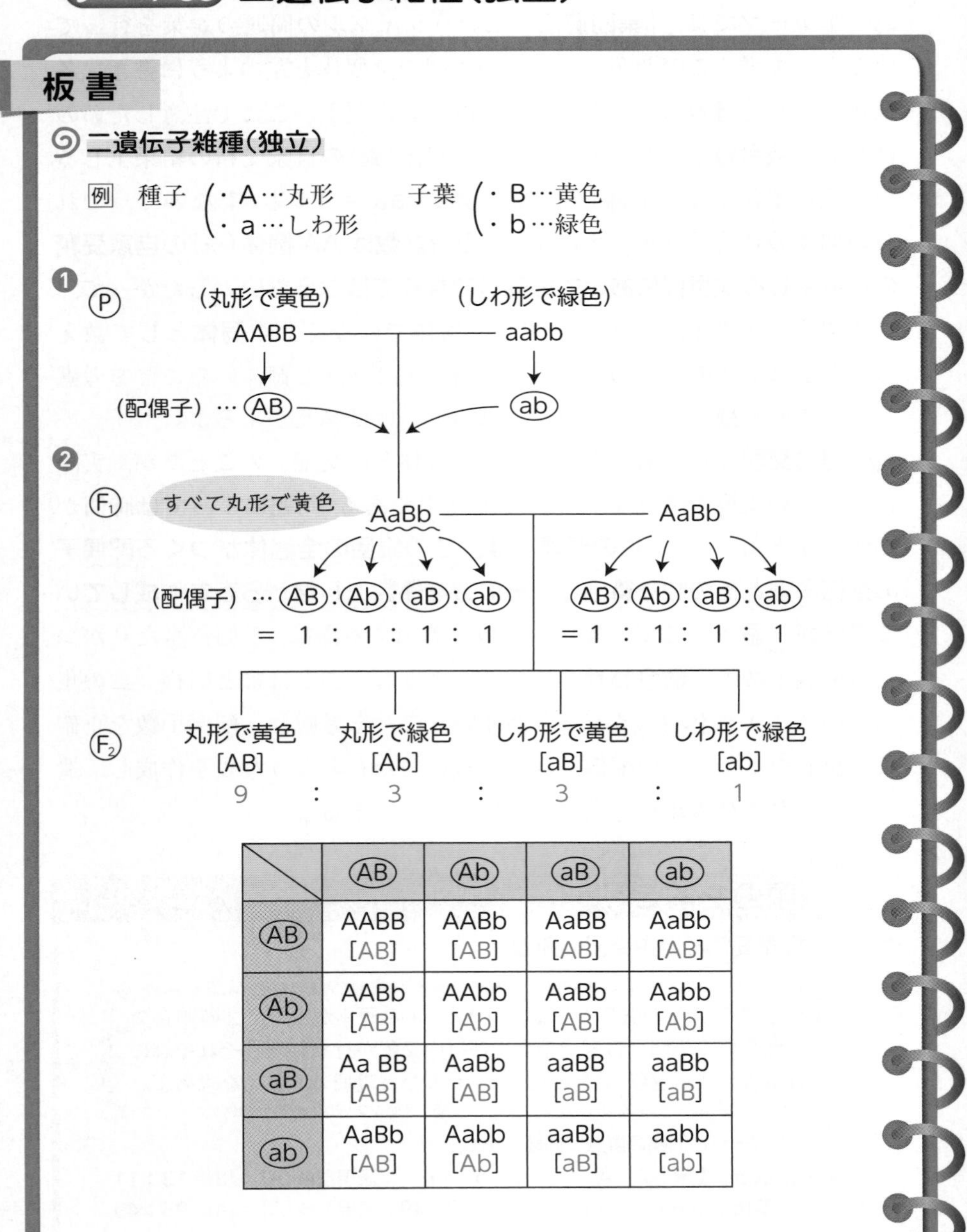

	AB	Ab	aB	ab
AB	AABB [AB]	AABb [AB]	AaBB [AB]	AaBb [AB]
Ab	AABb [AB]	AAbb [Ab]	AaBb [AB]	Aabb [Ab]
aB	Aa BB [AB]	AaBb [AB]	aaBB [aB]	aaBb [aB]
ab	AaBb [AB]	Aabb [Ab]	aaBb [aB]	aabb [ab]

ポイントレクチャー

❶ テーマ83では，メンデルが行ったエンドウの交雑実験の一遺伝子雑種について勉強したが，本テーマでは，**二遺伝子雑種の独立**バージョンを勉強していこう。まず，エンドウの種子の形を丸くする遺伝子をA，しわにする遺伝子をa，子葉の色を黄色にする遺伝子をB，緑色にする遺伝子をbとする。P世代であるＡＡＢＢ個体から(ＡＢ)の配偶子が，同じくP世代であるａａｂｂ個体からは(ａｂ)の配偶子がつくられ，これらが受精することで，F_1世代であるＡａＢｂ個体が生じるよ。

❷ 次に，ＡａＢｂ個体どうしの**自家受精**の結果は，ＡａＢｂ個体がつくる配偶子が(ＡＢ)：(Ａｂ)：(ａＢ)：(ａｂ)＝1：1：1：1である（テーマ82）ことから左ページの下の表のように表わすことができ，F_2世代の表現型とその分離比は［AB］：［Ab］：［aB］：［ab］＝9：3：3：1，または，**丸形・黄色：丸形・緑色：しわ形・黄色：しわ形・緑色＝9：3：3：1**となる。**ここで，F_2の表において，下の覚えるツボを押そうのように，［AB］：［Ab］：［aB］：［ab］＝9：3：3：1の位置関係を覚えておくと，今後の勉強が楽になるよ**！ちなみに，二遺伝子雑種の場合，遺伝子型とその分離比は，膨大な量になるため，あまり求められることはないからご安心を。また，表現型の分離比について，日本語表記の場合よりも，［　］記号の表記の方が書きやすいので，これからはこっちをメインにして説明していくね。なお，本テーマにおいても，**個体の遺伝子型と配偶子の遺伝子型をきちんと区別して表現する（配偶子の遺伝子型は○で囲うなどの工夫をする）ことに注意しようね**！

覚えるツボを押そう

F_2の表

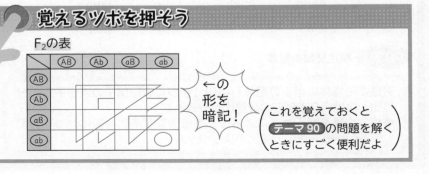

	(AB)	(Ab)	(aB)	(ab)
(AB)				
(Ab)				
(aB)				
(ab)				

←の形を暗記！

（これを覚えておくと テーマ90 の問題を解くときにすごく便利だよ）

テーマ86 親当て問題，検定交雑

板書

親当て問題

❶

エンドウには種子を丸くする遺伝子(A)としわにする遺伝子(a)，および子葉の色を黄色にする遺伝子(B)と緑色にする遺伝子(b)がある。丸・黄［AB］の個体としわ・黄［aB］の個体を交雑したとき，次世代は［AB］:［Ab］:［aB］:［ab］＝3:1:3:1になった。これらの親に相当する［AB］の個体と［aB］の個体の遺伝子型を求めよ。

解法　次のように，不明の遺伝子記号のみを“空欄”にして家系図を書く！

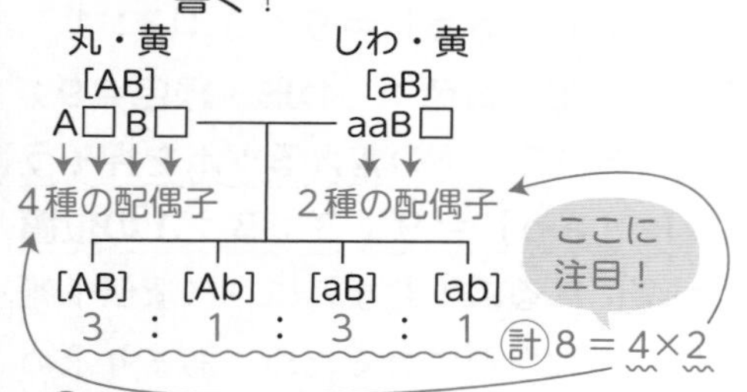

POINT

子の個体数の“合計”に注目して，配偶子の種類数から遺伝子型を当てていく！

AaBb と aaBb …(答)

❷

検定交雑について

➡劣性ホモ(aabb)個体とのかけ合わせ

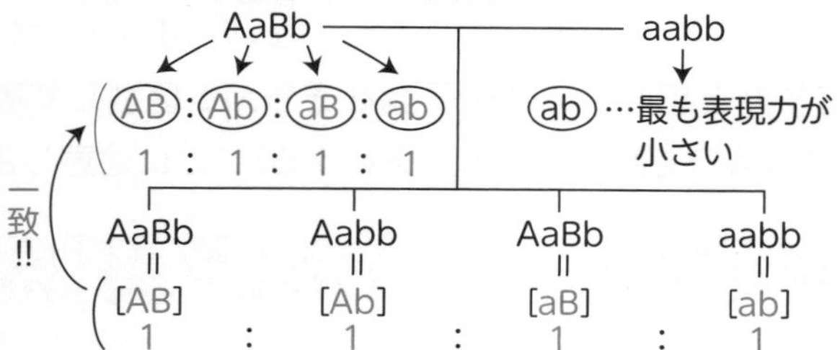

POINT 検定交雑の意義

劣性ホモ個体の相手の個体(AaBb)がつくる配偶子の遺伝子型の分離比と次世代の表現型の分離比が一致する
➡検定交雑を行うことによって，遺伝子型が不明な個体がつくる配偶子の遺伝子型の分離比が推定できる

ポイントレクチャー

❶ テーマ85で二遺伝子雑種（独立）を勉強した流れで，子の表現型の分離比から親の遺伝子型を決定する「**親当て問題**」の対策をしていこう。このような問題を解く際には，**不明の遺伝子記号のみを“空欄”にして家系図を書くことがポイント**！その後，子の個体数の合計に注目して，“この表現型と分離比になるには**どのような表がつくられているはずなのかな？**”と考えるとスムーズに問題が解けるよ。つまり，本問のように，子の合計数が「**8**」である場合，**4×2**の形の右のような表がつくられているはずである。この配偶子の種類数を元に，親の遺伝子型の空欄を当てはめていけば答えが出るよ。また，本問の場合，右図のように，子に［ab］＝aabb個体がいる場合，その親がつくる配偶子の中に必ず(ab)が入っているはずだから，そこから答えを導き出すのも OK だよ。

	(AB)	(Ab)	(aB)	(ab)
(aB)	?	?	?	?
(ab)	?	?	?	?

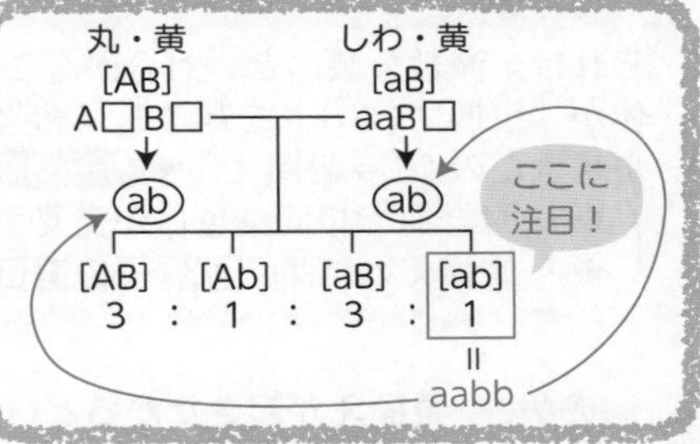

❷ 検定交雑とは，劣性ホモ個体の相手の個体がつくる配偶子の遺伝子型の分離比と次世代の表現型の分離比が一致することから，**劣性ホモの相手の個体がつくる配偶子の遺伝子型を“検定”する交雑**のことだよ。**今後，つくられる配偶子の遺伝子型の分離比がとてもややこしくなる「連鎖と組換え」単元を勉強するときに，この検定交雑を知っておくととても重宝するので，ここでしっかりと内容を押さえておこう**！

類題を解こう

親当て問題

左ページの問題において，［AB］の個体と［Ab］の個体を交雑したとき，次世代は［AB］:［Ab］:［aB］:［ab］＝3:3:1:1 になった。これらの親に相当する［AB］の個体と［Ab］の個体の遺伝子型を求めよ。

解説　左ページと同様の解法で問題に挑もう！　**AaBb と Aabb …（答）**

テーマ87 連鎖と組換えの導入

板書

❶
連鎖と組換え
…注目した2つ(以上の)形質が同じ染色体上にある状態

例

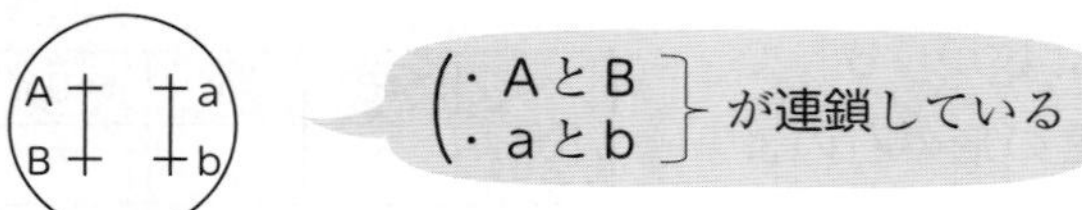

❷ ここからはどのような配偶子がつくられるのか？

それは，減数分裂のとき対合が起こった際に，どのくらいの二価染色体が「乗換え(※1)」を起こし，結果的に“どのくらい「組換え(※2)」が起きたのか(＝組換え価➡テーマ88)”によって変わってくる
(※1…対合面で相同染色体が交叉すること
※2…乗換えの結果，配偶子の遺伝子の組合せが換わること)

❸ POINT **乗換えが起きたからといって，必ずしも組換えが起こるとは限らない**

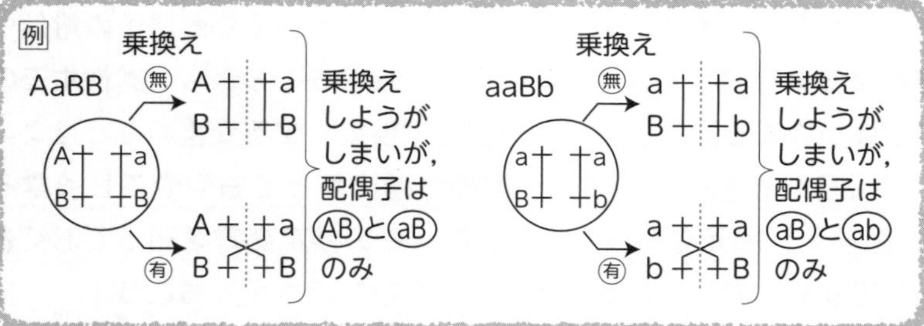

➡実は「乗換えが起きた結果，必ず組換えが起こるタイプ」は 2タイプ しかない。この 2タイプ ではいずれも遺伝子型がＡａＢｂである。

➡本書ではこれらに注目し，タイプⅠ，タイプⅡと定義する。テーマ89

ポイントレクチャー

❶ テーマ82で説明しきれなかった，二遺伝子雑種の**連鎖**について勉強していこう。ここでつまずく受験生は多いので，ここで集中して頑張っていこうね。連鎖とは注目した２つ(以上の)形質が**同じ**染色体上にある状態のことで，例のＡａＢｂ個体の場合，「**AとB，またはaとbが連鎖している**」と表現するよ。このような個体からはどのような配偶子がつくられるのかについて考えていこう。

❷ テーマ79で勉強した乗換えと組換えについて，改めて説明するね。※1 **乗換え**は「単なる**交叉**のこと」で，※2 **組換え**は「乗換えの結果，**配偶子の遺伝子の組合せが換わる**こと」である。また，“どのくらい(**何%**)組換えが起こったのか”を表す数値を**組換え価**というよ。これに関してはテーマ88にて詳しく説明するね。

❸ テーマ79のときは，“染色体”レベルでの乗換えと組換えだったので，「乗換えが起きると必ず組換えが起きる」という考えの下で勉強した。しかし，本テーマでは，“遺伝子”レベルでの乗換えと組換えなので，**乗換えが起きたからといって，必ずしも組換えが起こるとは限らない**！確かにここで示されている２つの例では，乗換えしようがしまいが，つくられる配偶子は変わらないよね。つまり，「連鎖と組換え」単元の問題では，この乗換えが起きても組換えが起こらないタイプは，そもそも注目に値しない(だって，組換えが起こらないわけだし，この場合では組換え価も存在しないから)。**本書では，ＡａＢｂ個体の[２タイプ]([タイプⅠ]と[タイプⅡ])に注目することで，「連鎖と組換え」単元を極めていきたいと考えている**！

04 生殖と発生

覚えるツボを押そう

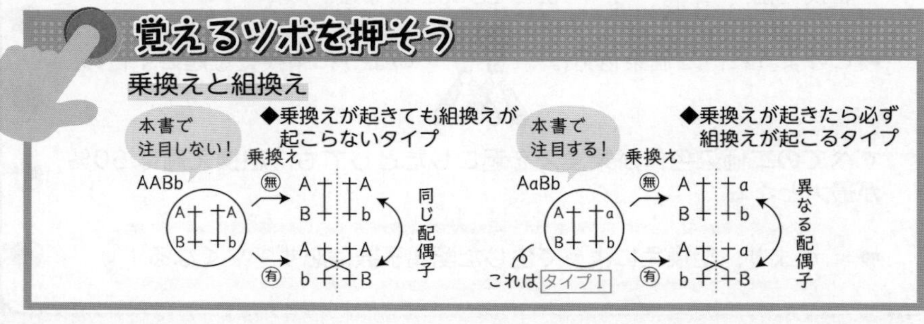

テーマ88 組換え価

板書

乗換えと組換え価

❶（体内で配偶子がつくられるイメージ）

精巣内では…

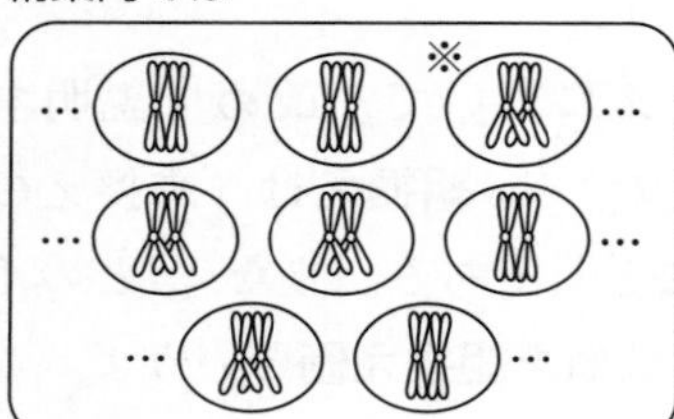

精子がつくられるとき，左図のように対合した状態の生殖細胞（一次精母細胞➡テーマ96）はたくさん存在するが，その中には
- ・乗換えを起こすもの
- ・乗換えを起こさないもの

の２種類が混在している。

❷

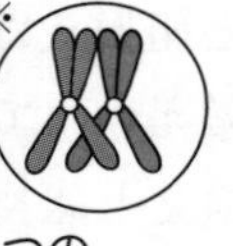

１つの
一次精母細胞
につき

減数分裂
のあと

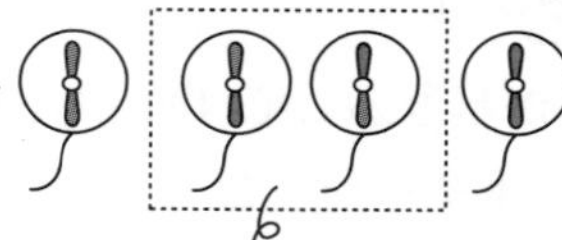

組換えによって生じた配偶子
は４個中２個

❸ POINT

$$組換え価 = \frac{組換えによって生じた配偶子数}{全配偶子数} \times 100$$

➡上の（**イメージ**）でいうと，

$$組換え価 = \frac{4個 \times 2}{8個 \times 4} \times 100 = \underline{25\%}$$ になる。

➡このように，二価染色体は 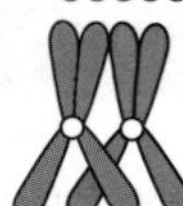 のように乗換えを起こすため，

すべての二価染色体が乗換えを起こしたとしても，組換え価は50％が最大となる。

➡ つまり，組換えによって生じた配偶子数は必ず少なくなる！

ポイントレクチャー

❶　本テーマでは，テーマ87で勉強した，「乗換えを起こしたら必ず組換えが起こる2タイプ」に注目して考えていくよ。まずは，ここに，精子(配偶子)が精巣内でつくられるイメージを示すね。精子がつくられるときはこのように，**一次精母細胞**(テーマ96)がたくさん存在するが，その中には「**乗換えを起こすもの**(＝**組換えを起こすもの**…今回注目したタイプでは，乗換えと同時に組換えも起こる)」と「**乗換えを起こさないもの**」がランダムに混在しているよ。

❷　**二価染色体は対合面でのみ乗換えを起こす**！したがって，乗換えを起こした二価染色体をもつ一次精母細胞がつくる**4個**の配偶子のうち，組換えによって生じた配偶子は**2個**となることを押さえておこう。

❸　ここに，**組換え価**の式を示しておくね。組換え価とは，「どのくらい(**何%**)組換えが起こったのか」を示す数値なので，このように，“**つくられた全配偶子数のうち，組換えによって生じた配偶子数が何%分なのか**”に相当することになるよ。これに応じて❶の精巣内の状態を組換え価で表してみるね。まず，分母には，**8個**の一次精母細胞からつくられる精子の数が入るので，**8×4＝32個**。分子には，乗換えを起こした二価染色体をもつ**4個**の一次精母細胞から生じる，組換えによって生じた精子の数が入るので，**4×2＝8個**。これらをこの式に代入すると，組換え価はこのように**25%**になる。ここで，二価染色体が対合面でのみ乗換えを起こすが故に，**組換え価は50%を超えることはなく，組換えによって生じた配偶子数は必ず少なくなることに注目しよう**！

04 生殖と発生

覚えるツボを押そう

組換えによって生じた配偶子数が少ない理由

(二価染色体は右図のように，**対合面でのみ**乗換えを起こす)

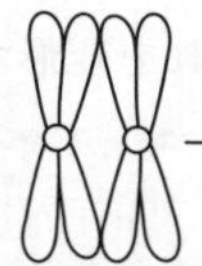

乗換えを起こすと…

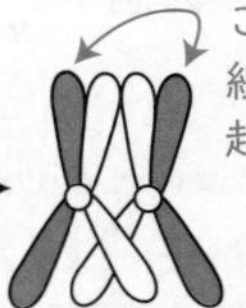

テーマ89 連鎖と組換えを極めるための2タイプ

板書

❶ 乗換えが起きたら必ず組換えが起こる2タイプ

❷ タイプⅠ

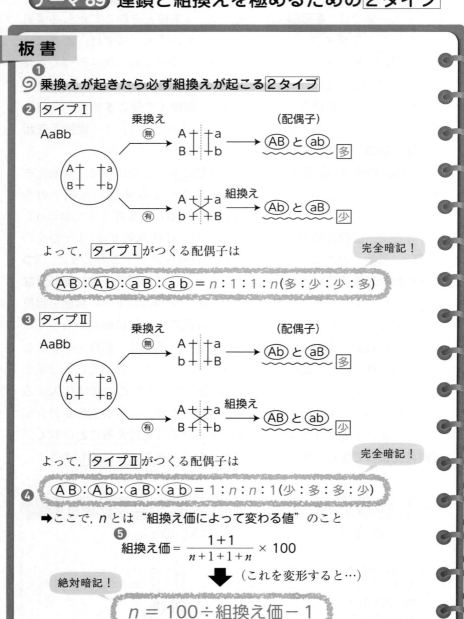

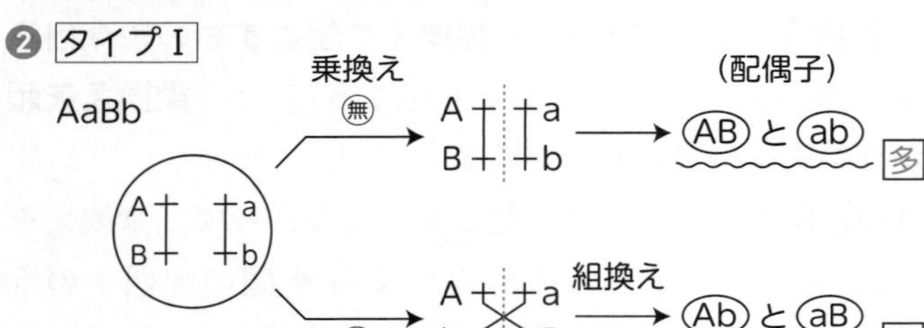

よって，タイプⅠがつくる配偶子は

完全暗記！

AB：Ab：aB：ab＝n：1：1：n(多：少：少：多)

❸ タイプⅡ

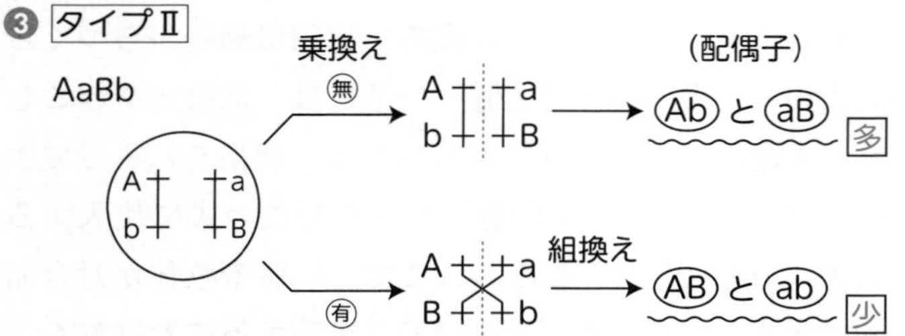

よって，タイプⅡがつくる配偶子は

完全暗記！

❹ AB：Ab：aB：ab＝1：n：n：1(少：多：多：少)

➡ここで，nとは“組換え価によって変わる値”のこと

❺
$$組換え価 = \frac{1+1}{n+1+1+n} \times 100$$

（これを変形すると…）

絶対暗記！

$$n = 100 \div 組換え価 - 1$$

ポイントレクチャー

❶ テーマ87&88では，乗換えと組換えの違いや，組換え価が50%を超えない理由について説明してきたが，ここからが本当に大切だよ。本テーマでは，本書が独自で定義した，乗換えが起きたら必ず組換えが起こる2タイプについて極めていこう。**一番の得点力につながる内容**を勉強していこう。

❷ タイプⅠはAとB，aとbが連鎖するタイプ。**組換えによって生じた配偶子が必ず少ないことに注目して，タイプⅠがつくる配偶子の遺伝子型の分離比を完全に暗記しよう**！

❸ タイプⅡはAとb，aとBが連鎖するタイプ。タイプⅠ同様，**組換えによって生じた配偶子が必ず少ないことに注目して，タイプⅡがつくる配偶子の遺伝子型の分離比を完全に暗記しよう**！

❹ ❷と❸で述べてきた「*n*」とは一体何なのか？それについて考えていこう。そもそもテーマ87で勉強してきたように，タイプⅠやタイプⅡがつくる配偶子の遺伝子型の分離比は組換え価によって変わってくるはずだよね。だから，この「*n*」は“**1よりも大きい数字**で，かつ，**組換え価によって変わる値**”であると考えるといいよ。

❺ 仮にタイプⅠがつくる配偶子の遺伝子型の分離比を元に「組換え価」と「*n*」の関係式を示すとこのようになるよ。そして，この式を変形してつくられた $n = 100 \div$ 組換え価 $- 1$ という本書オリジナルの式。**この式を暗記しておくと，「連鎖と組換え」の計算問題がすごく解きやすくなるよ**！テーマ90&95で実際に問題を解きながら，本テーマで習得した内容を活かしてみよう。

覚えるツボを押そう

タイプⅠとタイプⅡ

遺伝子型はどちらもAaBbだが，連鎖している遺伝子が異なる

テーマ90 連鎖と組換えの問題

板書

連鎖と組換えの問題(その1)

BbLl の個体を検定交雑したところ，次世代は［BL］:［Bl］:［bL］:［bl］＝3：1：1：3であった。

問1　遺伝子Bと同一染色体上にあって連鎖している遺伝子を示せ。

問2　B-L 間の組換え価は何%か。

問3　BbLl の個体どうしの交配によって生じる，次世代の分離比［BL］:［Bl］:［bL］:［bl］を示せ。

解説

＼	3	1	1	3
3	9	3	3	9
1	3	1	1	3
1	3	1	1	3
3	9	3	3	9

❶ 問1　リード文中の「3：1：1：3」より タイプⅠ であることがわかる。よって，L …(答)

❷ 問2　$n=3$ より，$3=100\div x-1 \rightleftarrows x=25\%$…(答)

❸ 問3　右のように，「3：1：1：3」で表を書く！
よって，［BL］:［Bl］:［bL］:［bl］＝41：7：7：9 …(答)

連鎖と組換えの問題(その2)

AaBb の個体(A と b，a と B が連鎖)どうしで自家受精させたところ，次世代は［AB］:［Ab］:［aB］:［ab］＝129：63：63：1であった。

問1　A-B 間の組換え価は何%か。

問2　AaBb の個体を検定交雑することによって生じる，次世代の分離比［AB］:［Ab］:［aB］:［ab］を示せ。

❹ **解説**

問1　リード文中の「A と b, a と B が連鎖」より，タイプⅡ であることがわかる。よって，自家受精の結果として右下のように，「1：n：n：1」で表を書く！この表の［aB］より，$n^2+2n=63$ が成立する。

➡ $(n-7)(n+9)=0 \rightleftarrows n=7$

したがって，

$7=100\div x-1 \rightleftarrows x=12.5\%$…(答)

＼	1	n	n	1
1				
n				
n			n^2	n
1			n	

（n^2, n, n の枠 ―［aB］）

問2　$n=7$ より，［AB］:［Ab］:［aB］:［ab］＝1：7：7：1 …(答)

ポイントレクチャー

❶ テーマ86 で勉強したように，検定交雑によって，**劣性ホモ個体の相手の個体（BbLl）がつくる配偶子の遺伝子型の分離比と次世代の表現型の分離比**が**一致**することから，リード文中の「**3：1：1：3**」が，BbLl 個体がつくる配偶子の分離比となる。したがって，このBbLl 個体は タイプⅠ となる（右図）。

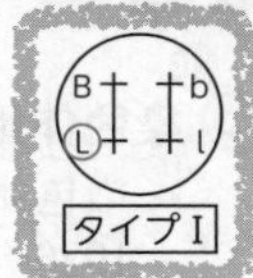

❷ ここで，テーマ89 で勉強した公式

n ＝100÷組換え価－１ を使おう。

❸ ここで，テーマ85 で暗記した右の表の形を使おう。**それぞれのライン上の数字を合算していく**とそれぞれの表現型の分離比になるよ。

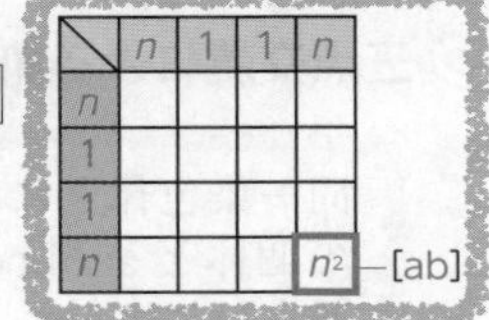

❹ 問題（その１）では，配偶子の分離比から自家受精の結果を求める問題が出題されたが，問題（その２）は，その逆で，自家受精の結果から配偶子の分離比や組換え価を求めていこう。この場合は，リード文から タイプⅡ であることを見極め，**左ページの右下のような表を作成していく**といいよ。本問は タイプⅡ に関する問題であるが，タイプⅠ の場合は右のような表を作成しよう。

	n	1	1	n
n				
1				
1				
n				n^2

n^2 —[ab]

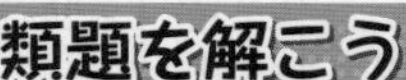

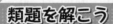

類題を解こう

連鎖と組換えの問題

AaBb（A と B，a と b が連鎖）の個体どうしの交配によって生じる，次世代の分離比［AB］：［Ab］：［aB］：［ab］を示せ。ただし，AaBb の個体の一方の組換え価が 20%，他方の組換えが起こらないものとする。

解説

問題文中の「**A と B，a と b が連鎖**」より，タイプⅠ。

（AaBb の一方）組換え価 20%より，**n＝100÷20－1＝4**

（AaBb の他方）右上図のように，AB と ab の配偶子のみができる。

➡つくられる配偶子は

AB：Ab：aB：ab＝**1：0：0：1** となる。

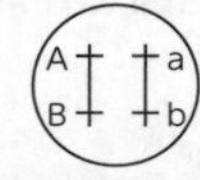

右のように，「**4：1：1：4**」と「**1：0：0：1**」で表を書く。

よって，［AB］：［Ab］：［aB］：［ab］＝**14：1：1：4**…(答)

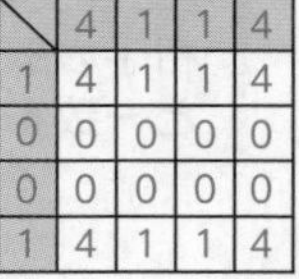

	4	1	1	4
1	4	1	1	4
0	0	0	0	0
0	0	0	0	0
1	4	1	1	4

テーマ91 染色体地図，三点交雑法の問題

板書

❶

染色体地図について

…染色体上の遺伝子の位置関係を図に表したもの
1926年　モーガン(アメリカ)　「遺伝子説」

遺伝子間の距離が長いほど，それだけ組換えが起こりやすい
➡**遺伝子間の距離は組換え価と比例関係にある**

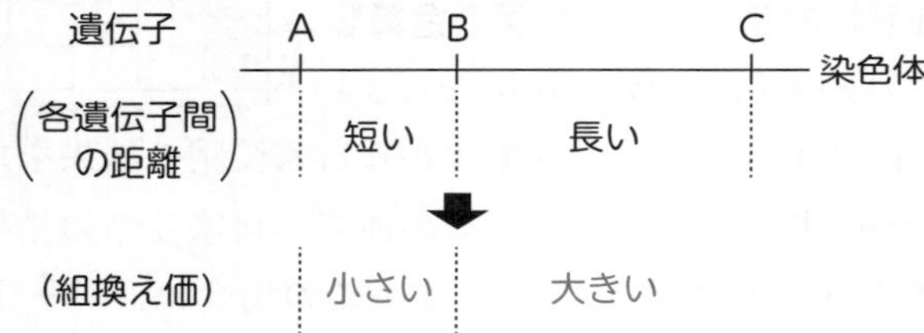

三点交雑による染色体地図の作成問題

❷

同一染色体上にある3対の遺伝子について，遺伝子型がAaBbCcの個体とaabbccの個体を交配したところ，次世代の表現型の分離比は以下のようになった。

[ABC] 20	[ABc] 420	[AbC] 10	[Abc] 50
[aBC] 50	[aBc] 10	[abC] 420	[abc] 20

遺伝子A(a)，B(b)，C(c)の染色体地図を描け。

(考え方)
各遺伝子間(A−B間，A−C間，B−C間)の**組換え価**をそれぞれ求め，各遺伝子間の距離をそれぞれの組換え価としておき，それを元に地図を作成していく。

「三点交雑＝**検定交雑**」であるため，表の結果は劣性ホモ個体の相手の個体である**AaBbCcがつくる配偶子の遺伝子型の分離比と一致する**

➡解説はテーマ92にて詳しく！

ポイントレクチャー

❶　本テーマでは，**染色体地図**の作成について説明していくね。これまでは，二遺伝子雑種，つまり2つの遺伝子について注目してきたが，本テーマとテーマ92では，何と**三遺伝子雑種**，3つの遺伝子に注目していくよ。例えば，二人で食事に行くときよりも，三人で食事に行ったときの方が人間関係が交錯するように，2つの遺伝子に注目したときは遺伝子間が1つしかなかった(例遺伝子AとBに注目した場合「**A−B間**」のみ)が，3つの遺伝子に注目したとなると，各遺伝子間は3つとなる(例遺伝子AとBとCに注目した場合「**A−B間**」「**A−C間**」「**B−C間**」の3つ)。このように，3つの遺伝子に注目するということは，各遺伝子間の距離を求めていかなくてはならないんだ。ここで，アメリカの**モーガン**が提唱した「**遺伝子間の距離は組換え価と比例関係にある(＝遺伝子説)**」という考え方を理解しておこう。そりゃあ，遺伝子間の距離が長い方が染色体がその分絡まりやすくなり，組換えが起こり**やすい**はずだから，この考えに納得はできるよね。

❷　次に，❶のモーガンの遺伝子説の考え方を用いて，三点交雑による染色体地図の作成問題に挑もう。AaBbCc個体とaabbcc個体の交配によって生じた子の表現型の分離比(表の結果)は，**AaBbCc個体がつくる配偶子の遺伝子型の分離比と一致する**ことは，三点交雑が**検定交雑**であることを考えると当然のことだね。この問題に挑む際の考え方としては，「各遺伝子間(A−B間，A−C間，B−C間)の**組換え価**をそれぞれ求め，それを元に各遺伝子間の距離を決め，染色体地図を作成していく」ということ。この問題の解説はテーマ92で示していくね。

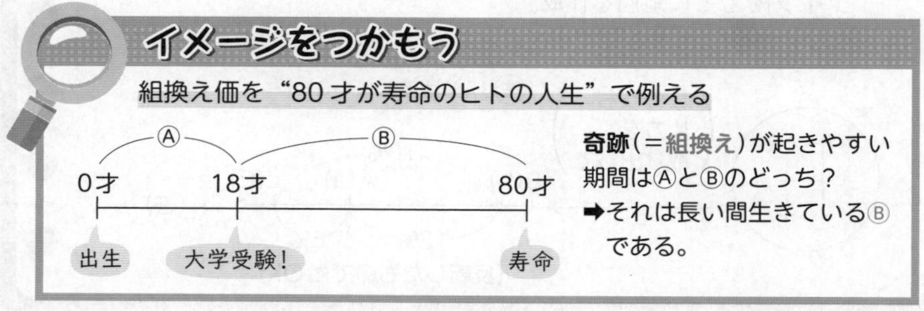
イメージをつかもう
組換え価を“80才が寿命のヒトの人生”で例える
Ⓐ
Ⓑ
0才
18才
80才
出生
大学受験！
寿命
奇跡（＝組換え）が起きやすい
期間はⒶとⒷのどっち？
➡それは長い間生きているⒷ
である。

テーマ92 三点交雑法の問題の解法

板書

三点交雑法の問題の解法（テーマ91の問題の解説）

解説

❶・まず，各遺伝子間の組換え価と［タイプ］を求める。

（A−B 間）

［AB］:［Ab］:［aB］:［ab］＝(20＋420)：(10＋50)：(50＋10)：(420＋20)

＝440：60：60：440

$$\text{組換え価}=\frac{60+60}{440+60+60+440}\times 100=12\%$$

（A,B / a,b）タイプⅠ

（B−C 間）

［BC］:［Bc］:［bC］:［bc］＝(20＋50)：(420＋10)：(10＋420)：(50＋20)

＝70：430：430：70

$$\text{組換え価}=\frac{70+70}{70+430+430+70}\times 100=14\%$$

（B,c / b,C）タイプⅡ

（A−C 間）

［AC］:［Ac］:［aC］:［ac］＝(20＋10)：(420＋50)：(50＋420)：(10＋20)

＝30：470：470：30

$$\text{組換え価}=\frac{30+30}{30+470+470+30}\times 100=6\%$$

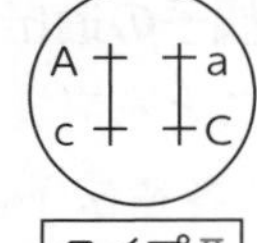

タイプⅡ

❷・算出した3つの組換え価のうち，一番大きい数字を無視して，［タイプ］をもとに地図を作成。 ❸

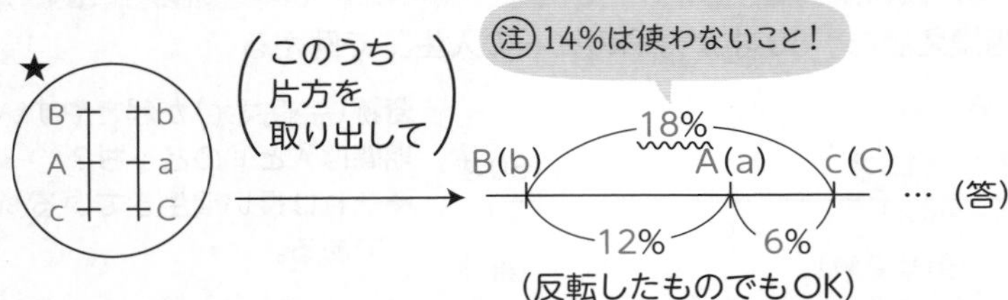

ポイントレクチャー

❶ テーマ91 の最後に示した考えを元に，問題解説をしていくよ。まずは，各遺伝子間の**組換え価**と**タイプ**を求めていこう。A－B 間の場合，問題の表から［AB］，［Ab］，［aB］，［ab］を抽出してそれぞれ合算し，それらの数値を元に組換え価と**タイプ**を求めていく。

[ABC] 20	[ABc] 420	[AbC] 10	[Abc] 50
[aBC] 50	[aBc] 10	[abC] 420	[abc] 20

“どの遺伝子が連鎖しているか”もきちんと把握するために，**タイプ**を求めることも忘れずにね。あとは A－C 間・B－C 間についても同様に，組換え価と**タイプ**を求めていこうね。

❷ 次に，❶で求めた組換え価とタイプを元に染色体地図を作成していく。**ここで，「❶で求めた組換え価のうち，一番大きい数字を無視すること」「左ページの★のような AaBbCc 個体の全体図を明記すること」を意識するようにしよう！**

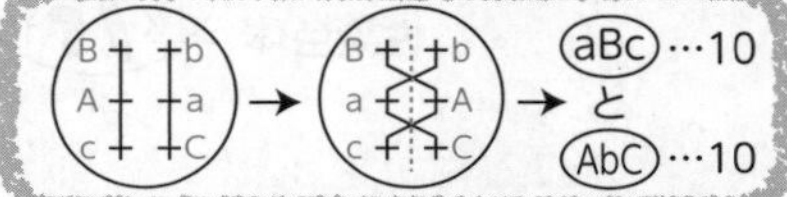

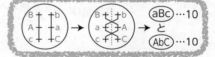

❸ ❷でなぜ，一番大きい数字を無視するのか？それは B－C 間のように，距離が一番遠い遺伝子間においては，上図のような**二重乗換え**(**二重交叉**)の場合もあり得るからなんだ。二重乗換えの場合，2 回乗換えが起きてはいるが，組換えが起きているわけではないので，❶で求めた B－C 間の組換え価である 14%に**二重乗換えの情報を盛り込むことができない**のね。したがって，染色体地図を作成する上では，この「14%を無視する」ことが一番効率的な方法となるんだよ。

類題を解こう

三点交雑法の問題

テーマ91 の問題の表を次のように差し替えたとき，遺伝子 A(a)，B(b)，C(c)の染色体地図はどうなるか。

［ABC］ 10	［ABc］ 340	［AbC］ 70	［Abc］ 80
［aBC］ 80	［aBc］ 70	［abC］ 340	［abc］ 10

解説

左ページと同様の解法で問題に挑もう！

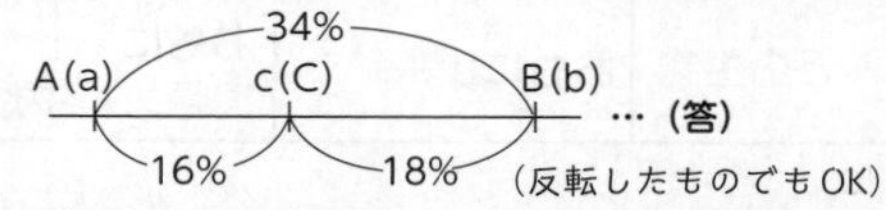

テーマ93 性染色体と性決定

板書

性染色体と性決定

例　ショウジョウバエ($2n=8$)

❶

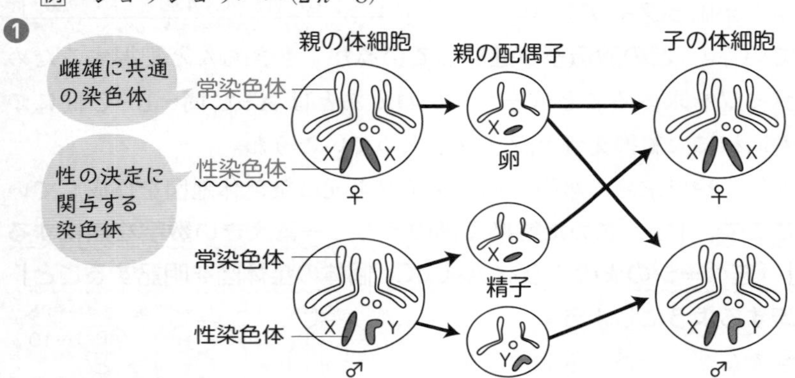

➡ヒトやショウジョウバエの場合，性染色体の構成がXXなら雌(♀)，XYなら雄(♂)になる。このような性決定様式をXY型という。

❷

♂がヘテロ接合型				♀がヘテロ接合型			
XY型		XO型		ZW型		ZO型	
♀	♂	♀	♂	♀	♂	♀	♂
XX	XY	XX	X	ZW	ZZ	Z	ZZ
(具体的な生物例) ショウジョウバエ ホ乳類（ヒト） メダカ		(具体的な生物例) トンボ バッタ カブトムシ チョウ		(具体的な生物例) カイコガ ニワトリ カメ ワニ アヒル		(具体的な生物例) ミノムシ エダシャク スッポン	
(全体的な生物例) ほとんどの生物		(全体的な生物例) おもに昆虫		(全体的な生物例) おもに 鳥類，ハ虫類		(全体的な生物例) ほとんどいない	

ポイントレクチャー

❶　染色体は，雌雄に共通の「**常染色体**」と性の決定に関与する「**性染色体**」に大別されるよ。これまでは常染色体上の遺伝ばかりを取り扱ってきたが，本テーマからはこの性染色体の存在を意識しながら勉強していこう。この図にあるように，性決定様式が **XY 型**であるヒトやショウジョウバエの場合，性染色体として「**X 染色体**」と「**Y 染色体**」をもち，その構成が **XX** なら♀，**XY** なら♂になるのね。つまり，X 染色体をもつ卵と X 染色体をもつ精子が受精すると♀が，X 染色体をもつ卵と Y 染色体をもつ精子が受精すると♂が形成される，ということだよ。XY 型の場合，このように，♂がつくる配偶子によって性別が決定するんだね。ということは，減数分裂の性質上，**X 染色体をもつ精子と Y 染色体をもつ精子の割合が 1：1 であるから，男と女の比率も 1：1 になる**んだね。

❷　性決定様式の型は，♂がヘテロの性染色体構成をもつ XY 型と **XO 型**，♀がヘテロの性染色体構成をもつ **ZW 型**と **ZO 型**の 4 つに分けられるよ。XO 型の場合，性染色体の構成が **XX** なら♀，**X 染色体 1 本のみ**なら♂になるよ。また，ZW 型や ZO 型の場合，性染色体として「**Z 染色体**」と「**W 染色体**」があり，ZW 型の生物だと，その構成が **ZZ** なら♂，**ZW** なら♀となり，ZO 型の生物だと，その構成が **ZZ** なら♂，**Z 染色体 1 本のみ**なら♀となるんだ。**これら性染色体の構成も含め，各様式の生物例もしっかりと押さえておこうね**！左ページの表の下の(**全体的な生物例**)を参考にしながら，**イメージをつかもう**を見ておいてね。

イメージをつかもう

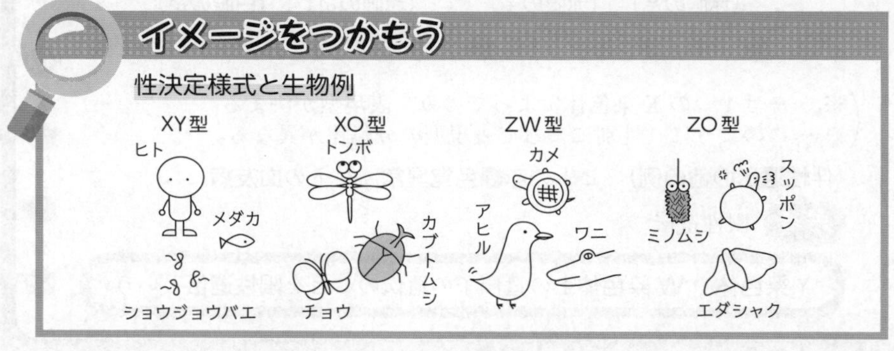

テーマ94 伴性遺伝

板書

❶
伴性遺伝について

…雌雄に共通した性染色体上の遺伝子の遺伝のこと

X染色体やZ染色体

❷ 例　ショウジョウバエの眼色→ (・A…赤眼 ・a…白眼

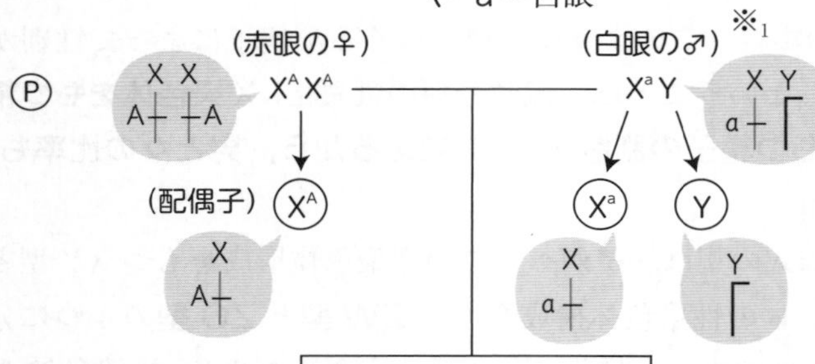

(赤眼の♀)　(赤眼の♂)

F1　X^AX^a ―― X^AY

X^A : X^a = 1 : 1　　X^A : Y = 1 : 1

F2　X^AX^A (赤眼の♀)　X^AX^a (赤眼の♀)　X^AY (赤眼の♂)　X^aY (白眼の♂)

※2 ♀は　赤：白＝1：0 ⬅　➡ ♂は　赤：白＝1：1

(※1…♂は1つのX染色体によってのみ，表現型が決まる。
※2…このように，性別によって表現型の分離比が異なる。

(伴性遺伝の他の例)　ヒトの赤緑色覚異常，ヒトの血友病

参考　限性遺伝

Y染色体やW染色体上の遺伝子の遺伝のことを限性遺伝という

ポイントレクチャー

❶ **伴性遺伝**とは正に“**性に伴った＝雌雄に共通した**”性染色体（**X 染色体**や Z 染色体）上の遺伝子に注目した遺伝のことだよ。

❷ ショウジョウバエの眼色における伴性遺伝の交配実験について説明するね。まず，赤眼の遺伝子を**A**，白眼の遺伝子を**a**とする。**P**世代である X^AX^A 個体からX^Aの配偶子が，同じくP世代である X^aY 個体からはX^aとYの配偶子がつくられ，これらが受精することで，**F_1**世代である X^AX^a 個体と X^AY 個体が生じる。次に，F_1 どうしの交配により，**F_2**世代の**遺伝子型**とその分離比は♀では **$X^AX^A：X^AX^a＝1：1$**，**♂**では **$X^AY：X^aY＝1：1$** となり，表現型とその分離比は♀では［**A**］：［**a**］＝**1：0**，**♂**では［**A**］：［**a**］＝**1：1**となる。ここで，**「♂は1つのX染色体によってのみ表現型が決まること」，「性別によって表現型の分離比が異なること」に注意しよう**！この考え方を利用しながら**類題を解こう**に挑もう。

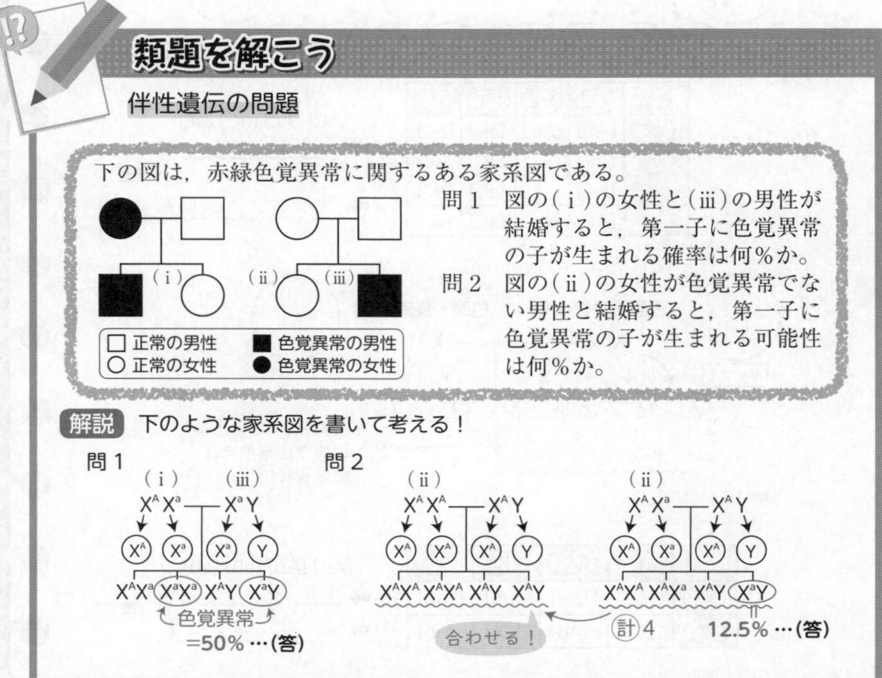

類題を解こう

伴性遺伝の問題

下の図は，赤緑色覚異常に関するある家系図である。

問1 図の（ⅰ）の女性と（ⅲ）の男性が結婚すると，第一子に色覚異常の子が生まれる確率は何％か。

問2 図の（ⅱ）の女性が色覚異常でない男性と結婚すると，第一子に色覚異常の子が生まれる可能性は何％か。

解説 下のような家系図を書いて考える！

テーマ95 遺伝の総合問題

板書

遺伝の総合問題(伴性遺伝と独立・連鎖)

ショウジョウバエの形質には赤眼(A)と白眼(a)，長翅(B)と小翅(b)，正常体色(C)と黒色体色(c)がある。また，遺伝子AとBは性染色体上(A-B間の組換え価は20%)に，Cは常染色体上に存在している。

問1　X^AX^aCc の雌と X^aYCc の雄の交雑で生じる，次世代の分離比 [AC]：[Ac]：[aC]：[ac] を雌雄別に示せ。

問2　$X^{Ab}X^{aB}$ の雌と $X^{aB}Y$ の雄の交雑で生じる，次世代の分離比 [AB]：[Ab]：[aB]：[ab] を雌雄別に示せ。

解法　下のように，家系図を書いて考える！

❶ 問1

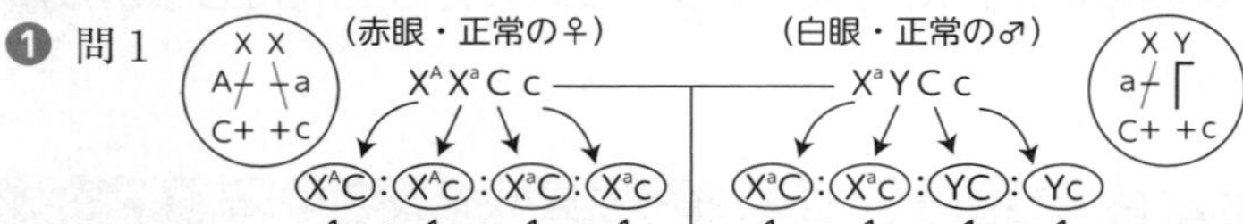

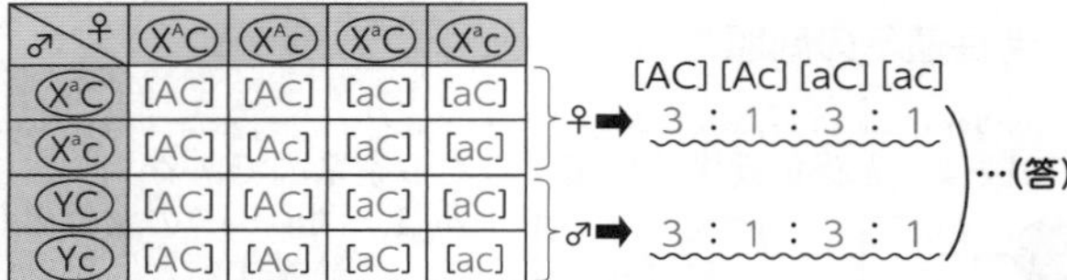

♂＼♀	X^AC	X^Ac	X^aC	X^ac
X^aC	[AC]	[AC]	[aC]	[aC]
X^ac	[AC]	[Ac]	[aC]	[ac]
YC	[AC]	[AC]	[aC]	[aC]
Yc	[AC]	[Ac]	[aC]	[ac]

[AC] [Ac] [aC] [ac]
♀ ➡ 3 : 1 : 3 : 1
♂ ➡ 3 : 1 : 3 : 1
…(答)

❷ 問2

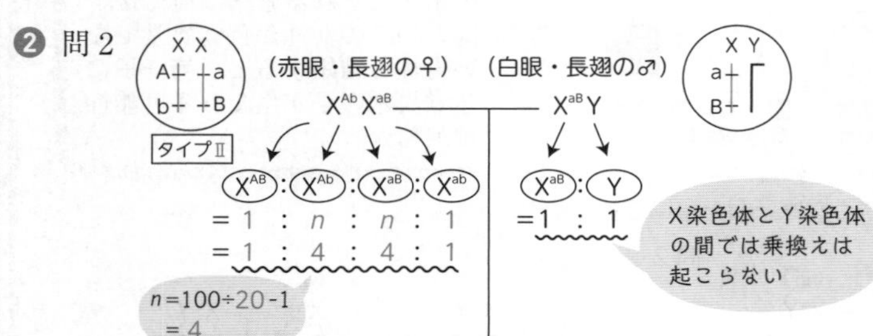

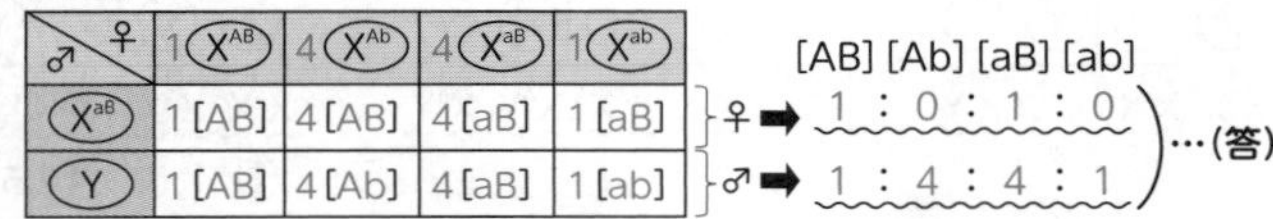

♂＼♀	1 X^{AB}	4 X^{Ab}	4 X^{aB}	1 X^{ab}
X^{aB}	1 [AB]	4 [AB]	4 [aB]	1 [aB]
Y	1 [AB]	4 [Ab]	4 [aB]	1 [ab]

[AB] [Ab] [aB] [ab]
♀ ➡ 1 : 0 : 1 : 0
♂ ➡ 1 : 4 : 4 : 1
…(答)

ポイントレクチャー

❶　本テーマでは「遺伝」分野の集大成となる総合問題の対策をしていこうね。この問題が解ければ，ひとまず遺伝は卒業！ってとこかな。問1は，**伴性遺伝の独立**の問題だよ。遺伝子 A(a)が X 染色体上に，遺伝子 C(c)が常染色体上に存在していることから，遺伝子型は「X^AX^aCc」や「X^aYCc」のように表記されるんだよ。あとはテーマ 82&85&94を復習しながら，これらの個体がつくる配偶子の遺伝子型とその分離比を求めていき，左ページのように表を作成しながら雌雄別に表現型の分離比を求めていけばいいんだよ。

❷　問 2 は，**伴性遺伝の連鎖**の問題だよ。遺伝子 A(a)と遺伝子 B(b)がともに X 染色体上に存在していることから，遺伝子型は「$X^{Ab}X^{aB}$」や「$X^{aB}Y$」のように表記されるよ。まずは，テーマ 89を復習しながら $X^{Ab}X^{aB}$ が**タイプⅡ**であり，かつ A−B 間の組換え価が 20％であることから，$X^{Ab}X^{aB}$ のつくる配偶子の遺伝子型の分離比を求めていこう。次に，$X^{aB}Y$ については，「**X 染色体と Y 染色体の間では乗換えが起こらない**」ことに注意して配偶子の遺伝子型の分離比を求めていこう。なぜ，X 染色体と Y 染色体との間で乗換えが起きないといい切れるのか？それは，もしこれらの染色体間で乗換えが起きた場合，**X 染色体と Y 染色体が混じった性染色体が生じてしまい，性の決定ができなくなるから**である。この世には雄と雌しかいないことを考えると，これは当然のことだよね。あとは，左ページのように表を作成しながら雌雄別に表現型の分離比を求めていけばいいんだよ。最後に，**類題を解こう**で伴性遺伝の連鎖の**タイプⅠ**の問題も解いておこうね。

類題を解こう

遺伝の総合問題

左ページの問 2 を次のように差し替えたとき，答えはどうなるか。

問 2　$X^{AB}X^{ab}$ の雌と $X^{AB}Y$ の雄の交雑で生じる，次世代の分離比[AB]：[Ab]：[aB]：[ab] を雌雄別に示せ。

解説　左ページと同様の解法で問題に挑もう！

♀➡1：0：0：0　♂➡4：1：1：4　…(答)

テーマ96 動物の配偶子形成

板書

動物の配偶子形成

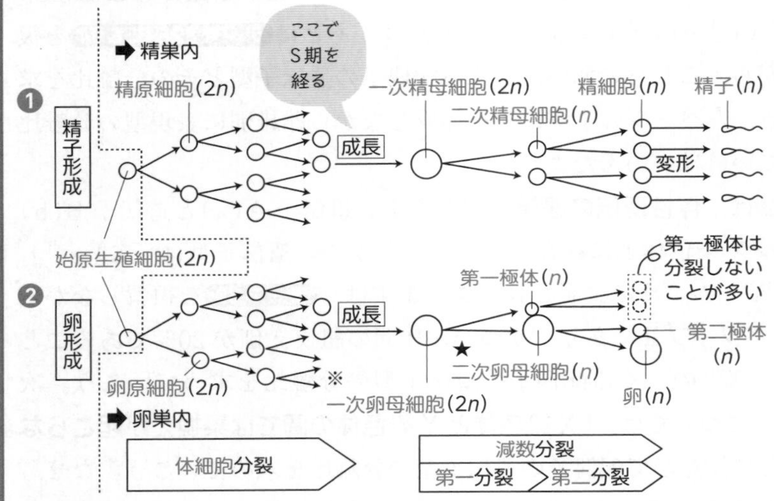

※…減数分裂第一分裂前期 ❸

➡女性(ヒト)は受精後，3か月以内に一生分の卵(300〜500個)をこの時期の状態で停滞させておく。

➡思春期になると，1つずつ定期的に減数分裂を再開させる。

★…減数分裂第二分裂中期 ❹

➡減数分裂が再開してこの時期まで進むと，卵巣から輸卵管へ排卵される。

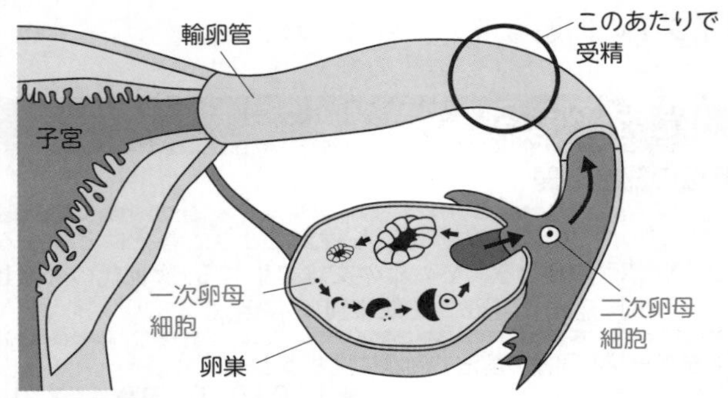

ポイントレクチャー

❶ 本テーマでは，精子や卵が形成されるまでの流れを勉強していこうね。まずは精子形成について。**始原生殖細胞**(2 n)が精巣に移動すると**精原細胞**(2 n)となり，そこで**体細胞分裂**を繰り返し，個体が成長するにつれて細胞質が蓄積され，**一次精母細胞**(2 n)となるよ。一次精母細胞は**減数分裂第一分裂**で**二次精母細胞**(n)に分裂し，**第二分裂**で**精細胞**(n)に分裂し，その後は変形して**精子**(n)になるよ。

❷ 次に，卵形成について説明するね。始原生殖細胞(2 n)が卵巣に移動すると**卵原細胞**(2 n)となり，そこで**体細胞分裂**を繰り返し，個体が成長するにつれて一部の卵原細胞に細胞質が蓄積され，**一次卵母細胞**(2 n)となるよ。一次卵母細胞は**減数分裂第一分裂**で細胞質を多く含む**二次卵母細胞**(n)と細胞質が少ない**第一極体**(n)に分裂する。二次卵母細胞は**第二分裂**で**卵**(n)と**第二極体**(n)とに分裂するよ。その後，第一極体や第二極体が**退化**することを知っておこう。ここで，**「各細胞の名称と細胞分裂の種類」，および「減数分裂第一分裂終了後の細胞の核相が n となること」や「減数分裂は精子形成時では等分裂であるが，卵形成時では不等分裂であること」を押さえておこうね！**

❸ 女性は胎児期のうちに，母親のお腹の中で一生分の卵を減数分裂第一分裂**前**期の**一次卵母細胞**の状態で停滞させておき，成長し，思春期になると，１つずつ定期的に減数分裂を再開させる。この第一分裂前期の時期では相同染色体が対合して二価染色体を形成している状態であり，この時期に乗換え(テーマ 79&87)が行われるよ。

❹ ❸で減数分裂を再開させた卵母細胞は，第二分裂**中**期(**二次卵母細胞**)になると卵巣から輸卵管へ**排卵**され，そこで**受精**(テーマ 97)が成立するんだ。受精後，１週間ほどで受精卵は**胚盤胞**(ここから**ES 細胞**が作製される ➡ テーマ 115)となり，子宮内膜に着床するよ。

テーマ97 受精

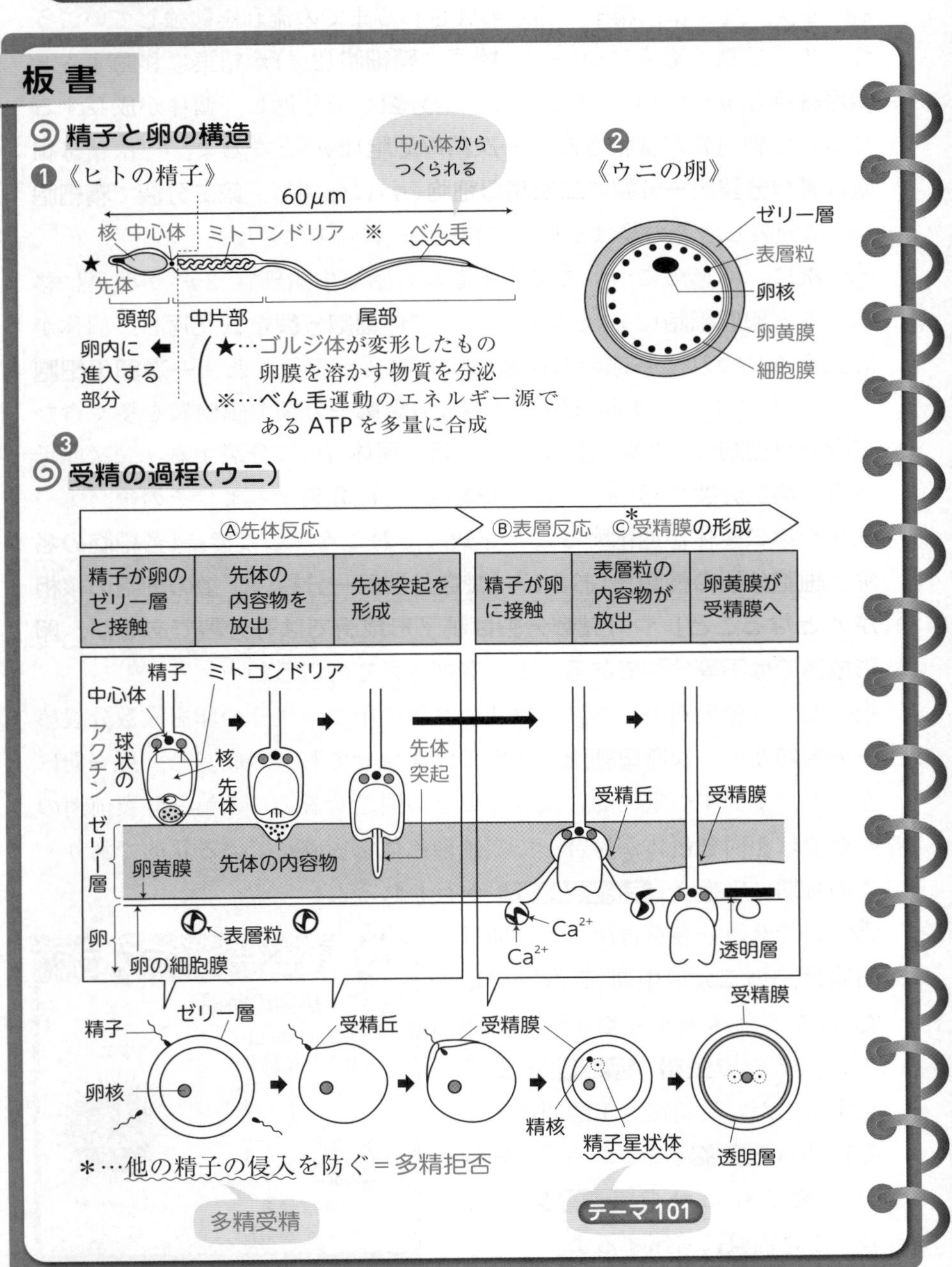

板書
精子と卵の構造
中心体からつくられる
❶《ヒトの精子》
60μm
核 中心体 ミトコンドリア ※ べん毛
★
先体
頭部 中片部 尾部
卵内に進入する部分
★…ゴルジ体が変形したもの
卵膜を溶かす物質を分泌
※…べん毛運動のエネルギー源である ATP を多量に合成
❷《ウニの卵》
ゼリー層
表層粒
卵核
卵黄膜
細胞膜
❸
受精の過程(ウニ)
Ⓐ先体反応
Ⓑ表層反応 Ⓒ*受精膜の形成
精子が卵のゼリー層と接触
先体の内容物を放出
先体突起を形成
精子が卵に接触
表層粒の内容物が放出
卵黄膜が受精膜へ
精子 ミトコンドリア
中心体
球状のアクチン
核
先体
先体突起
ゼリー層
卵黄膜
先体の内容物
受精丘
受精膜
卵
表層粒
卵の細胞膜
Ca2+
透明層
精子 ゼリー層
受精丘
受精膜
受精膜
卵核
精核
精子星状体
透明層
*…他の精子の侵入を防ぐ=多精拒否
多精受精
テーマ101

ポイントレクチャー

❶ テーマ96の続きとして，本テーマでは受精について詳しく説明するね。まずは，ここにヒトの精子の模式図を示したよ。「**先体**」「**核**」「**中心体**」「**ミトコンドリア**」「**べん毛**」の位置関係をつかんでおこう。また，“先体は**ゴルジ体**が変形したものであり，❸の**先体反応**に関与すること”，“**先体**，**核**，**中心体**が受精後に卵内に侵入すること”，テーマ81で勉強したように“ミトコンドリアが**べん毛**運動のエネルギー源であるATPを多量に合成すること”を押さえておこう。ちなみに，進化の過程において，原核生物の「**べん毛**」が細胞内に共生することで「**中心体**」ができた(テーマ3)ことを踏まえると，べん毛と中心体が同じ**微小管**構造であり，べん毛が**中心体**からつくられることは当然だと思えるよね。

❷　ここにウニの卵の模式図を示したよ。「**ゼリー層**」「**表層粒**」「**卵黄膜**」「**細胞膜**」の位置関係をつかんでおこう。

❸　受精は次の「Ⓐ**先体反応**→Ⓑ**表層反応**→Ⓒ**受精膜**の形成」の過程を経て行われるよ。「Ⓐ精子の**先体**から**ゼリー層**と**卵黄膜**を溶かす物質が分泌され，精子頭部の球状の**アクチン**が繊維状に重合し**先体突起**が形成される。先体突起が卵黄膜にまで達すると**受精丘**が生じる。Ⓑ卵内のCa^{2+}濃度が上昇し，細胞膜と卵黄膜の間に**表層粒**の内容物が放出される。Ⓒ**卵黄膜**が細胞膜から分離して**受精膜**となり，**多精拒否**が成立する。」ちなみに，受精膜は受精してから約1分後にできることを知っておこう。また，カエルの発生においては，受精膜の形成後に，精子の中心体由来である**精子星状体**が微小管を伸長させ，背腹軸の決定に大きく関与する。このことについてはテーマ101で詳しく勉強していこうね。

あともう一歩踏み込んでみよう

多精拒否の２つの段階

受精膜ができるまで(約１分)の間に多精受精が起きないのか？

➡**精子が卵の細胞膜に結合すると，直ちに卵細胞内へNa^+が流入し，卵の膜電位が急上昇する(テーマ138)ことで，他の精子が卵の細胞膜と融合できなくなる。**

テーマ98 卵割

板書

❶

卵割の特徴

…受精後行われる特殊な体細胞分裂

- 細胞成長（G_1期やG_2期で行われる）が見られない
  ➡その分，分裂速度が大きい
- 初期は同調分裂（すべての割球が一気に割れる）が見られる

割球：卵割によって生じた娘細胞

❷

極体　動物極　経割　赤道面　緯割　★卵黄　植物極

《卵割の種類》

- 経割　…動物極と植物極を含む面で割れる
- 緯割　…赤道面と平行な面で割れる

- 等割　…均等な大きさの割球が生じる
- 不等割…不均等な大きさの割球が生じる

★…卵が発生するときのエネルギー源。卵黄は卵割を妨げるため，卵黄の量と分布によって，卵割形式が異なってくる

❸

POINT 卵の種類と卵割形式

卵の種類		卵黄の量・分布	卵割の形式			例
等黄卵		少量 全体	全割	等割	2細胞期－4細胞期－8細胞期－16細胞期	ウニ ナメクジウオ ホ乳類
端黄卵	弱端黄卵	多量 植物極側	全割	不等割		カエル イモリ
端黄卵	強端黄卵	きわめて多量 植物極側	部分割	盤割		メダカ トカゲ ニワトリ
心黄卵		多量 中央部	部分割	表割		トンボ ミツバチ エビ

ポイントレクチャー

❶ 本テーマからは「発生」分野について勉強していこうね。発生とは「**受精卵が細胞分裂（卵割）を繰り返して個体を完成させていく過程**」のことで，テーマ97まで勉強していた「生殖」の続きの現象だよ。そして，最初に押さえておいてほしいのは，卵割の特徴について。卵割が通常の体細胞分裂とは違い，**「細胞成長がみられないこと」「分裂速度が大きい（G_1期やG_2期がない）こと」「同調分裂がみられること」，この3つの特徴を暗記しておこう**！ここで，卵割では**S期はみられる**ことから，**間期がないわけではない**ことに注意しようね。あと，**割球**の定義もしっかりつかんでおいてね。

❷ **動物極**は極体が放出される側の極であり，上にみることが多く，その反対側が**植物極**だよ。あと，いわゆる“縦”に割れる「**経割**」と“横”に割れる「**緯割**」，“均等”に割れる「**等割**」と“不均等”に割れる「**不等割**」といった卵割の種類も押さえておこう。北極（動物極），南極（植物極），赤道，経度（経割），緯度（緯割）…なんか，受精卵全体を“地球”に例えたような表現だよね。地球の経度と緯度の関係が頭に入っていない人は，「**よこいけいた**（横が緯，経が縦）」と覚えておくといいよ。また，卵が発生するときのエネルギー源である**卵黄が卵割を妨げる性質をもっている**ことを知っておこうね。

❸ ここでは，**“卵の種類”“卵割の形式”“動物例”**の3項目について押さえておこう。卵黄の量とその分布の違いから，このように卵の種類と卵割形式には相関関係があるんだね。例えば，**心黄卵**は，受精卵の中央部に卵割を妨げる卵黄が多く分布しているため，卵の表層部で卵割が進む**表割**を引き起こすよ。

覚えるツボを押そう

カエル…端黄卵，不等割

カエルは腹部の卵黄を**ふ化後の栄養分**として貯めておく。
➡卵の種類と卵割の形式にはこのように生物学的な意義がある。

テーマ99 ウニの発生過程

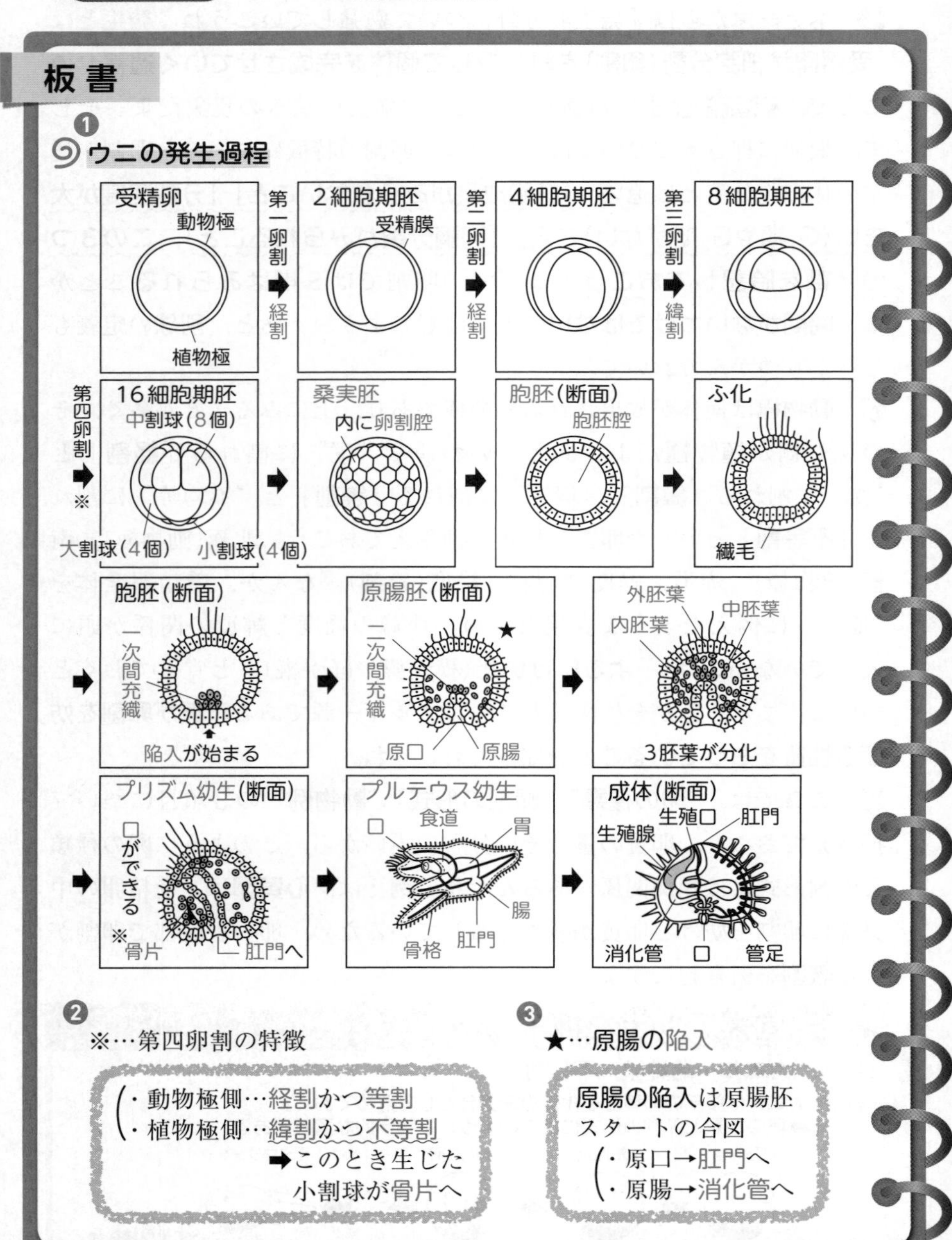

ポイントレクチャー

❶ ウニの発生過程について，覚えるべき内容を説明していくね。まずは，各過程の名称を覚えよう。受精卵～16 細胞期までは，卵割が同調分裂を行うこと(2→ 4 → 8→ 16)を考えると当然覚えられるが，**桑実胚以降はゴロで覚えようで頭に叩き込もうね**！次に，受精卵～16 細胞期に至るまでの卵割の種類をつかんでおこう。第一卵割～第三卵割は「**経割→経割→緯割**」の順だよ。声に出して一気に覚えよう。そして，桑実胚では**卵割腔**がみられ，胞胚では**胞胚腔**や**一次間充織**(将来，骨片になる，16 細胞期の小割球由来の細胞塊)がみられ，原腸胚では**原口**や**原腸**，**二次間充織**(原腸の先端から遊離する細胞塊)がみられ，プリズム幼生では**骨片**や**口**(原腸の先端付近にできる)や**肛門**がみられ，プルテウス幼生では口や肛門のほか，**食道**や**胃**，**腸**や**骨格**がみられるようになるよ。

❷ 第一卵割～第三卵割とは違って，ウニの第四卵割は少し特殊だよ。8 細胞期の動物極側の割球は「**経割**」かつ「**等割**」，植物極側の割球は「**緯割**」かつ「**不等割**」を行う。その結果，16 細胞期胚では，動物極側では**中割球**が 8 個，植物極側では**大割球**と**小割球**が 4 個ずつといった不均一な大きさの割球が生じるよ。ウニはヒトなどの生物とは違って，胞胚期で**ふ化**するため，早めに体幹を整えるために**骨**をつくる準備を，この第四卵割のタイミングで行っているんだ。

❸ 原腸の**陥入**は原腸胚スタートの合図だよ。右図のように，原腸胚期に原口(将来，**肛門**へと分化)や原腸(将来，**消化管**へと分化)が形成され，**外胚葉や中胚葉**，**内胚葉の分化**がみられるようになるよ。

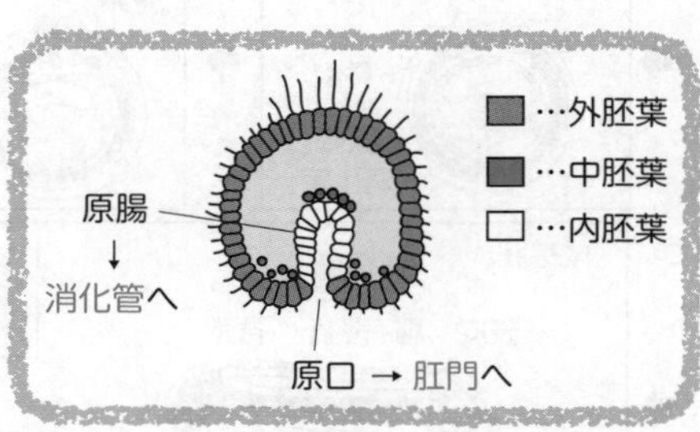

ゴロで覚えよう

ウニの発生過程(“桑実胚” 以降)

相当ホットな超 プリプリプルプル！

桑実胚 胞胚 原腸胚 ズム幼生 テウス幼生

テーマ100 カエルの発生過程

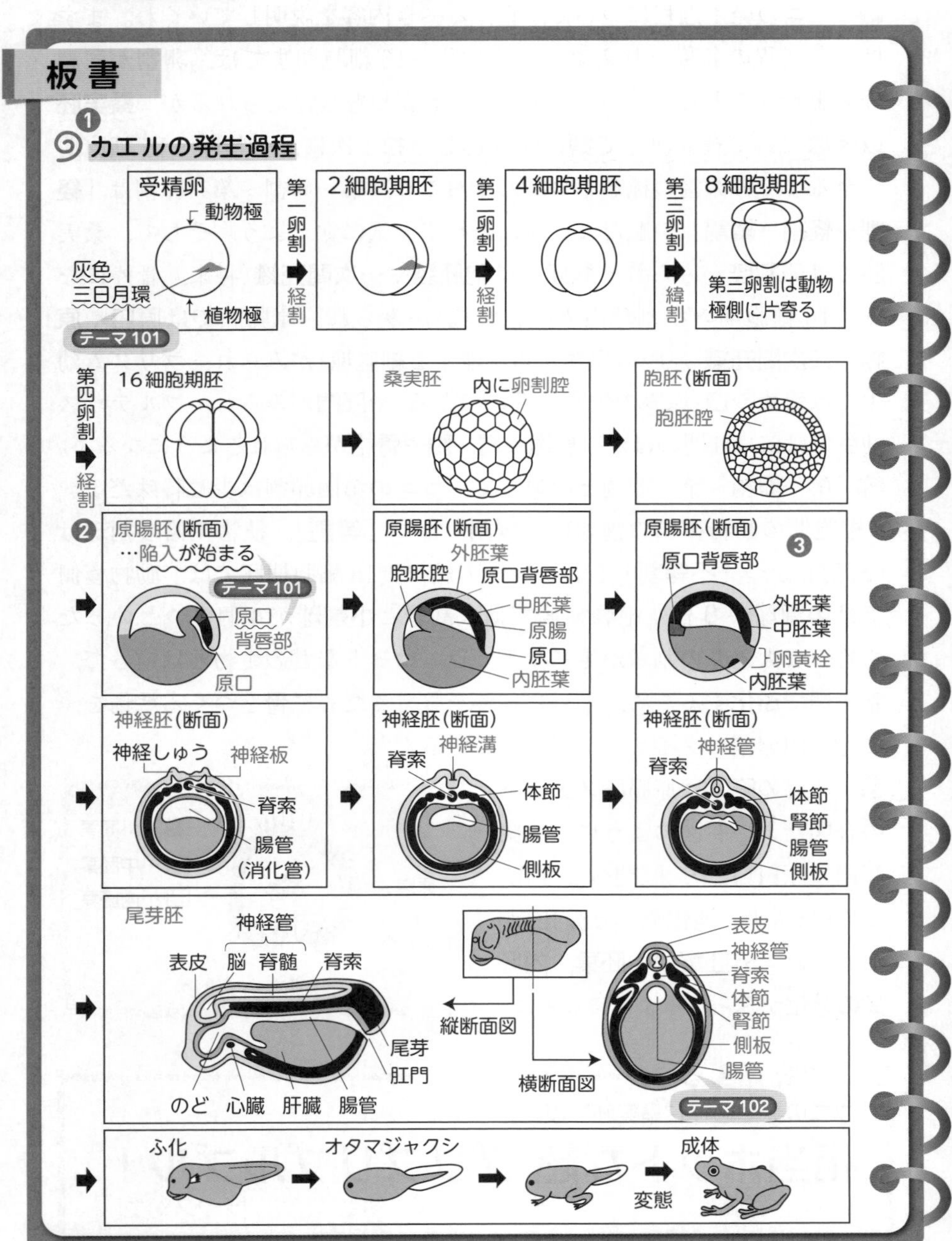

ポイントレクチャー

❶ カエルの発生過程について，覚えるべき内容を説明していくね。まずは，各過程の名称をテーマ99で勉強した「ウニの発生過程」と同じ手順で押さえていこう。受精卵～16細胞期までは，卵割が同調分裂を行うこと(2→4→8→16)で覚え，**桑実胚以降は下のゴロで覚えようで覚えていこうね**！次に，受精卵～16細胞期に至るまでの卵割の種類をつかんでおこう。第一卵割～第三卵割は，「**経割→経割→緯割**」の順だよ。これはウニのときと同じなので覚えやすいね。第四卵割においては，ウニのときのような特殊な卵割が行われるわけでなく，単純に「**経割**」のみが行われるよ。そして，桑実胚では**卵割腔**がみられ，胞胚では**胞胚腔**がみられ，原腸胚では**原口背唇部**や**原口**，**原腸**や**卵黄栓**がみられ，神経胚では順に**神経板→神経溝→神経管**がみられ，尾芽胚ではさらに様々な器官(➡テーマ102にて詳しく)がみられるようになるよ。受精卵のときにできる**灰色三日月環**に関してはテーマ101で詳しく勉強していこうね。

❷ ウニのとき同様，原腸の**陥入**は原腸胚スタートの合図だよ。カエルの場合，**原口背唇部が先導するような形で陥入が行われる**んだ。この際，「**神経誘導**」という入試問題に頻出な現象が起こるんだけど，これについてはテーマ101&107で詳しく説明していくね。

❸ 原腸胚の後期においては，右図のように，**外胚葉**や**中胚葉**，**内胚葉の分化**が顕著にみられるようになるよ。ちなみに，カエルにおいても，原口は将来，**肛門**へと分化し，原腸は将来，**消化管**へと分化することを押さえておこう。

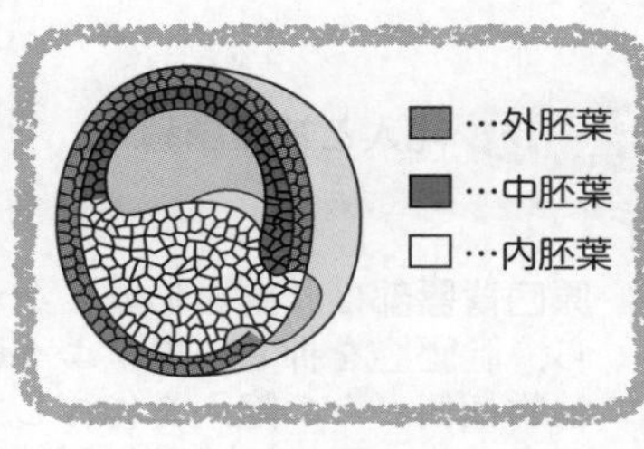

ゴロで覚えよう

カエルの発生過程(“桑実胚”以降)

相当ホットな超 神様的ビューティー！

桑実胚　胞胚　原腸胚　経胚　尾芽胚

テーマ101 背腹軸の決定と陥入のしくみ

板書

① カエルの背腹軸決定のしくみ(灰色三日月環の形成)

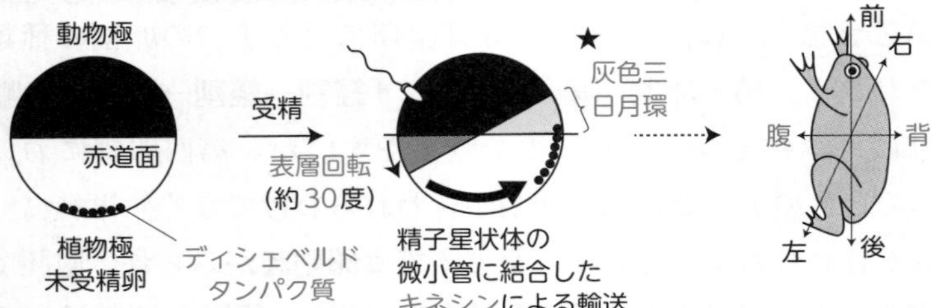

★…灰色三日月環はのちに「原口背唇部」→「脊索」へ分化する。

② 陥入のしくみと神経誘導

《原腸胚初期から原腸胚後期までの陥入のようす》

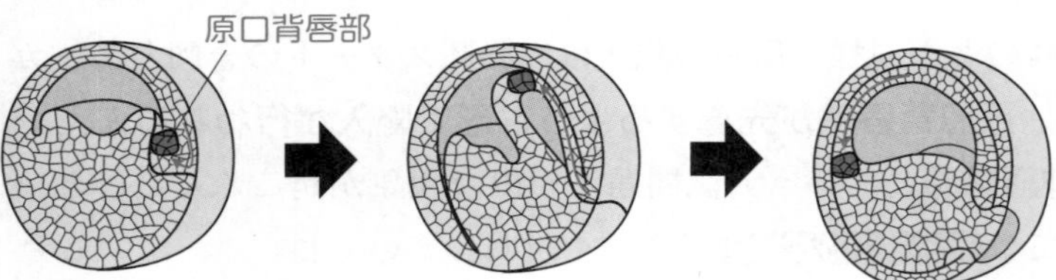

POINT 陥入と神経誘導

原口背唇部は原腸を形成しながら，胞胚腔を押しつぶすように植物極側からの**陥入**を先導している。この際，接する外胚葉にアクチビン(右図の※)を分泌し，そこを神経管(のちに脳や脊髄になる部分)へと分化の誘導を行っている＝神経誘導

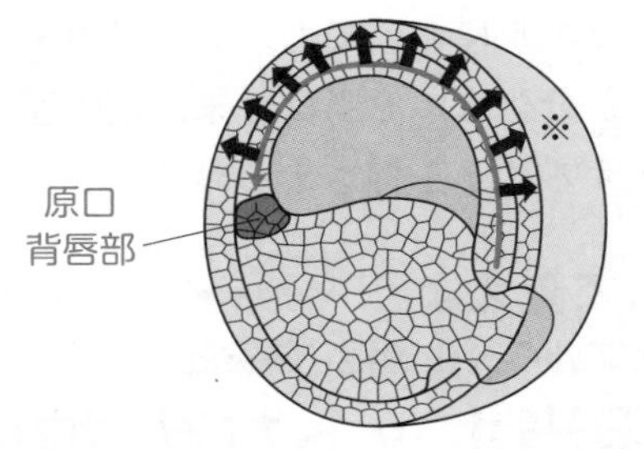

ポイントレクチャー

❶　灰色三日月環は**原口背唇部の前の姿**である。原口背唇部は「発生」分野において最も頻出な用語であるよ。したがって，灰色三日月環について勉強していくことが，今後の勉強に活かされていくハズなので，ここでしっかり内容を押さえておこうね。テーマ97で勉強したように，カエルの受精卵では，**精子星状体**が微小管を伸長させる。その際，微小管と結合した**キネシン**によって，元々卵の植物極側の表層に局在していた**ディシェベルドタンパク質**が，将来背側になる胚域へ輸送されるのね。このとき，受精卵の表層部分のみが約30°回転するんだ。これを**表層回転**というよ。これにより，カエルの卵の動物極側の黒色が一部なくなり，灰色に透けてみえる箇所ができ，その部分が**灰色三日月環**である。この灰色三日月環が生じた側が**背側**，その反対側が**腹側**だよ。ちなみに，カエルの卵の動物極側が黒いのは，太陽光に含まれる紫外線を吸収し，核内のDNAを突然変異から守るためだよ。人間でいうとサングラスをかけている感じかな…。カエルは生まれながらにしておしゃれだね。

❷　テーマ100でも勉強したように，原口背唇部は陥入を先導している。どのような方向で陥入をしているかというと「**アッパーからの猫パンチ！**(1回声に出して読んでみて)」の方向。POINTの図にあるように，この陥入の際に，原口背唇部から**アクチビン**という物質が**接する外胚葉**へと分泌され，その分泌を受けた外胚葉は，のちに**脳**や**脊髄**となる**神経管**(もちろんテーマ100で勉強したように，神経板→神経溝を経て)へと分化させられるんだ。この誘導を**神経誘導**といい，**灰色三日月環ののちの姿**であり，**脊索の前の姿**である原口背唇部が神経誘導を行っていることを押さえておくと，テーマ104~107がとても勉強しやすくなるよ。

イメージをつかもう

カエルの原腸陥入のようす

アッパーからの猫パンチ！

テーマ102 胚葉の分化と器官形成

板書

カエルの神経胚以降の特徴

❶ (神経胚)
・背側の外胚葉に「神経板→神経溝→神経管」を形成
・神経管の前方は「脳」，後方は「脊髄」へ分化
・背側の中胚葉は内胚葉から分離

(尾芽胚)
・受精膜を溶かす物質が分泌➡ふ化

(幼 生)
・口が開き，食物を摂取し始める➡肢の形成＆尾の退縮

オタマジャクシ

❷

POINT 胚葉の分化と器官形成(尾芽胚)

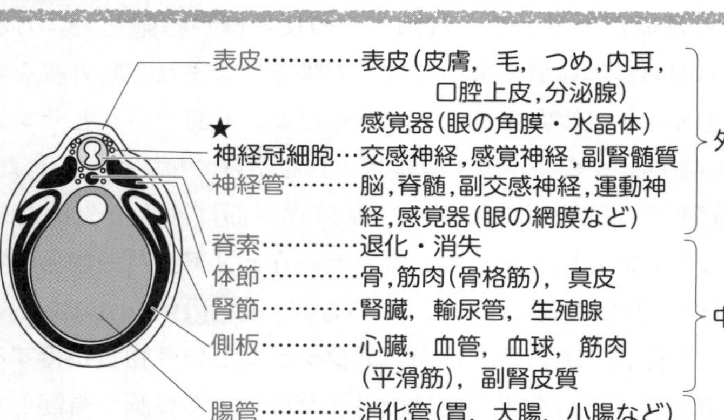

(イメージ)

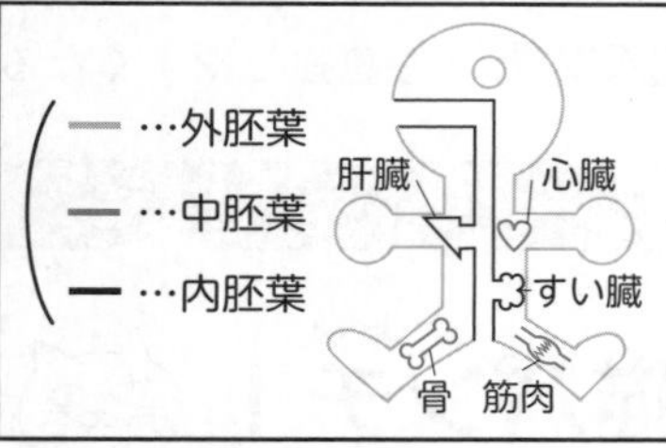

★…中胚葉組織の間を神経管に沿って移動し，さまざまな細胞へと分化する。副腎髄質(生物基礎範囲)や皮膚の細胞などになり，多能性をもつ。

ポイントレクチャー

❶　カエルの神経胚期以降の特徴を軽くつかんでおこう。原腸胚期に行われる陥入により神経誘導が引き起こされ，神経胚期には背側の外胚葉が「神経板→神経溝→神経管→脳や脊髄」へと分化するよ。その後，尾芽胚でふ化し，オタマジャクシとなったカエルは口で食物を摂取し始め，肢の形成や尾の退縮などの変態が促進されるよ。

❷　**尾芽胚期に分化する胚葉，および，形成される器官や組織をこの POINT の尾芽胚の横断面図で覚えよう**！こんなの覚えきれないよ～(泣)…と考えてしまう人もいらっしゃるかもしれないが，ここは1つ1つ丁寧に，順を追って押さえていこう。まずこの図の**赤字**の名称を覚えたら，次に，左ページ下の(**イメージ**)で，各胚葉の位置関係をつかもう。「内胚葉は**口から肛門までの内表面の領域**を構成しており，外胚葉は**内胚葉が占める領域以外の外表面**を構成している。中胚葉は**外胚葉と内胚葉の間の領域**を構成している。」というようにね。そして，この(イメージ)を元にして，下の**ゴロで覚えよう**で各胚葉に相当する器官を覚えていく。それができたら，POINT の図の残りの**赤字**と**太字**の関係性を確認していくといいよ。大変ではあるが，ここで頑張って覚えていこう。ちなみに，また テーマ 108&124 で勉強するが，眼の**水晶体**と**角膜**は**表皮**(**外胚葉**)由来，**網膜**は**神経管**(**外胚葉**)由来であることも押さえておこう。

ゴロで覚えよう

胚葉の分化と器官形成

外 の表（皮） じょう（内（耳）） 神経 質（副腎髄） だが、

中 は神（真皮） 聖（生殖腺） 筋（肉） 骨 新（心臓） 人（腎臓） （ヒ（副腎（皮）質） ゲ（血管，血球））、

内 でカン（臓） パイ（肺） い（す い臓） い（胃） 兆（腸） 候（甲状腺）。

テーマ 103　前成説と後成説

板書

❶ 前成説と後成説

・前成説…親と同じ形・構造のものがはじめから何らかの形で準備されていて，これが発生によって展開されるという説。
例　精子の中にははじめから小さな“子”が入っている(右図)。

・後成説…卵割を行うにつれて，あとからしだいに複雑な組織や器官が形成されていくという説。

❷《前成説を支持する実験》

1888 年　ルー(ドイツ)

カエル
2 細胞期

熱した針で一方の割球を殺す

死んだ部分

生きている方の割球は発生を続け，半分の胚が発生

不完全胚

《後成説を支持する実験》

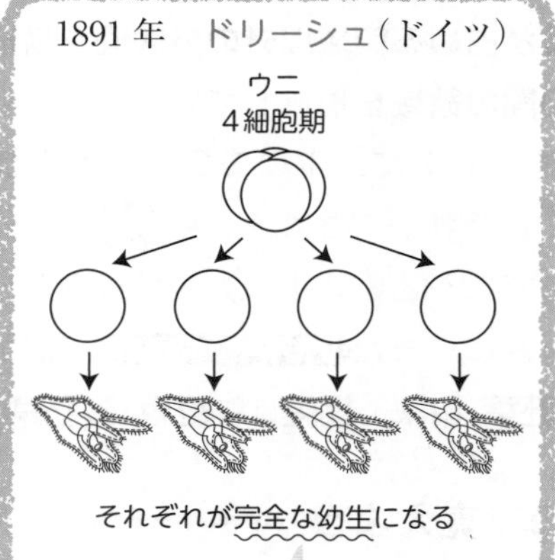

➡ここで論争となった！

❸
➡しかし，1895 年，モーガンがルーと同様の実験を行い，焼き殺した割球を取り除くと，他の割球から完全胚がつくられることを確認。

➡ルーの実験が完全に否定され，後成説が有力に！

この考えが浸透した結果，受精卵が「調節卵」や「モザイク卵」に大別されることになる➡テーマ 104

ポイントレクチャー

❶　本テーマからは，これまでに学習した“発生過程のようす”を踏まえ，「発生のしくみ」に関して勉強していこう。まずは，**前成説**と**後成説**の定義を押さえておいてね。ここで，本書を読んでいる人はもちろん**後成説の方が正しい**ことはわかっているよね？そうじゃないと，これまでに勉強してきたことが全て否定されてしまうしね…。ちなみに，左ページの，精子の中に人らしきものが入っているこの図は，17 世紀から 18 世紀にかけて広く支持されていた前成説を象徴する図で，オランダのハルトゼーカーという研究者が描いたものだよ。

❷　**ルー**は，カエルの 2 細胞期胚の片方の割球を熱した針で焼き殺した結果，**半分の胚（不完全胚）**が生じたことから前成説を，**ドリーシュ**はウニの 4 細胞期胚を割球分離した結果，小さいが**完全な幼生（完全胚）**が生じたことから後成説を支持したよ。ルーがなぜ，この実験結果で前成説を支持したのかは不明であるよ（**イメージをつかもう**を参照）。ちなみに，ルーは**シュペーマン**（ドイツ）（テーマ 104&106&107）の先生であり，**ヘッケル**（ドイツ）（テーマ 184&192）の生徒だよ。有名な研究者たちはこのように関係性があるものなんだね。

❸　モーガン（テーマ 91）はルーの作製した焼き殺した片方の割球を除去することで，もう一方の割球から**完全胚**がつくられることを確認し，前成説が正しいか，後成説が正しいかの論争に終止符を打った。その後，「**後成説が正しい！**」という考えのもとで，受精卵が「**調節卵**」と「**モザイク卵**」に大別されたことを知ったうえで，テーマ 104に進んでいこうね。

イメージをつかもう

前成説を支持するルーの実験

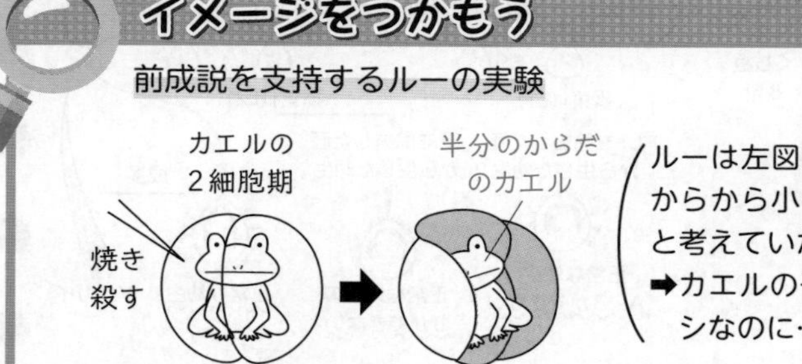

ルーは左図のように，はじめからから小さな“子”がいると考えていたのかな？
➡カエルの子はオタマジャクシなのに…

テーマ104 調節卵とモザイク卵

板書

調節卵とモザイク卵

❶
・調節卵　…割球(の一部)を分離しても完全胚が生じる卵。
➡発生運命の決定が遅い卵。後から調節できる卵。

将来，何に分化するか？

例　ウニ，カエル，イモリ，ヒト，ナメクジウオなど

ウニ
４細胞期
それぞれが完全な幼生になる
完全胚
❷ イモリ
受精卵
灰色三日月環
しばる(強)
しばる(弱)
完全胚
不完全胚
ヒト
２細胞期
一卵性双生児

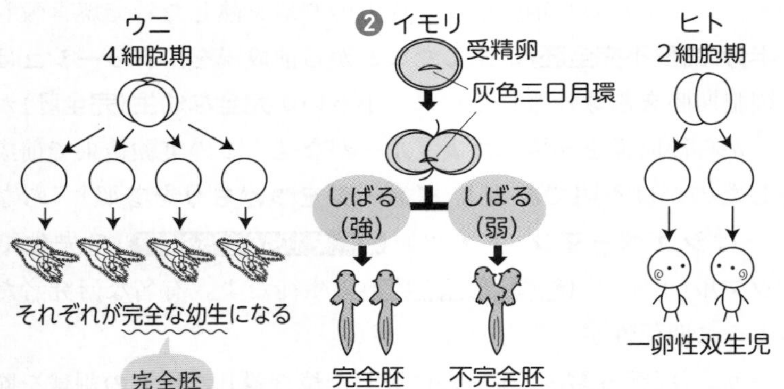

❸
・モザイク卵…割球(の一部)を分離すると不完全胚が生じる卵。
➡発生運命の決定が早い卵。後から調節できない卵。

例　クシクラゲ，ツノガイ，ホヤなど

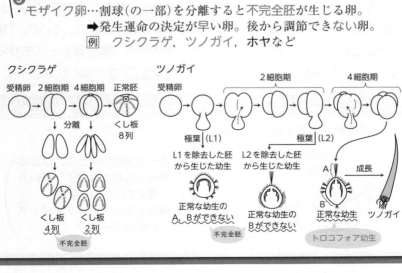

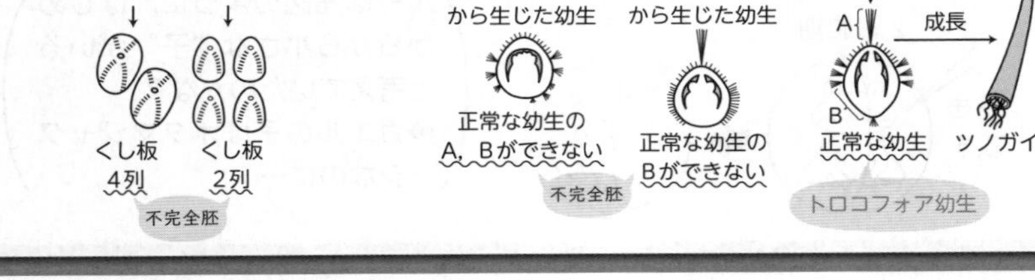

クシクラゲ
受精卵
２細胞期
４細胞期
正常胚
分離
くし板
8列
くし板
4列
くし板
2列
不完全胚
ツノガイ
受精卵
２細胞期
４細胞期
極葉(L1)
極葉(L2)
L1を除去した胚
から生じた幼生
正常な幼生の
A，Bができない
不完全胚
L2を除去した胚
から生じた幼生
正常な幼生の
Bができない
A
B
成長
正常な幼生
ツノガイ
トロコフォア幼生

ポイントレクチャー

❶ 割球(の一部)を分離しても**完全胚**が生じる卵を**調節卵**というよ。調節卵では，発生運命の決定が**遅く**，胚を少しいじってもあとから**調節して**完全胚を生じさせるよ。デートの待ち合わせとかに遅れても怒らずに余裕をもっている…そんなイメージの卵かな。調節卵をもつ生物の例としては**ウニ**や**カエル**や**イモリ**，一卵性双生児を誕生させることができる**ヒト**があげられるよ。

❷ **シュペーマン**(テーマ106～108)は，イモリの卵を，灰色三日月環を両方の割球に含むように弱くしばり，頭を２つもつ不完全胚を生じさせた。これは，弱くしばることで表層にある**灰色三日月環のみ**が２つに分かれ，かつ，それぞれの灰色三日月環がその後**原口背唇部**へと分化し，**それぞれの原口背唇部が頭部(神経管)の形成を誘導**したことで生じた(テーマ101)と考えられる。

❸ 割球(の一部)を分離すると**不完全胚**が生じる卵を**モザイク卵**というよ。モザイク卵では，発生運命の決定が**早く**，あとから**調節できない**ため，胚をいじってしまうと，**不完全胚**が生じてしまうんだ。デートの待ち合わせとかに少し遅れただけで怒ってしまう，そんな余裕のないイメージの卵かな。ちなみに，ルー(テーマ103)がクシクラゲなどのモザイク卵を使って実験していたら，前成説の間違いを指摘することが遅れていたかもね…。モザイク卵をもつ生物の例としては運動器官であるくし板を形成する**クシクラゲ**や，極葉の除去により不完全胚を生じる**ツノガイ**があげられるよ。また，ツノガイは冠輪動物(テーマ196)に属するため，**トロコフォア幼生**を経ることを知っておこう。

あともう一歩踏み込んでみよう

イモリの卵を髪の毛でしばる実験

直径 2mm ほどのイモリの卵を正確に縛るのは非常に繊細でかつストレスがたまる作業である。シュペーマンは細くて柔らかい新生児の髪の毛を用いてこの作業を長きにわたって行ったため，やがて左手が動かなくなってしまった。

シュペーマン

テーマ105 原基分布図

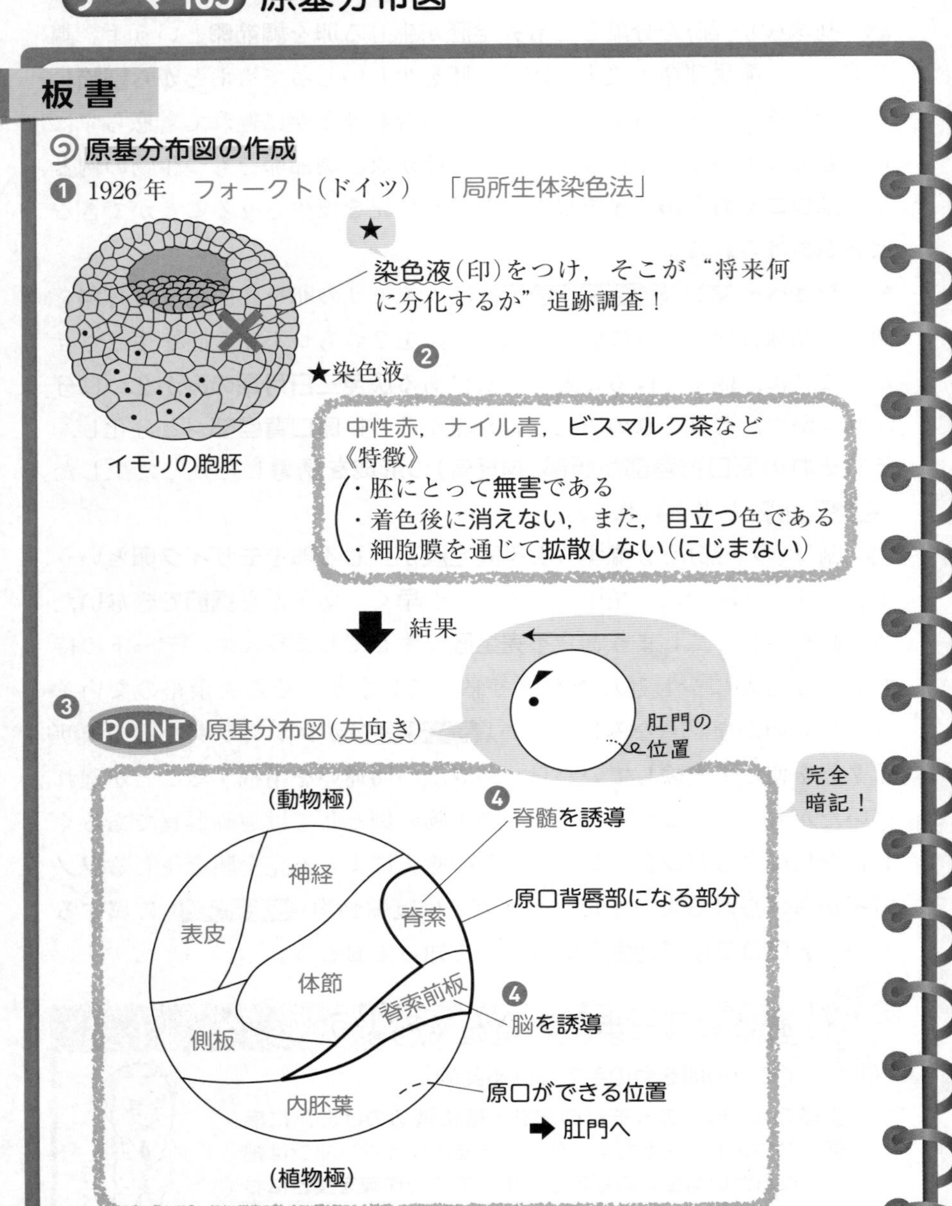

板書
原基分布図の作成
❶ 1926年　フォークト（ドイツ）　「局所生体染色法」
★
染色液（印）をつけ，そこが“将来何に分化するか”追跡調査！
イモリの胞胚
❷
★染色液
中性赤，ナイル青，ビスマルク茶など
《特徴》
・胚にとって無害である
・着色後に消えない，また，目立つ色である
・細胞膜を通じて拡散しない（にじまない）
結果
❸
POINT 原基分布図（左向き）
肛門の位置
完全暗記！
（動物極）
❹ 脊髄を誘導
神経
脊索
原口背唇部になる部分
表皮
体節
脊索前板
❹ 脳を誘導
側板
内胚葉
原口ができる位置
➡ 肛門へ
（植物極）

ポイントレクチャー

❶ **原基分布図**の作成を行った**フォークト**の実験について説明していくね。フォークトはイモリの後期胞胚の表面に**染色液**(印)をつけ，そこが“将来何に分化するか” 追跡調査を行ったよ。このように胚の表面を染色液で染め分ける方法を**局所生体染色法**というよ。例えば，ある胚域を赤く染めたのち，赤い心臓をもったイモリが生じたら，その胚域の発生運命は「心臓」ってことになるね。

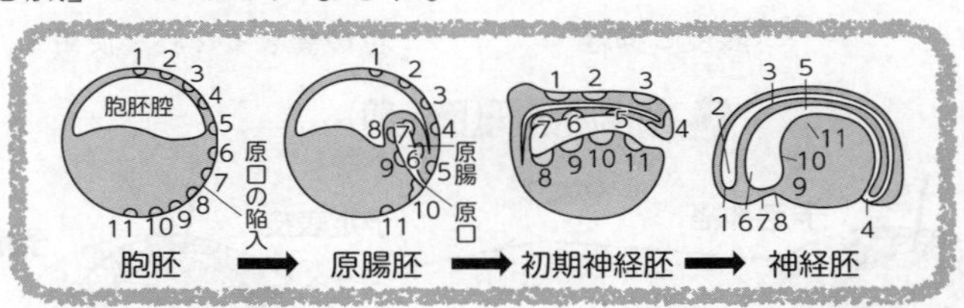

❷ フォークトは**中性赤**(ニュートラルレッドと読む)や**ナイル青**(ナイルブルーと読む)を染色液として採用したよ。これらの染色液が「**無害**」「**消えない**」「**目立つ**」「**拡散しない(にじまない)**」などの特徴をもつのは，実験の性質上，当然だよね。

❸ **下のゴロで覚えようを参考に，原基分布図を完全に暗記しよう**！この図の場合，原口の位置が右下にあるので，肛門のできる位置から考えて**左向き**になることに注目しよう。問題によっては図の向きが変わったりするが，その場合でも**原口(肛門)の位置**から，各部の名称を導き出せるようにしようね。

❹ **脊索**と**脊索前板**は，**原口背唇部の後の姿**である。原腸胚期に陥入する際は，右図のように，Ⓐの脊索前板がⒷの脊索よりも**先に移動**する。したがって，神経誘導において，脊索前板が神経管の前方である「**脳**」を，脊索が神経管の後方である「**脊髄**」を誘導するんだ。だから，脊索「前」板っていう名称なんだね。

予定神経
Ⓑ 脊髄を誘導
Ⓐ 脳を誘導

ゴロで覚えよう

原基分布図(大声で歌うように♪)

表神側は体脊内！

原基分布図

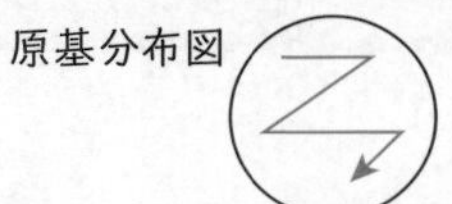

テーマ106 外胚葉の交換移植実験

板書

外胚葉の交換移植実験

❶ 1921〜1924年 シュペーマン

「イモリの外胚葉の発生運命は“どの時期”に決定するのか？」

表皮と神経

色の異なる2胚を使用！

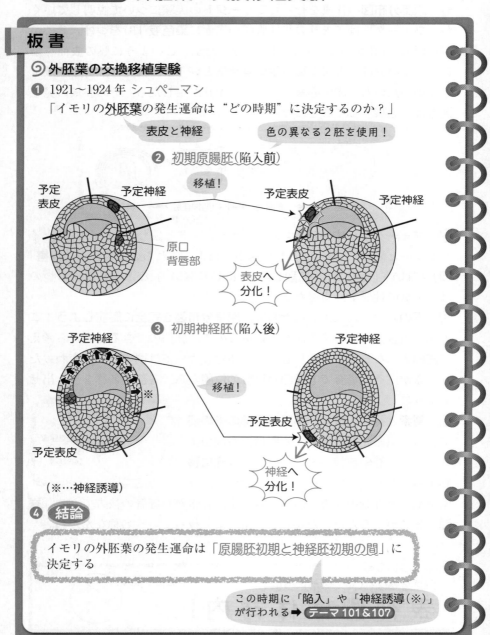

❷ 初期原腸胚(陥入前)

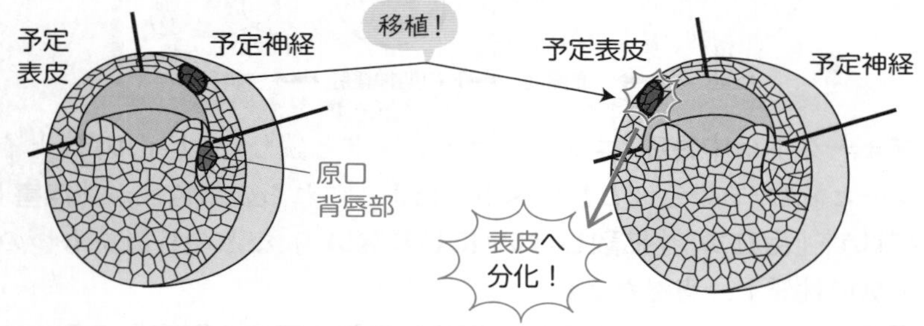

❸ 初期神経胚(陥入後)

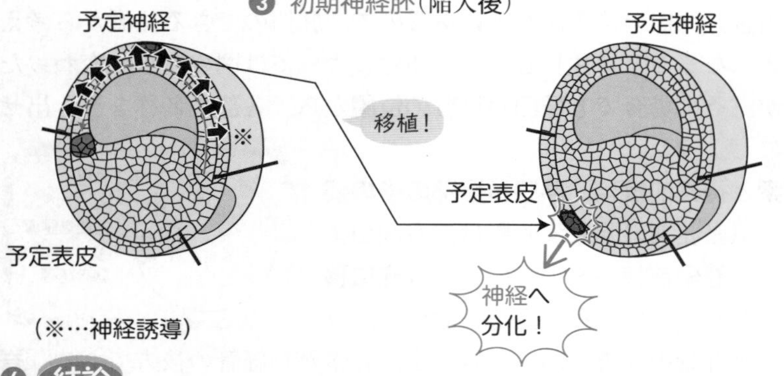

(※…神経誘導)

❹ 結論

イモリの外胚葉の発生運命は「原腸胚初期と神経胚初期の間」に決定する

この時期に「陥入」や「神経誘導(※)」が行われる➡ テーマ101&107

ポイントレクチャー

❶　本テーマでは，**神経誘導**に関するシュペーマンの実験について勉強していこう。シュペーマンはイモリの外胚葉である**表皮**と**神経**の発生運命が“どの時期”に決定するのか？を解明したよ。イモリの「発生過程(神経誘導)のようす」はテーマ101で勉強したカエルと同じだよ。ともに両生類だからね。

❷　色の異なる**初期原腸胚**を２胚準備して，一方の胚の**予定神経**域をもう一方の胚の**予定表皮**域に移植したところ，移植片は**移植先の発生運命である「表皮」**へと分化した。これは，初期原腸胚がまだ陥入前であり，予定神経域が原口背唇部のアクチビンによる神経誘導(テーマ101)を**受けていない**からだね。原腸胚初期ではまだ，外胚葉の発生運命は**決定していない**ことになるね。

❸　次に，色の異なる**初期神経胚**を２胚準備して，一方の胚の**予定神経**域をもう一方の胚の**予定表皮**域に移植したところ，移植片は**元々の発生運命である「神経」**へと分化した。これは，移植片が元々，原口背唇部のアクチビンによる神経誘導を**受けた**ことを示しており，神経胚初期では，外胚葉の発生運命が**完璧に「神経」に決定している**ことになるね。

❹　シュペーマンは，❷と❸の結果より，イモリの外胚葉の発生運命は，陥入や神経誘導が行われる「**原腸胚初期と神経胚初期の間**」に決定することを明らかにしたよ。このように，テーマ101の内容を把握していると，こんなに簡単にシュペーマンの実験が理解できるんだね。

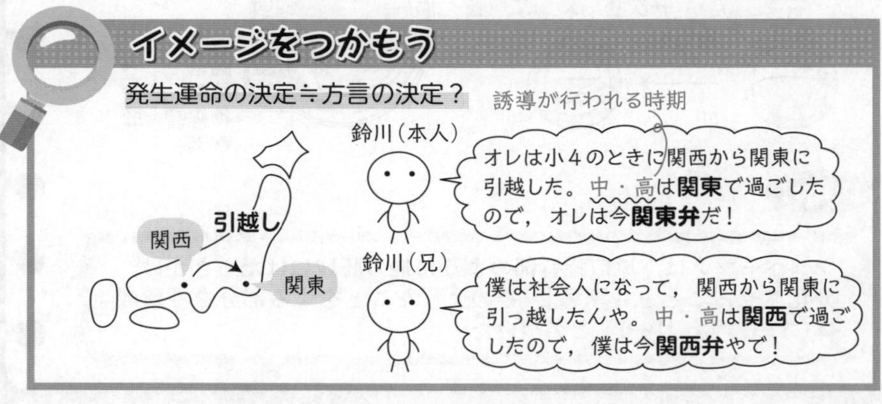

テーマ107 原口背唇部の移植実験

板書

❶ 神経誘導についてもっと詳しく

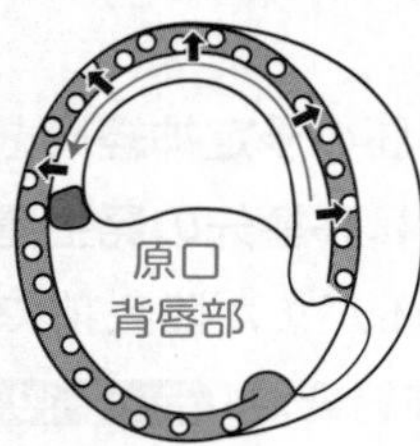

1つ1つの細胞の発生運命は神経

- ○…外胚葉の細胞
- ⬆…アクチビン(ノギンやコーディン)
- ■…ホリスタチン(BMP)

外胚葉の細胞間に存在し，外胚葉の細胞の発生運命を強制的に表皮にする

アクチビンはホリスタチンに結合し，そのはたらきを抑制する
➡したがって，アクチビンが分泌された外胚葉の領域だけ，発生運命が神経となる

❷ 原口背唇部の移植実験

1921～1924 年　シュペーマン
「原口背唇部を移植することで二次胚ができるのでは？」

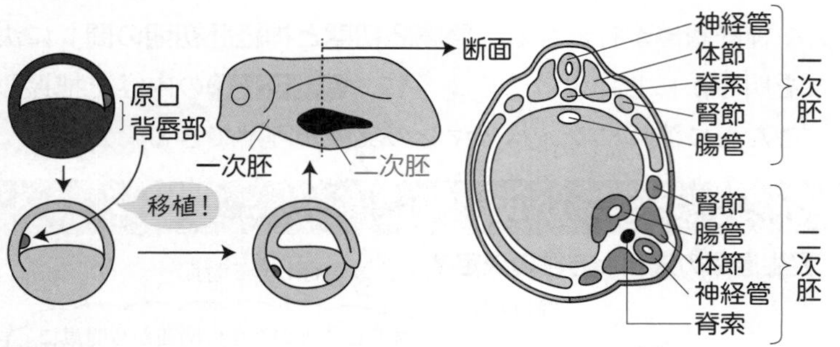

POINT

シュペーマンは，原口背唇部のように他の胚域にはたらきかけ，分化させることを「誘導」，そのようなことをする部分を「形成体(オーガナイザー)」と名づけた

ポイントレクチャー

❶ テーマ101&106で勉強した神経誘導についてもっと詳しく説明するね。ここでまず押さえておいてほしいのは，この図の○で表現したすべての外胚葉の細胞１つ１つの発生運命は「**神経**」であること。実は，アクチビンによる神経誘導がなくても，外胚葉の細胞を１つ１つバラバラにするだけで，これらの細胞は神経の細胞へと分化するのね。では，外胚葉の細胞が表皮に分化することがあるのは何故かというと，外胚葉のすべての細胞と細胞の間には**ホリスタチン**（**BMP**）があり，そのホリスタチンが外胚葉の細胞の発生運命を“強制的”に「**表皮**」へと分化させる性質をもつからなのね。したがって，陥入の際，原口背唇部が分泌した**ノギンやコーディンなどのアクチビンがホリスタチンに結合することで，ホリスタチンのはたらきが抑制され**，その外胚葉の領域に存在している細胞だけ，本来の発生運命である「**神経**」へと分化する，ということなんだ。

❷ シュペーマンはテーマ106で勉強した「外胚葉の交換移植実験」に加え，「**原口背唇部の移植実験**」も行ったよ。実験当時は，神経誘導のしくみは明らかではなかったが，原口背唇部が陥入に関与し，頭部を形成しているのではないか？という考えが，シュペーマンにはあったようだよ。そして，移植の結果，原口背唇部を２つもったイモリ胚は**二次胚**を形成した。これらの実験により，「**誘導**」と「**形成体**（**オーガナイザー**）」という用語が定義づけされ，発生学，または形態形成学が大きく発展したよ。

あともう一歩踏み込んでみよう

シュペーマンの実験の陰の功労者

原口背唇部の移植実験により二次胚の形成をはじめて成功させたのはシュペーマンではなく，彼の生徒であったマンゴルド（ドイツ）である。マンゴルドは1924年に，ガス爆発により，25歳の若さで亡くなった。数年にわたって行われたシュペーマンの実験は，彼女が亡くなった直後にその全容が論文で発表された。シュペーマンが1935年にノーベル賞を受賞したときに彼女が生きていれば，彼女も受賞が確実であったであろう。

テーマ108 誘導の連鎖

板書

❶ 誘導の連鎖…眼の形成

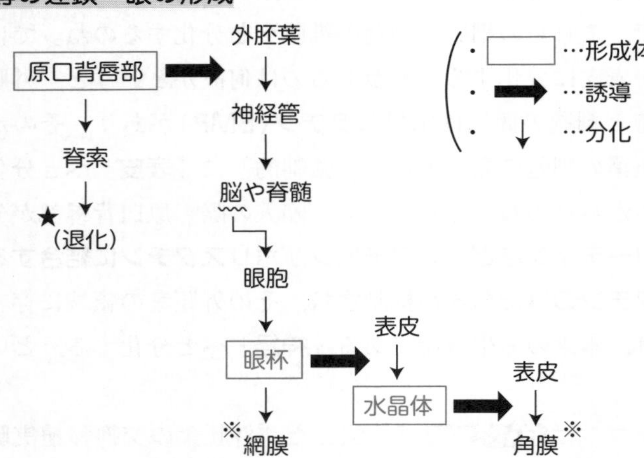

★…脊索が退化した位置に脊椎骨（背骨）が形成される
※…網膜，水晶体，角膜は眼を形成する器官である（テーマ124）

❷《水晶体ができるしくみを調べる実験》

- Ⓐ眼胞を神経胚の腹部の皮下に移植した➡○
- Ⓑ外胚葉を神経胚の腹部表面に移植した➡×
- Ⓒ将来水晶体になる表皮を取り除き，かわりに同じ胚の腹部の表皮を移植した➡○
- Ⓓ眼胞を取り除き，かわりに同じ胚の腹部の表皮を移植した➡×
- Ⓔ眼胞と表皮を胚での位置関係をかえずに取り出し，シャーレの中で培養した➡○
- Ⓕ眼胞と外胚葉の間にうすいろ紙を入れた➡○
- Ⓖ眼胞と外胚葉の間に雲母片を入れた➡×

（○…水晶体ができる　×…水晶体ができない）

ポイントレクチャー

❶ 形成体に関する研究を重ねていたシュペーマンは，器官の形成が，形成体による**誘導の連鎖**によって行われることを示したよ。イモリの眼の形成は次のように行われるよ。**原口背唇部**によって誘導され，生じた神経管の前端が脳胞となり，脳胞の一部に**眼胞**が分化する。その後，眼胞は**眼杯**となり，眼杯は，表皮を誘導して**水晶体**へと分化させ，自身は**網膜**になる。次に水晶体の外側の表皮が，**水晶体**の誘導を受け，**角膜**へと分化する。

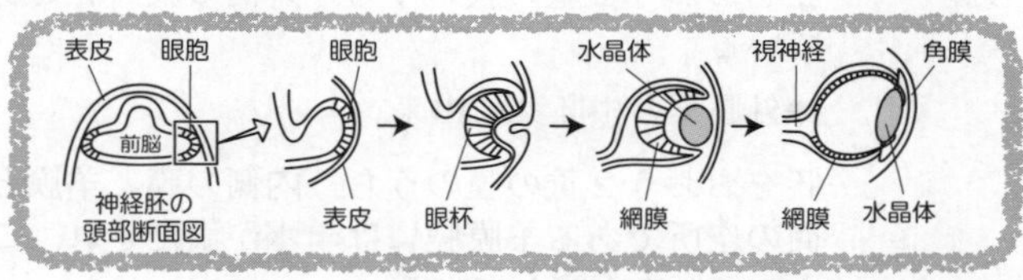

ここで，「原口背唇部は脊索へと分化し，脊索は**退化**すること」，「脊索が退化した位置に**脊椎骨（背骨）**が形成されること」を押さえておこう。また，眼杯の杯は「**胚**」ではなく「**杯**」であることにも注意しよう。

❷ ここで水晶体ができるしくみを調べる実験について紹介するね。基本的には❶の内容が頭に入っていたら，すぐに理解できる内容だよ。ⒶⒸⒺこれらの実験では，**眼胞（眼杯）**と**表皮**があるので，水晶体が**できる**はずだよ。Ⓑ神経胚の腹部に眼胞（眼杯）はないので水晶体は**できない**よ。Ⓓ眼胞を取り除くと水晶体は**できない**よ。Ⓕ眼杯が表皮を水晶体へ誘導する際，アクチビンが分泌されるが，そのアクチビンは**ろ紙を通過する**よ。Ⓖ眼杯が分泌するアクチビンは**雲母片を通過しない**よ。また，アクチビンという名前の物質があるわけではなく，アクチビンとは，様々な組織や臓器の分化誘導を促進する物質の総称のことであることを知っておこう。

覚えるツボを押そう

眼の形成における「形成体」の種類

◆一次形成体：**原口背唇部** ➡ **外胚葉**を**神経管**へ分化させる
◆二次形成体：**眼杯** ➡ **表皮**を**水晶体**へ分化させる
◆三次形成体：**水晶体** ➡ **表皮**を**角膜**へ分化させる

テーマ109 胚膜

板書

❶ 胚膜について

…ハ虫類以上の陸生の脊椎動物が進化の過程で獲得した，胚(胎児)を乾燥や温度変化や物理的衝撃から守る膜。

❷
・しょう膜 …胚をおおう２重の膜のうち，外側の膜。胚を保護している。
➡外胚葉と中胚葉に由来。

・羊膜 …胚をおおう２重の膜のうち，内側の膜。羊膜と胚の間の空所である羊膜腔には羊水が満たされ，これによって胚を保護している。
➡外胚葉と中胚葉に由来。

・尿膜(尿のう)…胚から放出される老廃物を貯める膜。また，しょう膜と合わさり，しょう尿膜を形成し，外界との間でガス交換を行う。ホ乳類では，発生の過程で，しょう尿膜は胎盤(★)へと分化する。❸
➡内胚葉と中胚葉に由来。

・卵黄のう …発生のエネルギー源である卵黄を包む膜。胎盤をもつホ乳類では，未発達。
➡内胚葉と中胚葉に由来。

★…胎児に酸素や栄養分などを届け，また，二酸化炭素や老廃物などを回収する器官。

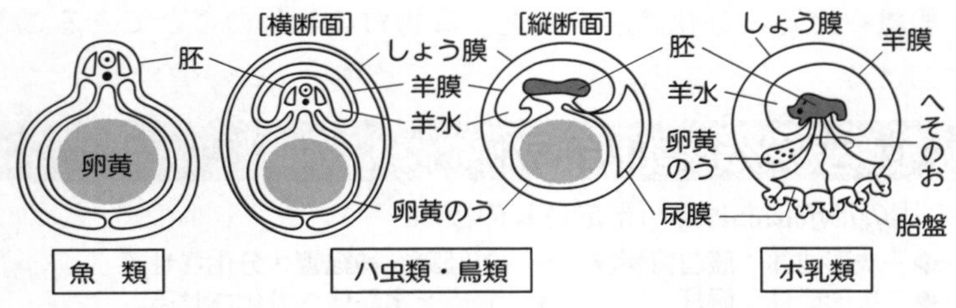

ポイントレクチャー

❶ **胚膜**とは，ハ虫類以上の陸生の脊椎動物の胚に付随して，胚を**乾燥**や**温度変化**や**物理的衝撃**から守る膜の総称のこと。脊椎動物が進化の過程で，陸上に適応するために獲得した形質だよ。

❷ **これら4つの胚膜の名称をしっかりと押さえておこう**！胚は**しょう膜**と**羊膜**によって保護されるよ。羊膜と胚の間の空所である羊膜腔には**羊水**が含まれていて，胚は羊水に浮かんで発育するよ。生物が元々海で誕生したと考えると，羊水は生物が誕生したころの“海”に相当するといえるよ。また，ヒトにおいては，妊婦が出産の直前に破水することがあるが，これは羊膜が破れ，羊水が体外に出るから起こることなんだよ。

❸ **胎盤**は，母体と胚(胎児)を連絡する器官だよ。胎児は胎盤を通して酸素や栄養分などを母体からもらい，二酸化炭素や老廃物を母体に渡すよ。また，テーマ198で勉強するが，ホ乳類の中でも**真獣類**は胎盤をもつが，コアラやカンガルーなどの**有袋類**(育児のうという袋で胚を育てる)やカモノハシやハリモグラなどの**単孔類**(卵を産む)は発達した胎盤をもたないよ。

類題を解こう

胚膜に関する問題

右図はニワトリ胚の4日目と14日目を示したものである。4種類の胚膜は，図中に示してあるa～hのそれぞれどれか。

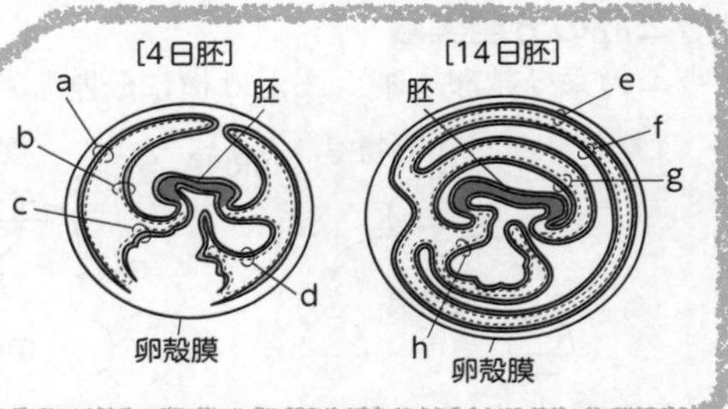

解説

しょう膜と羊膜はそれぞれ胚の外側と内側をおおっている膜である。尿膜は発生の過程で**大きく**なっている膜，卵黄のうは発生の過程で**小さく**なっている膜である。

(4日目) しょう膜：a　羊膜：b　尿膜：d　卵黄のう：c
(14日目)しょう膜：e　羊膜：g　尿膜：f　卵黄のう：h …(答)

テーマ110　中胚葉誘導，ウニ胚の分割実験

板書

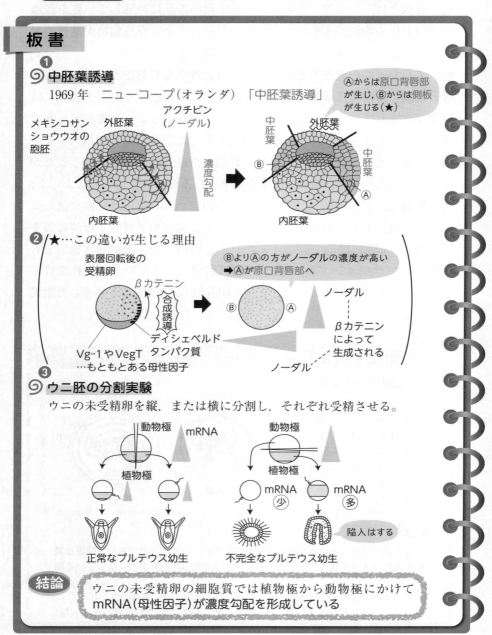

❶

中胚葉誘導

1969年　ニューコープ(オランダ)　「中胚葉誘導」

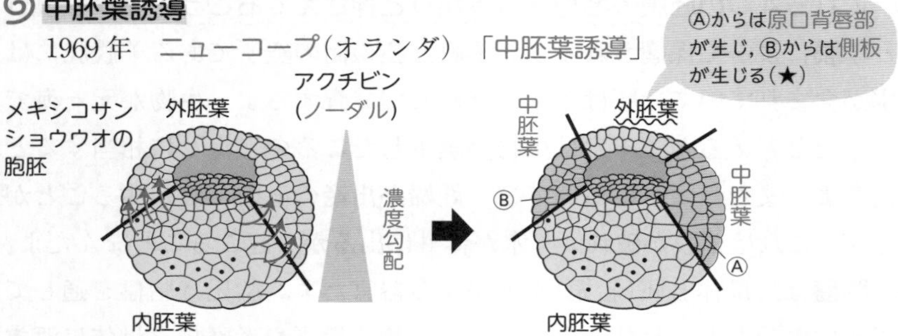

❷ ★…この違いが生じる理由

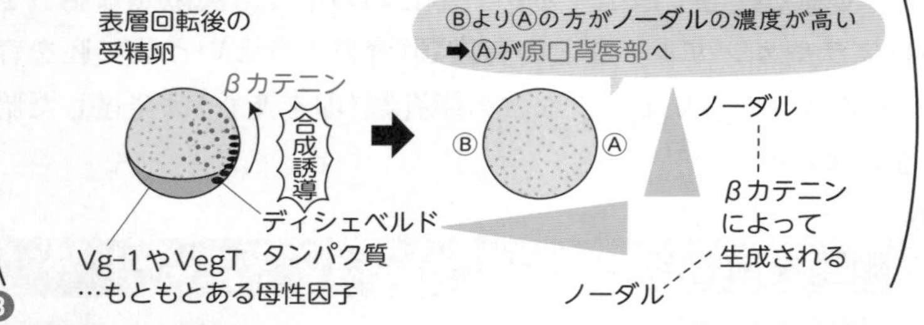

❸

ウニ胚の分割実験

ウニの未受精卵を縦，または横に分割し，それぞれ受精させる。

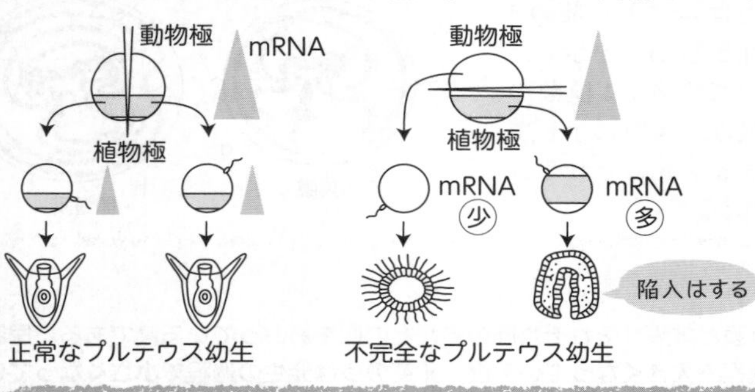

結論　ウニの未受精卵の細胞質では植物極から動物極にかけてmRNA(母性因子)が濃度勾配を形成している

ポイントレクチャー

❶　**中胚葉誘導**は，**ニューコープ**によって明らかにされた現象で，両生類の発生過程で最初にみられる誘導である。内胚葉が**形成体**となって外胚葉側に**ノーダル**というアクチビンを分泌し，**中胚葉**へと誘導するよ。**ここで注目していきたいのが「濃度勾配」という考え方**。内胚葉から分泌されるノーダルはこの図のように**濃度勾配**を形成し，ある一定濃度以上のノーダルが分泌された外胚葉の領域だけが中胚葉へと分化するのね。

❷　図のⒶからは**原口背唇部**が，Ⓑからは**側板**が生じるが，この違いはなぜ生じるのか？これを，テーマ101で勉強した表層回転を復習しながら説明していくね。表層回転によって輸送されたディシェベルドタンパク質が**βカテニン**という物質を合成誘導するため，このβカテニンが将来背側になる領域で多くつくられる。その後，βカテニンや母性因子(受精前の卵から存在している物質)であるVg-1やVegTによって，**ノーダルが合成**され，図の右のような**2種類のノーダルの濃度勾配が形成される**のね。これによって，ⒷよりもⒶの方がノーダルの濃度が高くなり，この**“位置情報の違い”**がきっかけとなって，ⒶとⒷでは違う器官が形成されるんだよ。

❸　ウニ胚を動物極と植物極を結ぶ面で分割して受精させる(図の左)と正常なプルテウス幼生が，赤道面で分割して受精させる(図の右)と不完全なプルテウス幼生と永久胞胚が生じた。これは，ウニの未受精卵の細胞質では植物極から動物極にかけて**mRNA(母性因子)が濃度勾配を形成している**ことが原因であり，**この実験においても「濃度勾配」という考え方がとても大切であることがわかるね**！ちなみに，ウニ胚の陥入点(陥入がはじまるところ)は植物極側にあることから，図の右の実験において，不完全なプルテウス幼生のみで陥入が行われていることを確認しておこう。

覚えるツボを押そう

アクチビンの種類

◆**ノギン，コーディン➡外胚葉を神経管へ分化させる(神経誘導)**
◆**ノーダル　➡外胚葉を中胚葉へ分化させる(中胚葉誘導)**

テーマ111 プラナリアの再生，鳥の翼の発生

板書

❶
プラナリアの再生

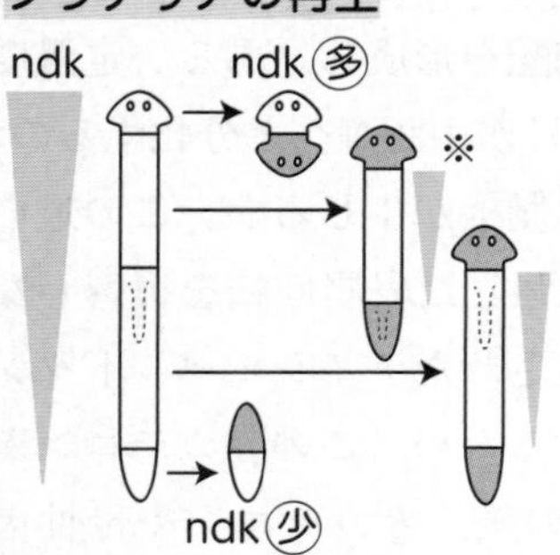

プラナリアでは頭から尾にかけてndkが濃度勾配を形成している。
切断片において，ndkの濃度が高い方から頭が，低い方から尾が再生する。
プラナリアは元々未分化な細胞を全身にもっている。

❷ ※…プラナリアの再生のしくみ

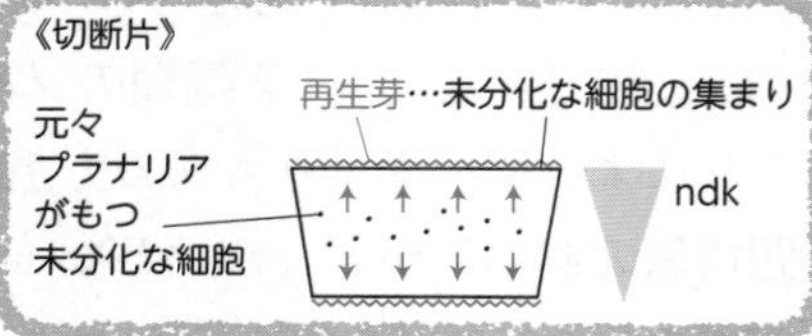

❸
鳥の翼の発生

ニワトリ胚では翼の原基の後方にZPA(形成体)が現れ，ZPAからShh(ソニックヘッジホッグ)が濃度勾配を形成する形で分泌される。

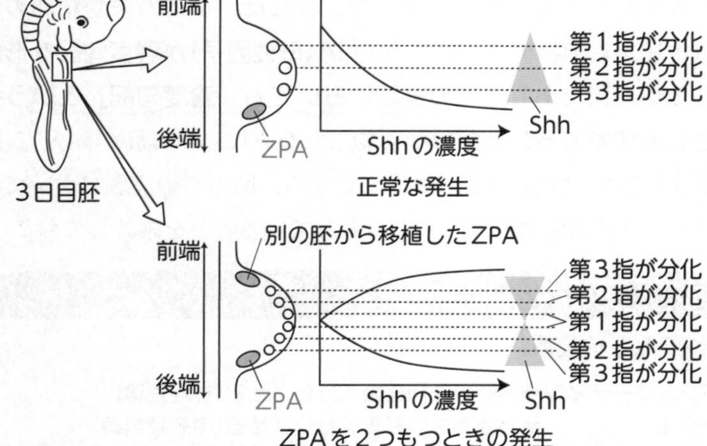

ポイントレクチャー

❶ プラナリアは“切っても切っても再生する”ことで有名な生物である。プラナリアは頭から尾にかけて **ndk** とよばれるタンパク質が**濃度勾配**を形成しており，プラナリアを切断すると ndk の濃度が高い方からは**頭**が，低い方からは**尾**が再生する。モーガン(テーマ 91&103)はプラナリアの研究にも精通していて，彼が切断した $\frac{1}{273}$ の断片のプラナリアが再生したというデータが残っているよ。モーガンはこの研究で**極性**(物質の濃度勾配に明確な方向性があること)という考え方を発見した研究者でもあるよ。

❷ プラリアの再生のしくみについてもう少し詳しく説明するね。まず，押さえておいてほしいのは，プラナリアには元々全身に**未分化な細胞がある**ということ。これらの細胞が切断片の切り口で**再生芽**という集合体を形成し，再生芽が ndk の濃度を「位置情報」として“頭を再生するか”“尾を再生するか”を決定する，ということなんだ。だから，❶の図の上の方で，ndk の量が多すぎる切断片では頭が２つのプラナリアが，図の下の方で，ndk の量が少なすぎる切断片では尾のみのプラナリアが生じたんだね。

❸ 鳥の翼の発生においても濃度勾配の考え方はとても重要になってくるよ。ニワトリ胚では **ZPA** とよばれる形成体があり，ここから分泌される **shh(ソニックヘッジホッグ)** とよばれるタンパク質が濃度勾配を形成することで，指の長さが決まるんだ。図の下のように，ZPA を２つもつときは，濃度勾配も２つ形成されることになり，鏡像対称的な指をもつ翼が形成されるよ。ここでも濃度勾配が「位置情報」となることで，形態形成が行われるんだね。

あともう一歩踏み込んでみよう

ndk と shh

◆ ndk…nou-darake(脳だらけ)の略。プラナリアのどこを切断しても頭(脳)が再生してくるからこの名前がつけられた

◆ shh…発見者の娘さんが好きだったマンガ(ゲーム)のキャラクターである「ソニック・ザ・ヘッジホッグ」から名づけられた

(ネーミングセンスが高いね ^_^)

テーマ112 ショウジョウバエの形態形成

板書

ショウジョウバエの形態形成

❶（ⅰ）母性因子　…からだの前後軸を決定する因子

ショウジョウバエの受精卵

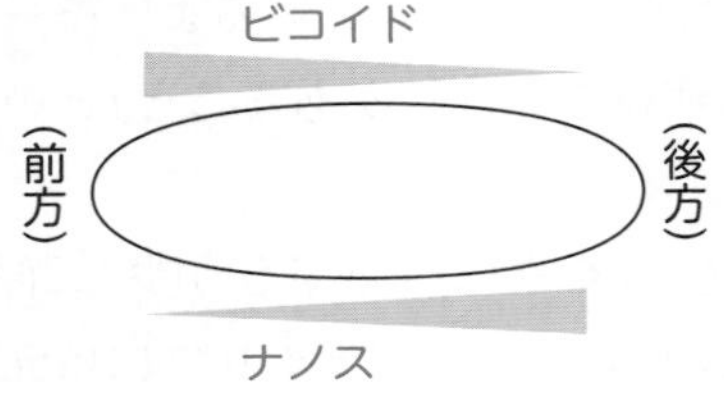

❷（ⅱ）分節遺伝子　…（ⅰ）の位置情報を元に体節をつくる遺伝子

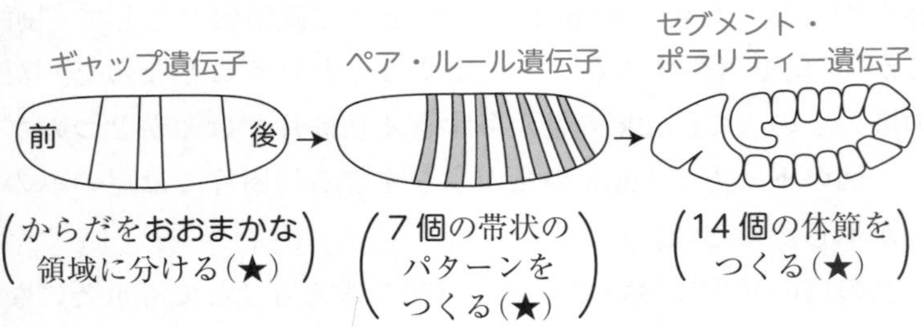

❸（ⅲ）ホメオティック遺伝子…（ⅱ）でつくられた14個の体節の発生運命を細かく決定する**調節遺伝子**

（・頭～胸の発生運命を決定する➡アンテナペディア複合体
　・胸～腹の発生運命を決定する➡バイソラックス複合体）

❹ 参考 ホメオティック突然変異
…からだの一部が別の構造におき換わる変異

ポイントレクチャー

❶ 本テーマでは，ショウジョウバエの形態形成について勉強していこう。まず，ショウジョウバエの受精卵において，前方から後方にかけて**ビコイド**というタンパク質が，後方から前方にかけて**ナノス**というタンパク質が**濃度勾配**を形成することでからだの前後軸が決定するよ。これらのタンパク質は受精前から存在しているため，**母性因子**(テーマ110)であるといえるよ。

❷ ❶の母性因子の濃度勾配(位置情報)に応じて，**分節遺伝子**である3つの遺伝子が「**ギャップ遺伝子→ペア・ルール遺伝子→セグメント・ポラリティー遺伝子**」の順に発現することで体節がつくられるよ。これらの遺伝子が発現することで“胚にどのような現象が起きたのか(★)”をそれぞれ左ページの図で確認しておこうね。

❸ ❷でつくられた14個の体節の発生運命を細かく決定する**調節遺伝子**(テーマ60)を**ホメオティック遺伝子**というよ。ホメオティック遺伝子は，頭～胸の発生運命を決定する**アンテナペディア複合体**と胸～腹の発生運命を決定する**バイソラックス複合体**に大別されるよ。ホメオティック遺伝子と塩基配列が非常に似ている遺伝子を僕たちヒトももっているが，その理由に関しては，テーマ113にて詳しく説明するね。

❹ ホメオティック遺伝子に突然変異が起きることで，からだの一部が別の構造におき換わる**ホメオティック突然変異**が起こるよ。この参考の図は，アンテナペディア複合体に突然変異が起き，触角の位置に脚ができてしまった変異体の図だよ。

04 生殖と発生

覚えるツボを押そう

ショウジョウバエの形態形成

◆**母性因子** …からだの前後軸を決定
◆**ギャップ遺伝子** …からだの大まかな区画化
◆**ペア・ルール遺伝子** …胚に7個の帯状のパターン
◆**セグメント・ポラリティー遺伝子**…14個の体節をつくる
◆**ホメオティック遺伝子** …14個の体節の発生運命を決定

(➡とにかくこれらのはたらく順番を覚えよう！)

テーマ113 Hox 遺伝子群

板書

❶

Hox 遺伝子群について

➡ショウジョウバエのホメオティック遺伝子に相同な遺伝子のこと。このHox遺伝子群は**すべての真核生物でみられ**，脊椎動物においても前後軸に沿った形態形成を担っている。

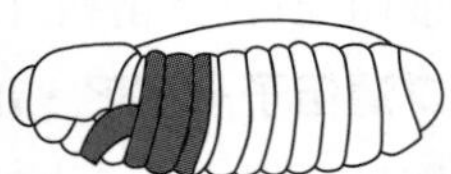

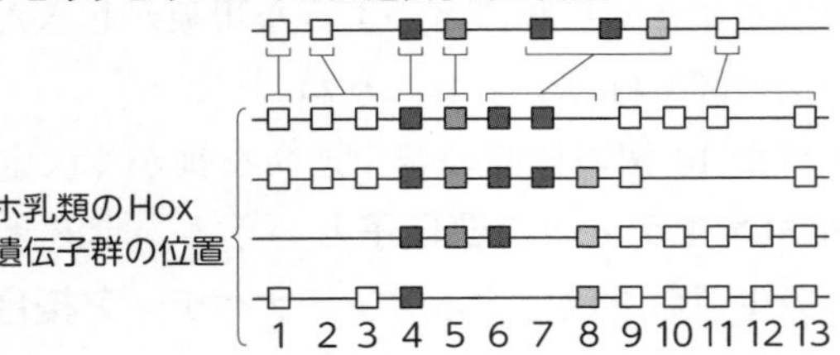

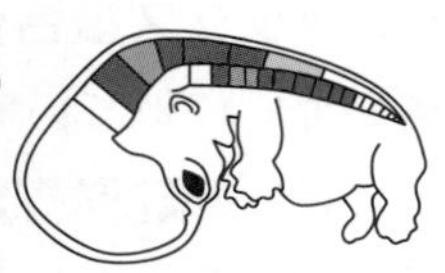

❷
- ・ホメオボックス…Hox遺伝子群の中でも，相同性の高い塩基配列。
- ・ホメオドメイン…ホメオボックスが転写・翻訳されることで生じるタンパク質。

➡**調節領域であるエンハンサーに結合する調節タンパク質（アクチベーター）としてはたらく。**

❸ **POINT　Hox 遺伝子群は進化においてとても重要な遺伝子**

進化的にも遠縁である無脊椎動物と脊椎動物においてもホメオボックスがみられることは，これらの塩基配列は進化の過程において，生命維持に**“極めて重要な”**遺伝子を形成していることが伺える。

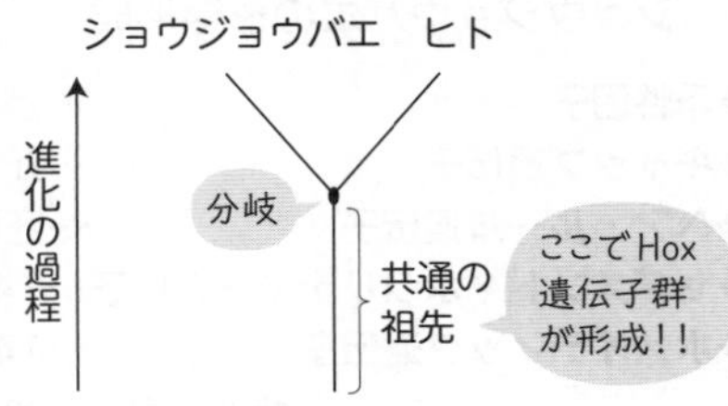

ポイントレクチャー

❶ テーマ112 で勉強したホメオティック遺伝子と相同な(塩基配列が非常に似ている)遺伝子は，すべての真核生物にみられるよ。このような遺伝子の総称は **Hox 遺伝子群**とよばれるよ。

❷ テーマ60 で勉強した「真核生物の転写調節機構」を復習しながら，Hox 遺伝子群の詳しいはたらきについて説明していくね。Hox 遺伝子群の中でも，ホメオティック遺伝子に含まれているような相同性の高い塩基配列を**ホメオボックス**というよ。このホメオボックスが Hox 遺伝子群の中で**調節遺伝子**としてはたらく領域である。これは，ホメオティック遺伝子が調節遺伝子であること(テーマ112)を踏まえて考えれば，ある意味当然のことだよね。そして，そのホメオボックスが発現することでつくられる調節タンパク質を**ホメオドメイン**というよ。ホメオドメインは調節タンパク質の中でも**アクチベーター**としてのはたらきをもち，調節領域である**エンハンサー**に結合することで転写を促進するよ。

❸ なぜ，すべての真核生物でホメオボックスがみられるのか？その理由を理解するためには，テーマ187 で勉強する「**中立説**」の考え方が重要だよ。ヒトとショウジョウバエのように進化的に遠縁である生物間であっても，進化の過程で分岐する前の共通の祖先は必ず存在する。この共通の祖先で Hox 遺伝子群が形成され，この遺伝子が生命維持に**“極めて重要な”**遺伝子であり，遺伝子突然変異などで少しでもこの遺伝子の塩基配列(ホメオボックス)に変化が起きようものなら，**個体にとって致命的な影響を与えかねない状態であった**ことが考えられるよ。このように，生命維持に“極めて重要な”遺伝子では，進化の過程において，塩基配列が変化する可能性が非常に低くなるんだよ。

覚えるツボを押そう

Hox 遺伝子群
ホメオティック遺伝子

Hox 遺伝子群とホメオティック遺伝子

(あくまでホメオティック遺伝子は Hox 遺伝子群の一部)

04 生殖と発生

テーマ114　クローン作製実験，だ腺染色体

板書

核移植実験

❶

・1962年　ガードン(イギリス)

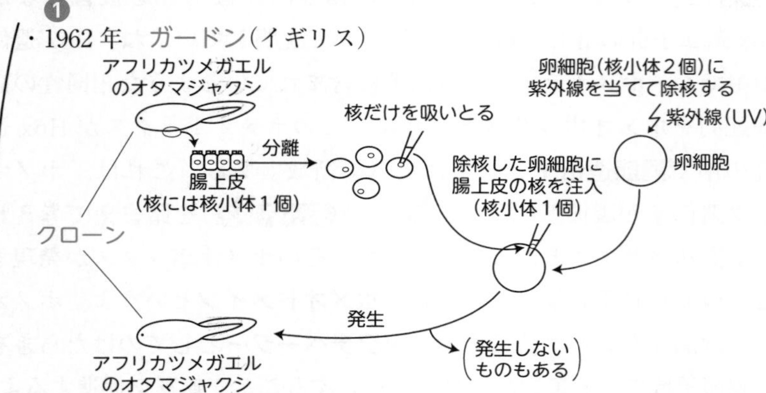

結論　「腸細胞のような分化した細胞でも受精卵と同様，すべての遺伝子をもつ」ことが示され，「核は全能性(1個体を形成することのできる能力)をもつ」ことが示された

・1996年　ウィルマット(イギリス)とキャンベル(イギリス)
乳腺細胞の核移植によりクローン羊(ドリー)が誕生

❷

巨大染色体の観察

…通常の染色体の100〜150倍の大きさ。
例　ショウジョウバエのだ腺染色体

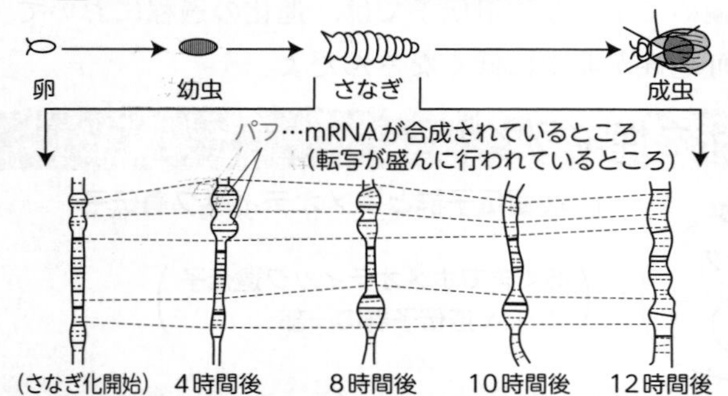

結論　「発生段階によって発現する(転写されている)遺伝子の組合せが異なる(選択的遺伝子発現)」ことがわかる

ポイントレクチャー

❶ **ガードン**はあの iPS 細胞（テーマ 116）の作製で有名な山中伸弥博士とともにノーベル賞を共同授賞した研究者だよ。ガードンは，核小体を **2 個**もつ未受精卵の核をあらかじめ**紫外線**で除核し，その未受精卵の中に核小体を **1 個**もつ腸細胞の核を移植した結果，全身が核小体を **1 個**もつ細胞からなる個体が発生したことから，腸細胞の核由来の個体，つまり核移植によるクローン動物を世界で初めて作製したんだ。このことから，「**腸細胞のような分化した細胞でも受精卵と同様，すべての遺伝子をもつ**」ことが示された。これにより，髪の毛だろうが皮膚だろうが，僕たちがもっているほとんどの体細胞は，1 個体を形成できるすべての遺伝子をもつことがわかったんだ。だから TV ドラマなどで見る科学捜査で，髪の毛 1 本からの DNA 鑑定により犯人が特定されることがあるんだね。

❷ ほとんどの体細胞がすべての遺伝子をもっているにも関わらず，細胞や組織ごとに形やはたらきが異なるのは，細胞や発生段階ごとに発現する遺伝子の組合せが異なるためである。これは**選択的遺伝子発現**とよばれるよ。このようすを，通常の染色体の **100〜150** 倍の大きさをもつショウジョウバエのだ腺染色体などの巨大染色体の観察で確認することができるんだ。**転写**が盛んに行われている**パフ**という部分が**発生段階ごとにその位置を変えている**ことから，選択的遺伝子発現のようすがわかる。大きい染色体は転写も派手に行うものなんだね。

あともう一歩踏み込んでみよう

ホ乳類最初のクローン動物「ドリー」

（ドリー達）

ウィルマットとキャンベルの核移植実験によって誕生したクローン羊のドリーは 2003 年，6 歳の時に死亡した。クローン動物だから早めに死亡したのかは不明である。ドリーは生前，4 匹の子羊を出産していて，クローン動物でも生殖能力は十分に備わっていることが確かめられている。また現在では，羊以外のホ乳類（ネコやイヌなど）のクローン動物も誕生している。

テーマ115 再生医療と ES 細胞

板書

再生医療について

…損傷を受けた組織や臓器の機能を再生させる医療のこと

❶ 導入　1958 年　スチュワード（アメリカ）

「植物ホルモンによる組織培養」

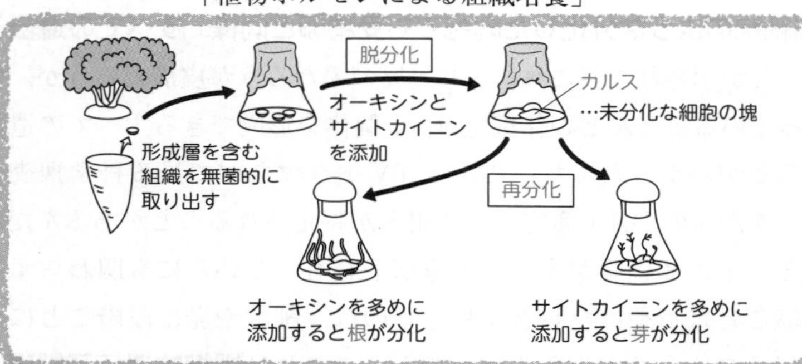

❷《ES 細胞（胚性幹細胞）による再生医療》

…胚盤胞の内部細胞塊から作製される，多能性の幹細胞

様々な種類の細胞に分化する能力をもつ細胞

・1998 年　トマソン（アメリカ）「ES 細胞の作製」

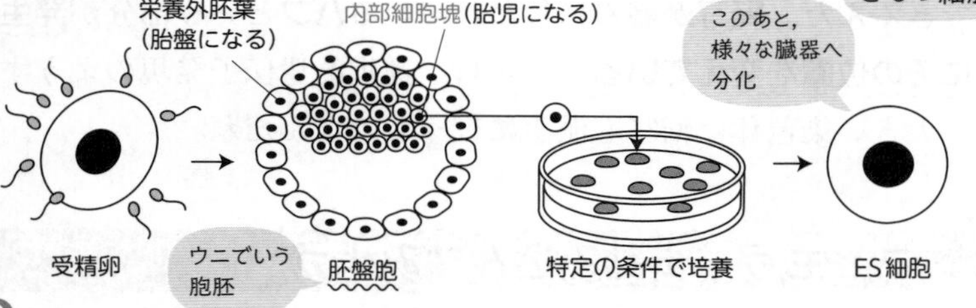

❸

POINT ES 細胞を再生医療で実用化した場合の問題点

Ⓐ 臓器移植の際，拒絶反応が起こってしまう
Ⓑ 生命倫理的な問題が残る➡生命を無駄にしてしまうのでは？

❸

・2001 年　トマソン　「クローン ES 細胞の作製」

➡テーマ114で勉強した「核移植実験」と同じ手法で患者のクローンに相当する胚盤胞の内部細胞塊から ES 細胞を作製

➡上記の「Ⓐ拒絶反応」の問題点が解決される

ポイントレクチャー

❶　スチュワードは，形成層のような分化しきった組織を**脱分化**させることで**カルス**(未分化な細胞塊)を形成させ，再び根や芽などに**再分化**させる組織培養の実験を行ったよ。この実験の手法は，テーマ116で勉強する「**iPS 細胞**」の作製に通じるものがあるので，ここでしっかりとこの実験の内容を把握しておこう。また，テーマテーマ152&154&155でこれから勉強していくが，オーキシンはふだん**芽**に多くて，サイトカイニンはふだん**根**に多い。下の**覚えるツボを押そう**でカルスの気持ちを確認しながら，植物ホルモンを用いた再分化のしくみをきちんと押さえておこうね。

❷　トマソンは，ヒトの**胚盤胞**(テーマ96)から**内部細胞塊**の細胞を取り出し，サイトカイン(テーマ73)などを添加することにより，多能性の幹細胞である **ES 細胞(胚性幹細胞)**の作製に成功したよ。正に当時からすると，再生医療の先駆けとなる研究だったんだよ。

❸　ES 細胞が再生医療で実用化された場合，**Ⓐと Ⓑの２つの問題点が取り上げられた**が，トマソンはその後，右図の手法で**クローン ES 細胞**を作製したよ。これにより，**Ⓐの問題は解決された**が，**Ⓑの問題は解決されなかった**。テーマ116では，このⒶとⒷの両方の問題を一気に解決した画期的な幹細胞である「iPS 細胞」について説明していくね。

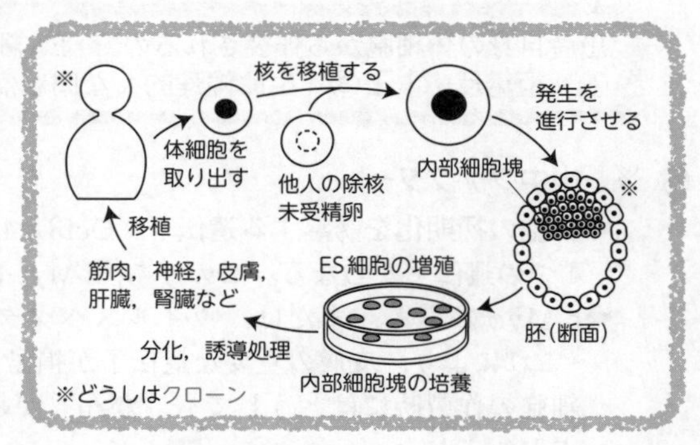

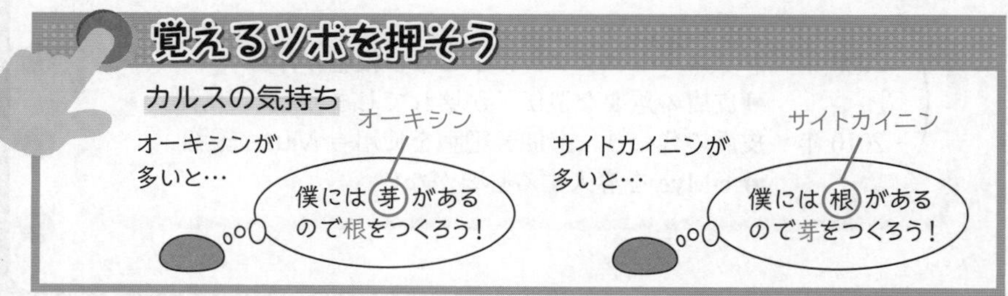

覚えるツボを押そう
カルスの気持ち
オーキシンが
多いと…
オーキシン
僕には 芽 がある
ので根をつくろう！
サイトカイニンが
多いと…
サイトカイニン
僕には 根 がある
ので芽をつくろう！

テーマ116 iPS細胞

板書

❶
iPS細胞による再生医療

…皮膚などの体細胞に，数種類の遺伝子を導入することによって作製される，多能性の幹細胞

2006年 山中 伸弥 「iPS細胞(人工多能性幹細胞)の作製」

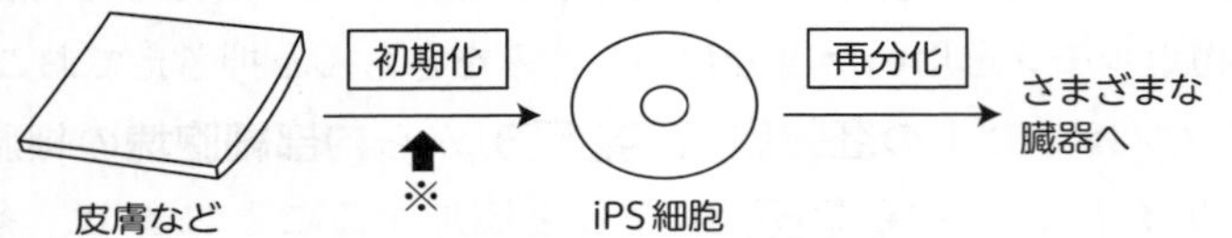

POINT iPS細胞を再生医療で実用化した場合のメリット

患者自身の体細胞から作製されるので，ES細胞を実用化した場合のⒶ「拒絶反応」とⒷ「生命倫理的」な問題点を見事解決！

❷ ※…山中ファクター

➡細胞の初期化を誘導する遺伝子。Oct3／4，Sox 2，Klf 4，c-Mycの4つの遺伝子からなる。このうち，c-Mycはがん遺伝子である。

➡c-Mycの導入，または，ウイルスベクターによる遺伝子組換え(これにより，皮膚の重要な遺伝子が損傷してしまう)により，iPS細胞の作製時にはどうしても「がん」が起きてしまうという問題点があった。

❸

⬇ そこで

❹
POINT がんの誘発を解決するさらなるiPS細胞の研究

・2008年 プラスミドベクターによるiPS細胞の作製
➡皮膚の重要な遺伝子が壊れてしまう恐れを解消

・2010年 皮膚の代わりに造血幹細胞を使用＝Muse細胞
➡c-Mycを導入する必要がない

ポイントレクチャー

❶　**山中伸弥**博士(2012 年ノーベル生理学・医学賞を受賞)が作製した **iPS 細胞(人工多能性幹細胞)**について説明していくね。iPS 細胞は皮膚の細胞などの分化しきった細胞に数種類の**初期化**を誘導する遺伝子を導入することで作製される幹細胞だよ。こうして作製された iPS 細胞にアクチビン(テーマ 101)などを添加することで様々な臓器へと**再分化**させることができるんだ。正に，テーマ 115で勉強したスチュワードの実験と同じ手法だね(山中博士は「脱分化」のことを「**初期化**」と表現したよ)。iPS 細胞は患者自身の体細胞から作製されるので，テーマ 115で取り上げられたⒶ**とⒷの問題点を一気に解決できた**のがすごいよね。

❷　皮膚の細胞などに山中ファクターを導入すると，初期化が誘導されるよ。山中ファクターをはたらかせるコツは，細胞に栄養を与えないようにして培養すること。こうすることで，細胞自身が生存に必要な遺伝子のみがはたらく状態になるんだ。

❸　iPS 細胞の作製当初は，c-Myc を導入してしまうことで，または，ウイルスベクターによる遺伝子組換えにより DNA が損傷してしまうことで，「**がん**」が生じてしまうという問題点が取り上げられた。がん化した臓器が，再生医療で使用できるはずないもんね…。

❹　しかし，その後，「がん」の誘発を解決するさらなる iPS 細胞の研究が進められたよ。今現在では，「**iPS 細胞はほぼがん化しない**」とされているよ。また，2011 年には c-Myc の代わりに“魔法の遺伝子”との異名をもつ Glis 1 という，新しい山中ファクターも発見されているよ。iPS 細胞の研究は日々飛躍的に進歩しているんだよ。

あともう一歩踏み込んでみよう

iPS 細胞がもたらす利益

今現在，iPS 細胞による再生医療で「加齢黄斑変性」や「脊髄損傷」などの治療が行われている。今後，iPS 細胞はどのような利益をもたらしてくれるのか？(著者本人予想)

➡
- **iPS 細胞由来の臓器を用いての副作用の恐れがない創薬の研究**
- **iPS 細胞由来の生殖細胞の作製…同性愛者間で子どもができる**

テーマ117 被子植物の配偶子形成

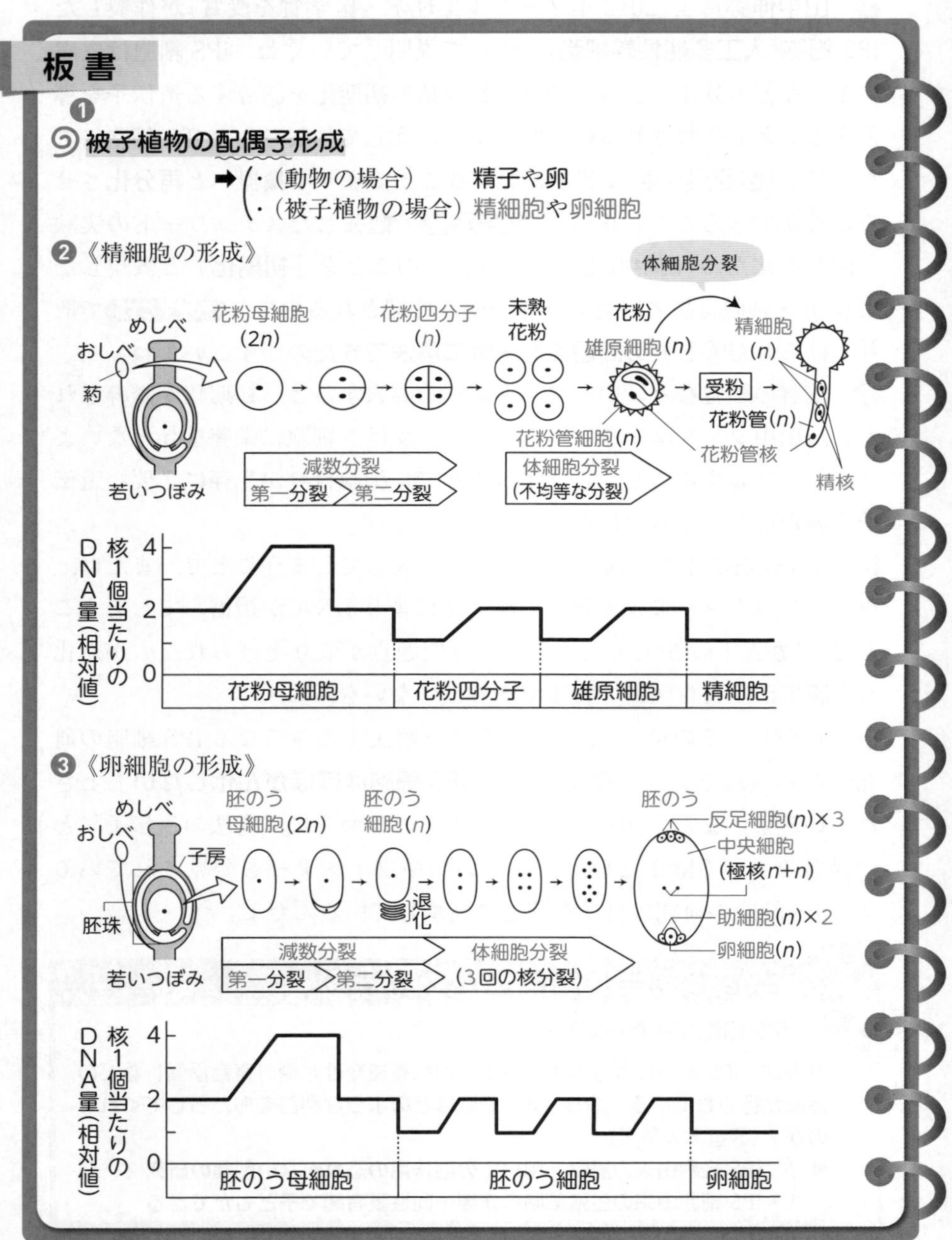

ポイントレクチャー

❶ 本テーマからテーマ121にかけて，被子植物の「生殖と発生」について勉強していこうね。本テーマは，テーマ96で勉強した「動物の配偶子形成」の“被子植物”バージョンだよ。動物の配偶子は精子と卵であったが，被子植物の配偶子は精細胞と卵細胞である。そして，その精細胞や卵細胞が形成されるまでの流れをしっかりと押さえていこうね。

❷ まずは，精細胞の形成について。おしべの葯の中で**花粉母細胞**（$2n$）が**減数分裂**を行うことで**花粉四分子**（n）となり，この1つ1つの細胞が不均等に**体細胞分裂**を行うことで**花粉管細胞**（n）とその中にある小さな**雄原細胞**（n）からなる成熟した花粉になるよ。その後，めしべの柱頭に受粉した花粉は，発芽して花粉管を伸ばし，その中で雄原細胞が**体細胞分裂**を行うことで2個の**精細胞**（n）となるんだ。

❸ 次に，卵細胞の形成について説明するね。めしべの胚珠の中で**胚のう母細胞**（$2n$）が，1個の胚のう細胞にエネルギー源を集中させるために不均等な減数分裂を行うよ。**4個の細胞のうち3個が退化**したのち，胚のう細胞（n）は3回の**体細胞分裂**を行うのね。そして，その結果生じた8個の核のうち3個は，花粉管が挿入される珠孔側に移動して，**1**個の**卵細胞**（n）の核と**2**個の**助細胞**（n）の核になるよ。また，別の3個の核は，反対側に移動して**3**個の**反足細胞**（n）の核となる。残りの2個の核は**中央細胞**の核，すなわち**極核**（$n+n$）となるんだ。これらの細胞からなる組織を**胚のう**というよ。ここで，**「各細胞の名称と細胞分裂の種類」，および，「減数分裂終了後の細胞の核相が *n* となること」を押さえておこうね**！また，精細胞形成，卵細胞形成のそれぞれにおいて，各細胞の細胞分裂の種類に注意を払いつつ，核1個当たりのDNA量の変化を表したグラフもしっかりと確認しておいてね。

覚えるツボを押そう

配偶子形成時に起こる細胞分裂の順序

◆動物の場合　　　：「**体細胞分裂➡減数分裂**」の順に起こる
◆被子植物の場合：「**減数分裂➡体細胞分裂**」の順に起こる

テーマ118　重複受精

板書

❶

重複受精（＝被子植物特有の受精）

➡（・卵細胞（n）＋精細胞（n）→受精→受精卵（2 n）→胚（2 n）
　・中央細胞（極核 $n+n$）＋精細胞（n）→受精 →胚乳細胞（3 n）㊟→胚乳（3 n）㊟

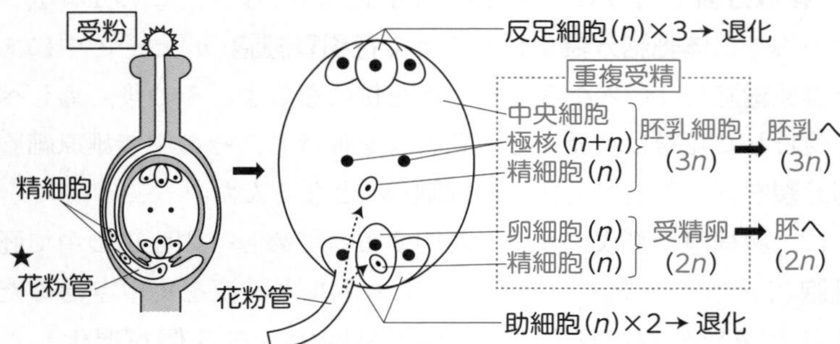

❷ ★…花粉管は助細胞から放出されるルアーとよばれる物質によって誘導される。

❸ **POINT** 重複受精の意義

胚発生と胚乳形成を同時に行うことで，胚乳に集められたエネルギーを胚発生に効率よく利用することができる ➡

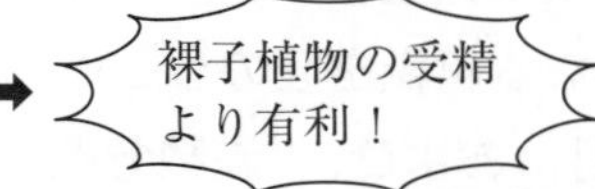

比較　裸子植物　胚のう細胞の一部
…受精前に胚乳（核相は n）がつくられている
➡これでは効率㊦
（植物例）
ソテツ，イチョウ（右図）
（…精子を形成）
ヒノキ，マツ，スギ
（…精細胞を形成）

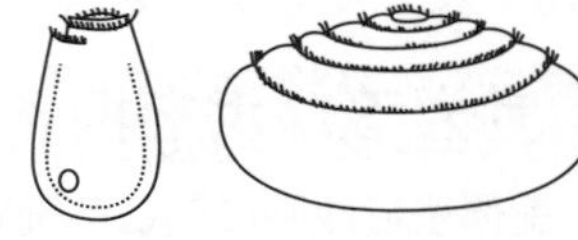

ポイントレクチャー

❶ テーマ117の続きとして，被子植物の受精について勉強していこう。まず，花粉管の中の2個の精細胞のうち1個は**卵細胞**と受精して**受精卵(2 n)**となり，その後，受精卵は**胚(2 n)**となるよ。もう1個の精細胞は**中央細胞**と受精して**胚乳細胞(3 n)**となり，胚乳細胞は**胚乳(3 n)**となるよ(**胚乳細胞と胚乳の核相に注意**！)。このとき生じた胚は「**植物の本体**」に相当し，胚乳は「**胚の栄養分**」に相当するよ。ヒトで例えると，胚は“赤ちゃん”，胚乳は“母乳”ってとこかな。このように，2個の精細胞がそれぞれ卵細胞と中央細胞と受精する，被子植物特有の受精様式を**重複受精**というよ。重複受精が行われたあと，**反足細胞や助細胞は退化する**ことも知っておこう。

❷ 2009年，東山哲也博士らの研究により，花粉管は**助細胞**から放出されるタンパク質によって誘導されることが明らかになった。彼らは，そのタンパク質を釣り道具にちなんで**ルアー**と名づけたよ。

❸ 被子植物ではなぜ，少し手間がかかりそうな重複受精が行われるのか？それは，**胚(ヒトでいう赤ちゃん)が生まれたと同時に胚乳(ヒトでいう母乳)をつくることで，効率よくエネルギーが胚発生(ヒトでいう赤ちゃんの成長)に利用できるから**だよ。重複受精を行わない裸子植物と比較してみよう。裸子植物では，胚乳が受精**前**につくられている。つまり，被子植物では退化させる**胚のう細胞**(テーマ117)の一部を，裸子植物では**胚乳**として使い回すのね(だから，裸子植物の胚乳の核相は**n**)。でも，この胚乳のつくり方だと，受精が行われなった時には，つくり損になってしまうね。このように，重複受精を行う被子植物では，エネルギーを効率よく利用していることが伺えるね。ここで，**裸子植物の(植物例)と，ソテツとイチョウが精子を形成することを右のゴロで覚えようで押さえておこうね**！

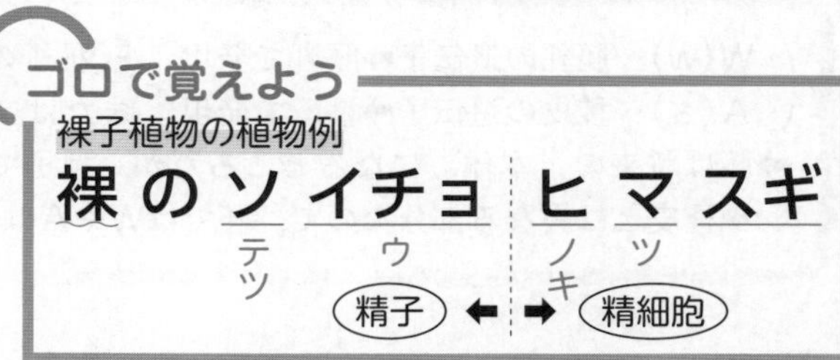

テーマ119 キセニア遺伝の問題

板書

❶

重複受精と遺伝…キセニア遺伝

例　イネ　胚乳➡（・W…ウルチ性　・w…モチ性）　もみの先端（種皮）➡（・A…有のげ　・a…無のげ）

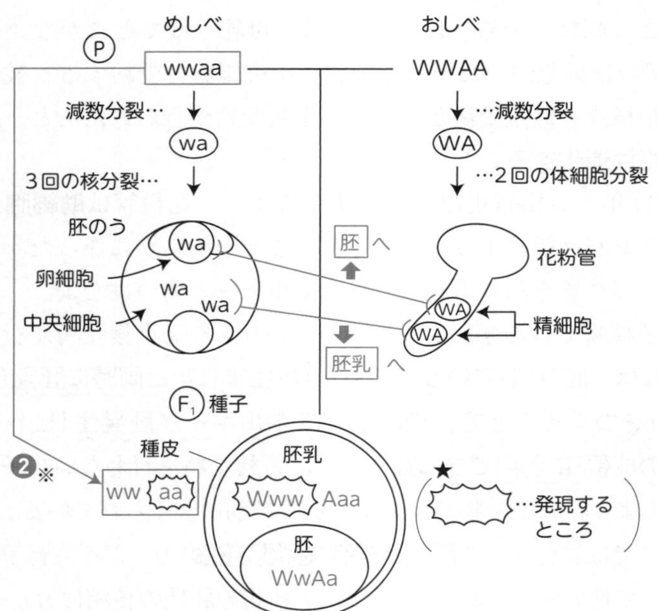

※母性遺伝…母方の遺伝子を通じてのみ遺伝する様式

❸ POINT キセニア遺伝における種子の表現型（★）

（・W(w)…胚乳の遺伝子➡胚乳で発現　・A(a)…種皮の遺伝子➡種皮で発現）F1種子の表現型は［Wa］またはウルチ性・無のげ

➡胚は将来の“本体”になるところだが，種子であるうちは，胚乳や種皮とは異なる部分なので，胚ではWやAは発現しない

ポイントレクチャー

❶ ここで，重複受精に関する遺伝計算の問題の対策を行っていこう。「キセニア」という言葉の意味は，p 176 & 177 の特別編で確認しておいてね。図にあるように，Ⓟ世代である wwaa 個体のめしべからは(wa)の卵細胞と(wa)が 2 個分の中央細胞が，同じく P 世代である WWAA 個体のおしべからは(WA)の精細胞が 2 個つくられ，これらの重複受精により F_1 種子が生じる。その結果，胚の遺伝子型は **WwAa**，胚乳の遺伝子型は **WwwAaa** となるよ。

❷ **種皮はめしべの組織である珠皮が変化して生じるもの**であるため，F_1 種子の種皮の遺伝子型は，Ⓟ世代のめしべと同じ（**wwaa**）になる。このような遺伝の様式を**母性遺伝**というよ。

❸ ❶と❷より，F_1 種子は胚と胚乳，種皮の 3 つの部分で遺伝子型が異なるが，**遺伝子 W（w）は胚乳**で，**遺伝子 A（a）は種皮**で発現する遺伝子であることに注意して，種子の表現型を決定していこう。テーマ 114で勉強したように，どの細胞であってもすべての遺伝子をもつはずであるが，選択的遺伝子発現の観点で考えると，胚がもつ遺伝子 A（a）や遺伝子 W（w）が発現しないのは当然のことだよね。ちなみに，将来の植物の“本体”部分は胚であり，胚乳や種皮はいずれ退化することから，左ページにおける F_2 種子の表現型などを求める際は，胚の遺伝子型（WwAa）のみに注目することを知っておこう。では，これを踏まえ，下の**類題を解こう**に挑んでいこう。

類題を解こう

キセニア遺伝の問題

イネにおいて，ウルチ性で有のげの親（純系）の柱頭にモチ性で無のげの親（純系）の花粉を受粉させて種子を得た。この種子の胚，胚乳，種皮の部分の遺伝子型は何か。また，この種子の表現型は何か。

解説 めしべの遺伝子型を WWAA，おしべの遺伝子型を wwaa として，左ページの図を書き，同様の解法で問題に挑もう！

胚：**WwAa**　胚乳：**WWwAAa**　種皮：**WWAA**

表現型：［**WA**］または**ウルチ性・有のげ** …（答）

04 生殖と発生

テーマ120 被子植物の発生

板書

被子植物の発生

❶《重複受精後のめしべの変化》

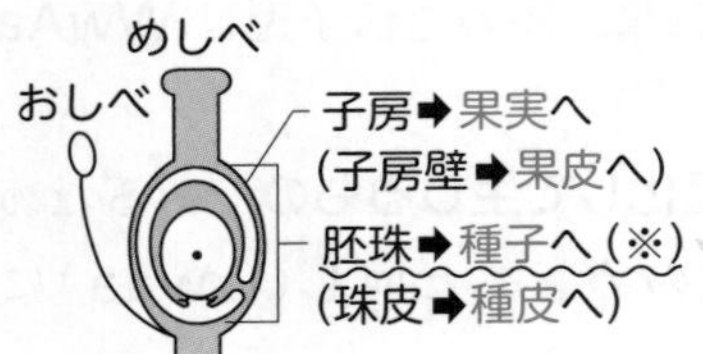

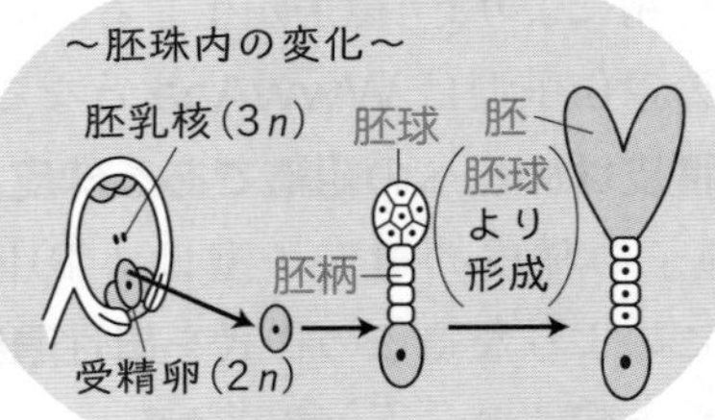

❷ ※種子の中

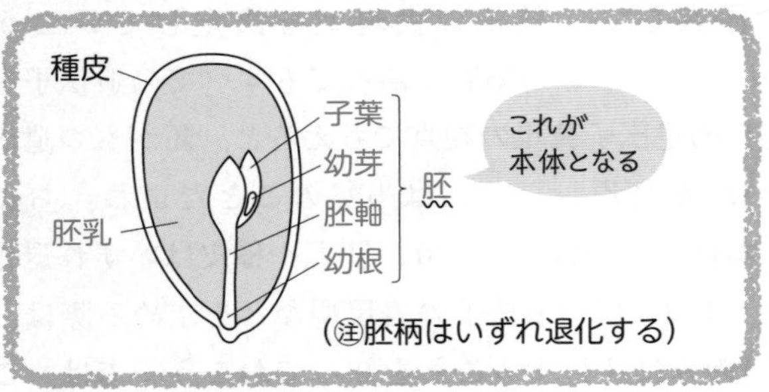

❸《種子の種類》

- 有胚乳種子…栄養を胚乳に蓄える
  (植物例) ゴマ，ススキ，ムギ，カキ，マツ，イネ，トウモロコシ
- 無胚乳種子…栄養を子葉に蓄える
  (➡胚乳は途中で退化)
  (植物例) クリ，エンドウ，ソラマメ，ウリ，ダイズ，ナズナ，アサガオ

ポイントレクチャー

❶ 重複受精（テーマ118）の続きとして，「被子植物の発生」について説明していくね。ここに重複受精後のめしべの変化を示したので，それぞれの変化のようすをつかんでおこう。この中でも，珠皮が種皮へ変化するのは，テーマ119で勉強した母性遺伝を考慮すると当然だって思えるね。また，重複受精後の胚珠内では受精卵が胚になる前に，**胚球**と**胚柄**を形成することも知っておこうね。

❷ **種子の中の各部名称を押さえておこう**！胚柄はいずれ退化するものなので，ここには示されていないが，胚球は「**子葉**」「**幼芽**」「**胚軸**」「**幼根**」からなる胚へと変化したことを確認しておいてね。

❸ 種子は，栄養を胚乳に蓄える**有胚乳種子**と，栄養を**子葉**に蓄える**無胚乳種子**に大別されるよ。ここで押さえておいてほしいことは，無胚乳種子は，胚乳がはじめから無いワケではなく，途中で胚乳が退化して，胚の一部である**子葉**に胚乳の栄養を蓄えるようになったということ。なんか，これだと“無”胚乳種子というより“失”胚乳種子って感じだね。有胚乳種子は❷の種子の図のように，“赤ちゃん”に相当する胚が胚乳に包まれているが，無胚乳種子は育児放棄されているイメージだね。例えるなら，ハムスターの口の中にヒマワリの種をできるだけ詰め込んで，「これでしばらく生活しなさい」っていって吐き捨てる感じかな。ここで，**有胚乳種子と無胚乳種子の植物例をゴロで覚えようでしっかりと押さえておこう**！

ゴロで覚えよう

有胚乳種子と無胚乳種子の植物例

（有胚乳種子）

Youは5ススムおカマのイトウ

5＝ゴマ，ス＝キ，ム＝ギ，カ＝キ，マ＝ツ，イ＝ネ，トウ＝モロコシ

（無胚乳種子）

無味だが、クエソウダナア

ク＝リ，エ＝ンドウ，ソ＝ラマメ，ウ＝リ，ダ＝イズ，ナ＝ズナ，ア＝サガオ

テーマ121 ABCモデル

板書

ホメオティック遺伝子の一種

❶ ABCモデル

➡花は領域1～4の4つの領域でABCの3種類の調節遺伝子がはたらいている。

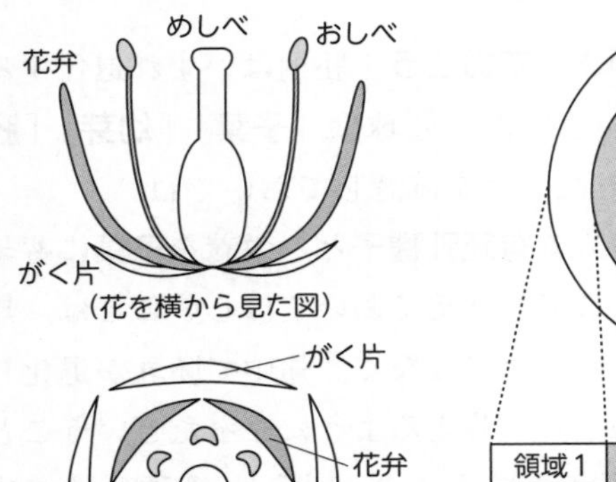

（花を横から見た図）

（花を上から見た図）

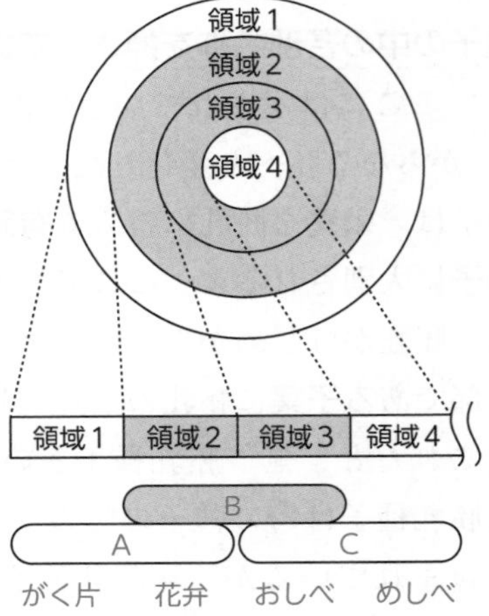

- 領域1：遺伝子Aのみがはたらく➡「がく片」へ
- 領域2：遺伝子AとBがはたらく➡「花弁」へ
- 領域3：遺伝子BとCがはたらく➡「おしべ」へ
- 領域4：遺伝子Cのみがはたらく➡「めしべ」へ

❷ POINT ホメオティック突然変異

遺伝子Aと遺伝子Cはお互いのはたらきを抑制し合っている

- Aが機能しない突然変異体➡Aの代わりにCがはたらく
  領域1：Cのみ➡「めしべ」へ　領域2：B＋C➡「おしべ」へ
  領域3：B＋C➡「おしべ」へ　領域4：Cのみ➡「めしべ」へ
- Cが機能しない突然変異体➡Cの代わりにAがはたらく
  領域1：Aのみ➡「がく片」へ　領域2：A＋B➡「花弁」へ
  領域3：A＋B➡「花弁」へ　領域4：Aのみ➡「がく片」へ

ポイントレクチャー

❶ 近年の入試問題で多く出題されるようになった「**ABC モデル**」について対策していこう。ABC モデルとは，花の器官形成が遺伝子 A ～ C の 3 種類の**調節遺伝子**(テーマ 112 で勉強した**ホメオティック遺伝子**の一種)の組合せによって決定するという説のことだよ。花器官には 1 ～4 の 4 つの領域があり，正常個体であれば，領域 1 では**遺伝子 A** のみがはたらいて「**がく片**」が形成され，領域 2 では**遺伝子 A** と**遺伝子 B** がはたらいて「**花弁**」が形成され，領域 3 では**遺伝子 B** と**遺伝子 C** がはたらいて「**おしべ**」が形成され，領域 4 では**遺伝子 C** のみがはたらいて「めしべ」が形成される。**左ページの右上の図を見ながら，どの遺伝子の組合せでどの花器官(がく片，花弁，おしべ，めしべ)が形成されるのかを完璧に覚えてしまおう**！

❷ ABC モデルにおける突然変異も，テーマ 112 同様，**ホメオティック突然変異**というよ。ここでは，**遺伝子 A と遺伝子 C はお互いのはたらきを抑制し合っている**ため，「A が機能しない突然変異体では **A の代わりに C がはたらくこと**」，および，「C が機能しない突然変異体では **C の代わりに A がはたらくこと**」をしっかりと押さえておこう。これを踏まえ，下の**類題を解こう**に挑んでみようね。

ABC モデルに関する問題

問 1 遺伝子 B が機能しない個体の表現型を示せ。
問 2 遺伝子 A と B が機能しない個体の表現型を示せ。
問 3 遺伝子 B と C が機能しない個体の表現型を示せ。

解説 問 1 B が欠損した状態で考える。
1：**がく片** 2：**がく片** 3：**めしべ** 4：**めしべ** …(答)
問 2 A の代わりに C がはたらき，B が欠損した状態で考える。
1：**めしべ** 2：**めしべ** 3：**めしべ** 4：**めしべ** …(答)
問 3 A の代わりに C がはたらき，B が欠損した状態で考える。
1：**がく片** 2：**がく片** 3：**がく片** 4：**がく片** …(答)

テーマ122 刺激の受容と反応

板書

刺激の受容と反応

❶

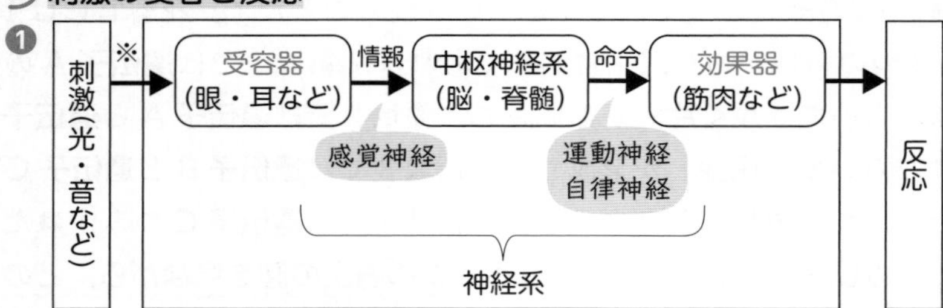

❷ ※適刺激…各受容器が受容できる特定の刺激

受容器	適刺激	
視覚器	光	➡テーマ123〜127
聴覚器	音	➡テーマ128&129
平衡感覚器	重力	➡テーマ128
嗅覚器	気体中の化学物質	➡テーマ130
味覚器	液体中の化学物質	➡テーマ130
皮膚感覚器	皮膚感覚	➡テーマ130
自己受容器(筋紡錘など)	筋肉などの伸長度	➡テーマ131

参考 ウェーバーの法則

・もとの刺激の強さ… R
・感覚が変化したことを感じるのに必要な最小変化量… ΔR

$$\frac{\Delta R}{R} = K(\text{一定数})$$

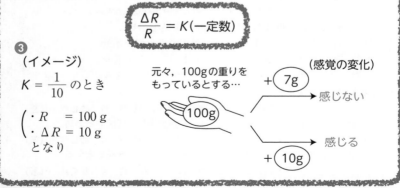

❸

(イメージ)

$K = \frac{1}{10}$ のとき

・$R = 100\ \text{g}$
・$\Delta R = 10\ \text{g}$
となり

元々，100gの重りをもっているとする…

(感覚の変化)

100g +7g → 感じない

100g +10g → 感じる

ポイントレクチャー

❶ 第5章は自分自身を学べる「動物の反応と行動」。自分のからだでイメージしながら勉強していこうね。この図は，テーマ123〜146までの内容をすべて凝縮して表したものだよ。これから新しい内容を勉強していく際に，ときどきこのページに戻ってくると本章の全体像がつかみやすくなるよ。

❷ 各受容器における**適刺激**の種類を押さえておこう。特に，**耳は聴覚器と平衡感覚器の両方を含む**ので，「音」と「重力」の2つの適刺激があること，嗅覚器と味覚器はともに化学物質を受容するが，前者は「**気体**」中の化学物質を，後者は「**液体**」中の化学物質を受容することをつかんでおこうね。また，テーマ131で勉強するが，**筋紡錘**などの**自己受容器**の存在も今のうちに知っておこうね。

❸ この(イメージ)から，ウェーバーの法則の内容を押さえておこう。Rが“元々もっていたおもりの重さ(100 g)”，ΔRが“追加されたおもりの重さ”を表していて，$K=\frac{1}{10}$であることから，ΔRが7 gのときは感覚の変化を**感じない**が，ΔRが10 gのときは**感じる**ことをつかんでおこうね。Kは各受容器における「**敏感度**」の指標となっている。例えばヒトの場合，視覚器(眼)と聴覚器(耳)のKはそれぞれ$\frac{1}{100}$，$\frac{1}{7}$なんだけど，これはヒトが日常生活において，耳よりも眼をよく使っている証拠。Kが小さい方が刺激量の微細な変化に反応しやすい状態，つまりは**敏感な状態**ってことになるね。

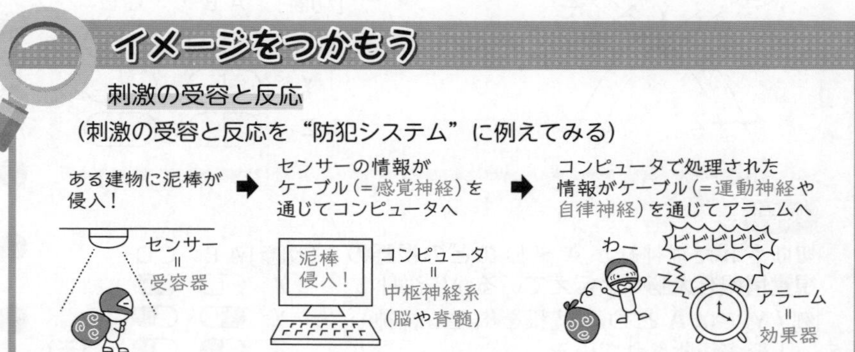

イメージをつかもう
刺激の受容と反応
(刺激の受容と反応を“防犯システム”に例えてみる)
ある建物に泥棒が侵入！
センサーの情報がケーブル(＝感覚神経)を通じてコンピュータへ
コンピュータで処理された情報がケーブル(＝運動神経や自律神経)を通じてアラームへ
センサー＝受容器
泥棒侵入！
コンピュータ＝中枢神経系(脳や脊髄)
わー
ビビビビビ
アラーム＝効果器

テーマ123 眼の位置と神経支配

板書

眼の位置と神経支配

❶《水平断面図》

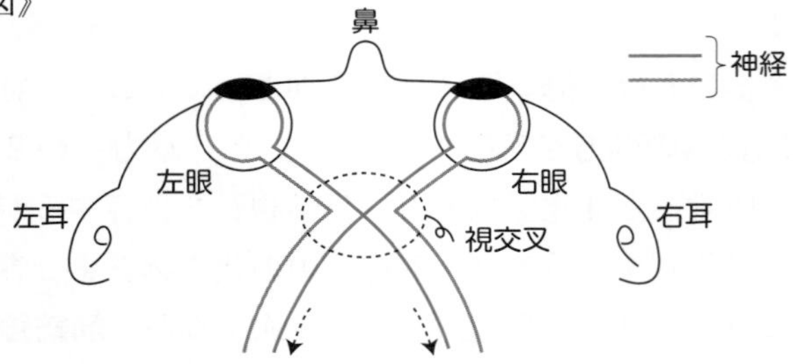

視覚情報は大脳の後頭葉まで伝わる。

《下の図は右眼？左眼？》

❷ 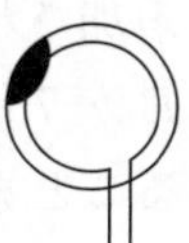

➡右眼

(理由)
盲斑の右側に黄斑が位置している。

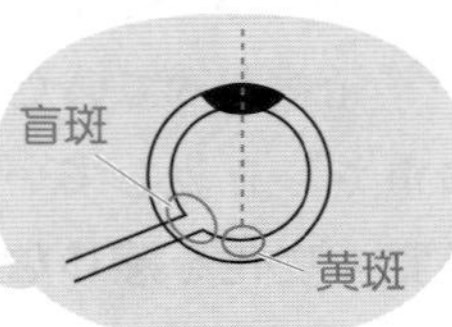

❸

眼の位置と神経支配に関する問題

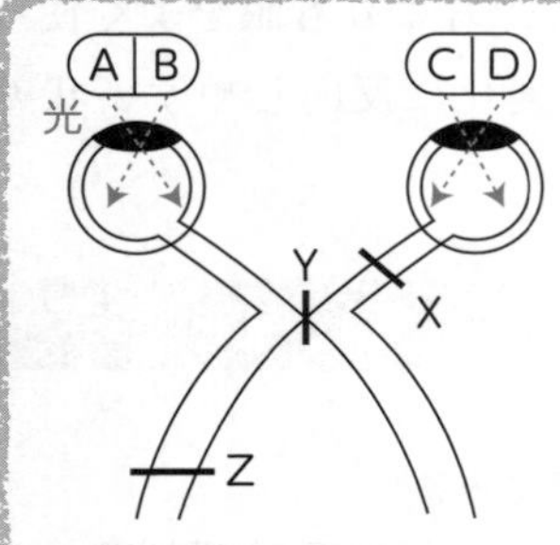

左図のＸ～Ｙで視神経が切断された場合，Ａ～Ｄのどの視野の部分が見えなくなるか。下の空欄を塗りつぶせ。

[切断]	A B	C D
X		
Y		
Z		

解説

切断された視神経がＡ～Ｄのどの視野の視覚情報を大脳へと伝えているかに注目！

例（ＹではＡとＤの情報を伝える視神経が切断されている）

[切断] A B　C D

…（答）

ポイントレクチャー

❶ 本テーマより，受容器の中で最も入試に出題される「**視覚器＝眼**」について勉強しよう。「目」ではなく「眼」と表記していくとよいよ。まずは，この水平断面図を確認しよう。この図は，**地面に対して**水平な断面図で，右図のようなイメージでつくられるよ。ことわりがなければ，ふつう**上から見ていく**んだ。そして，**左ページの図のように視神経が通っていることを知っておこう**！また，テーマ145でも勉強するが，視覚情報は視神経を通じて，大脳の**後頭葉**で処理されることも今のうちに押さえておこうね。

❷ この図だけを見て，「右眼」か「左眼」かを答えられるようにしておこう。それは，網膜（テーマ124&125）の中心部である**黄斑**と視神経が網膜を貫いている部分である**盲斑**との位置関係からわかるよ。黄斑が盲斑の右側にあれば「**右眼**」，左側にあれば「**左眼**」だ。ふつう，眼の水平断面図は**上から見た図**だから，このようになるんだね。

❸ 視神経の切断に関する問題を解けるようにしておこう。そのためにはまず，❶の図を完璧に書けるようにしておく必要がある。**一度この図を白紙に書いてみることを強くオススメするよ**！そして，それぞれの部位の切断によって，**A～Dのどの視野の視覚情報が途切れてしまうか**をつかんでいこう。XはCとDの情報を伝える神経の切断部位であること，YはAとDの情報を伝える神経の切断部位であること，ZはBとDの情報を伝える神経の切断部位であることを，この図から押さえられるようにしておこうね。

覚えるツボを押そう

視覚情報の通り道

（左眼）
- Ⓐ耳側を走る神経➡左脳へ
- Ⓑ鼻側を走る神経➡右脳へ

（右眼）
- Ⓒ鼻側を走る神経➡左脳へ
- Ⓓ耳側を走る神経➡右脳へ

➡とにかくこの図を書けるようにしよう！

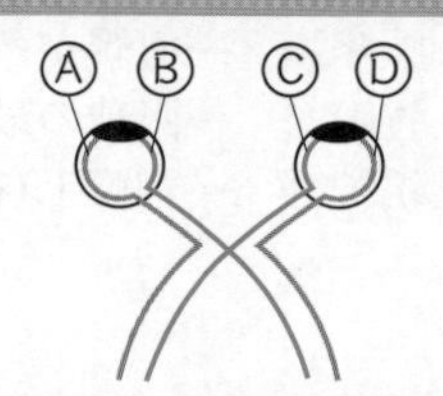

テーマ124 眼の構造とはたらき

板書

眼の構造とはたらき

❶

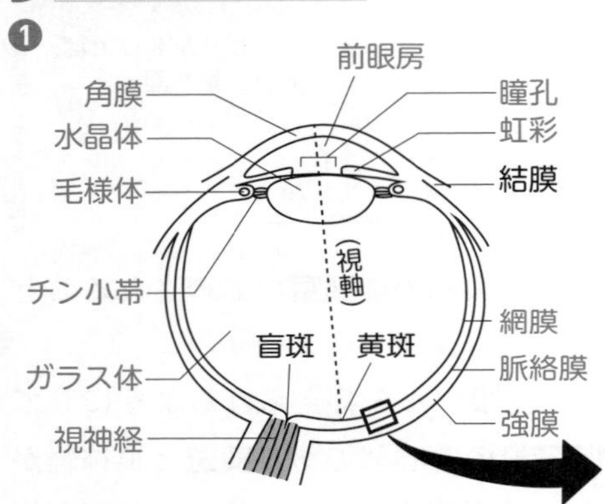

❸ 《網膜の拡大図》

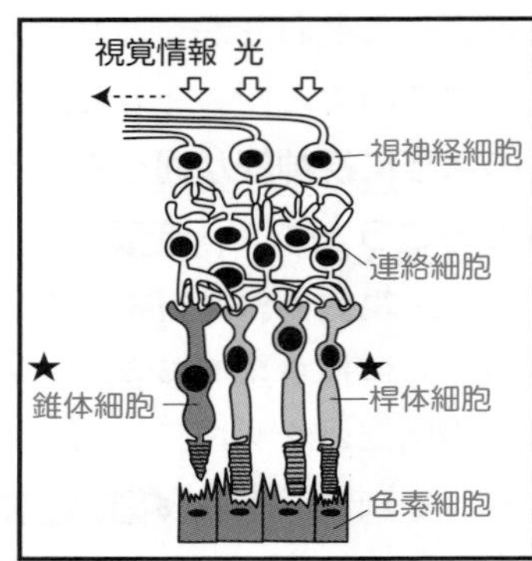

❷

- 角膜　　…光が入ってくる眼の表面をおおう**表皮**由来の膜。
- 前眼房　…角膜に栄養を与える液体。
- 虹彩　　…強膜由来の2種類の筋肉。開閉を行い，瞳孔の大きさの調節を行う。(➡瞳孔括約筋，瞳孔散大筋)
- 瞳孔　　…虹彩と虹彩の間のすき間。
- 水晶体　…光を屈折させ，網膜上に結像させる凸レンズ。**クリスタリン**というタンパク質で満たされている。**表皮**由来。
- 毛様体　…チン小帯を伸び縮みさせる筋肉である毛様筋をもつ突起。間接的に水晶体の厚みを調節する。
- チン小帯…直接的に水晶体の厚みを調節する繊維。
- ガラス体…99%が水分で，1%が**コラーゲン**のゼリー状の構造体。
- 網膜　　…**光の受容**を行い，視細胞(★)と視神経を含む**神経**由来の膜。
- 脈絡膜　…血管が多く分布している膜。
- 強膜　　…眼球の最外壁で，丈夫な膜。
- 視神経　…網膜上(**視細胞**)で感知した光の情報を脳へ伝える神経。

ポイントレクチャー

❶ この図の赤字の部位名称はすべて覚えよう。そして，**左ページの図全体を白紙の状態から書くことを強くオススメするよ**！

❷ さらに，各部位のはたらきも１つ１つ確認しておこう。特に，**虹彩**と**瞳孔**は「明暗調節(テーマ127)」に関与すること，**水晶体**と**毛様体**と**チン小帯**は「遠近調節(テーマ126)」に関与すること，**網膜**上の**視細胞**が「光の受容」を行うことは絶対に押さえておこうね。また右図のように，眼は真正面から見ると，虹彩と瞳孔が観察できるよ。鏡などを使って自分の眼で確認しておいてね。さらに，角膜と水晶体が「**表皮**」由来であり，網膜が「**神経**」由来であることも，テーマ108で勉強した「誘導の連鎖」の復習をしながらつかんでおこうね。

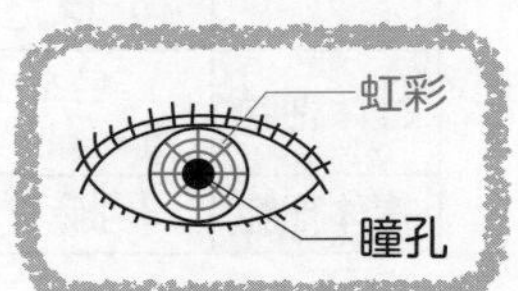

❸ 網膜の拡大図においても，赤字の部位名称はすべて覚えておこう。★で示してあるように，光の受容を行う視細胞は**錐体細胞**と**桿体細胞**に分けられるよ。視細胞で受容された光の情報は，視覚情報として電気信号に変換されて**連絡細胞→視神経細胞**へと伝わり，視神経を経て大脳の後頭葉(テーマ123)へと送られる。**色素細胞**は視細胞で受容されなかった光を吸収することで**乱反射を防いでいる**よ。このおかげで，必要以上の光が視細胞で受容されることがなくなるんだ。ここで，**網膜へ入ってくる光の方向と，視覚情報が連絡細胞や視神経細胞へ伝わる電気信号(視覚情報)の方向が「逆」であることに注目しておこう**！次のテーマ125では，錐体細胞と桿体細胞について詳しく説明していくよ。

あともう一歩踏み込んでみよう

ムスカイボリタンテス

たまに視界に映りこむ，小さな糸くずや虫のようなものの正体は？

➡**ガラス体の中を浮遊している赤血球やタンパク質の固まりが網膜上に影を落としているから！**

（この現象はムスカイボリタンテスとよばれ，多くの場合，年をとるごとに現れやすくなるよ。）

赤血球やタンパク質の固まり

テーマ125 視細胞

板書

視細胞について

❶《はたらき》

	はたらき	はたらく場所	感度	病気
錐体細胞	色を感じる （青・緑・赤の3色）	明所	低い	色覚異常
桿体細胞	明暗を感じる	暗所	高い	夜盲症

❷《分布》

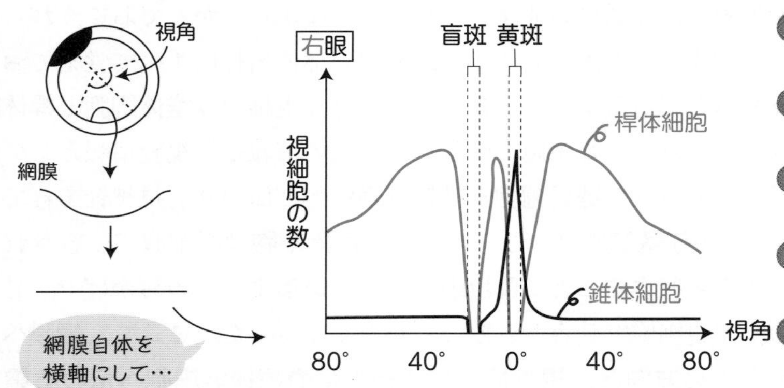

・**黄斑**…網膜の中央部。**錐体細胞が多く存在**し，形や色を見分けるはたらきが強い

・**盲斑**…視神経の束が網膜を貫いている部分。**視細胞が存在せず**，光の受容ができない

❸《数》

（片方の眼全体で）
・錐体細胞…約600万個
・桿体細胞…約1億2000万個

暗所ではたらく
桿体細胞の方が多い。

ポイントレクチャー

❶ **色**を感じる錐体細胞には，「**青**錐体細胞」「**緑**錐体細胞」「**赤**錐体細胞」の３種類があり，**これらがどのような割合で反応したか**で色の感覚が生じる。例えば，青と赤の錐体細胞が同時に反応すれば紫色が感じられるよ。また，僕たちは明るいところでしか色を認識できないことから，錐体細胞が**明所**ではたらくことはイメージしやすいね。確かに，暗い部屋の中だと“白黒の世界”に感じるしね。さらに，光が少ない暗所ではたらく桿体細胞の感度が**高い**ことも押さえておこう。この詳細は テーマ127 で説明するね。

❷ 錐体細胞と桿体細胞の分布については，“網膜自体を横軸に見立てたグラフ”で確認しておこう。このグラフの横軸の数値は，眼球の中心を基準にした黄斑とのなす角（＝視角）で表されるよ。**錐体細胞は黄斑に多く分布し，桿体細胞は黄斑の周辺部に多く分布していることを押さえておこう**！夜空にある暗い星を肉眼で観察するときは，桿体細胞に多く反応させるため，視線をずらして眺めるといいんだよ。さらに，テーマ123 で勉強したように，黄斑が盲斑の右側にあるこのグラフは「**右**眼」を表していることにも注目しておこう。

❸ 桿体細胞は錐体細胞の20倍もの数がある。これは元々，ヒトが森林性の動物（テーマ183）であり，夜暗いときに天敵などに襲われないように桿体細胞を多くし，暗いときの対応をするように進化したことを表しているよ。例えば，テレビやスマホから出る色鮮やかな光が，5％にも満たない錐体細胞のみで受けとられているって考えると，少し不思議な感じがするよね。

あともう一歩踏み込んでみよう

ピカチュリン

視細胞が連絡細胞（テーマ124）へと視覚情報を伝えるしくみは⁉

➡**視細胞と連絡細胞の間のすき間に存在する「ピカチュリン」が視細胞がもつ視覚情報（電気信号）を連絡細胞へと伝達する。**

（ピカチュリンを多くもつ人ほど，動体視力が良いといわれているよ。この名前は，マウスの実験によって発見されたことと，電気に関係することから，某キャラクターにちなんで名づけられたよ。）

テーマ126 遠近調節

板書

遠近調節について

❶

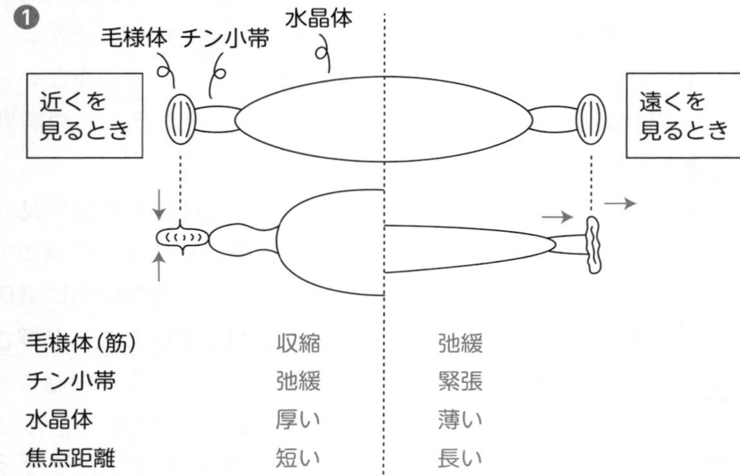

	近くを見るとき	遠くを見るとき
毛様体（筋）	収縮	弛緩
チン小帯	弛緩	緊張
水晶体	厚い	薄い
焦点距離	短い	長い

❷ POINT 眼の病気

・近視　　…網膜の**前方**に結像してしまう。**凹レンズ**で矯正

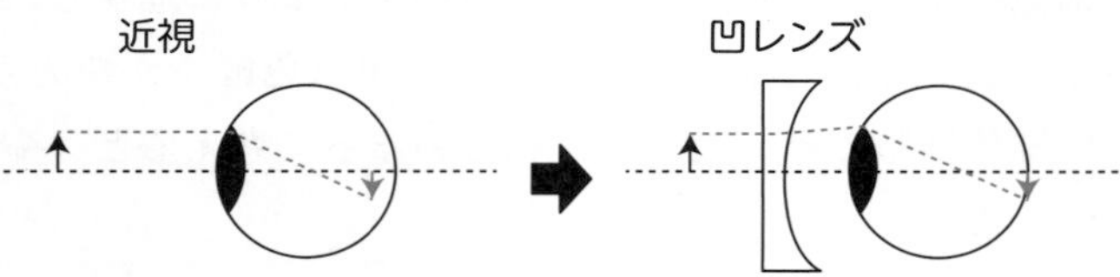

・遠視　　…網膜の**後方**に結像してしまう。**凸レンズ**で矯正
・乱視　　…角膜表面に凹凸ができてしまう。曲面を補正するレンズで矯正
・老眼　　…**水晶体**の弾力が衰退してしまう。**凸レンズ**で矯正
・色覚異常…色の見分けがつかなくなる。**錐体細胞**の異常
・夜盲症　…暗いところでものがよく見えなくなる。**桿体細胞**の異常

ポイントレクチャー

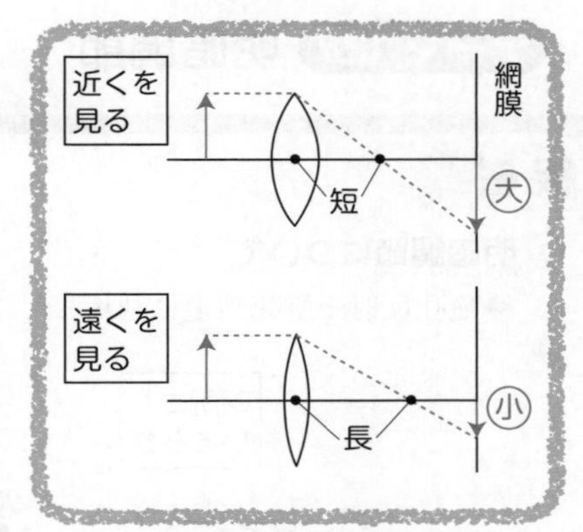

❶ 眼の遠近調節には，**毛様体**と**チン小帯**と**水晶体**が関与するよ。毛様体の中の毛様筋が**収縮**し，チン小帯が**弛緩**することで水晶体が**厚く**なり，焦点距離が**短く**なることで近くのものに焦点が合うようになる(右図)。また，毛様筋が**弛緩**し，チン小帯が**緊張**することで水晶体が**薄く**なり，焦点距離が**長く**なることで遠くのものに焦点が合うようになるんだ(右上図)。この流れを左ページの図とともに覚えてしまおう。

❷ 眼の病気の種類についても押さえておこう。試験で特に問われるのは，**近視と遠視の違い**だ。近視は「近くのものは見えるが遠くのものは見えない」症状，遠視は「遠くのものは見えるが近くのものは見えない」症状であると捉えておくとわかりやすいよ。近視では対象物が網膜の**前方**に結像してしまうことで起こるから**凹レンズ**での矯正が行われ，遠視では対象物が網膜の**後方**に結像してしまうことで起こるから**凸レンズ**での矯正が行われることをつかんでおこうね。また，遠視と老眼の症状が同じであることも知っておこう。さらに，テーマ125でも少し触れたが，視細胞の異常による病気も把握しておこう。**錐体細胞**の異常により色の違いが上手く見分けられなくなる病気は「**色覚異常**」，**桿体細胞**の異常により暗いところでものがよく見えなくなる病気は「**夜盲症**」というよ。

あともう一歩踏み込んでみよう

近視

スマホやパソコン，携帯ゲームなどを長く見続けることによって近視が進みやすくなる。その原因は？

➡**毛様筋が収縮している状態が続くと，眼軸が長くなり(右図)，常に対象物が網膜の前方に結像する状態になるため。**

正常の眼

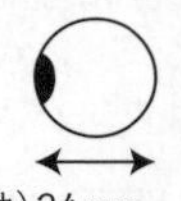

(眼軸) 24mm ほど

近視の眼

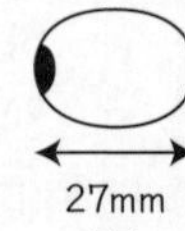

27mm 以上

(日本人の半分以上が近視だといわれている。その最も大きな要因は「遺伝」。この場合，避けることができないみたい…。)

テーマ127 明暗調節

板書

明暗調節について

➡瞳孔反射…脳死判定に利用

❶

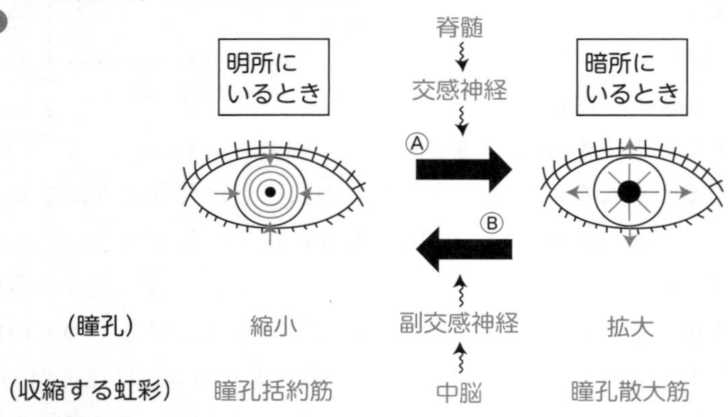

POINT 明暗順応

Ⓐ暗順応…暗所に入るとしばらくはものが見えないが，**そのうち**見えるようになる（＝眼が慣れる）

❷

（ｉ）暗所に入ると瞳孔が**拡大**し，眼に入る光量が増え，錐体細胞が反応する

（ii）桿体細胞内でロドプシン（★）が**ゆっくり**合成され，弱光下でも桿体細胞が興奮していく

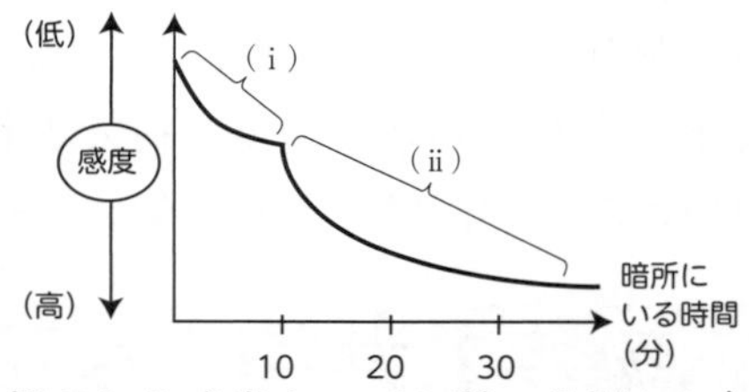

★…**わずかな光**によって分解される感光タンパク質。分解されたときに生じるエネルギーによって桿体細胞が興奮する。「ビタミンＡから合成されるレチナール」と「オプシンというタンパク質」が結合することでつくられる

Ⓑ明順応…明所に出るとまぶしいが，**すぐに**見えるようになる

❸　➡明所に出ると，ロドプシンが**急速**に分解され，錐体細胞のはたらきで，ものは色とともに見えてくる

ポイントレクチャー

❶ 明暗調節には，**虹彩**と**瞳孔**が関与するよ。暗所にいるときに瞳孔が**拡大**するのは，**脊髄**が**交感神経**に指令を送り，**瞳孔散大筋**が収縮するからで，明所にいるときに瞳孔が**縮小**するのは，**中脳**が**副交感神経**に指令を送り，**瞳孔括約筋**が収縮するからだよ。医者がペンライトで患者の眼に光を当てても瞳孔が開いたままである場合，“中脳が機能していない”ということで，「脳死」と判定されるよ。

❷ 夜，電気を消して寝ようとしたのに，なかなか寝つけなくて30分くらいして周りを見渡したら，電気を消す前よりよく見える状態になる，いわゆる「眼が慣れる」という経験はあるだろうか？それは，**レチナール（ビタミンA）**と**オプシン**からつくられる**ロドプシン**が**桿体細胞**内でゆっくり合成されるからなんだ。ロドプシンは，暗所のわずかな光でも分解され桿体細胞にエネルギーを供給する物質だよ。テーマ125で勉強したように，桿体細胞の感度が**高い**のも納得だね。ちなみに，明るいものを見たあとにすぐ眼を閉じると，まぶたの裏でしばらくチカチカと光が見えることがあるが，あれはまだ**錐体細胞**がはたらいているからなんだよ。
暗順応のときにおける錐体細胞と桿体細胞のはたらく順番，および，感度の上昇のようすを左ページのグラフの形とともに押さえておこう！

❸ ロドプシンが多く合成された状態で，明所に出ると僕たちは「まぶしい！」と感じる。これは，たくさんの光が大量のロドプシンを一気に分解するから起こることだよ。5分くらい眼をつぶった（左ページの（ｉ）の状態）あとに，眼をあけてもまぶしさは感じられないのは，この状態ではまだロドプシンが合成されていないからなんだ。

あともう一歩踏み込んでみよう

光くしゃみ反射

光を見ただけでくしゃみが出る（光くしゃみ反射）のは何故か？
➡**光を見ることによって，左ページのⒷの副交感神経が刺激され，その近くにある鼻水を出す神経も間違って刺激されてしまうため。**

（光くしゃみ反射は日本人の約４人に１人が経験したことがあるといわれている。ちなみに著者本人も経験したことがあるよ。）

テーマ128 耳の構造とはたらき

板書

耳の構造とはたらき

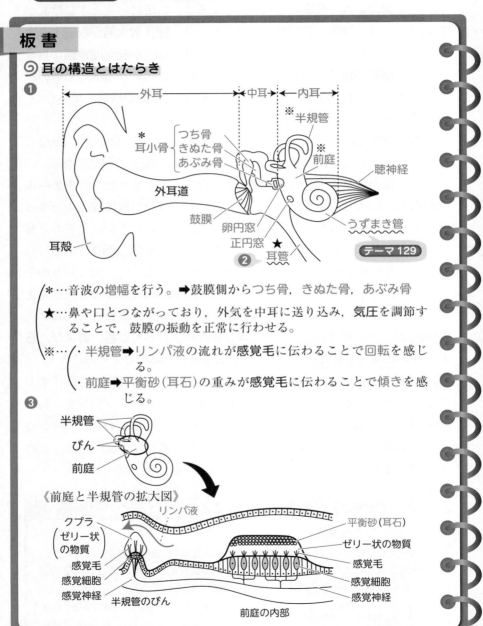

❶

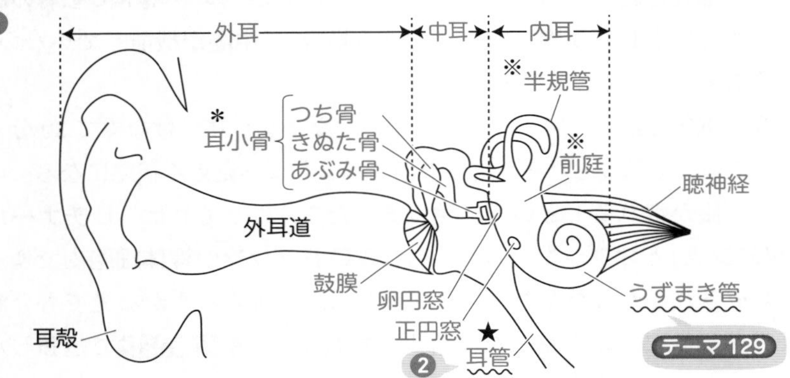

＊…音波の増幅を行う。➡鼓膜側からつち骨，きぬた骨，あぶみ骨

★…鼻や口とつながっており，外気を中耳に送り込み，気圧を調節することで，鼓膜の振動を正常に行わせる。

※…・半規管➡リンパ液の流れが感覚毛に伝わることで回転を感じる。
　　・前庭➡平衡砂（耳石）の重みが感覚毛に伝わることで傾きを感じる。

❸

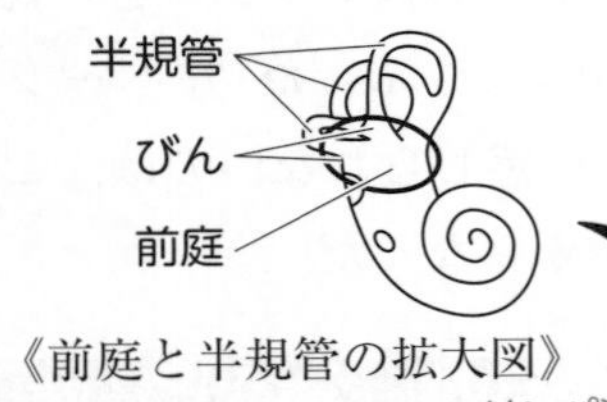

《前庭と半規管の拡大図》

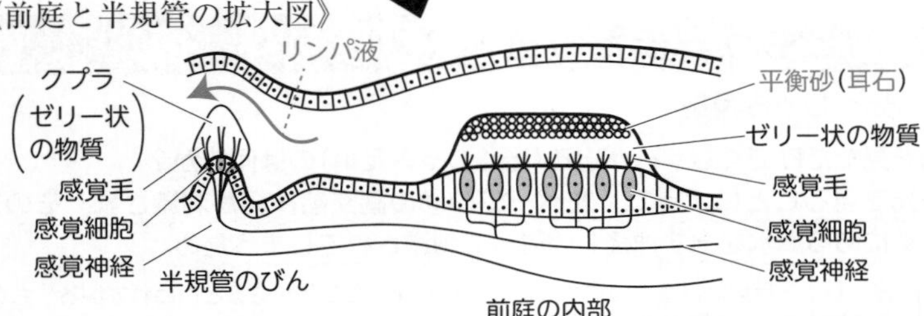

ポイントレクチャー

❶ 本テーマとテーマ129では，「**聴覚器**」と「**平衡感覚器**」の両方を兼ねている**耳**について勉強していこう。音は外耳道を通り，**鼓膜**を振動させたあと，**耳小骨**で増幅され，**うずまき管**の入り口である**卵円窓**へと伝わっていくよ。うずまき管での反応については，テーマ129にて詳しく勉強していこうね。ここでは，耳小骨の３つの骨「**つち骨→きぬた骨→あぶみ骨**」における音の伝わる順番を**ゴロで覚えよう**で名称とともに覚えていこう。

❷ 鼻や口から外気を送り込むことで気圧を調節する**耳管**についても押さえておこう。トンネルに入った新幹線や着陸時の飛行機に乗っていて，耳がキーンってした経験がある人はイメージがしやすいよ。あれは，新幹線や飛行機の中の急な気圧の変化により，耳管内の気圧が変化するからなんだ。このとき，アメを舐めたり，唾を飲み込んだりすることで耳管を開かせ(普段耳管は閉じている)，耳管内の気圧を正常に戻すんだよ。また耳管は，発見者の名前にちなんで，「**エウスタキオ管(ユースターキー管)**」とよばれることもあるよ。

❸ 耳は「音」を受容するだけではなく，「**重力**」も受容する。重力を受け止める受容器は平衡感覚器とよばれるよ。平衡感覚器は，**リンパ液**の流れを感覚毛により受容する**半規管**と，**平衡砂(耳石)**の重みを感覚毛により受容する**前庭**に大別されるよ。半規管は「**回転**」を，前庭は「**傾き**」を感じとるんだ。そのようすを，左ページの下の図で確認しておいてね。ちなみに，低気圧のときにめまいや頭痛が起こる原因の１つとして，前庭の不具合があげられるよ。低気圧のときは耳石が揺れることがあり，そのせいで気圧差の感知ができなくなるんだ。低気圧のときに頭痛が起きたら，“内科”ではなく“耳鼻科”にかかった方がよかったりするんだよ。何か意外だよね。

ゴロで覚えよう

耳小骨の名称

つ き あって♥

つ(ち)　き(ぬた)　あ(ぶみ)

(鼓膜側から順に)

テーマ129 音の伝達経路

板書

聴覚が成立するまでの過程

❶ POINT 音の伝達経路

音波が耳殻で集められ，外耳道を通って**鼓膜**を振動させる
→鼓膜の振動が**耳小骨**で増幅されて**卵円窓**に伝えられる
→卵円窓の振動が**うずまき管**内のリンパ液の振動となり，それが前庭階から鼓室階を経て，**正円窓**に伝わる
→この振動が基底膜上のコルチ器を振動させる
→コルチ器の振動により，聴細胞の感覚毛がおおい膜に刺激され，聴細胞が興奮する
→興奮は**聴神経**を経て，**大脳**の側頭葉の聴覚中枢へと伝えられる

❷《うずまき管を引き伸ばした図》

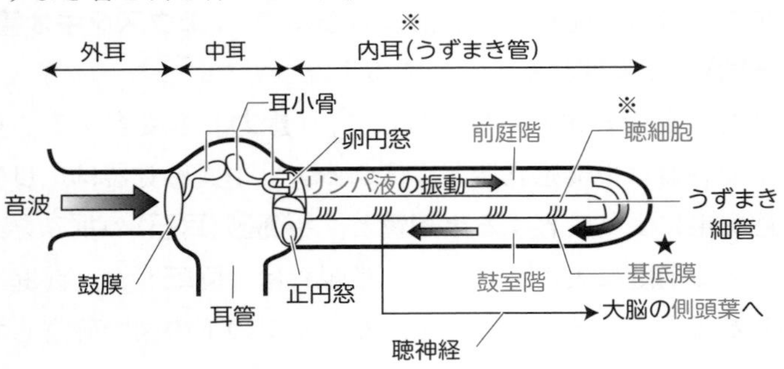

※(うずまき管の断面図)

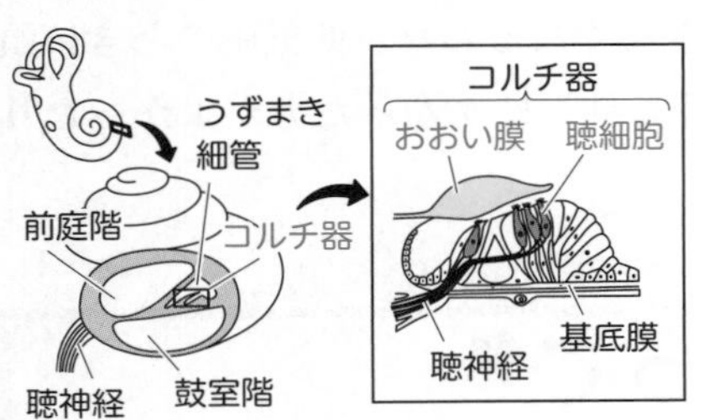

❸
★(基底膜の幅)

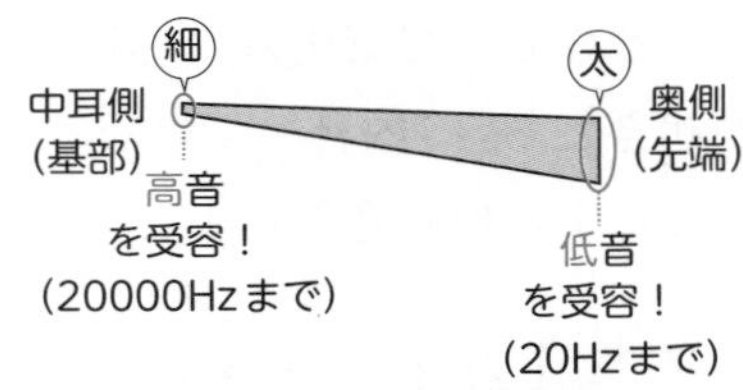

(・中耳側：細い➡高音を感じる
・奥側　：太い➡低音を感じる)

ポイントレクチャー

❶ 本テーマでは，聴覚情報がうずまき管内でどのように伝えられるかについて勉強しよう。❷のうずまき管を引き伸ばした図や※のうずまき管の断面図を見ながら音の伝達経路の流れをつかんでおこう。**特に，赤字の部位名称はすべて覚えてしまおう**！テーマ 123で勉強した視覚情報とは違って，聴覚情報は聴神経を通じて，大脳の**側頭葉**で処理されることも押さえておこうね。

❷ この図にあるように，**リンパ液の振動**は**前庭階**から**鼓室階**へと折り返すように伝わっていくが，ほとんどの聴覚情報は，右図のように，**前庭階から基底膜を直接振動させる**ことを知っておこう。つまり，鼓室階に伝わったリンパ液の振動は聴覚情報になるわけではないんだよ。特定の周波数の聴覚情報が，基底膜の特定の位置で受け止められるしくみになっているんだ。

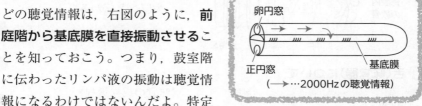

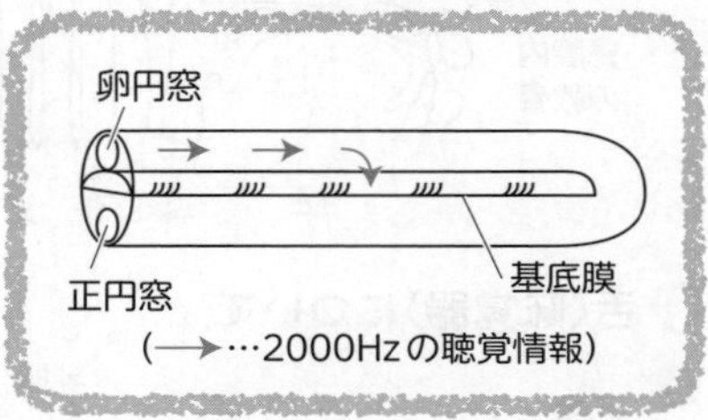

❸ 音の高低の違いは基底膜の幅の違いで決まるよ。基底膜は★の図にあるように，中耳(基部)側ではかたくて**細く**，奥(先端)側に近くなるにつれてやわらかく**太く**なっている。中耳側の基底膜が周波数の大きい**高音**によって，奥側の基底膜が周波数の小さい**低音**によって振動させられる構造になっているんだ。ギターやヴァイオリンなどの弦楽器で，細い弦をはじくと高い音が，太い弦をはじくと低い音が出ることを思えばイメージしやすいね。

あともう一歩踏み込んでみよう

モスキート音

ヒトは年をとるごとに高い音が聞こえにくくなる。それはなぜか？

➡**うずまき管の入り口である基部に近い聴細胞ほど，あらゆる音にさらされやすくなり，感覚毛が痛んだり抜けたりするから。**

(特に 17000Hz 前後の高音をモスキート音というよ。ヒトは年をとると，頭だけでなく耳もハゲになるんだね…。)

テーマ130 鼻，舌，皮膚

板書

鼻（嗅覚器）について

❶

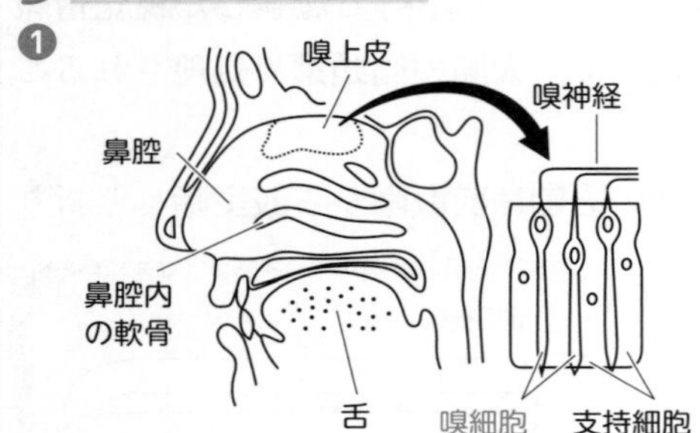

《嗅覚の成立過程》

気体中の化学物質が嗅上皮の嗅細胞の細胞膜上のレセプターに結合する。

➡嗅覚情報が嗅神経を経て大脳へと伝わる。

舌（味覚器）について

❷

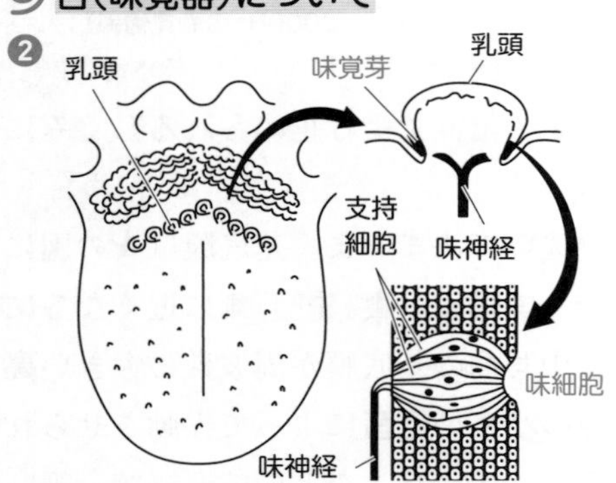

《味覚の成立過程》

液体中の化学物質が味覚芽（味蕾）の味細胞の細胞膜上のレセプターに結合する。

➡味覚情報が味神経を経て大脳へと伝わる。

（それぞれの味細胞は，甘味，苦味，酸味，塩味，うま味の成分のいずれかを受容する。）

皮膚（皮膚感覚器）について

❸《手の甲の感覚点》

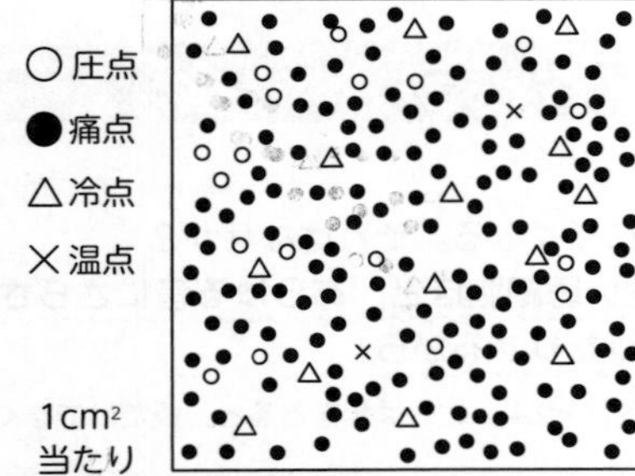

皮膚の感覚点は，

- 圧力を感じる「圧点（触点）」
- 痛みを感じる「痛点」
- 低温を感じる「冷点」
- 高温を感じる「温点」

の4つがある。

（最も数の多い感覚点は痛点である。）

ポイントレクチャー

❶ 「**嗅覚器＝鼻**」は**気体**中の化学物質が**嗅細胞**のレセプターに結合することで匂いの情報を大脳へと伝えている。例えば，香水の匂いも，実際に香水中に含まれる気体の成分が僕たちの鼻の中に入っているからなんだよ。ちなみに，昆虫の嗅覚器は**触角**だよ。テーマ 148で詳しく勉強するが，フェロモンは嗅覚器で受容される気体の化学物質ということになるね。

❷ 「**味覚器＝舌**」は**液体**中の化学物質が**味覚芽(味蕾)**の**味細胞**のレセプターに結合することで味の情報を大脳へと伝えている。ここでは，味細胞ごとに受容する味が異なること，味には「甘味，苦味，酸味，塩味，うま味」の５種類があることを押さえておこう。また，味覚芽は１つの舌に **10,000 個**もあることも知っておこうね。余談ではあるが，甘味の成分を受容するレセプターはなぜか，僕たちの脳や腸の細胞でも発現していることが明らかになっているんだ。

❸ 「**皮膚感覚器＝皮膚**」は左ページのように，「圧点(触点)，痛点，冷点，温点」の４種類の感覚点からなるよ。ここでは，左ページの図を見て，**痛点が最も数の多い感覚点**であることをつかんでおこう。痛みとは，からだに異常が起きていることを知らせてくれる重要な感覚なので，痛点が多いことは納得だね。また，圧点には**メルケル細胞**という，軽い接触を担当する細胞が存在しているが，メルケル細胞に紫外線が多く当たり，増え続けることでがん細胞になることがある。いわゆる皮膚がんの原因となる細胞なんだ。皮膚がんは日光にさらされやすい顔などで多く見られるよ。

あともう一歩踏み込んでみよう

ミラクルフルーツ

西アフリカなどの熱帯地域に生息しているミラクルフルーツの実を食べたあとに，酸っぱいものを食べると甘く感じる。それはなぜか？

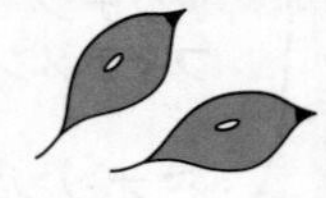

ミラクルフルーツ

➡**それはミラクルフルーツの実に含まれるミラクリンという物質が酸味の成分と結合して甘味を受容する味細胞を活性化させるため。**

（ミラクリン自体には味がない。まさにミラクルなフルーツだね。）

テーマ131 骨格筋の構造

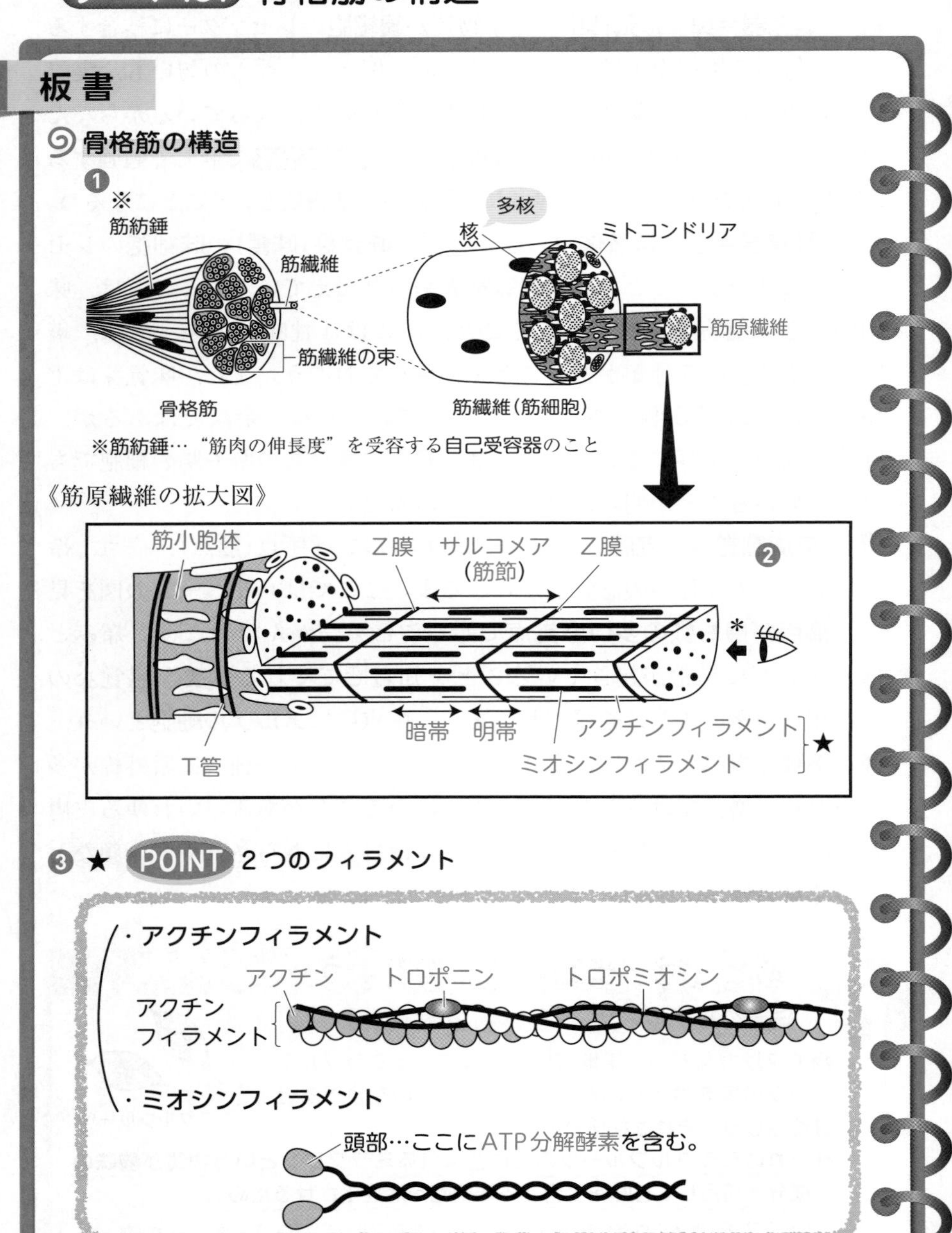
板書
骨格筋の構造
❶
※
筋紡錘
筋繊維
筋繊維の束
骨格筋
多核
核
ミトコンドリア
筋原繊維
筋繊維（筋細胞）
※筋紡錘…“筋肉の伸長度”を受容する自己受容器のこと
《筋原繊維の拡大図》
筋小胞体
Z膜
サルコメア
（筋節）
Z膜
❷
＊
暗帯
明帯
アクチンフィラメント
ミオシンフィラメント
★
T管
❸ ★ POINT 2つのフィラメント
・アクチンフィラメント
アクチン
トロポニン
トロポミオシン
アクチン
フィラメント
・ミオシンフィラメント
頭部…ここにATP分解酵素を含む。

ポイントレクチャー

❶ 本テーマより効果器について勉強していこう。まずは，骨格筋の構造を押さえておこうね。骨格筋は**筋繊維**が集まったものだよ。筋繊維は**筋細胞がたくさん融合してできたもの**で，長さが数 cm にも達する大きな細胞なんだ。融合してできたから**多核**なんだよ。その筋繊維の中には**筋原繊維**がたくさん含まれている。筋原繊維には，**暗帯**と**明帯**が交互に配列していて，明帯の中央には**Z 膜**があるよ。Z 膜と Z 膜の間は**サルコメア（筋節）**とよばれ，筋原繊維の基本単位となっているんだ。また筋原繊維の周りには，**筋小胞体**と**T 管**が取り囲うように存在していることもつかんでおこう。

❷ 筋原繊維は，太い**ミオシンフィラメント**と細い**アクチンフィラメント**が規則正しく配列し，格子状の構造をつくっているよ。＊の角度から各フィラメントを見ていくと，右上図のように，1つのミオシンフィラメントに対して，六角形様にアクチンフィラメントが配列していることがわかるね。

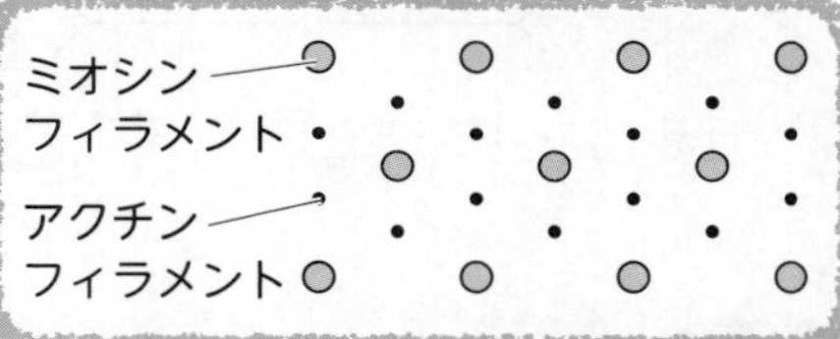

❸ 各フィラメントを構成する成分について押さえておこう。この図の赤字で示してある名称をしっかりと覚えておくと，テーマ132で勉強する「筋収縮」のしくみがすごくわかりやすくなるよ。

あともう一歩踏み込んでみよう

筋肉の種類

はたらき	骨格筋	心筋	内臓筋
構　造	横紋筋		平滑筋
収　縮	しやすい		しにくい
核	多核	単核	
意　思	随意筋	不随意筋	
疲　労	しやすい	しにくい	

テーマ132 筋収縮のしくみ

板書

筋収縮のしくみ

❶《筋原繊維の模式図》

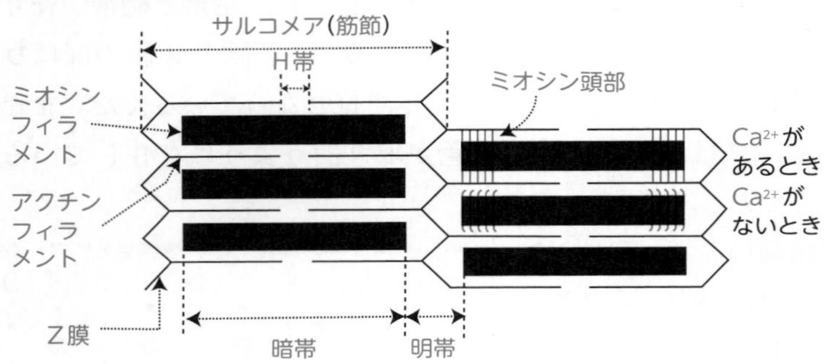

❷

POINT 滑り説…1954年　ハックスリー(イギリス)

筋繊維が刺激される
→興奮がT管を経由して筋小胞体へ伝わる
→筋小胞体上のカルシウムチャネルより Ca^{2+} が放出される
→ Ca^{2+} がアクチンフィラメントのトロポニンに結合する
→トロポニンの位置がずれることで，トロポミオシンが緩む
→アクチンの"ミオシン結合部位"が露出する
→アクチンとミオシン頭部が結合する
→ミオシン頭部がATPを使ってアクチンフィラメントをすべり込ませる(下図)

❸

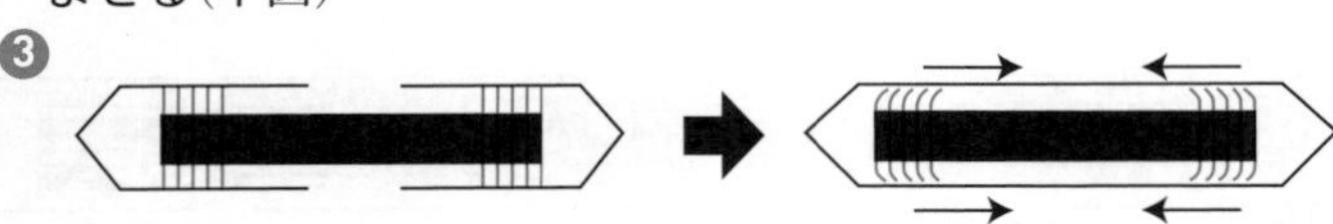

→興奮が止まると，筋小胞体上のカルシウムポンプによって Ca^{2+} が吸収される
→筋肉が弛緩する

ポイントレクチャー

❶ この図の赤字の部位名称はすべて覚えよう。そして，**左ページの図全体を白紙の状態から書くことを強くオススメするよ**！ここでは特に，**Ca^{2+}（カルシウムイオン）**があるときのみに，**ATP 分解酵素を含むミオシン頭部**（テーマ131）が隆起して，アクチンフィラメントと結合していることに注目しておこうね。

❷ **ハックスリー**が提唱した筋収縮のしくみである「**滑り説**」の流れをつかんでおこう。**特に，赤字の箇所はすべて覚えてしまおう**！テーマ131の図にあったように，**トロポニン**が繊維状の**トロポミオシン**の“留め金”のようなはたらきをしているんだ。**アクチン**には**“ミオシン結合部位”があるん**だけど，トロポミオシンはふだん，そのミオシン結合部位を塞ぐことで，**アクチンとミオシンが結合することを阻害**しているんだ。**筋小胞体**から放出されたCa^{2+}が**トロポニンに結合**することで，トロポニンの位置がずれ，**トロポミオシンが緩んでしまう**ことで，アクチンのミオシン結合部位が露出するようになり，アクチンとミオシン頭部が結合できるようになるんだよ。❶の「Ca^{2+}があるとき」のミオシン頭部が隆起している図は，この状態を表現したものだよ。その結果，ミオシン頭部が**ATP**を使ってアクチンフィラメントを滑り込ませることで筋収縮が起こるよ。少しややこしいけど，「アクチン」「トロポニン」「トロポミオシン」のそれぞれのはたらきを明確に区別しながら滑り説の流れを押さえておこうね。

❸ ミオシンフィラメントは，ミオシン頭部を使って両側からアクチンフィラメントを滑り込ませるよ。この図にあるように，筋収縮後に長さが変化する帯は「**明帯**」と「**H 帯**」である。つまり，**「暗帯」の長さは常に“安泰”**なんだ。

ゴロで覚えよう

筋収縮のあとも暗帯の長さは変わらない

暗帯は安泰！

テーマ133 筋収縮と ATP

板書

❶

グリセリン筋について

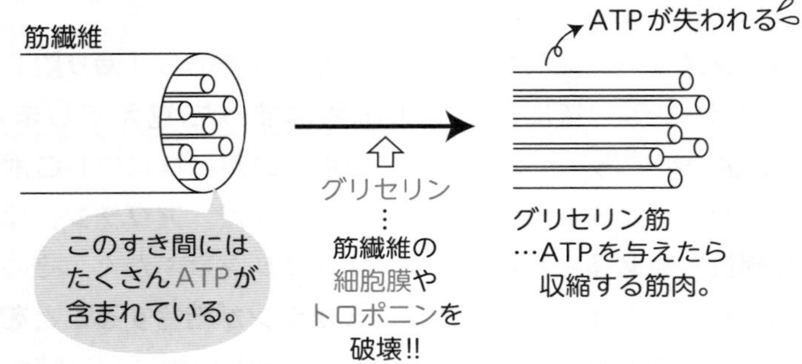

筋収縮における ATP 貯蔵システム

❷

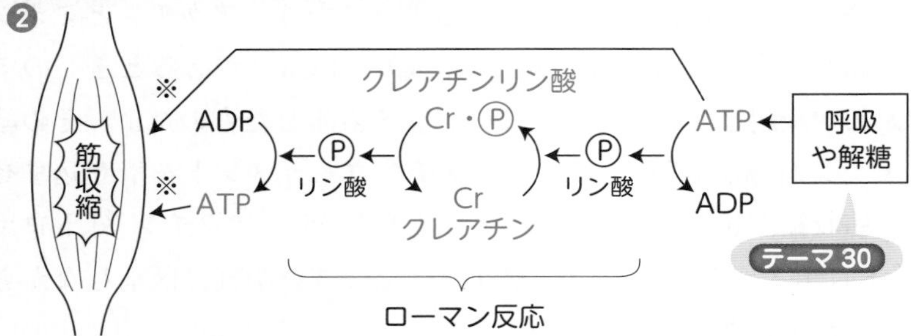

※…このように ATP の供給経路を 2 つ用意することで，筋肉内の ATP の量は**一定に保たれる**。

❸

参考 テーマ30で勉強した“コリ回路”に関する補足

解糖で生じた乳酸の 80％は肝臓のコリ回路で再びグルコースに変換される

➡この際，6 分子 ATP が消費されるため，解糖で生成された **2 分子**の ATP の分を考慮すると，正味，**4 分子**の ATP が無駄になる

ポイントレクチャー

❶ 筋繊維を0℃のグリセリン溶液に浸し，数日間放置しておくと，筋繊維の**細胞膜**や**トロポニン**が破壊される。そうすることで**ATPが貯蔵されていない状態**の筋繊維が生じる(通常の筋繊維は多量のATPが貯蔵されている)。このような筋肉を**グリセリン筋**というよ。グリセリン筋はATPが枯渇しているため，人工的にATPを加えないと収縮しないんだ。つまり，グリセリン筋は，ATP量を調整しながら収縮させたいときに役立つ，実験用の筋肉なんだよ。ちなみに，T管は筋繊維の細胞膜から構成されているため，グリセリン筋は，T管の構造も壊れている。そのため，グリセリン筋に電気刺激を与えても収縮が見られないことも知っておこう。

❷ **筋肉にとってATPはとても大切なもの**だ。だって，ATPが枯渇してしまうと筋収縮が生じなくなり，場合によっては生命維持に危険が及ぶかもしれないよね？だから，筋肉はATPから取り出された**リン酸**と**クレアチン**から**クレアチンリン酸**を合成し，筋収縮に使われるATPの供給経路を**2つ用意**することで，危険な状態を回避する状態を保っているんだよ。特に，酸素の供給が間に合わないような激しい運動を行うと，この2つの経路をフル稼働させて，ATPを大量に準備するんだ。僕たちの知らないところで，筋肉は大変な努力をしているんだね。

❸ 解糖の反応式は「$C_6H_{12}O_6 \rightarrow 2C_3H_6O_3 + 2ATP$」だったね(テーマ30)。このような，分野を超えた勉強もしっかり行っていこう。

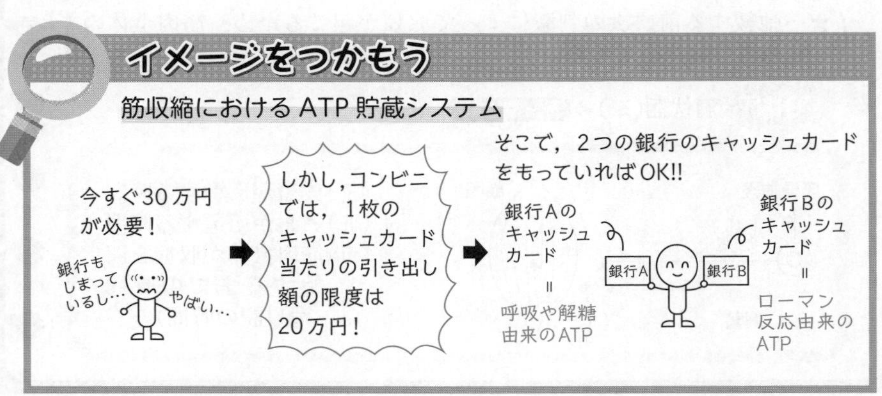

テーマ134 筋収縮の様式

板書

筋収縮の様式

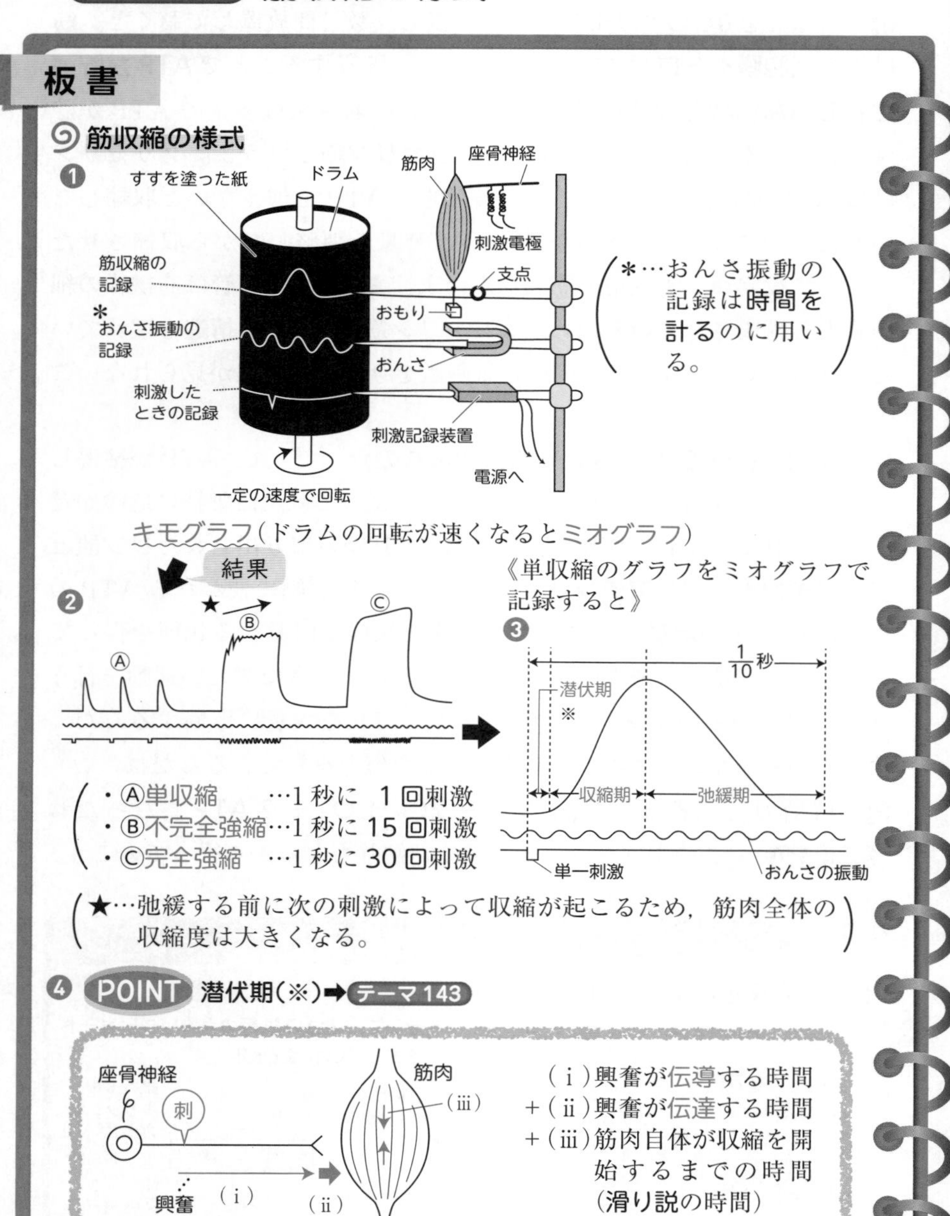
❶
すすを塗った紙
ドラム
筋肉
座骨神経
刺激電極
筋収縮の記録
支点
おもり
＊おんさ振動の記録
おんさ
刺激したときの記録
刺激記録装置
電源へ
一定の速度で回転
（＊…おんさ振動の記録は時間を計るのに用いる。）
キモグラフ（ドラムの回転が速くなるとミオグラフ）
結果
❷
★
Ⓐ
Ⓑ
Ⓒ
《単収縮のグラフをミオグラフで記録すると》
❸
1/10秒
潜伏期
※
収縮期
弛緩期
単一刺激
おんさの振動
・Ⓐ単収縮　…1秒に　1回刺激
・Ⓑ不完全強縮…1秒に15回刺激
・Ⓒ完全強縮　…1秒に30回刺激
（★…弛緩する前に次の刺激によって収縮が起こるため，筋肉全体の収縮度は大きくなる。）
❹ POINT 潜伏期（※）➡テーマ143
座骨神経
刺
興奮
（ⅰ）
（ⅱ）
筋肉
（ⅲ）
（ⅰ）興奮が伝導する時間
＋（ⅱ）興奮が伝達する時間
＋（ⅲ）筋肉自体が収縮を開始するまでの時間（滑り説の時間）

ポイントレクチャー

❶ テーマ131〜133では，筋収縮の“しくみ”について勉強してきたね。本テーマでは，1秒あたりに筋肉に与える電気刺激の回数に応じて，どのような筋収縮が見られるのか，その“様式”について勉強しよう。この図は，それを測定するための装置だよ。神経がくっついた筋肉(神経筋標本)の収縮を**キモグラフ**で記録していくんだ。おんさの存在意義も確認しておいてね。

❷ ここに，Ⓐ〜Ⓒの3種類の様式を示しておいたよ。**どのくらいの頻度の刺激を与えると，どの様式になるかを押さえておこう**！また強縮については，★の理由で右肩上がりのグラフになることも知っておこうね。ちなみに，僕たちの体内でふつうに起こる筋収縮は「**完全強縮**」だよ。

❸ **ミオグラフ**では緩やかな単収縮曲線が記録されるよ。このしくみに関しては，下の**イメージをつかもう**で押さえておいてね。このように緩やかな曲線だと，「**潜伏期**」「**収縮期**」「**弛緩期**」の3つの時期が明確になるよ。各時期の長さはおんさ振動の記録から測定できるんだ。

❹ 潜伏期は，“神経を刺激してから収縮が始まるまでの時間”のことだよ。**潜伏期では，左ページの(ⅰ)〜(ⅲ)の3つの時期があることを押さえておこう**！(ⅰ)と(ⅱ)の違いはテーマ141で詳しく勉強していくよ。また，(ⅲ)はテーマ132で勉強した「滑り説」の時間だね。多くの試験で，潜伏期をテーマとした計算問題が出題されているが，その計算方法についてはテーマ143で説明していくね。

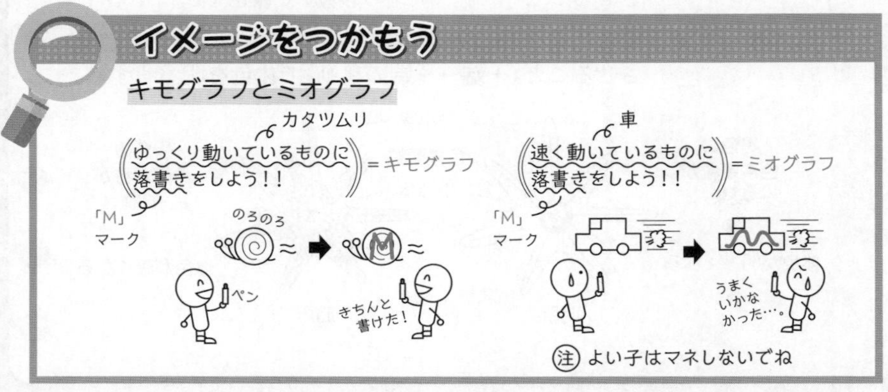

テーマ135 発光器，色素胞

板書

❶
発光器について

・ホタル…ルシフェラーゼ(酵素)によって，ルシフェリン(基質)を酸化させることで発光が起きる。ATP を利用する。

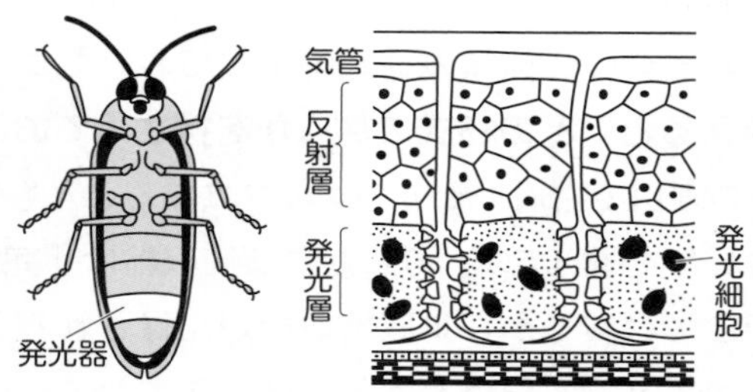

㊟(雄の周期的に明滅する光が刺激となって，雌も反応して光る。)

・ウミホタル…基本的にはホタルと同じ発光方法であるが，ウミホタルの場合は ATP を利用しない。

❷
色素胞について

…メダカやカエルなどのうろこや皮膚にある，体色変化のための大型の細胞。

・明所→暗所：黒色の色素顆粒が微小管上のキネシンによって拡散させること(－端→＋端の移動)で体色を暗くする。

・暗所→明所：黒色の色素顆粒が微小管上のダイニンによって凝集させること(＋端→－端の移動)で体色を明るくする。

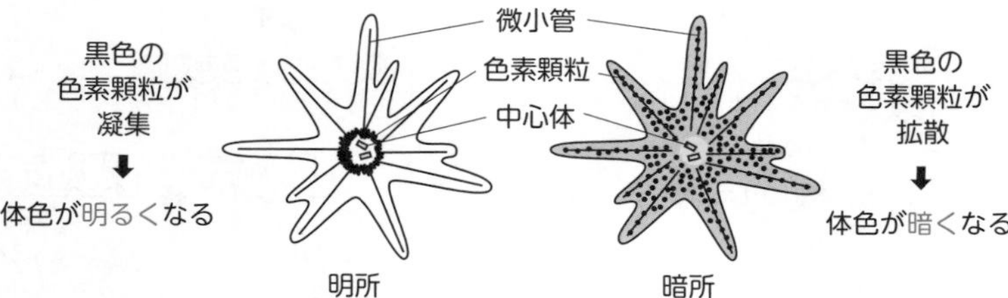

ポイントレクチャー

❶ 本テーマでは，筋肉以外の効果器について勉強しよう。効果器にはいろいろなものがあるが(発電器，腺，繊毛・べん毛など)，比較的頻出である「**発光器**」「**色素胞**」について説明していくね。発光器は，**ルシフェラーゼ**という酵素によって**ルシフェリン**という基質を酸化し，高エネルギー状態となった酸化ルシフェリンが，エネルギーを**光**として放出させることで発光している。発光器をもつ生物の例としてはホタルとウミホタルがあげられるよ。両者のおもな違いは **ATP を利用するかしないか**の違いだ。ホタルの周期的な明滅のパターンは種によって決まっている。おもに飛んでいるホタルは雄であり，雌はその明滅する周期的なパターンに反応して光るんだ。このようにして，**生殖的隔離**(テーマ 185)を行い，雑種が生じないようにしているよ。ウミホタルはミジンコの仲間で，3 mm ほどの大きさだよ。米粒くらいの大きさって考えるとイメージしやすいかな？

❷ 色素胞は体色変化のための大型の細胞だよ。体色変化は，モータータンパク質である**キネシン**と**ダイニン**が，細胞骨格である微小管の上を移動することで生じるよ。テーマ 8で勉強したように，キネシンは微小管の－端から＋端方向へ，ダイニンは微小管の－端から＋端方向へ色素顆粒を輸送することをつかんでおこう。ここで注意したいのは，色素顆粒が**黒色**であるため，キネシンによる拡散で体色が**暗く**なること，ダイニンによる凝集で体色が**明るく**なることを，左ページの下図から確認しておこう。要は，黒色の色素顆粒の分布具合で体色が決まるということだね。つい，逆に捉えてしまう方も多いので，しっかりと注意しておこうね。

あともう一歩踏み込んでみよう

ホタルの発光

多くのホタルは種に固有の明滅パターンのみをもつが，北米には他の種の雌の明滅パターンを真似る雌のホタル(*Photuris firefly*)がいる。このホタルがそのようにするメリットは？

➡**それは他の種の雄が近づいてきたときに，捕食するため。**

(雄を誘い出すふりして食べてしまうなんて…恐ろしいね…。)

テーマ136 ニューロンの構造と分類

板書

ニューロン(＝神経細胞)の構造

❶
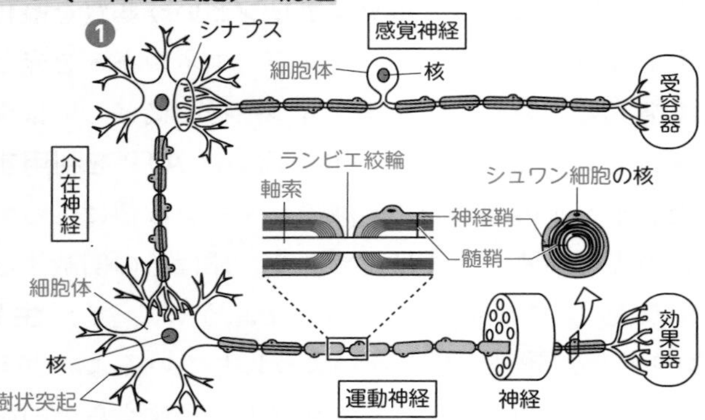

❷
・有髄神経…髄鞘(絶縁体)をもつため，伝導速度が大きい。

POINT 跳躍伝導

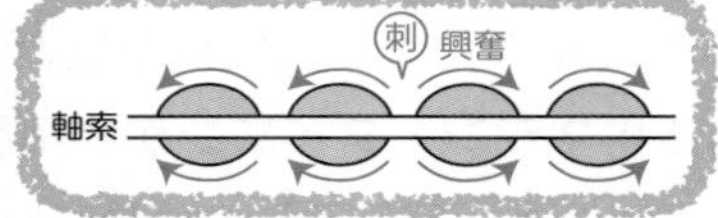

・無髄神経…髄鞘をもたないため，伝導速度が小さい。

❸ POINT ニューロンの分類

・有鞘有髄神経
➡脊椎動物の末梢神経

テーマ144

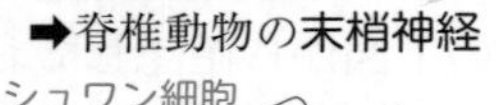
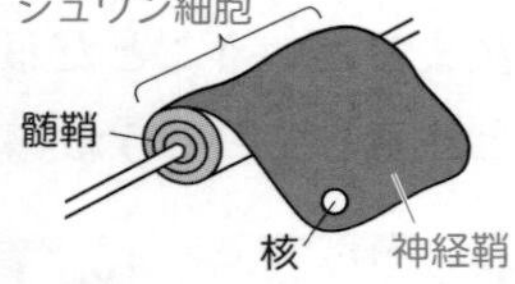

・無鞘有髄神経
➡脊椎動物の中枢神経

テーマ144

㊟シュワン細胞もグリア細胞に属する

・有鞘無髄神経
➡無脊椎動物の神経
脊椎動物の交感神経(一部)

・無鞘無髄神経
➡一部の神経(嗅神経など)

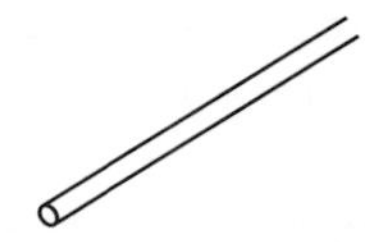

ポイントレクチャー

❶　本テーマからは「神経」分野を極めていこうね。ここに，受容器から中枢神経系へ情報を伝える**感覚神経**，脳や脊髄などの中枢神経系を構成している**介在神経**，中枢神経系から効果器へ命令を伝える**運動神経**を示したよ。これが，テーマ122で示した図とリンクしていることを確認しておいてね。また，**赤字で示したニューロン(神経細胞)の部位名称はすべて覚えよう**！

❷　ニューロンは**髄鞘**の有無により，**有髄神経**と**無髄神経**に大別されるよ。髄鞘は**シュワン細胞**が軸索に何重にも巻きつくことで形成される**細胞膜**の集まりで構成されている。テーマ1＆9で勉強したように，細胞膜はリン脂質からなり，リン脂質は絶縁体(電気を通さない性質をもつ物質)であることから，髄鞘をもつ有髄神経でのみ**跳躍伝導**が起こり，伝導速度が**大きく**なるんだよ。

❸　ニューロンの分類について押さえておこう。有鞘有髄神経の「鞘」とは**神経鞘**のことで，❶の図にもあるように，神経鞘とは，巻きついた**シュワン細胞の最外層**に形成されている膜構造で，ここにシュワン細胞の核が存在するんだ。神経鞘はニューロンを支えたり，ニューロンに栄養を与えたりするはたらきをもつよ。無鞘有髄神経では，アストログリアやオリゴデンドログリアなどが神経梢の代わりになっているよ。このようなニューロンのお世話をする細胞は，神経鞘を含むシュワン細胞も合わせて**グリア細胞**というんだ。あとは，有鞘無髄神経や無鞘無髄神経についても図を見て確認しておいてね。各神経が感覚神経や運動神経などの末梢神経を構成しているのか，脳や脊髄などの中枢神経を構成しているかの確認もよろしくね。

覚えるツボを押そう

神経細胞とグリア細胞の種類

	ニューロン	グリア細胞
末梢神経	感覚神経，運動神経	シュワン細胞
中枢神経	介在神経	アストログリア オリゴデンドログリア

テーマ137 分極

板書

分極のしくみ

《軸索内外の構造》

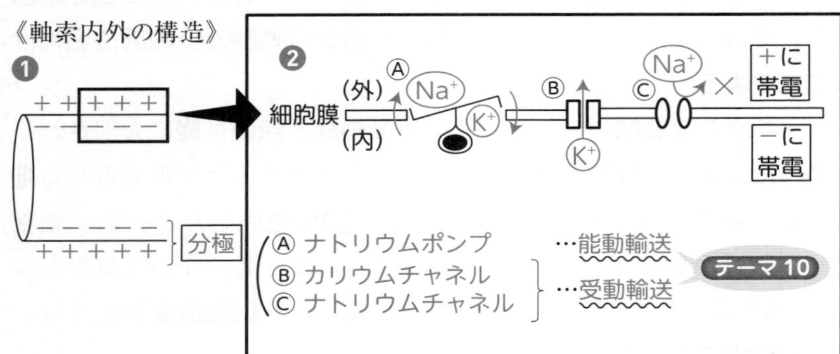

・Ⓐ　：ナトリウムポンプのはたらきで，細胞内にはK^+が多く，細胞外にはNa^+が多く分布するが，

・ⒷⒸ：カリウムチャネル(★)はほとんどが開いていて，ナトリウムチャネル(★)は閉じているため，K^+のみが多く流出する結果，細胞内が－に，細胞外が＋に帯電する。

❸ POINT イオンチャネルの種類(★)

・漏洩チャネル　　　…開きっぱなしのチャネル
　　　　　　　　　　　カリウムチャネルの多くがこれ
・電位依存性チャネル…電気刺激によって開くチャネル
　　　　　　　　　　　ナトリウムチャネルの多くがこれ
　　　　　　　　　　　カリウムチャネルも一部はこれ

➡電位依存性チャネルが開くことによって活動電位が発生する

➡この開いている時間は新しい刺激を与えてもニューロンは一切反応しない(この時間を不応期という)

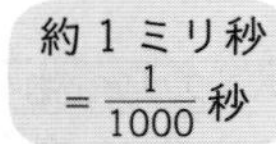

ポイントレクチャー

❶ ニューロンは，刺激が与えられていない状態では，**細胞内が－，細胞外が＋**の電荷を帯びている。この電位差が生じることを**分極**というんだ。**細胞内が－であることを，ゴロで覚えようで押さえておこう**！

❷ ここでは，分極が成立する過程をきちんと理解していくことが大切。テーマ10で勉強したように，**ナトリウムポンプ**はNa^+(ナトリウムイオン)を**細胞外**へ，K^+(カリウムイオン)を**細胞内**へ能動的に輸送する。その結果，**カリウムチャネル**を通じて，K^+が**細胞内から細胞外へ**受動的に移動することで分極が成立するよ。この際，**ナトリウムチャネルは閉じている**ため，Na^+は細胞外から細胞内へ受動的に移動できないことに注意しようね。

❸ イオンチャネルは，**漏洩チャネル**と**電位依存性チャネル**に大別されるよ。ここで注意しておきたいのは，カリウムチャネルの多くは漏洩チャネルだが，**一部に電位依存性のものもある**ことだ。これを知っておくと，テーマ138で勉強する過分極がわかりやすくなるよ。電位依存性のナトリウムチャネルが開くことによって，❶のときに多く存在していたNa^+が**細胞外から細胞内へ**受動的に移動し，**細胞内が＋**の電荷を帯びるようになるが，この膜電位の変化を**活動電位**(テーマ138)というよ。また，**不応期**についても，その存在意義をテーマ138で説明していくね。左ページには，軸索の両側から同時に電気刺激を与えた際，生じた興奮がぶつかったところでそれぞれの興奮が消失している図があるが，これは隣り合うナトリウムチャネルがともに不応期を迎え，お互いに興奮が伝わらなくなったからだよ。そう，自然消滅の恋愛のように…。

ゴロで覚えよう

分極＆ナトリウムポンプによるイオンの輸送

テーマ10と同じゴロだよ！

仲(ナカ)間(マ)イナいっス  長い 毛ない 

(中) －(マイナス) Na^+外 K^+内

テーマ138 静止電位と活動電位

板書

静止電位

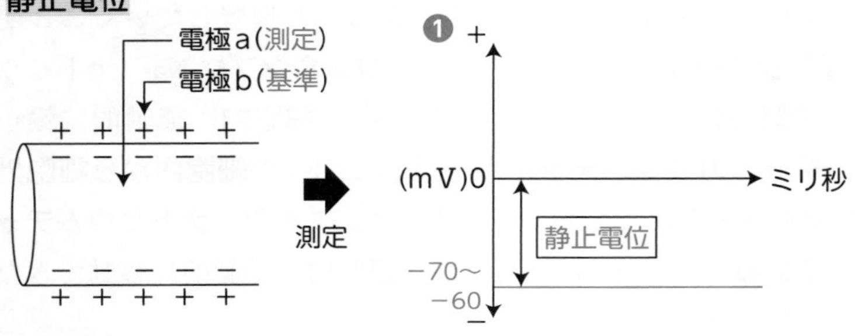

活動電位

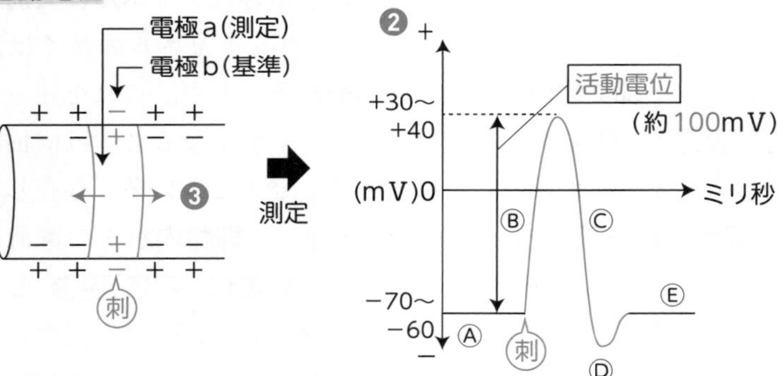

- Ⓐ：単なる静止電位
- Ⓑ：電気刺激によってナトリウムチャネルが開き，Na^+が急速に流入。➡細胞内が＋に，細胞外が−に帯電(＝脱分極)。
- Ⓒ：Ⓑの際，急速に入ってきたNa^+に押し出されるようにK^+が多く流出(★)。➡細胞内が−に，細胞外が＋に帯電(＝再分極)。

  (★の原因)
  - 電位依存性のカリウムチャネルが遅れて開く
  - 物理的圧力＆＋どうしの反発力
- Ⓓ：Ⓒの際，K^+が少し多く流出(＝過分極)。
- Ⓔ：再び静止電位➡静止時に比べ，イオンの濃度が逆転してしまったため，ナトリウムポンプが元の状態に戻す。

ポイントレクチャー

❶ 刺激が与えられていない状態では，**細胞外の電位を基準にして細胞内の電位を測定**すると，その値は**−70〜−60 mV**となる。その膜電位を**静止電位**というよ。この値をしっかりと押さえておこう。

❷ 刺激が与えられると，電位依存性のナトリウムチャネルが開き，**細胞外から細胞内へ** Na^+が受動的に移動する。その際，細胞内が＋の電荷へ変化することを**脱分極**というよ。また，このとき生じる膜電位の変化は**活動電位**とよばれ，その値はおよそ**100 mV**だよ。静止電位同様，この値もしっかりと押さえておこう。ここで，活動電位が生じたときに測定される膜電位は＋30〜＋40 mVであることに注意しておこうね。そのあと，流入してきたNa^+に押し出されるようにK^+が**細胞内から細胞外へ**受動的に移動するんだけど，その際，細胞内が元の電荷へ戻ることを**再分極**，電荷がより−の方向へ変化することを**過分極**というよ。過分極は一部の電位依存性のカリウムチャネル（テーマ137）が遅れて開くことで，少し多めのK^+が細胞外へ流出してしまうことが原因で起こるよ。最後に逆転してしまったイオンの濃度を**ナトリウムポンプ**が元に戻すことも押さえておこうね。

❸ 右図にあるように，活動電位が発生したとき，興奮部と隣接する静止部との間に**活動電流**が流れる。活動電位が発生したところはいったん**不応期**になるため，**活動電位が逆流することはない**んだ。これが不応期の存在意義だよ。

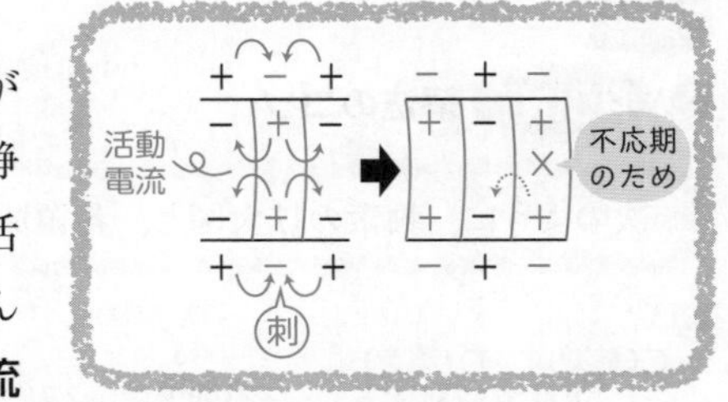

イメージをつかもう

脱分極と再分極（左ページのⒷとⒸ）

K^+（ヒト）がたくさん入っている細胞（電車）内にNa^+（ヒト）がたくさん入ると，漏洩チャネル（常に開いている電車のドア）を通じてK^+が出ていってしまう。

テーマ139 電位のグラフ問題

板書

電位のグラフ問題

右図は，筋肉と座骨神経からなる標本とオシロスコープでつくられた測定装置である。基準用電極であるC点および測定用電極であるD点は，軸索の外側に位置している。A点，およびB点に単一の電気刺激を与えたとき，オシロスコープに記録される電位変化はそれぞれ，次のア～オのうちどれになるか。

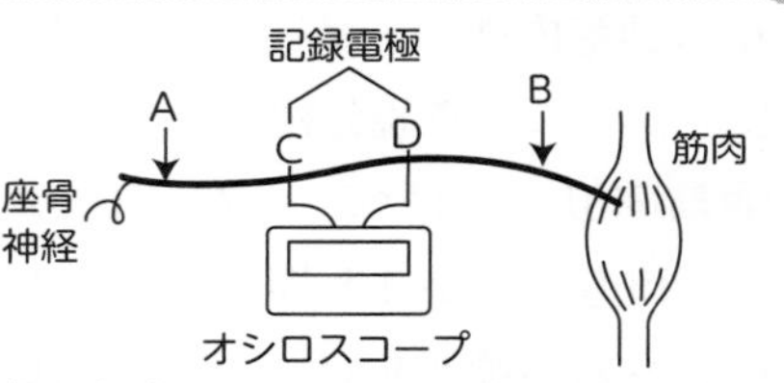

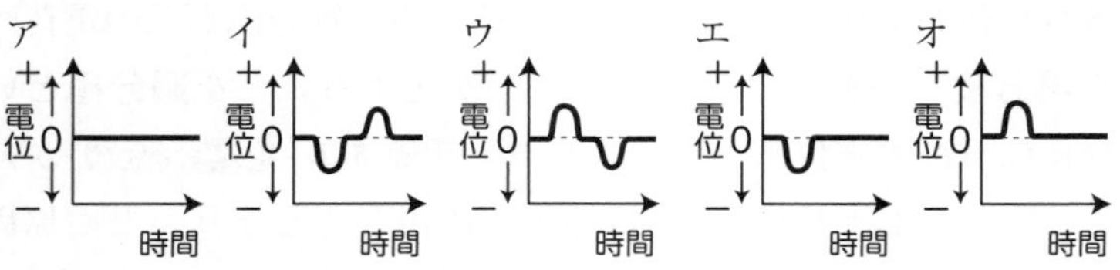

解説

❶ POINT 解法のコツ

次のように，軸索の拡大図と，各領域における＋－の変化の表を書く！

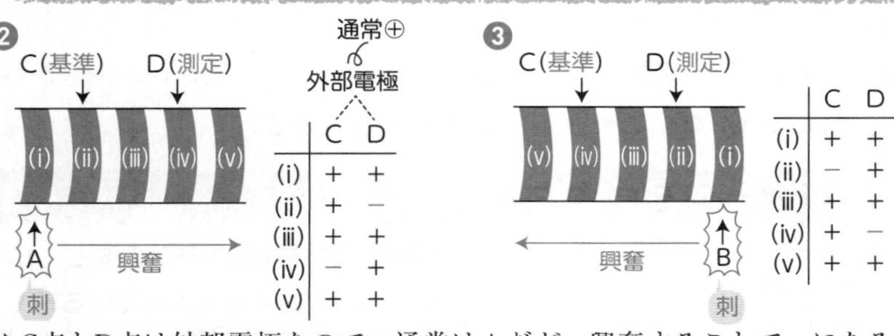

❷

	C	D
(i)	＋	＋
(ii)	＋	－
(iii)	＋	＋
(iv)	－	＋
(v)	＋	＋

❸

	C	D
(i)	＋	＋
(ii)	－	＋
(iii)	＋	＋
(iv)	＋	－
(v)	＋	＋

➡C点とD点は外部電極なので，通常は＋だが，興奮することで－になる。あとは，C点を基準にしたD点の変化のようすを表したグラフを選ぶ。

・A点(左図❷)の場合：イ
・B点(右図❸)の場合：ウ…(答)

ポイントレクチャー

❶ この問題は，多くの受験生を苦しめるグラフ問題だ。しかし，そんな問題も本書の解法をマネするように解いていくことで，必ずモノにすることができるよ。テーマ138では，基準用の電極は軸索の外側に，測定用の電極は軸索の内側に位置していたが，本問では**どちらの電極も軸索の外側に位置している**。このような場合は，**とにかく軸索の拡大図と，各領域における＋－の変化の表を書いていくことを強くオススメする**！

❷ A点に電気刺激を与えた場合は，このような図になる。C点とD点は軸索の外側に位置しているので，興奮していない状態では通常＋の電荷を帯びているが，興奮している状態では－の電荷を帯びるようになる。つまり，(ⅰ)から(ⅴ)の方向に興奮が伝わっていく際に，(ⅱ)の段階ではD点が，(ⅳ)の段階ではC点が－になるんだ。あとは，これを元に表を完成させていき，**C点の電荷を基準にして，D点の電荷の変化のようすをグラフに表現していけばいい**んだよ。このときに，基準も測定も電荷が＋である場合は，測定値は「0」になることに注意しよう。あくまで“基準”に対する測定値をグラフで表現していくことを，常に意識していこうね。

❸ B点に電気刺激を与えた場合も，❷と同じように考えていけば簡単に解けるはずだよ。

類題を解こう

電位のグラフ問題

左ページの問題において，C点に麻酔処理を施したうえで，B点に単一の電気刺激を与えたとき，オシロスコープに記録される電位変化は，ア～オのうちどれになるか。

解説 麻酔処理を施した領域で興奮は止まる。
したがって，右図と右表のように(ⅰ)～(ⅲ)での変化のみで表現する。 オ…(答)

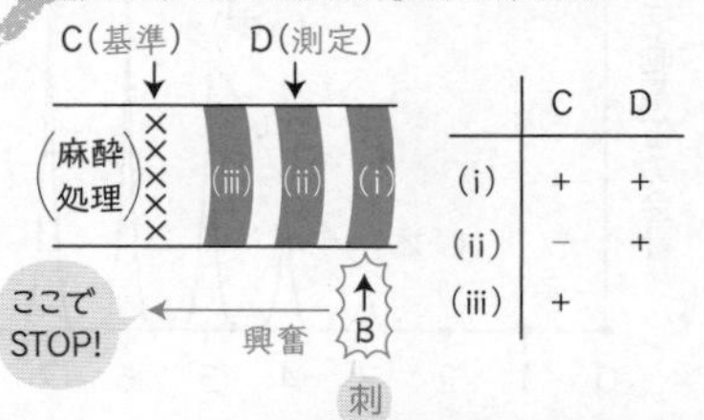

	C	D
(ⅰ)	＋	＋
(ⅱ)	－	＋
(ⅲ)	＋	

テーマ140 全か無かの法則

板書

刺激の“強さ”による反応

❶《ニューロン１本分の場合》…筋繊維でも OK

例

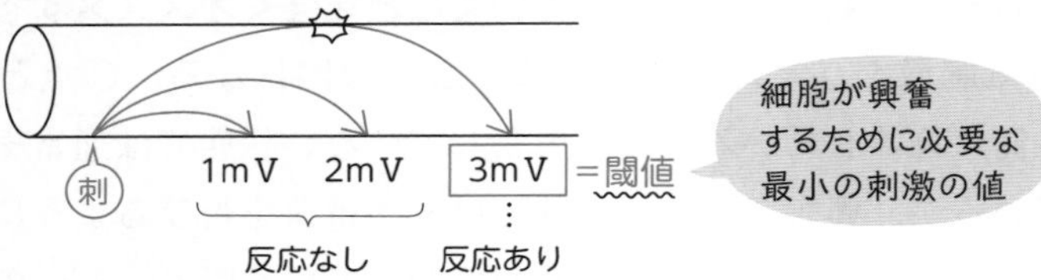

全か無かの法則

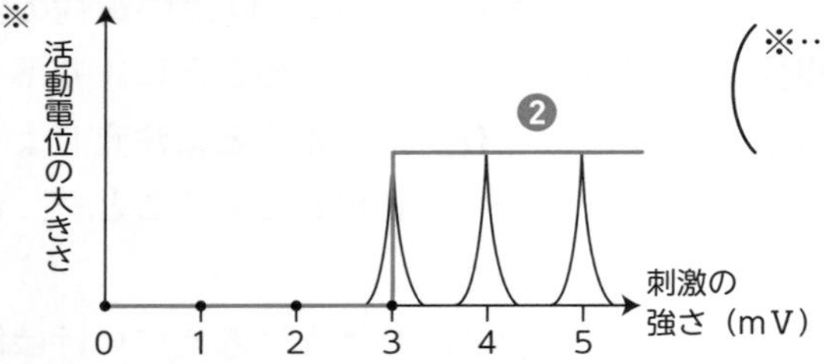

（※…活動電位の大きさは「約 100 mV」と決まっている）

❸《神経（ニューロンの束）の場合》…筋肉でも OK

例

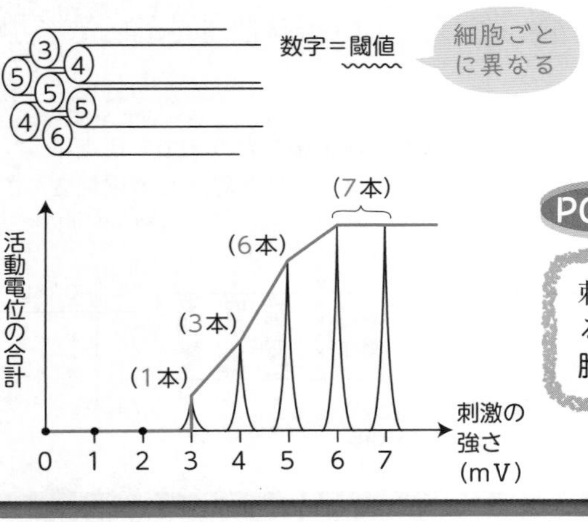

POINT

刺激の強さが大きくなるとともに**興奮する細胞の数が増加**する

ポイントレクチャー

❶ テーマ138&139では，ニューロンに刺激を与えた際に生じる電位変化のようすを勉強してきたね。本テーマでは，刺激の“強さ”に応じて，ニューロンはどのような反応をしていくのかについて勉強していこう。ニューロンや筋繊維1本分の場合，**閾値**よりも強い刺激を与えない限り反応はみられない。左ページの例のように，閾値が3 mVであるニューロンでは1 mVや2 mVの刺激では反応が**みられない**が，3 mV以上の刺激では反応が**みられる**。また，テーマ138で勉強したように，活動電位の大きさはおよそ100 mVって決まっているので，刺激の強さが3 mV以上であれば，活動電位の大きさは**常に一定**なんだ。よって，ニューロンや筋繊維は刺激に対して興奮するかしないかのいずれかを示すんだよ。これは**全か無かの法則**とよばれ，これをグラフで表すと左ページのようになるよ。

❷ 活動電位の大きさが変わらないからといって，刺激の強さの違いを区別できないわけではない。右図のように，ニューロンや筋繊維は，刺激が強くなるほど活動電位の**発生頻度**を高くすることで，刺激の強さの違いを区別しているんだよ。これは発見者の名前にちなんでエードリアンの法則とよばれているよ。

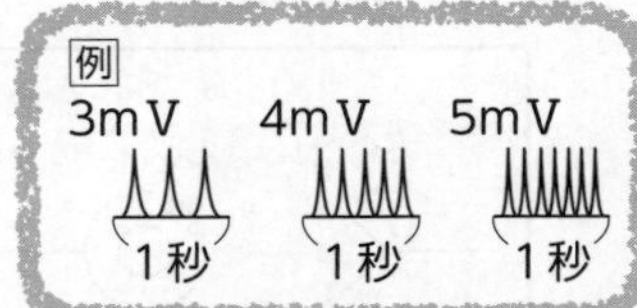

❸ ニューロンの束である神経や筋繊維の束である筋肉の場合，**閾値の異なる細胞が複数含まれている**ため，刺激が強くなるほど興奮する細胞の数が増加していく。左ページの例のように，1 mVや2 mVの刺激の場合は**どのニューロンも反応しない**が，3 mVの場合は**1**本分，4 mVの場合は**3**本分，5 mVの場合は**6**本分，6 mV以上の場合はすべての細胞が興奮するため**7**本分の反応がみられる。反応したニューロンの本数に応じて活動電位の合計値も加算されていくんだよ。

覚えるツボを押そう

視細胞（テーマ125&127）の感度

◆ 錐体細胞 … 感度が**低い** ➡ つまり，閾値が**高い**
◆ 桿体細胞 … 感度が**高い** ➡ つまり，閾値が**低い**

テーマ141 伝導と伝達

板書

興奮の伝導と伝達

❶

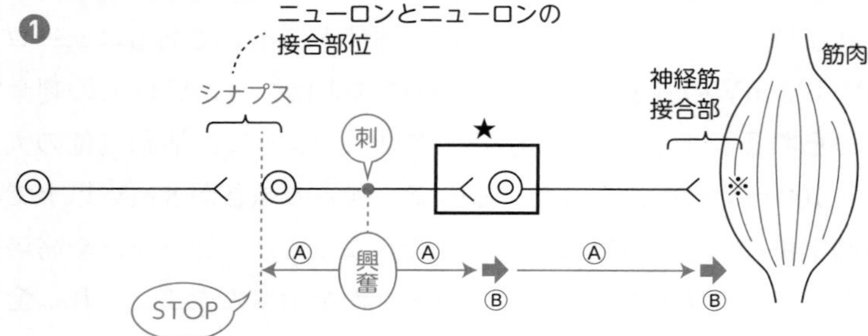

★《シナプスの構造》

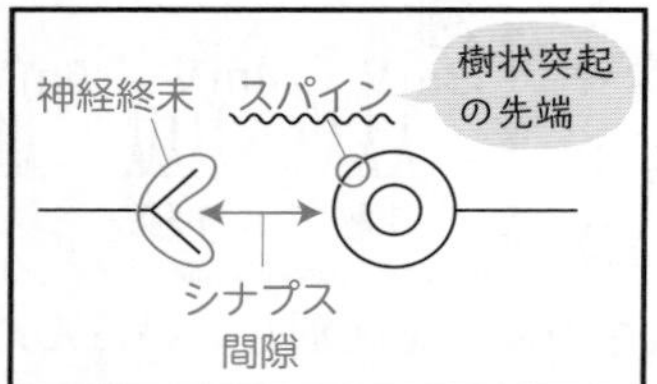

※終板

筋繊維にはその表面に**終板**とよばれる板状の構造がある。テーマ142で勉強するスパインの構造と同様のものをもっている

Ⓐ伝導
- ・電気刺激によるため速い。
- ・両方向性。
- ・**活動電位は途中で小さくならない(不減衰)。**
- ・速度は温度・断面積に比例。

Ⓑ伝達 ❷
- ・神経伝達物質の分泌によるため遅い。
  ➡例 ・アセチルコリン　…**運動神経，副交感神経**
  　　・ノルアドレナリン…**交感神経**　など
- ・一方向性。
- ・アセチルコリンは分泌後，コリンエステラーゼ❸によって分解される。

㊟サリンによって減少

ポイントレクチャー

❶ テーマ137〜139では軸索による興奮の伝わり方である「**伝導**」について扱ってきた。本テーマからは伝導に加えて，シナプスにおける興奮の伝わり方である「**伝達**」についても勉強していこう。まずは，この図を見ながら，伝導と伝達の違いを確認しておいてね。**特に，「速さ」や「方向性」の違いに注目しておこう**！さらに，★にある用語（**神経終末，シナプス間隙，スパイン**）の違いや※の**終板**についてもしっかりとつかんでおいてね。

❷ 伝達は，**神経伝達物質**の分泌による。神経伝達物質とは，隣接するニューロンなどの細胞の**レセプター**に結合し，興奮を促したり，抑制したりする物質である。ホルモンと似ているが，内分泌腺から分泌されるわけではないし，血液中に存在するわけでもない（ただし，下の**あともう一歩踏み込んでみよう**に書いてあるように，ホルモンとしてはたらくセロトニンのようなものもある）。右上の表のように神経伝達物質はさまざまなものがあるが，特に**アセチルコリン**と**ノルアドレナリン**については絶対に押さえておこう。

神経伝達物質	作　用	はたらく場所
アセチルコリン	作用するレセプターにより興奮性か抑制性かが異なる	副交感神経 運動神経
ノルアドレナリン		交感神経
セロトニン		中枢神経
ドーパミン		
グリシン		
グルタミン酸	興奮性	
GABA（γ-アミノ酪酸）	抑制性	

❸ 神経毒であるサリンは，**コリンエステラーゼ**の量を減少させる作用をもつ。コリンエステラーゼがふだんどのようなはたらきをしているかはテーマ142にて詳しく勉強しようね。

あともう一歩踏み込んでみよう

幸せホルモン「セロトニン」

神経伝達物質であるセロトニンが幸せホルモンとよばれる理由は？

➡**それは，セロトニンがニューロン以外の細胞からも分泌され，血液中に入り，不安や攻撃性を抑制する作用をもたらすため。**

（ご飯（特に辛いもの）を食べると，小腸の細胞がセロトニンを分泌するよ。その結果，“幸せが感じられる”ともいわれている。深夜はセロトニンが不足しがちになり，不安に襲われやすくなるんだ。）

テーマ142 伝達のしくみ

板書

伝達のしくみ

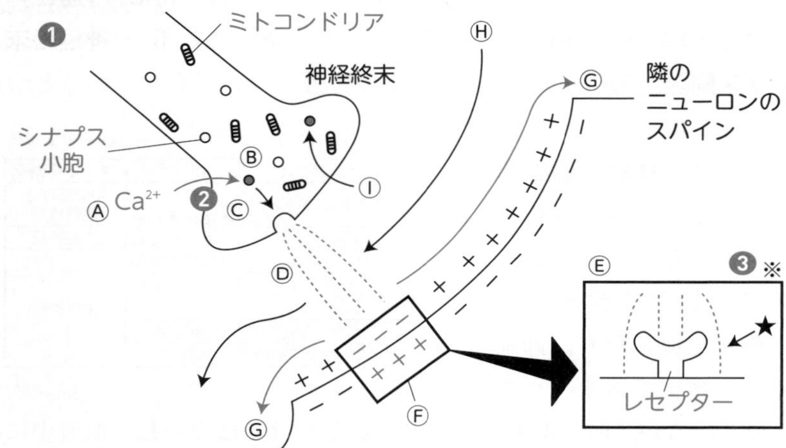

- Ⓐ：興奮が神経終末へと伝わると Ca^{2+} がニューロン外から流入
- Ⓑ：シナプス小胞内で**アセチルコリン**（神経伝達物質）が合成
- Ⓒ：**シナプス小胞**がキネシンによって神経末端まで輸送
- ⒹⒺ：アセチルコリン（神経伝達物質）が**分泌**され，隣のニューロンのスパインのレセプターに結合
- ⒻⒼ：**ナトリウムチャネル**としてはたらくレセプターが開き，Na^{+} が細胞内へ**流入**。➡活動電位が発生し，興奮が伝導
- Ⓗ：★で取りこぼされたアセチルコリンがコリンエステラーゼによって分解
- Ⓘ：★で取りこぼされたアセチルコリンが神経終末側へ**回収**

※…このようにレセプターに結合する物質はリガンドとよばれる

POINT セカンドメッセンジャー

レセプターで受容された情報は**セカンドメッセンジャー**とよばれる微小分子などの情報に変換され伝達されていく
例 Ca^{2+}，cAMP

ポイントレクチャー

❶ 伝達のしくみをⒶ～Ⓘの流れとともにすべてつかんでおこう。**左ページの図全体を白紙の状態から書くことを強くオススメするよ**！その中でも特に，**シナプス小胞**でアセチルコリンなどの神経伝達物質がつくられること，シナプス小胞がモータータンパク質である**キネシン**によって輸送されること，神経伝達物質を受容するレセプターが**ナトリウムチャネル**としてのはたらきをもつこと，★で取りこぼされたアセチルコリンは**コリンエステラーゼ**によって分解されたり，トランスポーターとよばれるタンパク質によって再び神経終末側へ回収されたりすることを押さえておこう。

❷ ボツリヌス毒素はⒸのはたらきを阻害するはたらきをもつ。美容整形の“しわ取り”で使われるボトックス注射は，このボツリヌス毒素のはたらきを応用したものなんだよ。筋収縮を押さえることでしわがなくなるってことなんだね。

❸ 近年，神経伝達物質とホルモンの区別があいまいになってきていることから，この**リガンド**という用語がよく使われるようになっていることを知っておいてね。また，テーマ141で勉強したサリンは，コリンエステラーゼの量を減少させ，★で取りこぼされたアセチルコリンの分解を抑制し，その結果，レセプターにアセチルコリンが常に結合している状態になるんだ。これにより，サリンを吸入してしまうと，気管支の周りの筋肉が常に収縮した状態になり，気管が閉じてしまうことで窒息死を引き起こすことになるんだよ。

あともう一歩踏み込んでみよう

麻薬の一種「コカイン」

なぜ，コカインに手を出すと精神障害が引き起こされるのか？

➡**コカインは，快感をもたらすドーパミン(テーマ141)の回収(左ページのⒾ)を阻害する。その結果，シナプス間隙に多くのドーパミンが残り，強い快感が引き起こされる。この繰り返しにより脳に異常が生じて，常に強い快感を求めるようになってしまう。**

(ただし，コカインには粘膜の麻酔に効果があり，医療現場で局所麻酔薬として利用されている一面もあるよ。)

テーマ143 伝導と伝達の計算問題

板書

伝導と伝達の計算問題

右図は，ひ腹筋とそれにつながる座骨神経からなる神経筋標本である。筋肉と神経との接合部のA点から 10 mm 離れた B点と，A点から 60 mm 離れたC点でそれぞれ神経を1回ずつ刺激したところ，3.5 ミリ秒後と 5.5 ミリ秒後にそれぞれ筋肉が収縮した。

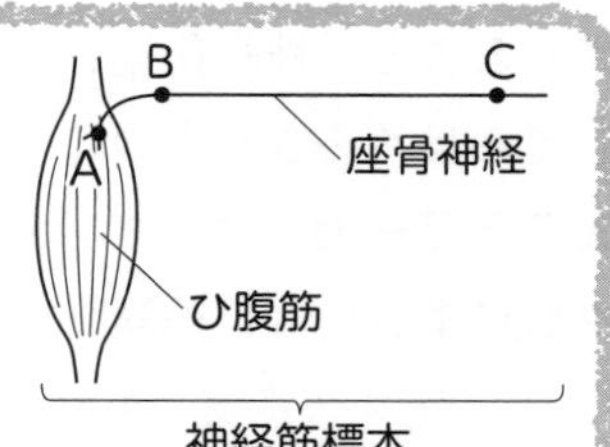

問1　この神経の興奮伝導速度は何 m ／秒か。
問2　興奮がA点に達してから，収縮が起こるまでの潜伏期の時間は何ミリ秒か。

解説

❶ 問1　伝導速度について問われているので，B−C 間(右図の※)について考える。

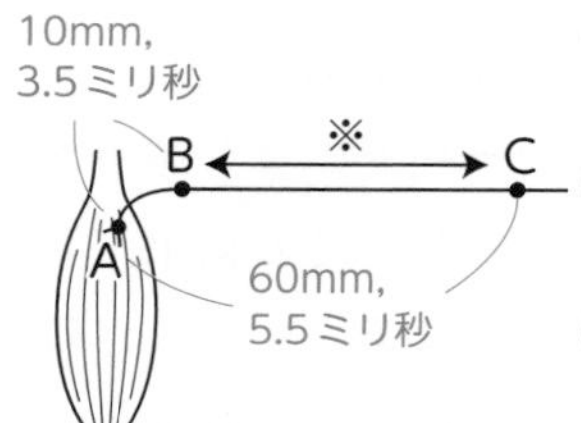

＜※の距離＞　　　＜※の時間＞
(60 mm − 10 mm) ÷ (5.5 ミリ秒 − 3.5 ミリ秒)
= 25 mm ／ミリ秒 = 25 m ／秒…(答)

❷ 問2　潜伏期は「(i)興奮が伝導する時間 + (ii)興奮が伝達する時間 + (iii)筋肉自体が収縮を開始するまでの時間」の3つの時間に分けられる。本問では，右図のように(ii)と(iii)の合計時間が問われている。A − B 間において，この(i)〜(iii)の時間の合計が 3.5 ミリ秒なので，この時間から(i)の時間を引くことで求められる。

＜(i)〜(iii)の合計時間＞　　　＜(i)の時間＞
3.5 ミリ秒　−　(10 mm ÷ 25 mm ／ミリ秒)
= 3.1 ミリ秒…(答)

ポイントレクチャー

❶ 伝導と伝達の単元では，計算問題が頻出だよ。テーマ134で勉強した「**潜伏期**」を復習しながら解法をマスターしよう。問1では速度が問われているが，単に問題文に書かれている距離(例 10 mm)を時間(例 3.5 ミリ秒)で割るだけではダメなんだ。問1ではあくまで**伝導の速度**が問われているので，これだと伝導以外の速度(潜伏期の(ii)と(iii)での速度)も含んでしまうんだよ。つまり，3.5 ミリ秒の中には潜伏期の全部の時間((i)+(ii)+(iii))が含まれているんだ。よって，右上図のように，**伝導のみが行われているB−C間での距離と時間を算出していく必要がある**！あとは，最後に答えを出すときに，「mm／ミリ秒」を「m／秒」へ変換させることを忘れないように注意しようね。

❷ 問2では，潜伏期の中でも(i)以外の時間が問われている。つまり，潜伏期全体の時間である 3.5 ミリ秒((i)+(ii)+(iii))から(i)の時間を引けばよいということだ。よって，問1で算出した伝導速度から(i)の時間を求めていけば答えが出るよ。このように，潜伏期の3つの時間を明確に区別しながら考えていくと，解法のコツがつかめるはずだよ。

類題を解こう

伝導と伝達の計算問題

左ページの問題において，A点から120mm 離れたD点を同様に刺激したとき，筋肉が収縮するのは何ミリ秒後か。

解説

A–C 間において，この(i)〜(iii)の時間の合計が **5.5 ミリ秒**なので，この時間に C–D 間(右図の★)の時間を足すことで求められる。

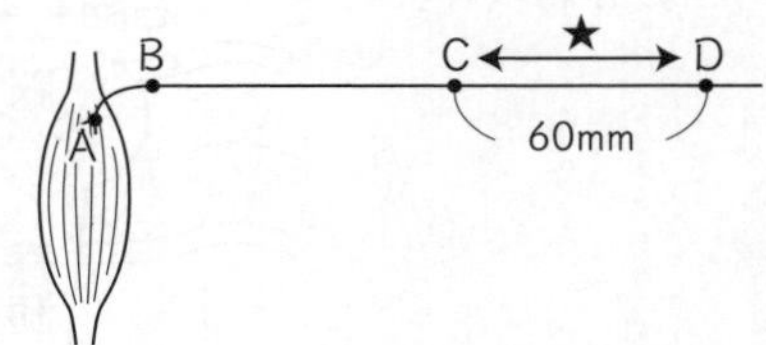

＜(i)〜(iii)の合計時間＞　＜★の時間＞

5.5 ミリ秒 ＋ (60mm ÷ 25mm ／ミリ秒) = **7.9 ミリ秒**…(答)

テーマ 144 神経系

板書

神経系について

❶ POINT いろいろな神経系

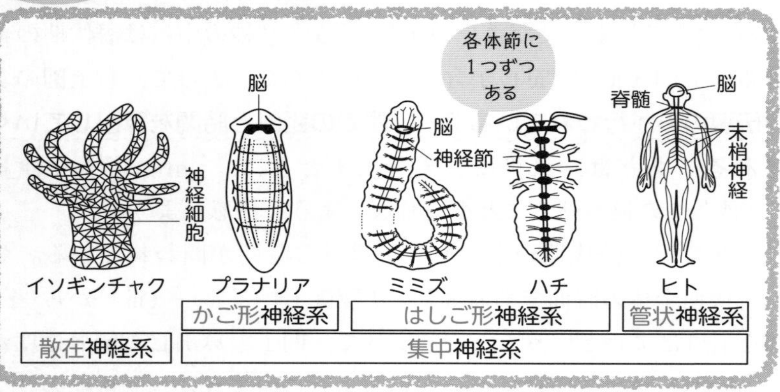

例　ヒト

❷ 管状神経系
- ・中枢神経系…脳，脊髄
  - （情報）⬆　⬇（指令）
- ・末梢神経系（43 対）
  - ➡ ・（随意的）　体性神経系
    - ・感覚神経
    - ・運動神経
  - ・（不随意的）自律神経系
    - ・交感神経
    - ・副交感神経

（・［実線枠］求心性神経…受容器から中枢へ情報を伝える
・［点線枠］遠心性神経…中枢から効果器へ指令を伝える）

❸《脳と脊髄の神経》

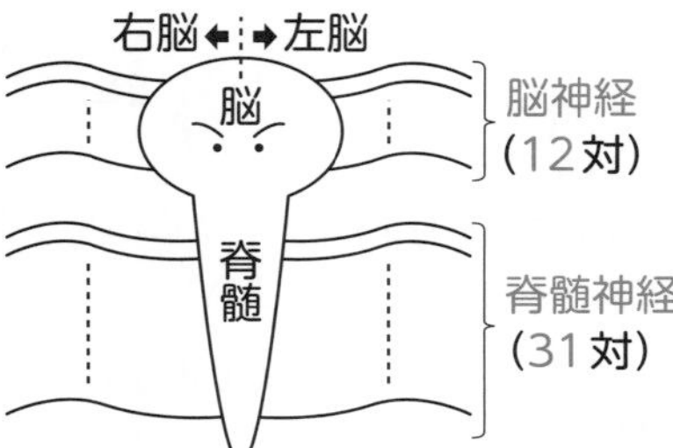

ポイントレクチャー

❶ 本テーマからは**神経系**について勉強していこう。神経系とは，脳や脊髄など，多くのニューロンが連鎖的につながって形成されている器官のことだよ。まずは，いろいろな動物の神経系の分類について示しておくね。ここでは，各神経系の名称を覚えておこう。また，**散在神経系**は中枢が存在しないこと，**はしご形神経系**では各体節に１つの神経節(中枢)が存在していること，**管状神経系**は中枢神経系である脳と脊髄が**神経管**から分化している(テーマ101&102&108)ことを把握しておこう。さらに，この内容をテーマ197と連動して押さえておくと効率がよいよ。

❷ 管状神経系を正確に分類できるようにしよう。**末梢神経系**には，随意的にからだのはたらきを調節する**体性神経系**と不随意的に内臓諸器官などのはたらきを調節する**自律神経系**がある。体性神経系は，受容器から中枢へ情報を伝える**求心性神経**である**感覚神経**と中枢から効果器へ指令を伝える**遠心性神経**である**運動神経**に大別されるよ。また，**交感神経**や**副交感神経**からなる自律神経系はすべて遠心性神経だよ。

❸ 末梢神経系の中でも，脳から出る神経を**脳神経**，脊髄から出る神経を**脊髄神経**というよ。例えば，交感神経はすべて脊髄神経であるし，副交感神経には脳神経であるものと脊髄神経であるものがある(生物基礎範囲)。ここでは，脳から脳神経が**12**対，脊髄から脊髄神経が**31**対出ていることをつかんでおこう。12と31…ということは，大晦日，いや，「“脳”晦日」で覚えよう(笑)。この流れで，末梢神経系が12＋31＝**43**対であることも覚えられるね。また，脳について詳しくはテーマ145にて，脊髄について詳しくはテーマ146にて勉強していこうね。

ゴロで覚えよう

脳神経と脊髄神経の対数

(脳神経 …12対
脊髄神経…31対)

テーマ145 脳

板書

脳について

《位置》

❶

大脳
脳梁
左右の脳をつなぐところ
間脳
視床下部
橋
脳下垂体
脊髄
延髄
中脳
小脳

❷

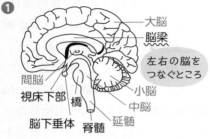

★《大脳の左半球の表面》

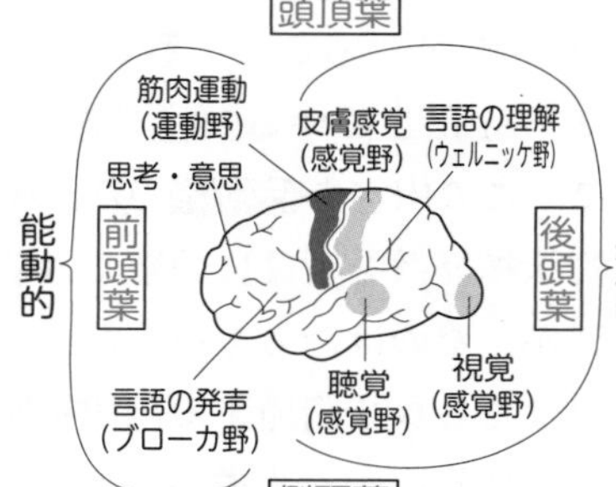

❸《はたらき》

			はたらき
大脳(★)	新皮質	運動野	随意運動の中枢
		感覚野	感覚の中枢
		連合野	学習的行動(記憶，判断)・精神活動の中枢
	原皮質 古皮質		感情・情動・本能的行動の中枢 (原皮質と古皮質の２つを合わせて大脳辺縁系という ➡記憶は大脳辺縁系にある海馬で管理)
小　脳			からだの平衡保持 筋肉の緊張保持(随意運動の調節)
脳幹	間脳	視床	感覚神経・受容器と大脳を中継
		視床下部	自律神経・体温・水分・血圧・血糖・食欲・睡眠などの調整中枢
	中　脳		眼球運動・瞳孔の大きさ・姿勢保持の調整中枢
	延　髄		呼吸運動・心臓拍動・だ液分泌の調整中枢 咳・くしゃみ・のみこみ・消化器運動などの運動中枢

ポイントレクチャー

❶ 脳の位置関係を完璧に把握しておこう。しわがある脳が**大脳**と**小脳**，脊髄に近い脳が**延髄**，深部にありそれぞれの“脳の間”にあるのが**間脳**，それ以外の脳が**中脳**，と押さえていくと覚えやすいよ。

❷ 大脳の表面は**前頭葉**，**頭頂葉**，**後頭葉**，**側頭葉**の4つの領域に大別されるよ。中でも，テーマ123&129で勉強したように，視覚の中枢が**後頭葉**，聴覚の中枢が**側頭葉**であることは絶対に覚えておこう。あとは，前半分が“能動的”なはたらきを，後ろ半分が“受動的”なはたらきを司っていることも押さえておこうね。ちなみにブローカ野に障害があると失語症，ウェルニッケ野に障害があると失読症(ディスクレシア)と診断されるよ。

❸ それぞれの脳のはたらきをつかんでおこう。**特に赤字の部位名称は必ず覚えておこう**！**大脳辺縁系(辺縁皮質)**については，テーマ148の本能行動の単元で改めて勉強しようね。また，**脳幹**とは生命維持に不可欠な領域のことだよ。脳幹に属する脳も下の**覚えるツボを押そう**のように，位置関係で一気に覚えてしまおう。さらに，延髄では多くの神経が交叉をしているため（延髄交叉），例えば，大脳の左半球を損傷すると，からだの右半身がまひしてしまうんだ。あとは，右図で，**細胞体**が多く存在する領域を**灰白質**，**神経繊維(軸索)**が多く存在する領域を**白質**ということを押さえておこう。

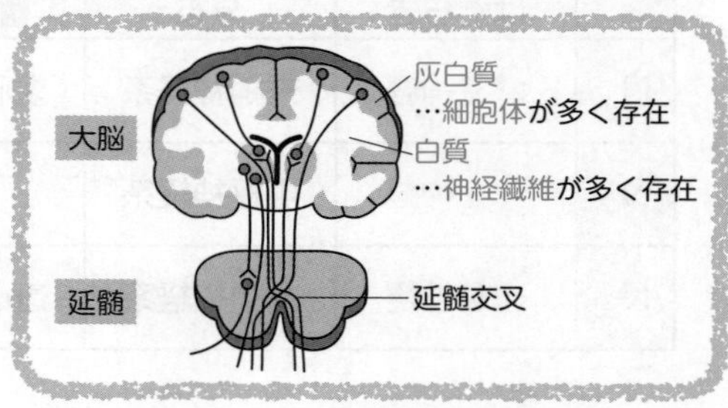

覚えるツボを押そう

脳幹＝間脳＋中脳＋延髄

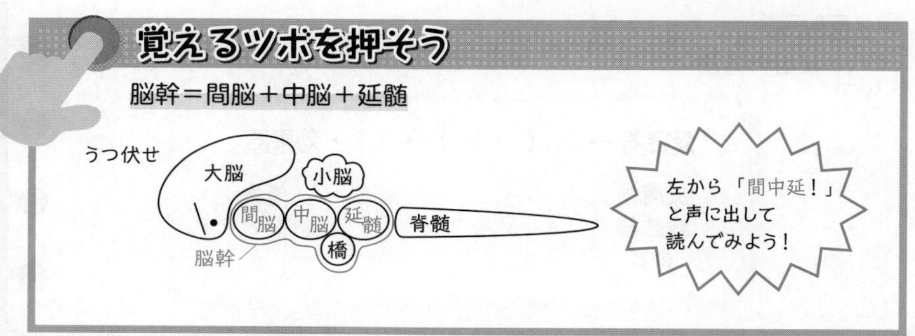

テーマ146 脊髄

板書

脊髄について

❶

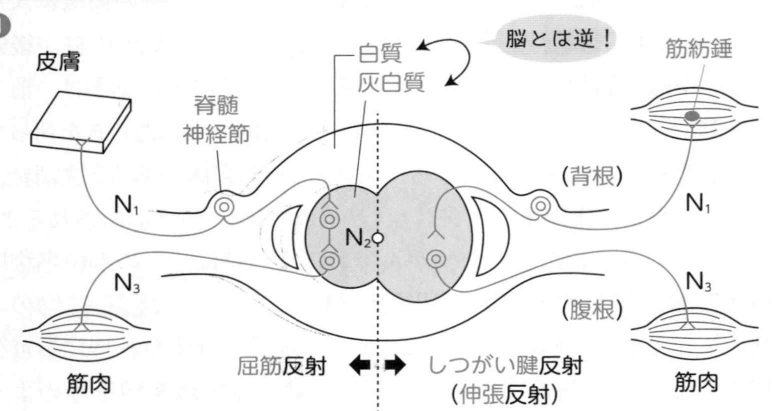

❷《ニューロンの種類》

	はたらき	分布	興奮の方向性	形態
N_1	感覚神経	末梢神経系	求心性神経	
N_2	介在神経	中枢神経系		
N_3	運動神経	末梢神経系	遠心性神経	

❷《反射弓》

…反射の道筋

受容器 → N_1 (→ N_2) → N_3 → 効果器

皮膚や筋紡錘など

筋肉など

ポイントレクチャー

❶ 脊髄反射の例として，**屈筋反射**と**しつがい腱反射(伸張反射)**があげられるよ。屈筋反射は，熱いやかんに手が触れたとき，思わず手を引っ込めるなどの反応のことで，しつがい腱反射は，ひざの腱をたたくことで自己受容器である**筋紡錘**(テーマ131)がその刺激を受容して，足がはねあがる反応のこと。それを踏まえた上で，この図の赤字の部位名称をすべて覚えよう。そして，**左ページの図全体を白紙の状態から書くことを強くオススメするよ**！特に，感覚神経の細胞体が存在する**脊髄神経節**が**背根**(背中側の神経の通り道)側にあること，屈筋反射とは違い，**しつがい腱反射では介在神経がみられないこと**を押さえておこう。また，脊髄では髄質が**灰白質**，皮質が**白質**であり，その位置関係が脳とは逆であることも，右の脳の図を参考にしながら確認しておこうね。ちなみに，ビタミンが欠乏することでしつがい腱反射が起こらなくなる疾患を脚気(かっけ)というよ。

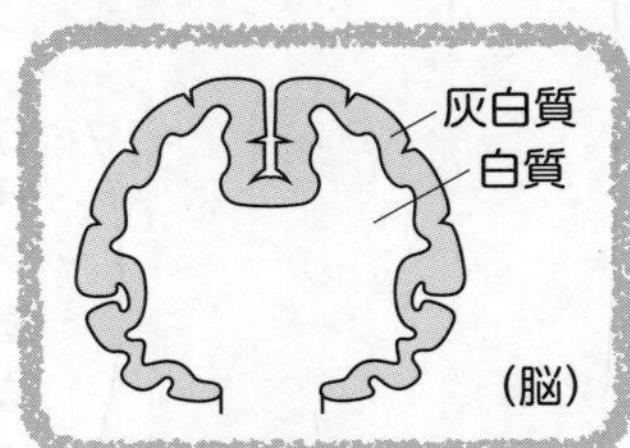

❷ ここで，ニューロンの種類を確認しておこう。介在神経は脳や脊髄などの中枢神経系を構成している神経で，テーマ136で勉強した無鞘有髄神経だよ。また，同じくテーマ136の上の図でも示しておいたが，感覚神経だけ**二又の構造をしている**ことも押さえておいてね。また，反射弓においてもつかんでおこう。テーマ144で勉強したように，感覚神経が求心性神経，運動神経が遠心性神経であり，介在神経が中枢神経であることを考えれば，反射弓が「**受容器→感覚細胞(→介在神経)→運動神経→効果器**」になることは当然だよね。

覚えるツボを押そう

屈筋反射としつがい腱反射の反射弓

◆屈筋反射　　　…**皮膚**(受容器)→感覚神経→**介在神経**→運動神経→筋肉(効果器)
◆しつがい腱反射…**筋紡錘**(受容器)→感覚神経→運動神経→筋肉(効果器)

(注)太字は両者の違いを表している)

テーマ147 動物の行動様式

板書

動物の行動様式

からだを一定方向に向けること

❶
・生得的行動…生まれながらにもっている行動
➡
・Ⓐ走性　…刺激に対して方向性をもった性質。定位，または移動による➡テーマ148
・Ⓑ反射　…無意識に起こる反応➡テーマ146
・Ⓒ本能行動…子孫の繁栄と個体の維持のために起こす行動➡テーマ148

POINT 本能行動の特徴

・行動の開始には鍵刺激（信号刺激）が必要
・目的を自覚していない
・意志とは無関係
・途中で順序を変えたり，行動を中止したりできない
・（走性と）反射の組合せによる

❷
・習得的行動…生後獲得する行動
➡
・Ⓓ学習行動…生後の経験による行動の習得 ➡テーマ149
・Ⓔ知能行動…先を見越した積極的行動

《次の（ⅰ）～（ⅴ）はⒶ～Ⓔのどの行動に相当する？》

❸（ⅰ）ライオンの群れは，獲物を見つけると，一部の個体はその場にとどまり，他の個体は迂回して獲物を取り囲むなど，先を見越した行動をする。
（ⅱ）人工的にふ化させたアヒルのひなに模型の列車を見せると，以後，そのあとについて行動する。
（ⅲ）熱いやかんに手が触れると、思わず手を引っ込める。
（ⅳ）ミミズに光を当てると、光の方向とは逆方向に曲がって進む。
（ⅴ）ネコがネズミを捕る。

➡（ⅰ）…Ⓔ知能行動　（ⅱ）…Ⓓ学習行動　（ⅲ）…Ⓑ反射
（ⅳ）…Ⓐ走性　（ⅴ）…Ⓒ本能行動

ポイントレクチャー

❶ 本テーマより，「動物の行動」の分野に入っていこう。この分野は脳のはたらきと深い関連があるため，ときどきテーマ145のページを振り返りながら勉強していくと効率がよいよ。動物の行動様式は「**生得的行動**」と「**習得的行動**」に大別されるよ。生得的行動はさらに「**走性**」「**反射**」「**本能行動**」の３つに分けられる。ヒトは走性をもたないため，イメージが湧きにくいかもしれないが，テーマ148でその詳しい内容を確認していこう。反射はテーマ146でも勉強したように，大脳に関係なく起こる反応だよ。そして，最も試験に頻出である行動は本能行動。詳しくはテーマ148にて詳しく勉強するが，今のうちにPOINTの内容はしっかりと把握しておこう。また，あくまで走性は“性質”，反射は“反応”であることから，生得的行動としてみなされず，「生得的行動＝本能行動」として出題されている問題もあることも知っておいてね。

❷ 習得的行動はさらに「**学習行動**」「**知能行動**」の２つに分けられる。学習行動についてはテーマ149にて詳しく説明していくね。

❸ ❶と❷の内容を元に，(ⅰ)〜(ⅴ)の具体的な行動がどの行動様式に当てはまるかを考えていこう。(ⅰ)は明らかに“先を見越した”行動なので**知能行動**。(ⅱ)は“生後の経験”により模型を親として記憶しているので**学習行動**。(ⅲ)は屈筋反射(テーマ146)であることから**反射**。(ⅳ)はミミズが光に対して“方向性をもっている”ので**走性**。(ⅴ)は明らかに“個体の維持”のために起こしている行動なので**本能行動**。このようにして，コツをつかんでいこう。

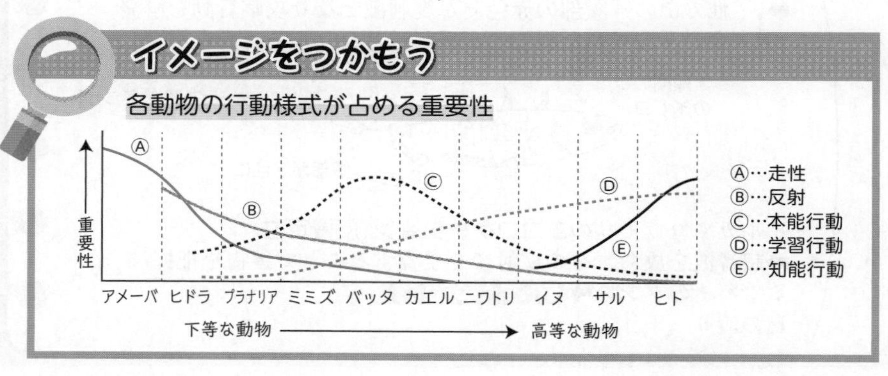

テーマ148 走性，本能行動

板書

走性について

❶ ・正の走性…刺激源に**近づく**ように定位，または移動
　・負の走性…刺激源から**遠ざかる**ように定位，または移動

例

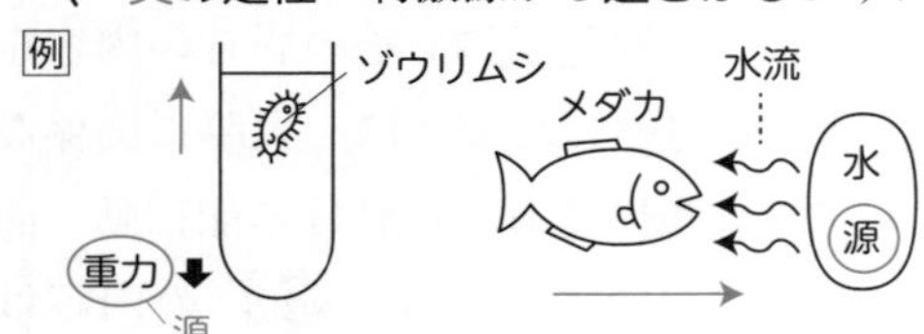

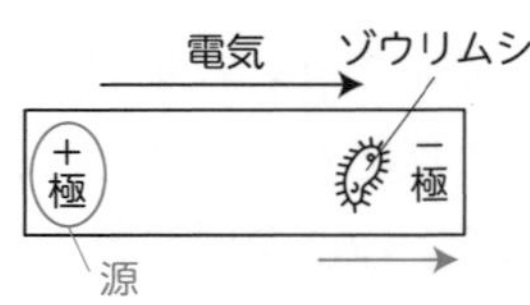

❷ POINT フェロモン
…体外に分泌され，同種他個体に作用する化学物質。

フェロモンの種類	はたらき	動物例
性フェロモン	異性(雌が雄)を誘引する	カイコガ・ミツバチ
集合フェロモン	仲間を集めるときに役立つ	ゴキブリ・アブラムシ
道しるべフェロモン	仲間にエサまでの道順を知らせる	アリ
警報フェロモン	仲間に敵や危険を知らせる	アリ・シロアリ・ハチ
階級分化フェロモン	階級の分化と維持に役立つ	アリ・ハチ(社会性昆虫)

本能行動について

大脳辺縁系(辺縁皮質)➡テーマ145

❸ ➡大脳(原皮質・古皮質)で制御

例
・イトヨの配偶行動(発見者：ティンバーゲン(オランダ))
　➡・他の♂の「**腹部の赤色**」が鍵刺激となり攻撃行動を解発
　　・♀の「**ふくれた腹部**」が鍵刺激となり求愛行動を解発

ジグザグダンス

・イルカやコウモリの**エコロケーション**(**反響定位**)
　➡超音波を放ち，その反射音を受容することで獲物を把握
・ミツバチのダンス➡テーマ150&151
・鳥の渡り

ポイントレクチャー

❶ 走性は刺激源に近づくか，刺激源から遠ざかるかで**正**と**負**に分けられるよ。ここで大切なのは，**刺激「源」に注目すること**であり，ゾウリムシやメダカの例を見てわかるように，「源」が何かを突き止めれば正か負かはすぐに判断できるよ。走性の種類と生物を右の表に示しておくね。ちなみに，負の重力走性をもつゾウリムシに塩化ニッケルやメチルセルロースなどの繊毛の動きを止める薬品を投与すると，負の重力走性を示さなくなることも知っておこう。

走性の種類と生物例

走性	正(＋)	負(－)
光走性	ガ，ミドリムシ	ミミズ，ゴキブリ
重力走性	ハマグリ，ミミズ	ゾウリムシ
電気走性	ミミズ(＋極に向かう)	ゾウリムシ(－極に向かう)
流れ走性	メダカ	サケの稚魚(降海時)
化学走性	ゾウリムシ(薄い酸)	ゾウリムシ(濃い酸)

❷ **フェロモン**による行動は，おもに昆虫が行う走性の一種だよ。テーマ130でも触れたが，昆虫は触角でフェロモンを受容するんだ。各フェロモンの名称とはたらきを押さえておこう。

❸ 本能行動をテーマ147の POINT で勉強した内容を元に説明していくね。まずは，トゲウオの一種であるイトヨにおいて，腹部が赤くなった繁殖期の雄が **"何が鍵刺激となって攻撃行動や求愛行動が解発されたか"** に注目しておこう。また，求愛行動であるジグザグダンスが「**反射の組合せ**」であり，そして「**その反射(ダンス)の順序を途中で変えたり，中止したりできない**」こともつかんでおこうね。また，他の本能行動の例も確認しておいてね。

あともう一歩踏み込んでみよう

エコロケーション

イルカは頭にあるメロン器官から超音波を放ち，長い下あごの歯で反射音を受容することで，エコロケーションを行っている。イルカがこのような音波の受容方法をとる理由は？

➡**歯で音波の増幅を行い，水中の小さな反射音を認識できるようにするため。**

(イルカの歯はヒトでいう耳小骨(テーマ128)と同じはたらきをもつ。あごが長いのも納得！)

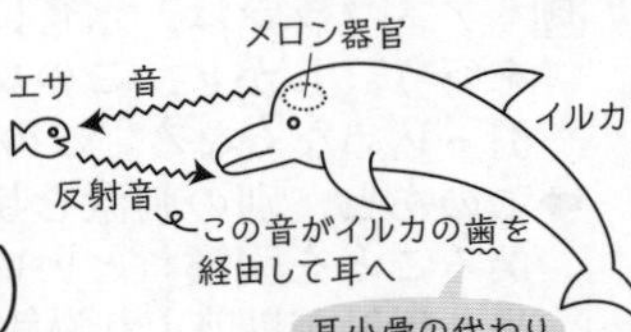

テーマ149 学習行動

板書

❶ 学習行動について ※

➡大脳（新皮質）で起こる条件反射の組合せによって起こる

POINT ※条件反射

…本来の刺激とは異なる刺激（条件刺激）で起こる反射

例　パブロフ（ロシア）の犬

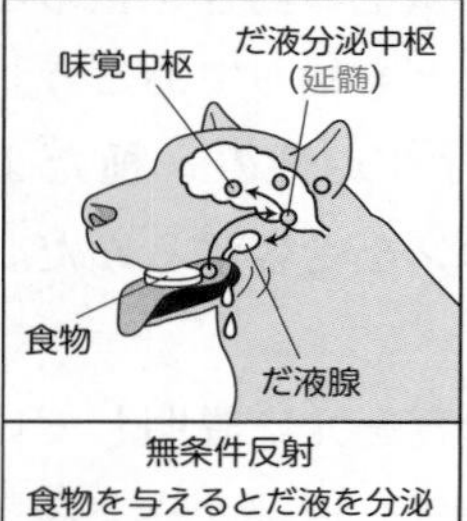

無条件反射
食物を与えるとだ液を分泌する。

条件づけ
食物を与えるとき，同時にベルの音を聞かせる。
これを一定期間くり返す。
条件刺激　経験

条件反射の成立
ベルの音を聞くだけでだ液を分泌するようになる。

➡このような条件づけを古典的条件づけという。またネズミなどにおいて，レバーを押すなど，自身の自発的行動が報酬や罰などによって強化され，安定した反応となるオペラント条件づけもある。

《学習の他の例》

❷
- 刷込み（発見者：ローレンツ（オーストリア））
  …生後のある時期に受け取った刺激が，その後の特定の行動と結びついて記憶される現象。
- 試行錯誤…試行と失敗を繰り返すことで，ある一定の行動がとれるようになる学習の方法。
- 慣れ

例　アメフラシは，水管に触れられると，えらを引っ込める反射を行う。しかし，この反射を繰り返し起こすと，やがてえらを引っ込めなくなる。この現象は**慣れ**とよばれる。

➡このあと，別の刺激を与えることで，慣れが生じる前の状態に戻ることを脱慣れといい，以前よりも強いショックを与えた結果，反射が以前より過敏に続いてしまうことを鋭敏化という。

ポイントレクチャー

❶　学習行動を勉強する上で大切なキーワードは「**経験**」である。まずは，比較的単純な行動である**条件反射**について説明するね。条件反射に関する実験の例として最も有名なのは**パブロフ**の犬だろう。その実験のようすを左ページで確認しておいてね。ここでは，だ液分泌の中枢は**延髄**(テーマ145)であるにも関わらず，ベルの音という**条件刺激**を“経験”したため，条件反射の中枢である**大脳**が反応し，延髄へと指令を送る経路が成立したことに注目しよう。

❷　条件反射以外の学習の例を押さえておこう。**刷込み**は生まれて間もない頃に見られ，鍵刺激が存在する行動であるため，本能行動と混同しやすいが，あくまで“生後の経験”によるものだよ。**試行錯誤**は右上図のように，“失敗(経験)”しながらもある一定の行動がとれるようになる行動のこと。ちなみに，試行錯誤には**海馬**(テーマ145)が関与していることも知っておこうね。また，**慣れ**も右下図と左ページから，“経験”によるものであることを確認しておこう。さらに，「**脱慣れ**」と「**鋭敏化**」の違いも明確に区別しておこうね。

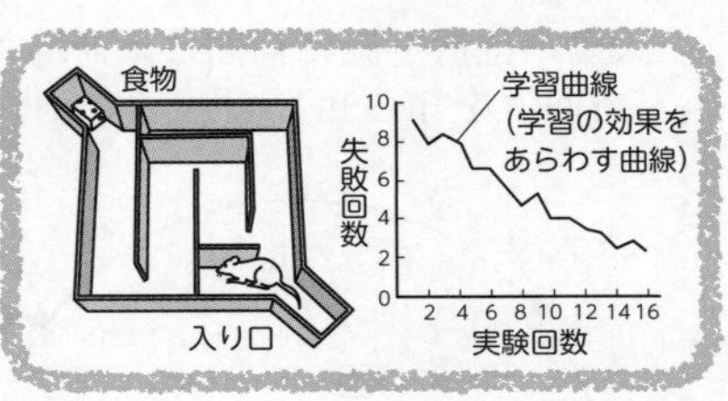

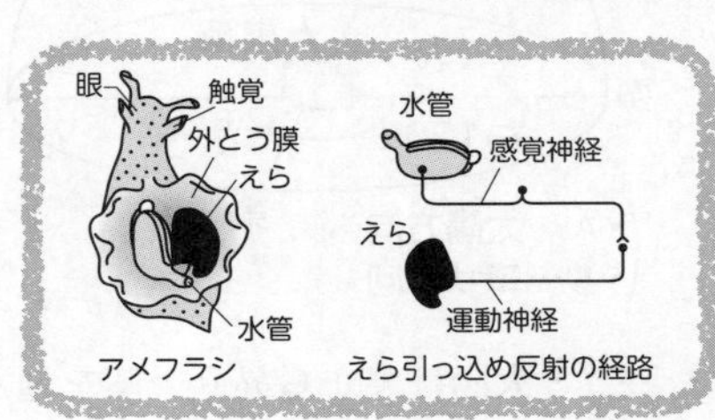

イメージをつかもう

条件反射と刷込み

条件反射

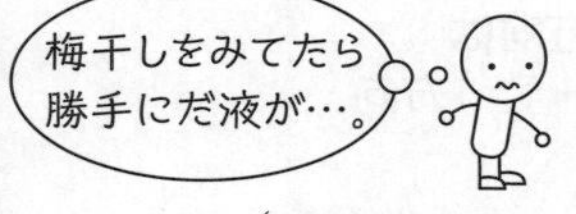

梅干し

（梅干しが「酸っぱい」ことを経験している）

刷込み

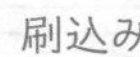

鍵刺激

（ヒヨコは右のヒトが鍵刺激であることを経験している）

テーマ150 ミツバチのダンス

板書

ミツバチのダンスについて

❶ ➡エサ場を仲間に知らせる情報伝達手段。本能行動の一種
発見者：フリッシュ（オーストリア）

・エサ場が 50 m 以内…円形ダンス

・エサ場が 50 m 以上…８の字ダンス

尻振り
直進歩行
エサの方向

太陽の位置を元に仲間にエサ場の
“方向” を知らせる。

❷

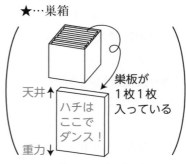

※太陽
★巣箱
西
★巣箱
Ⓐ
南
左120°
Ⓑ
エサ
北
東

・Ⓐ…太陽方向
・Ⓑ…エサ方向

★…巣箱

※ ・太陽は東から昇り，南を通って西に沈む
・太陽は１時間に 15° 動く

❸ POINT ❷のとき，巣板の上では次のようなダンスが行われている。

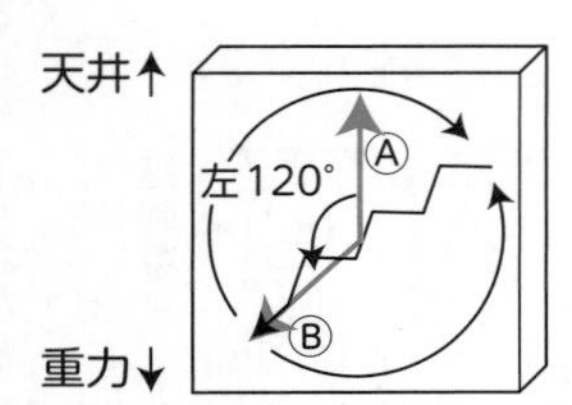

必ずⒶ太陽方向は
天井（鉛直上向き）方向
で表される

ポイントレクチャー

❶ 多くの受験生を悩ませるミツバチのダンスを勉強していこう。テーマ151で難なく問題が解けるように，本テーマで必ず理解していこう。ハチはエサ場が近いときは**円形ダンス**を踊り，遠いときは，太陽の位置を元にしてエサ場の方向を知らせる**8の字ダンス**を踊るんだ。このとき可愛いことに，尻を振りながら直進するのだが，その直進の方向が**エサのある方向**なのね。だから，発見者の名前にちなんで「**お尻振り振りフリッシュ！**」と覚えていこう。

❷ まずハチは太陽の方向を認識し，**エサの方向が太陽の方向に対して左(または右)何度の方向にあるのか**を測定するのね。そして，それを測定し終わったハチは巣箱に帰り，巣箱の中の巣板の上でダンスを踊ることで，エサの方向を伝えるんだ。ここですごいことに，このハチは，地面に対して水平だったエサの方向の情報を，地面に対して垂直に立っている巣板の上で表現し仲間に伝達するんだ。つまり，**水平状態の情報を垂直状態の情報に変換している**んだよ。その変換方法にはハチ特有のルールがあるので，それを❸にて詳しく説明していくね。あとここで，※にある太陽の動きの特徴もきちんと押さえておいてね。

❸ それでは，このハチが巣板の上でどのようなダンスを踊るのかをみていこう。まずは，**ここに書かれているルールの内容を絶対に押さえておこう**！ハチは巣板の鉛直上向きである**天井方向を太陽の方向に見立て**て，そこから左(または右)何度の方向がエサの方向であるかを見極め，その方向にお尻を振り振りしながら直進歩行する8の字ダンスを踊るんだ。とにかく，この図を自らの手で書いてみて，❷の図の水平状態の情報を，巣板上で垂直状態の情報に変換しているようすをしっかり確認しておこうね。

覚えるツボを押そう

ミツバチのダンスでのルール

ミツバチのダンスの問題を解くときには，常に「**必ずⒶ太陽方向が天井(鉛直上向き)方向である**」ことを意識しよう！

(次のテーマ151で実践してみようね！)

テーマ151 ミツバチのダンスの問題

板書

ミツバチのダンスの問題

図1は，エサ場までの距離とダンスの回数との関係を表したものである。

図1

15秒間のダンスの回数 10 8 6 4 2 0

0 1000 2000 3000 4000 5000 6000 (m)

図2

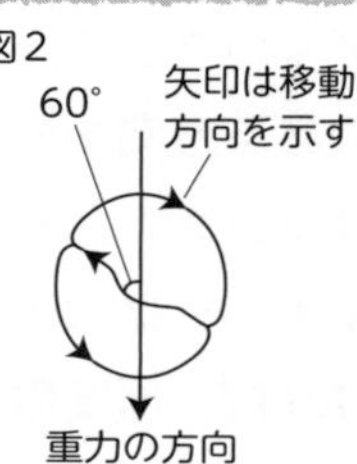

問1　ミツバチが巣箱内の垂直な巣板で，図2のようなダンスを1分間に8回行っていた場合，エサ場の巣箱からの距離は何mか。また，エサ場は太陽方向の左右何°の方向に位置するか。

問2　エサ場が巣箱から見て真南から西へ45°の方向に位置する場合，太陽の南中時に巣箱に戻ったミツバチは，天井(鉛直上向き)方向の左右何°の方向に尻振り直進歩行を行うか。

解説

❶ 問1　8回ダンス／1分→2回ダンス／15秒より 4000 m …(答)

また，「Ⓐ太陽方向が天井(鉛直上向き)方向である」ことに注目して，図2を右図のようにして考える。Ⓐ太陽方向からしてⒷエサ方向は左 60° …(答)

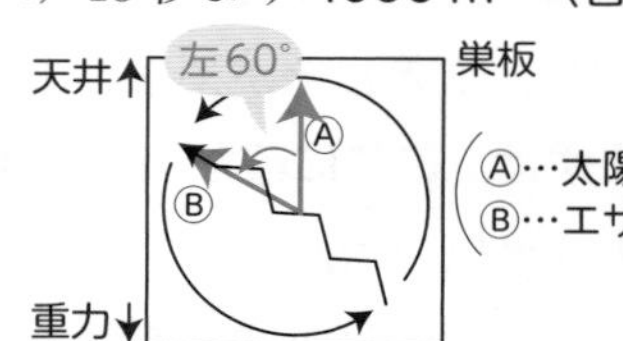

❷ 問2　エサ場が真南から西へ45°ということは，下図左のように，Ⓐ太陽方向からしてⒷエサ方向は右 45° であると考えられる。したがって，下図右のように，ミツバチが尻振り直進歩行を行う方向は，天井(鉛直上向き)方向の右 45° …(答)

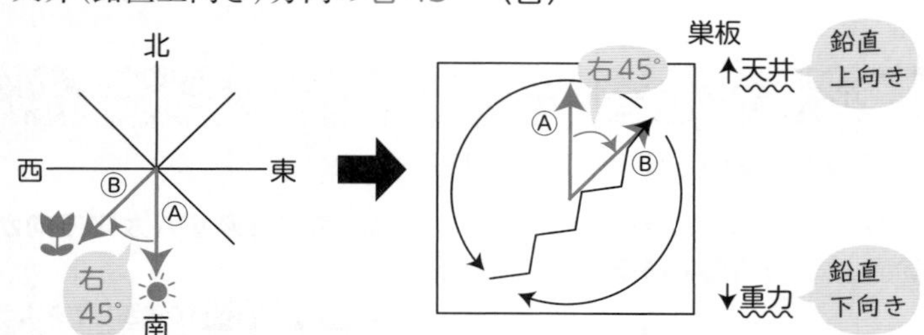

ポイントレクチャー

❶ 問題を解くことで，テーマ150で理解した内容をより洗練させていこう。問1の距離を求める問題は，1分を15秒に換算して右図のように，横軸の値を読みとればすぐに解けるよ。角度を求める問題はテーマ150で確認したルールを元にして考えていこう。何より最初に考えてほしいことは，**図2の上方向が太陽の方向であること**。それを基準にしてエサに該当する方向を見極めていこう。

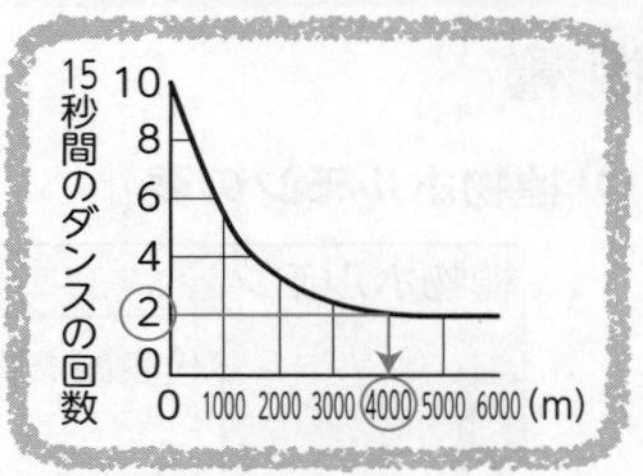

❷ **このような問題を解くときには，必ず解説の左下にある方位を表した図を書くようにしよう**！そうすることで，太陽の方向から見てエサの方向が右（または左）何度の方向にあるかがとてもわかりやすくなるよ。そして，それを元に巣板上ではどんなダンスが行われるのかも自らの手で書いていこう。ミツバチのダンスの問題は，このように積極的に作図をしていくことで解けるようになるよ。下の**類題を解こう**でもぜひ，作図をしながらチャレンジしてみてね。

類題を解こう

ミツバチのダンスの問題

左ページの問題の問2において，太陽の南中時から4時間後に巣箱に戻ったミツバチは，天井（鉛直上向き）方向の左右何°の方向に尻振り直進歩行を行うか。

解説 **太陽は1時間に15°，西の方向へ移動する**ので，南中時から4時間後のⒶ太陽方向は下図左のように，南から西方向へ（15°×4＝）60°ぶんズレた方向となる。したがって，下図右のように，ミツバチが尻振り直進歩行を行う方向は，天井方向の左15°…（答）

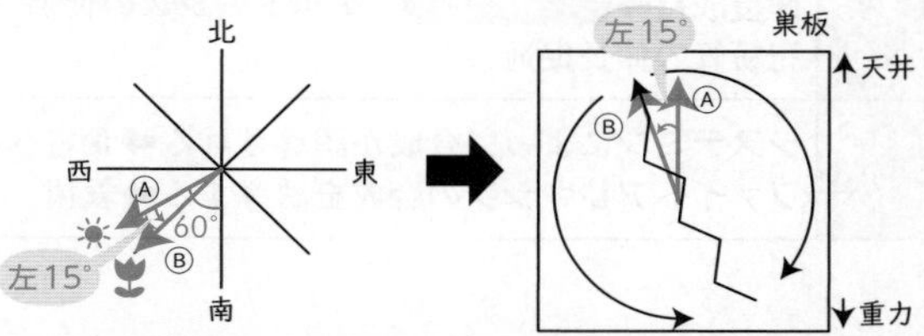

テーマ152 植物ホルモンの分類

板書

植物ホルモンの表

植物ホルモン	特徴，はたらきなど
❶ オーキシン	代表的な物質…（・天然のもの：インドール酢酸（IAA） ・人工のもの：ナフタレン酢酸，2，4-D） 伸長成長➡テーマ153&155　頂芽優勢➡テーマ154&155 落葉抑制➡テーマ154　発根促進➡テーマ115
❷ ジベレリン	1926年に黒沢英一博士がイネのバカ苗病菌から発見。種なしブドウの作出に利用される。 わい性植物の成長促進➡テーマ153 伸長成長➡テーマ153　種子発芽促進➡テーマ156 長日植物の花芽形成➡テーマ160
（吸水促進！） ❸ サイトカイニン	代表的な物質…カイネチン 葉の老化防止➡テーマ154 芽の促進➡テーマ115&154&155
❸ アブシシン酸 （脱水促進！）	落葉促進➡テーマ154　種子発芽抑制➡テーマ156 気孔閉口➡テーマ156 短日植物の花芽形成➡テーマ160
❹ エチレン	唯一の気体ホルモン。果実の傷口から放出され，他個体の果実成熟を促進したり，伸長を抑制したりする。 肥大成長➡テーマ153　落葉促進➡テーマ154
❺ フロリゲン	2007年に島本功博士らによって結晶化。 《実体》 シロイヌナズナ…FTタンパク質　イネ…Hd3aタンパク質 花芽形成促進➡テーマ157
❺ ブラシノステロイド	伸長成長➡テーマ153　アポトーシスの促進 花粉管の伸長促進
❺ ジャスモン酸	システミンによって合成が誘導される➡食害への応答 ファイトアレキシンの合成を誘導する➡殺菌

ポイントレクチャー

❶ 「植物の環境応答」分野では，植物ホルモンを極めていくことが鍵。本テーマの内容を軸にして勉強していこうね。**オーキシン**は，ケーグル(オランダ)によってヒトの尿から発見された植物ホルモンだよ。代表的な物質を覚え，テーマ 115&153～155でそのはたらきをしっかりと押さえていこうね。

❷ **ジベレリン**のはたらきもテーマ 153&156&160で押さえていこうね。開花前のブドウの房にジベレリンを浸すことで**受精が阻害**され，開花後にもう１度ジベレリンを浸すと**子房が肥大**する。これにより**種なしブドウ**がつくられるよ。

❸ **サイトカイニン**はテーマ 115&154&155で，**アブシシン酸**はテーマ 154&156&160ではたらきを押さえていこうね。サイトカイニンに関しては代表的な物質も覚えよう。また，**サイトカイニンが「吸水促進」の作用を，アブシシン酸が「脱水促進」の作用をもつことを知っておくと，今後の勉強がかなり楽になるよ**！ちなみに，テーマ 73でも話題にあげたが，サイトカイニンは免疫細胞が放出するサイトカインとは“全く違う物質”であることに注意しようね。

❹ **エチレン**は植物ホルモンのなかで，唯一の**気体ホルモン**だよ。果実の傷口などから放出され，他個体に作用するという特徴をもつよ。

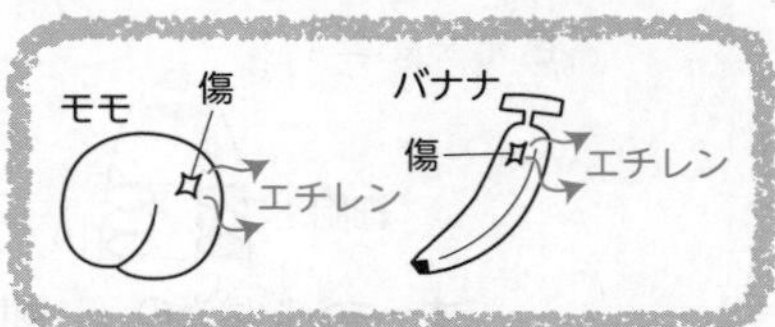

テーマ 153&154でエチレンのはたらきを改めて確認していこうね。

❺ 花を咲かせるホルモンである**フロリゲン**についてはテーマ 157で，**ブラシノステロイド**についてはテーマ 153で，そのはたらきを押さえておこう。また，フロリゲンに関してはその実体となる**FT タンパク質**と**Hd3a タンパク質**も覚えよう。また，おもに病傷害の応答を行う**ジャスモン酸**についても左ページの表で軽くつかんでおいてね。

覚えるツボを押そう

サイトカイニンとアブシシン酸の水応答

◆サイトカイニン…**吸水促進**
◆アブシシン酸 …**脱水促進**

(これを覚えておくと今後，勉強しやすくなるよ ^_^b)

テーマ153 極性移動，光屈性

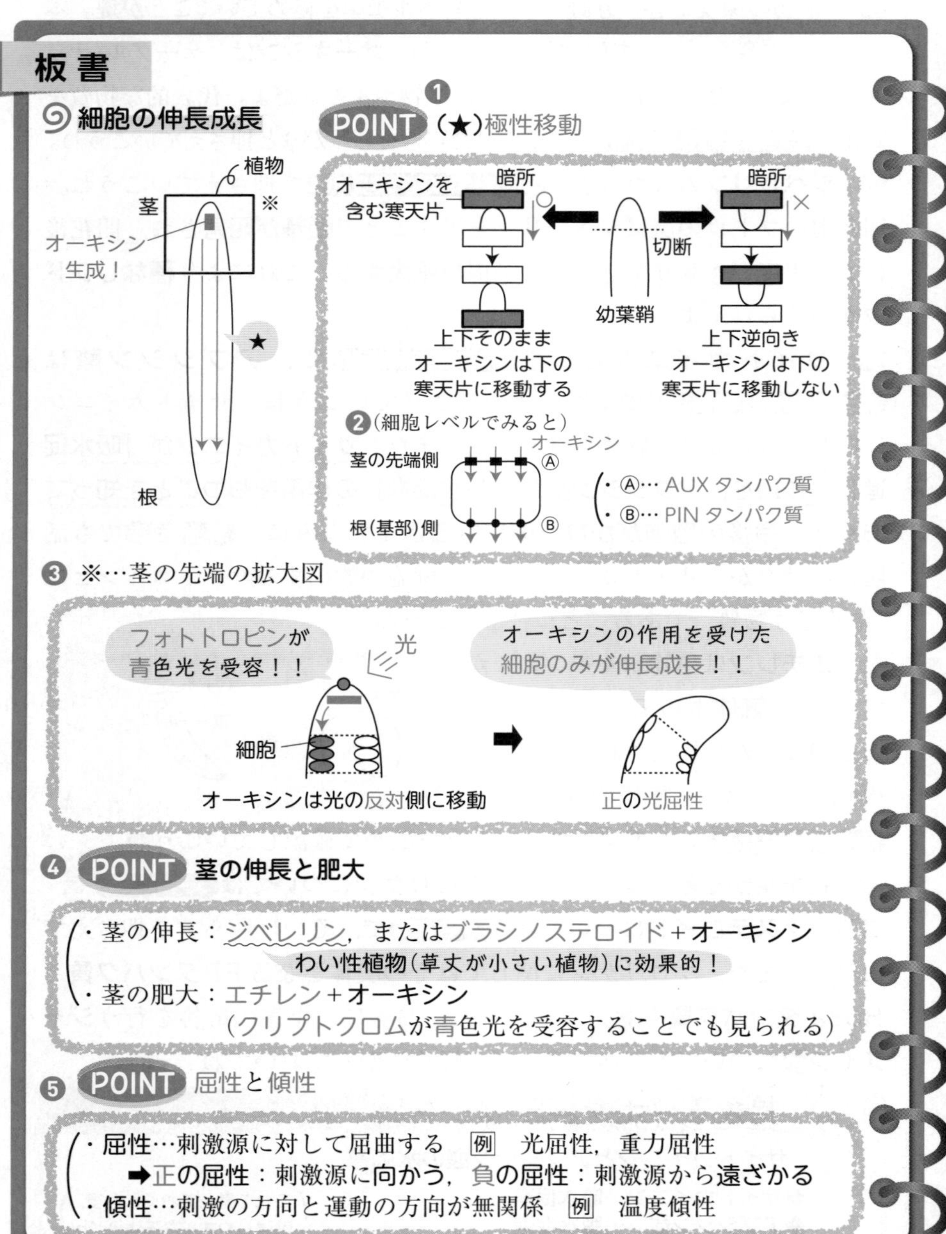

板書
細胞の伸長成長
植物
茎
※
オーキシン
生成！
★
根
❶
POINT （★）極性移動
暗所
オーキシンを
含む寒天片
切断
幼葉鞘
暗所
×
上下そのまま
オーキシンは下の
寒天片に移動する
上下逆向き
オーキシンは下の
寒天片に移動しない
❷（細胞レベルでみると）
オーキシン
茎の先端側
根（基部）側
Ⓐ
Ⓑ
・Ⓐ… AUX タンパク質
・Ⓑ… PIN タンパク質
❸ ※…茎の先端の拡大図
フォトトロピンが
青色光を受容！！
光
細胞
オーキシンは光の反対側に移動
オーキシンの作用を受けた
細胞のみが伸長成長！！
正の光屈性
❹ POINT 茎の伸長と肥大
・茎の伸長：ジベレリン，またはブラシノステロイド＋オーキシン
わい性植物（草丈が小さい植物）に効果的！
・茎の肥大：エチレン＋オーキシン
（クリプトクロムが青色光を受容することでも見られる）
❺ POINT 屈性と傾性
・屈性…刺激源に対して屈曲する 例 光屈性，重力屈性
➡正の屈性：刺激源に向かう，負の屈性：刺激源から遠ざかる
・傾性…刺激の方向と運動の方向が無関係 例 温度傾性

ポイントレクチャー

❶　茎の先端でつくられるオーキシンは**先端側から根側へ移動する**が，**根側から先端側へ移動しない**。この現象を**極性移動**というよ。

❷　オーキシンの極性移動を細胞レベルでみていこう。**AUX タンパク質**とは細胞の茎の先端側の細胞膜上に発現するタンパク質で，オーキシンを**取り込む**性質をもつよ。**PIN タンパク質**は根側の細胞膜上に発現するタンパク質で，オーキシンを**排出する**性質をもつんだ。

❸　この図のように，オーキシンは茎の先端でつくられ，光の**反対**側(当たらない側)へ移動して下降するよ。このため，オーキシンの作用を受けた，光の当たらない側の細胞のみが**伸長成長**し，**正**の**光屈性**を示すことになるんだ。あと，茎の先端部には**フォトトロピン**とよばれる光受容体が存在しており，これが**青**色光を受容することでオーキシンの移動が起こることも知っておこうね。

❹　茎の伸長や肥大は，様々な植物ホルモンが協調しあうことで起こるよ。伸長の場合は，**ジベレリン**や**ブラシノステロイド**が作用することで細胞壁の主成分であるセルロースの繊維が“**横**”方向に多く合成され，そこに**オーキシン**が作用し細胞壁が緩むことで起こる。肥大の場合は，**エチレン**が作用することで“**縦**”方向にセルロースが多く合成され，そこに**オーキシン**が作用することで起こる。また，茎の肥大は，**クリプトクロム**という光受容体が**青**色光を受容することによっても起こるよ。

❺　**屈性**と**傾性**の違いを押さえておこう。また屈性にはテーマ 148で勉強した走性のように“**正**”と“**負**”があることを知っておこう。

あともう一歩踏み込んでみよう

光屈性研究の歴史

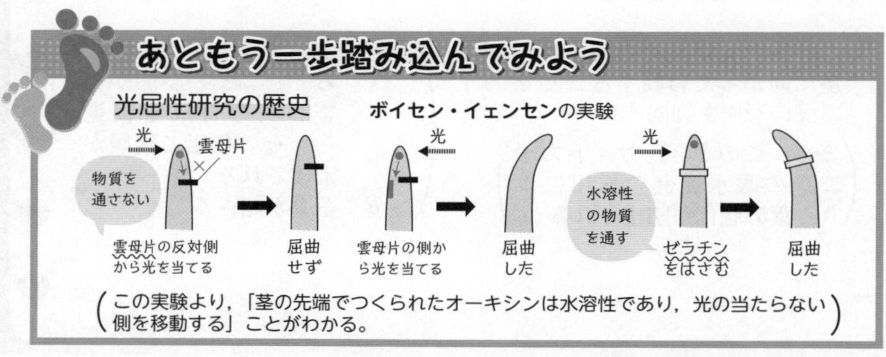

(この実験より，「茎の先端でつくられたオーキシンは水溶性であり，光の当たらない側を移動する」ことがわかる。)

テーマ154 頂芽優勢，落葉

板書

頂芽優勢について

❶ …頂芽が存在すると側芽の成長が抑制される現象
- 頂芽あり：オーキシンが側芽の成長を抑制（➡サイトカイニンの合成を抑制）
- 頂芽なし：サイトカイニンが側芽の成長を促進

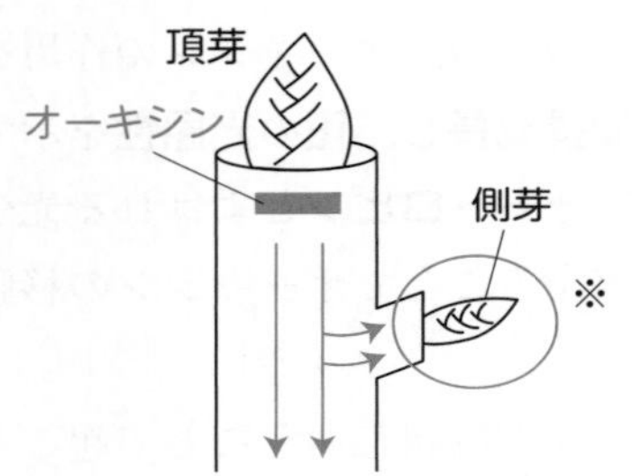

❷（※…サイトカイニンがこの部位で多く放出されると吸水促進の作用により，オーキシンの濃度が低くなり，側芽の成長が促進される。
➡テーマ155）

落葉について

❸（若い葉では…）

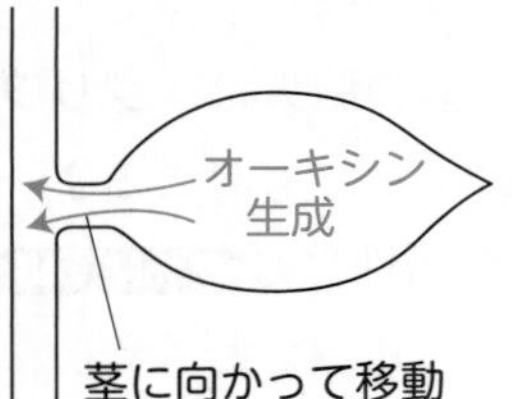

オーキシンが葉で合成され，茎に向かって移動することで離層の形成を抑制

（また，このとき，サイトカイニンの吸水促進の作用により，葉の老化が防止される）

❹（年老いた葉だと…）

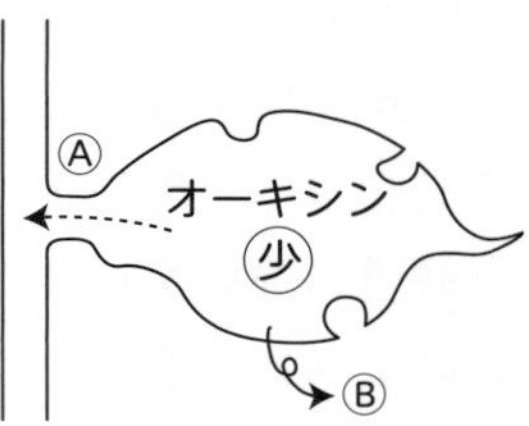

- Ⓐ：オーキシンが少なくなるとアブシシン酸がエチレンの合成を促進し，その作用で離層が形成される
- Ⓑ：落葉が起きる

ポイントレクチャー

❶ **頂芽優勢**とは，茎の先端にある頂芽付近でつくられた**オーキシン**が極性移動（テーマ153）を行うことで側芽にはたらきかけ，**サイトカイニンの合成を抑制することで，側芽の成長を抑制する**ことだよ。簡単にいうと，**“頂芽があるときは，側芽は必要ないんだ”**ということだね。したがって，頂芽がないと，サイトカイニンの合成が抑制されず，**サイトカイニンのはたらきによって側芽が成長する**ことになるんだ。

❷ テーマ155で勉強する「オーキシン濃度と器官形成のグラフ」と連動させながら頂芽優勢のしくみをつかんでいくと，めちゃくちゃわかりやすいよ。サイトカイニンが側芽付近で多く放出されると，サイトカイニンがもつ「**吸水促進**（テーマ152）」の作用で，この部位の**オーキシン濃度が低くなる**んだ。そうすることで，**結果的にオーキシン濃度が側芽の成長に適した濃度となり，側芽が成長する**，ということなんだ。詳しくはまたテーマ155で説明していくね。

❸ 若い葉では，**オーキシンが茎に向かって移動する**ため，**離層**の形成が抑制されるよ。また，若い葉では，サイトカイニンも多く含まれ，「吸水促進」が起こることで**葉の老化が防止される**よ。

❹ 年老いた葉では，オーキシンの茎への移動量が減少し，**アブシシン酸**が**エチレン**の合成を促進することにより，下図のように，葉と茎の間に離層が形成されることで落葉が起きるよ。

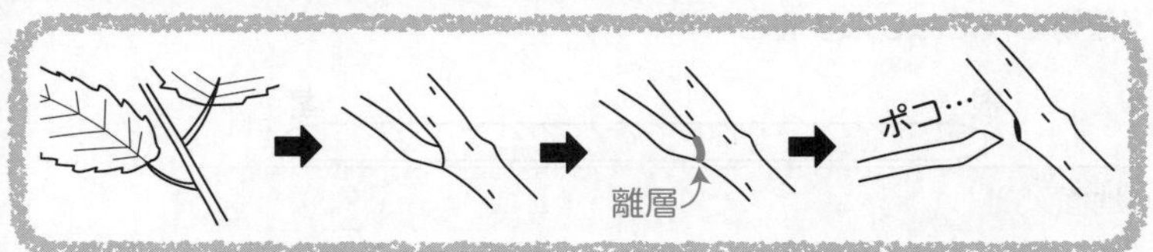

覚えるツボを押そう

オーキシンとサイトカイニンの頂芽優勢

◆オーキシン濃度が高い：**頂芽**の成長が促進

◆オーキシン濃度が低い：**側芽**の成長が促進

➡そもそもオーキシンの濃度が低くなるのは，**サイトカイニン**がもつ**吸水促進**の作用による

テーマ155 オーキシンの濃度と器官形成

板書

オーキシン濃度と器官形成

➡オーキシンの濃度に応じて「茎(頂芽)」「芽(側芽)」「根」の成長の促進，または，成長の抑制が決まる。

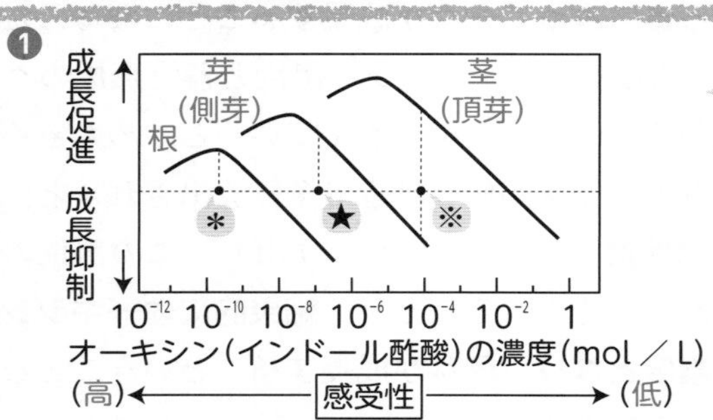

形とともに絶対暗記！

❷
※…このオーキシンの濃度だと**頂芽優勢**が起きる。
➡ここでサイトカイニンが多く放出されると，**吸水促進**が行われ，オーキシンの濃度が低くなる。
➡オーキシンの濃度が★のところまで下がると，**側芽が成長**する。

❸
POINT (＊)重力屈性

(植物を横だおしにすると…)

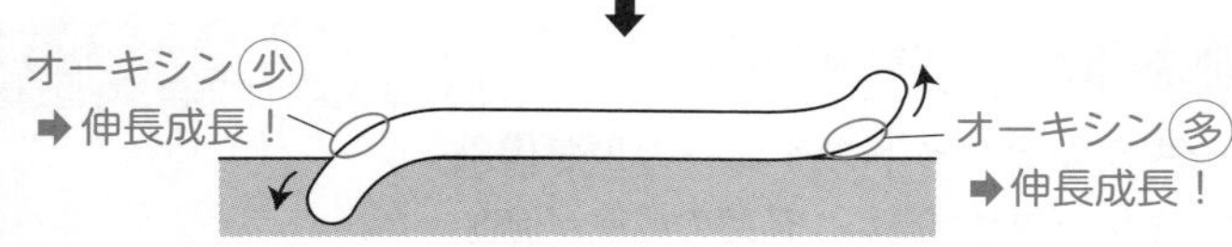

このように，根は正の**重力屈性**を，茎は負の**重力屈性**をもつ

ポイントレクチャー

❶　**茎(頂芽)，芽(側芽)，根**は，オーキシンの濃度に応じて成長が促進，または，抑制されるよ。**ここにあるグラフを，下のゴロで覚えようと合わせて，形とともに完全暗記しよう**！ここで，各器官のオーキシンに対する最適濃度は「**茎(頂芽)→芽(側芽)→根**」の順に小さくなるが，各器官のオーキシンに対する感受性は「**根→芽(側芽)→茎(頂芽)**」の順に小さくなることを押さえておこう。

❷　テーマ154で勉強した**頂芽優勢**について改めて説明していくね。❶のグラフの※は**頂芽**の成長に適したオーキシンの濃度なので，この濃度のときには頂芽優勢が起こる，しかし，ここで「**吸水促進**(テーマ152)」の作用をもつサイトカイニンが多く放出されると，**オーキシンの濃度がグラフの★のところまで下がり**，こうなると**側芽の成長が促進される**んだ。つまり，サイトカイニンが直接的に「側芽の成長を促進する」ワケではなく，サイトカイニンが「側芽の成長に適したオーキシンの濃度を設定する」ってことだね。

❸　❶のグラフの＊は，**根**の成長に適したオーキシンの濃度を表しているよ。これに応じて，**重力屈性**について勉強していこう。植物を横だおしにすると，オーキシンが重力の方向へと移動する。つまり，植物が“縦”方向の場合はオーキシンは極性移動を行う(テーマ153)が，“横”方向の場合は極性移動を行わないんだよ。これにより，根においては，上側の領域のオーキシン濃度が**グラフの＊まで下がり，この領域の細胞の伸長成長が促進される**ことで重力方向への屈曲が起こり，茎においては，下側の領域のオーキシン濃度が**グラフの※まで上がり，この領域の細胞の伸長成長が促進される**ことで重力の反対方向への屈曲が起こるんだ。このことから，根は**正**の重力屈性を，茎は**負**の重力屈性をもつことがわかるね。

ゴロで覚えよう

オーキシン濃度と器官形成

クッキーには目がねー

クッキー：茎　目：芽　ね：根

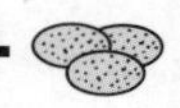

（各器官のオーキシンに対する最適濃度が小さくなる順で覚えよう！）

テーマ156 種子の発芽促進，気孔の開閉

板書

❶ 種子の発芽促進

例 オオムギの種子(デンプン種子)

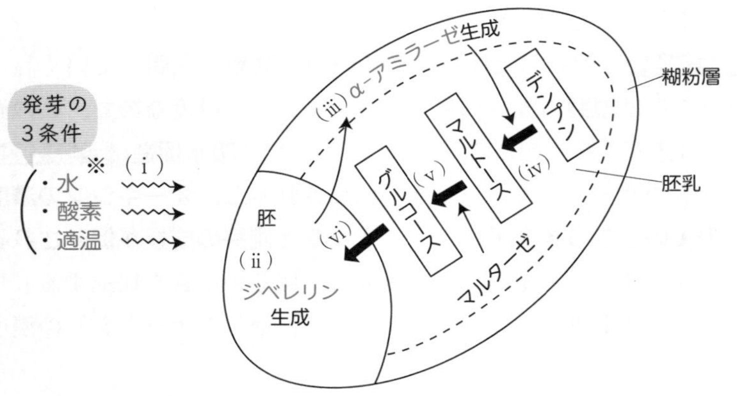

※…アブシシン酸の**脱水促進**の作用により休眠が促進される。

❷ 気孔の開閉

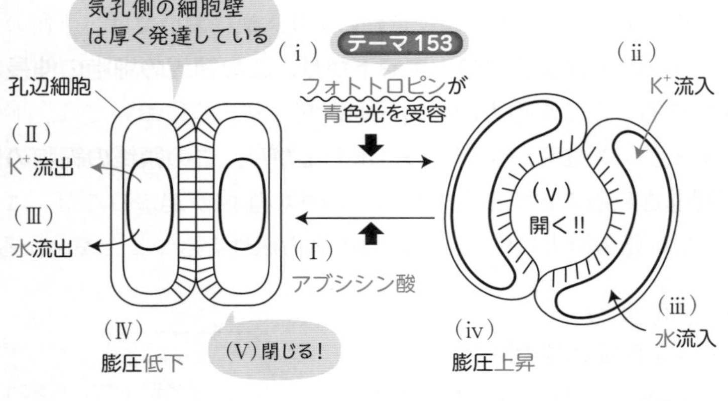

ポイントレクチャー

❶　種子の発芽は**ジベレリン**によって促進されるよ。ここでは，その流れを時系列的に説明していくね。(i)発芽の３条件である**"水""酸素""適温"**の環境が整うと，(ii)**ジベレリン**が胚で合成される。(iii)合成されたジベレリンが**糊粉層**へと移動し，**α－アミラーゼ**の合成を促進する。(iv)α－アミラーゼが胚乳に含まれるデンプンをマルトースに変え，(v)マルトースは元々胚乳に含まれている**マルターゼ**によってグルコースへと変換される。(vi)グルコースが胚に供給され，呼吸に利用され，そのエネルギーによって種子が発芽する。また，**アブシシン酸がもつ「脱水促進(テーマ152)」の作用で，発芽の３条件の１つである「水」の条件が満たされなくなり，発芽が抑制(休眠が促進)されることも押さえておこう**！

❷　気孔の開口は**フォトトロピン**が**青**色光を受容することで，気孔の閉口は**アブシシン酸**によって行われるよ。ここでは，❶同様，それらの流れを時系列的に説明していくね。まずは開口について。(i)**フォトトロピン**が**青**色光を受容することで，(ii)細胞内に**K^+**が取り込まれ，**細胞内の浸透圧が上昇**する。(iii)その結果，**吸水**が起こり，(iv)孔辺細胞の細胞壁は**気孔側に厚みがある**ことから，その吸水により孔辺細胞の膨圧が**上昇**する。(v)その後，孔辺細胞の気孔の反対側が伸びて湾曲し，気孔が開く。次は閉口について。(Ⅰ)**アブシシン酸**の作用によって，(Ⅱ)**K^+**が細胞外へ排出され，**細胞内の浸透圧が低下**する。(Ⅲ)その結果，**排水**が起こり，(Ⅳ)孔辺細胞の膨圧が**低下**し，(Ⅴ)気孔が閉じる。また，ここでも，**アブシシン酸の「脱水促進」により，気孔が閉口していることに注目しておこう**！

あともう一歩踏み込んでみよう

植物体内における水液上昇のしくみ

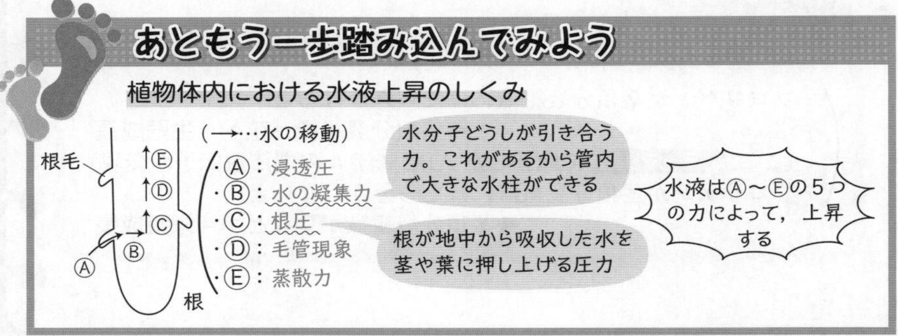

テーマ157 花芽形成

板書

花芽形成について

➡花芽を形成させるホルモン（フロリゲン）は，2007年に島本功博士らによって発見された。

❶

条件

・連続する暗期の長さ➡ テーマ158
・温度 ➡ テーマ159

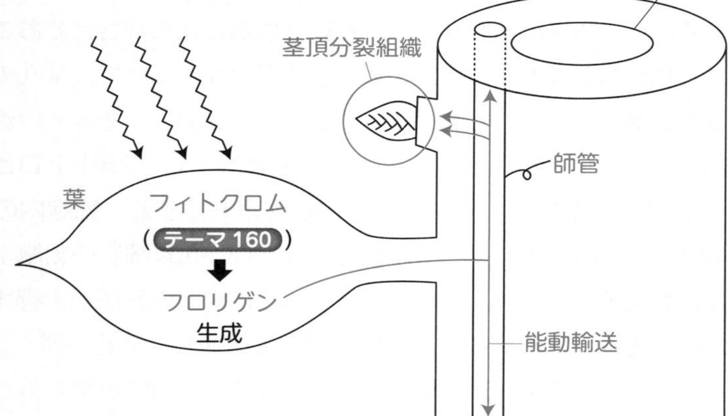

❷《フロリゲンの実体》

・シロイヌナズナ… FTタンパク質
・イネ … Hd3aタンパク質

❸ POINT 生殖成長と栄養成長

・フロリゲンが茎頂分裂組織にはたらきかけると…
➡茎頂分裂組織が花へ＝生殖成長
（ここでテーマ121で勉強したABCモデルの調節遺伝子が発現）
・フロリゲンが茎頂分裂組織にはたらきかけないと…
➡茎頂分裂組織が葉などへ＝栄養成長

ポイントレクチャー

❶　本テーマから テーマ160 にかけて，おもに“暗期の長さ”や“光の種類”による「花芽形成」や「発芽」について勉強していこう。まず，本テーマでは「花芽形成」のしくみについて詳しく説明していくね。この図にあるように，葉で「**連続する暗期の長さ**」や「**温度**」の条件が整うと，フォトトロピン（テーマ153&156）やクリプトクロム（テーマ153）の仲間である，**フィトクロム**とよばれる光受容体が発現することで**フロリゲン**がつくられる。その後，フロリゲンは**能動輸送**によって**師管**を移動し，**茎頂分裂組織**にはたらきかけることで花芽形成が行われるよ。

❷　フロリゲンは，1936年にその存在が提唱されてはいたが，なかなかその実体がつかめなかった。そこで，2007年に島本功博士らによって，フロリゲンの実体はタンパク質であることが発見されたよ。ここでは，2つの有名なフロリゲンタンパク質（**FTタンパク質**，**Hd3aタンパク質**）の名称を覚えておこうね。

❸　茎頂分裂組織は，茎や芽，葉や花など，さまざまな器官を形成する組織である。葉でつくられたフロリゲンが茎頂分裂組織にはたらきかけると生殖器官である花が形成される。このことを**生殖成長**というよ。ここで，テーマ121 で勉強したABCモデルの調節遺伝子A～Cが茎頂分裂組織で発現されたからこそ，花芽が形成されたことを押さえておこうね。フロリゲンはヒトでいう“性ホルモン”みたいなものだから，生殖成長はヒトでいういわゆる“思春期での成長”のことだね。あと，茎頂分裂組織が花以外の器官を形成する場合は，**栄養成長**というよ。

あともう一歩踏み込んでみよう

夢の「花咲かホルモン」の発見

花を自在に咲かせるホルモンであるフロリゲンは，1936年にロシアの植物学者チャイラヒャンによってその存在が提唱されてから約70年後，2007年に奈良先端科学技術大学院大学の島本功博士らが発見した。正に，島本博士は平成の「花咲かじいさん」で，フロリゲンは「花咲かじいさんの灰」だね。島本博士は2013年，63歳で亡くなった。

テーマ158 短日植物，長日植物，中性植物

板書

“連続する暗期の長さ”による花芽形成＝光周性

❶

夜・短日植物(夏〜秋咲き)

花芽形成に影響を与える一定時間の連続した暗期

連続する暗期の長さが限界暗期より長くなると花芽形成

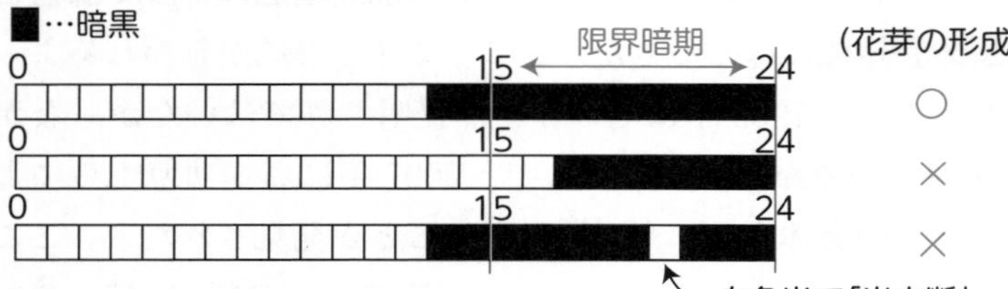

(植物例)　コスモス，アサガオ，オナモミ，イネ，タバコ，ダイズ，キク，サツマイモ

❷

・長日植物(春咲き)

連続する暗期の長さが限界暗期より短くなると花芽形成

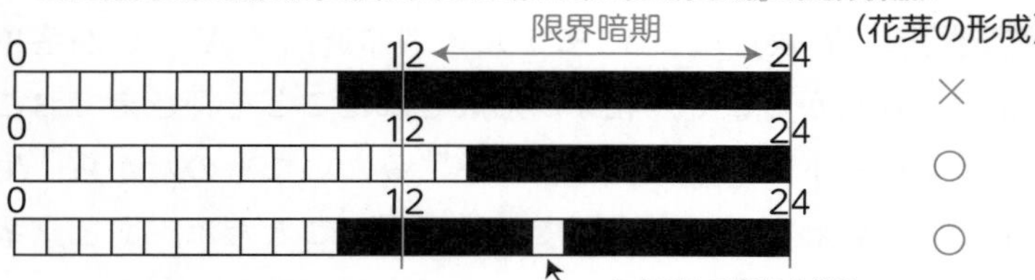

(植物例)　アブラナ，ニンジン，キャベツ，ダイコン，アヤメ，ホウレンソウ，カントウタンポポ，コムギ，レタス(カンサイ)

❸

POINT 中性植物

日長に関係なく花芽を形成する植物。栽培植物に多い

(植物例)　ハコベ，ナス，キュウリ，ピーマン，トマト，トウモロコシ，(セイヨウ)タンポポ，エンドウ，ジャガイモ，ソバ

ポイントレクチャー

❶ **短日植物**が花芽形成を行う条件について，次のように考えよう。

➡ 夜(連続する暗期)の長さがある一定の長さ(**限界暗期**)より**長く**なると花芽形成＝**1年の中で最も夜が短いとき(夏至)以降に花芽形成**

したがって，短日植物が**夏～秋咲き**の植物であることがうなずけるよね(冬は温度条件が満たされず，花芽を形成しない！と考えよう)。あとは，上の□の考え方を元に，左ページの○×を確認しておこうね。また，**季節感を大事にしながら，下のゴロで覚えようで短日植物の(植物例)を押さえておこう**！ちなみに，限界暗期は“植物によって異なる”ことを知っておこうね。

❷ **長日植物**が花芽形成を行う条件については次のように考えよう。

➡ 夜(連続する暗期)の長さがある一定の長さ(限界暗期)より**短く**なると花芽形成＝**1年の中で最も夜が長いとき(冬至)以降に花芽形成**

したがって，長日植物が**春咲き**の植物であることが納得できるよね。あとは，上の□の考え方を元に，左ページの○×を確認しておこうね。また，**季節感を大事にしながら，下のゴロで覚えようで長日植物の(植物例)を押さえておこう**！

❸ 日長に関係なく花芽を形成する植物を**中性植物**というよ。中性植物は“栽培植物に多い”という特徴はあるが，これに関しては，**もう理屈抜きで(植物例)を下のゴロで覚えようで押さえていこう**！

ゴロで覚えよう

短日植物，長日植物，中性植物の植物例

(短日植物)
たーんと
(短) **コ**スモス **こ** **ア**サガオ **オ**ナモミ **イ**ネ **タ**バコ **ダ**イズ **キ**ク **サ**ツマイモ **！**

(長日植物)
ちょー
(長) **ア**ブラナ **ニ**ンジン **キャ**ベツ **ダ**イコン **～！** **ア**ヤメ **ホ**ウレンソウ **カ**ントウタンポポ(サイ) **コ**ムギ **レ**タス **！**

(中性植物)
ハコベ **ナ**ス **が** **キュ**ウリ **ピー**マン **っ** **ト**マト **ト**ウモロコシ (セイヨウ)**タン**ポポ **に** **エ**ンドウ **ジ**ャガイモ **ソ**バ **ん！(中性的)**

テーマ159 環状除皮，春化

板書

花芽形成に関する実験

❶《オナモミ(短日植物)を使った短日処理の実験》

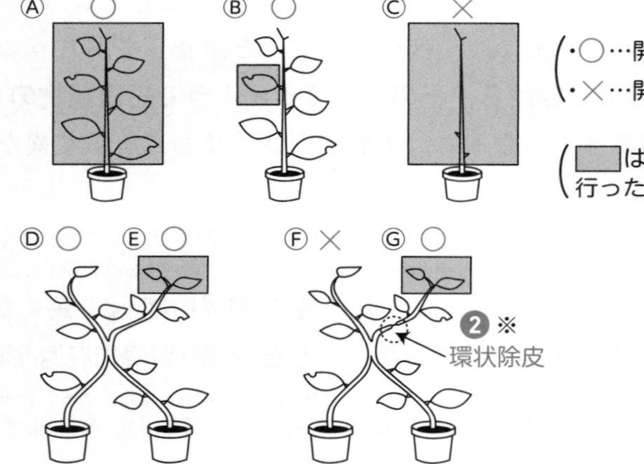

(・○…開花あり
・×…開花なし)

(■は短日処理を行ったことを示す)

(※…茎の形成層より外側の部分を取り除くこと。師管が切断されるため，ここでフロリゲンの運搬が滞る。)

❸

“温度”による花芽形成

(植物例)　秋まきコムギ(長日植物)
➡秋にまいて，冬を経験し，春に花を咲かせる植物

	秋	冬	春	夏	開花結実
秋まきコムギ	━━	●低温 ━━	━━	━━➡	○
			━━	━━➡	×
		春化処理	●━━	━━➡	○

秋まきコムギを春にまくと開花しないが，発芽種子を低温下におく(春化またはバーナリゼーション)と，春にまいても開花する

ポイントレクチャー

❶ テーマ157では，「フロリゲンが**葉**でつくられ，**師管**を通ること」を勉強したね。これを肝に銘じて，短日植物であるオナモミを使った花芽形成に関する実験について対策していこう。短日処理とは，“人工的に連続暗期を長くする処理”のこと。つまり，**オナモミの葉に短日処理を施すことによってフロリゲンがつくられる**ことになるね。したがって，Ⓐのような条件では開花が**みられる**が，Ⓒのような葉がない条件では開花は**みられない**。また，一部の葉を短日処理するだけでもフロリゲンは師管を通って植物体全体を移動するので，ⒷⒹⒺのような条件でも開花が**みられる**ことになるよ。

❷ では，師管を切断する**環状除皮**を行った場合はどうなるか？環状除皮により，その部分でフロリゲンの運搬が滞るので，ⒻⒼの場合は，右図のように，Ⓖの枝では開花が**みられる**が，Ⓕの枝では開花が**みられない**。このことを踏まえ，下の**類題を解こう**に挑もう。

❸ ここでは，「連続する暗期の長さ」ではなく，「**温度**」による花芽形成について説明していくね。**秋まきコムギ**という品種の花芽形成のようすだけを理解していこう。このコムギは名前の通り，**秋**にまくが，長日植物であるため，**春**に花を咲かせる。つまり，**冬(低温)**を経験し花を咲かせる植物なんだ。このように，花芽の形成が低温によって誘導される現象を**春化(バーナリゼーション)**というよ。

類題を解こう

花芽形成に関する実験問題

左ページのオナモミの短日処理の実験を右図のように行った場合，Ⓗとⓘの枝について，開花がみられる場合は○を，みられない場合は×を示せ。

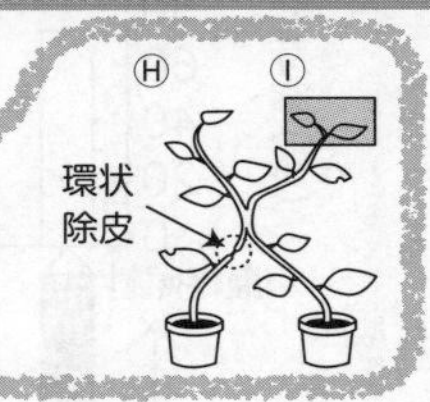

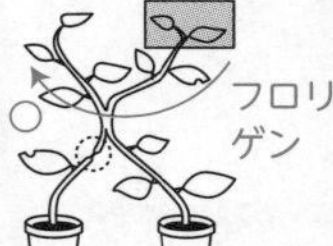

解説

左図のように，短日処理を行ったⓘの枝の葉で合成されたフロリゲンは，**環状除皮が施された部位より上部の師管を経由してⒽの枝まで運搬される。**したがって，Ⓗ：○　ⓘ：○…**(答)**

テーマ160 フィトクロム

板書

❶ フィトクロムについて

➡フィトクロムには P_R 型(赤色光吸収型)と P_{FR} 型(遠赤色光吸収型，または近赤外光吸収型)の2つの型があり，それぞれが光を吸収すると，P_R 型はアブシシン酸の分泌を，P_{FR} 型はジベレリンの分泌を促進して，花芽形成や発芽が引き起こされる。

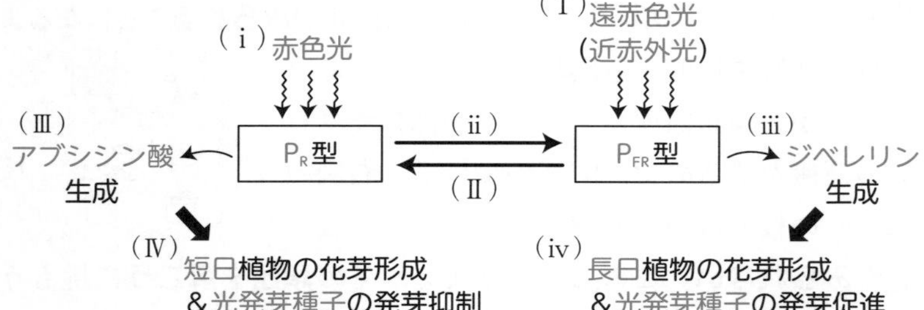

❷ POINT 光発芽種子(※)と暗発芽種子

・光発芽種子…発芽の条件として，光が必要な種子
(植物例)　レタス，タバコ，マツヨイグサ
・暗発芽種子…光で発芽が抑制される種子
(植物例)　カボチャ，ケイトウ，クロタネソウ

《光照射による光発芽種子の発芽実験》

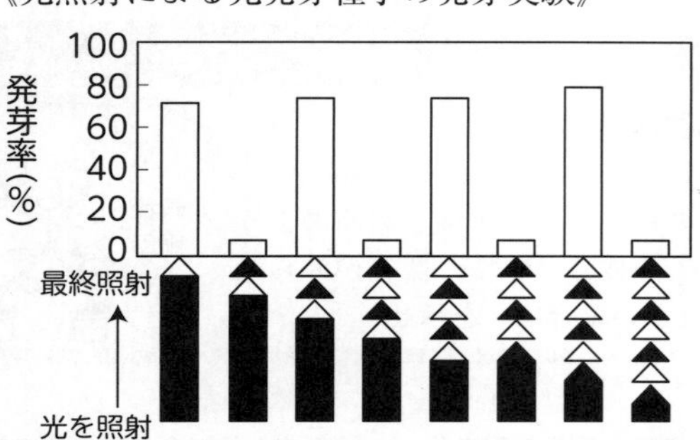

このように，最後に照射した光が赤色光なら発芽し，遠赤色光なら発芽しない

ポイントレクチャー

❶ テーマ157で勉強してきたように，フィトクロムは光受容体である。本テーマでは，そのフィトクロムに照射する光の種類を変えていくことで，花芽形成や発芽のようすがどう変わるのか，について勉強していこう。(ｉ)～(iv)の流れを説明するとこうなる。

➡ **赤色光**を吸収したP_R型は**P_{FR}型**へ変化し，**ジベレリン**が分泌されることで**長日植物の花芽形成や光発芽種子の発芽が促進される**

次に(Ⅰ)～(Ⅳ)の流れを説明するとこうなるよ。

➡ **遠赤色光(近赤外光)**を吸収したP_{FR}型は**P_R型**へ変化し，**アブシシン酸**が分泌されることで**短日植物の花芽形成の促進や光発芽種子の発芽の抑制が行われる**

また，ここでは“日本語の言い回し”に注意しよう。例えば，「光発芽種子の発芽を促進する光＝**赤色光**」であるが，「光発芽種子の発芽を促進するフィトクロムの型＝**遠赤色光吸収型(P_{FR}型)**」というようにね。

左ページの図を自分の手で書けるようにしておこう！

❷ 光発芽種子の**(植物例)**をしっかりと押さえておこう。また，フィトクロムはP_R型とP_{FR}型を“可逆的”に変化させることができるので，光発芽種子の発芽を促進させるためには，“最終的に”フィトクロムが**P_{FR}型の状態になっている**必要があることに注意しよう。つまり，この《発芽実験》のように赤色光と遠赤色光を交互に照射していった場合，最後に照射した光が**赤色光**なら，“最終的に”フィトクロムがP_{FR}型の状態になっているから**発芽する**ってことだよ。

覚えるツボを押そう

光受容体

光受容体	受容する光	はたらき
フォトトロピン	青色光	光発芽 気孔の開口
クリプトクロム	青色光	茎の肥大成長
フィトクロム	赤色光 遠赤色光	短日植物の花芽形成 光発芽種子の発芽

テーマ161 個体群と成長曲線

板書

❶
個体群の成長

…ある空間を占める同種個体の集まり

(イメージ)

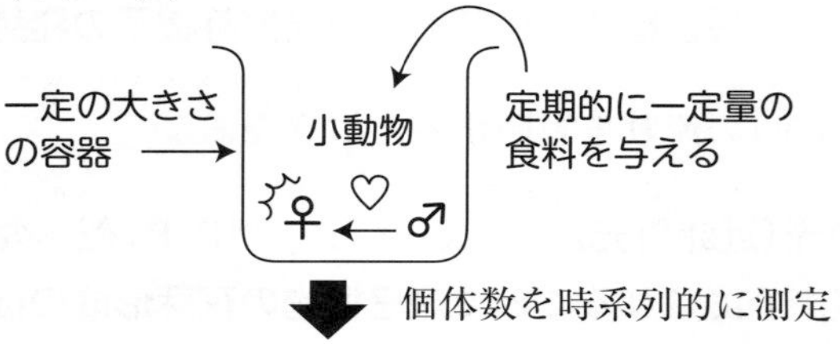

⬇ 個体数を時系列的に測定

❷

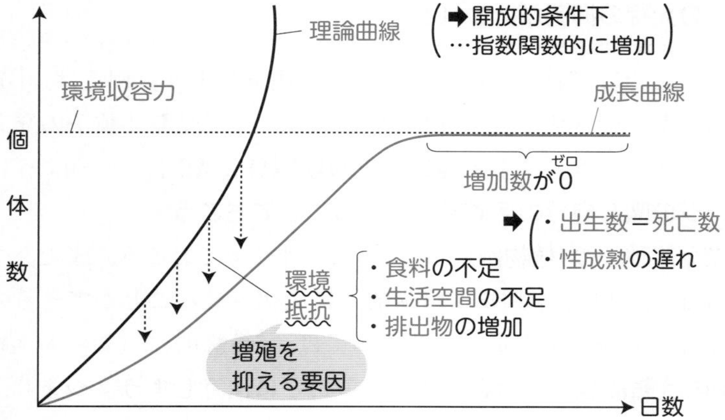

❸ ➡時間が経つごとに増加数が低くなるのは“**密度**”が原因

POINT 個体群密度

$$個体群密度 = \frac{個体数}{生活空間}$$

➡また，密度が原因で生じる影響を密度効果という

… （・個体数の変化
　・個体の大きさ，形態，行動力，産卵など） テーマ162

ポイントレクチャー

❶　第7章ではマクロな内容に触れていくので，目に見えてわかりやすい内容が多いはずだよ。だからこそ，明確なイメージをもちながら勉強していこうね。まず，本テーマでは，**個体群の成長**について説明していくね。ある小動物を(イメージ)のような条件で飼育した場合，個体数はどのように増えていくのかを確かめていこう。

❷　個体群の成長過程をグラフで示したよ。開放的条件下(食料や生活空間などの**資源**に制限がない条件下)では，個体数はこの図の**理論曲線**のように指数関数的に増加していくよ。しかし，実際には資源には限りがあるため，「**食料**の不足」「**生活空間**の不足」「**排出物**の増加」などの**環境抵抗**がはたらき，S字状の**成長曲線**となるのね。その場合の最大の個体数を**環境収容力**というよ。これらの1つ1つの名称をしっかりと覚えようね。また，**増加数が 0** である時点において，「**出生数と死亡数が同じになること**」「**性成熟が遅れること**」を知っておこう。さらに，このグラフにおいて，増加数は成長曲線の **“接線の傾き”** に相当することも押さえておいてね。

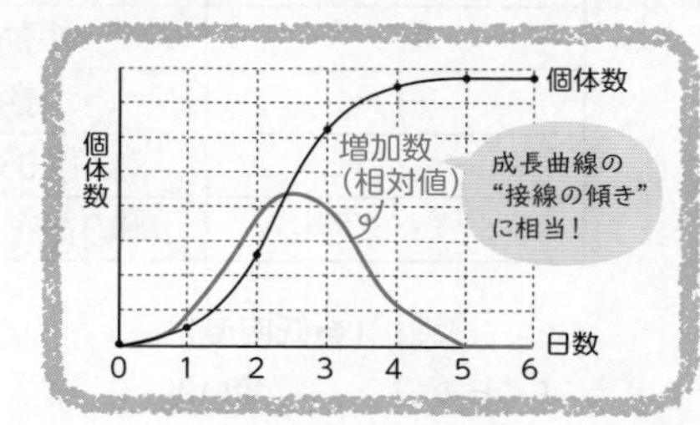

❸　❷の成長曲線において，時間が経つごとに増加数が低くなるのは **“密度”** が原因であり，この密度のことを**個体群密度**というよ。個体群密度は POINT で示したような式になることを押さえておこう。また，密度が原因で生じる影響を**密度効果**というよ。これに関しては，テーマ162 で詳しく説明していくね。

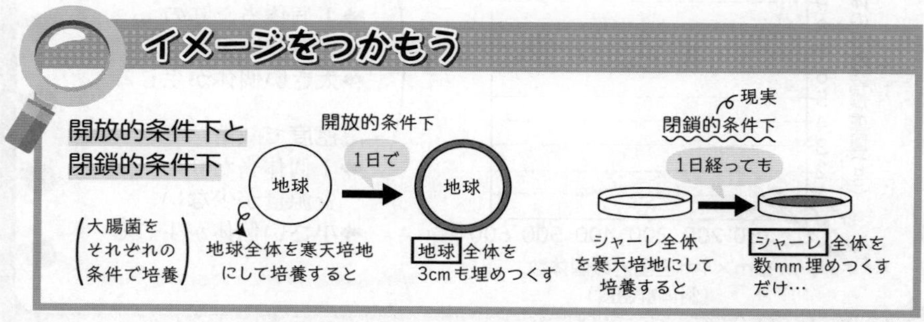

テーマ162 相変異，最終収量一定の法則

板書

密度効果の例

❶

・相変異…密度効果によって生じた個体の変化

（生物例）　トノサマバッタ（ワタリバッタ），アブラムシ，ヨトウガ，ウンカ

孤独相		群生相
緑色	体色	黒色
低い	移動性	高い
短い	翅	長い
長い	後あし	短い
多い・小さい	卵の数・大きさ	少ない・大きい

孤独相（⬅低密度）

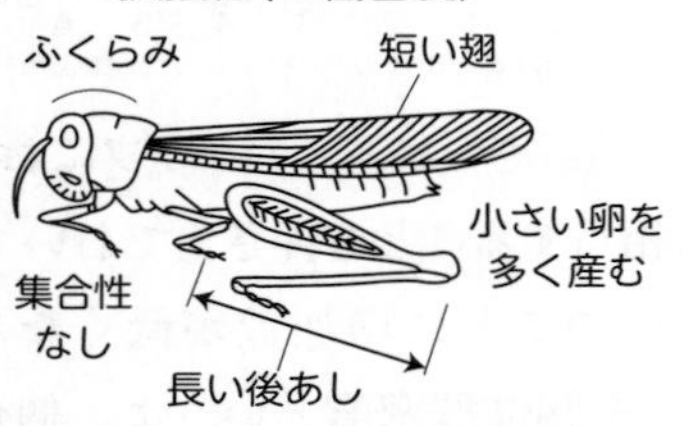

群生相（⬅高密度）

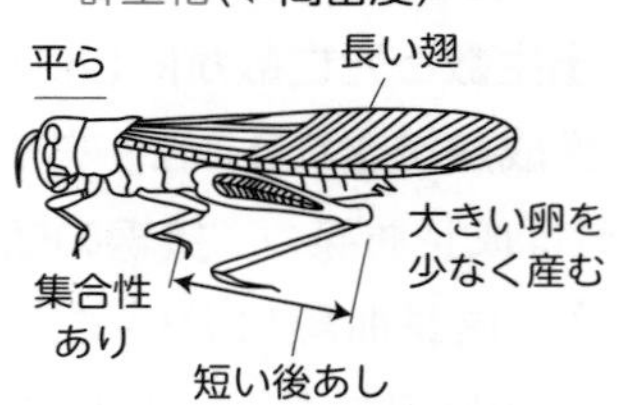

❷

・最終収量一定の法則

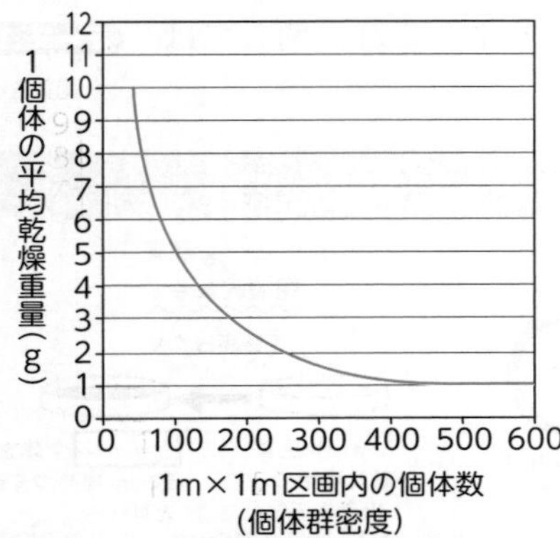

・低密度で栽培
➡１個体当たりの資源量が多い
➡大きい個体が生じる

・高密度で栽培
➡１個体当たりの資源量が少ない
➡小さい個体が生じる

ポイントレクチャー

❶　相変異について，トノサマバッタを例にして説明していくね。「ここに示した表をそのまま覚えよう！」って丸投げしてもいいんだけど，ここは論理的に，かつ，イメージを膨らませながら覚えていこう。まず，バッタを１匹見つけたとしよう。その１匹のバッタ(**孤独相**)の色は，保護色の**緑色**をしていることが多いはずだよ。そして，保護色を呈しているということは，移動性は**低く**，翅は**短い**はずだ。土着生活が長いため，自らのからだを支える後あしは**長い**はず。また，孤独相は次世代に多くの個体を残したいはずだから，卵の数は**多く**，卵１つ当たりの大きさは**小さく**なるはずだね。**群生相**に関しては，**孤独相の“逆”**と考えてくれればいいよ。

❷　例えば，粒は少数でいいが，大粒納豆を収穫した場合は**“低密度”**で，小粒納豆を多数収穫したい場合は**“高密度”**で栽培すればいいんだよ。その場合，両者の作物の総重量(収穫量)は右図のように**同じ**になる。これを，**最終収量一定の法則**というよ。左ページのグラフは，「個体群密度が小さいときは１個体当たりの重量が大きく，個体群密度が大きいときは１個体当たりの重量が小さい」ということを示したものだよ。このとき，このグラフの「縦軸の値×横軸の値＝一定(➡このグラフの場合，この値は500)」となり，反比例のグラフになっていることも確認しておいてね。

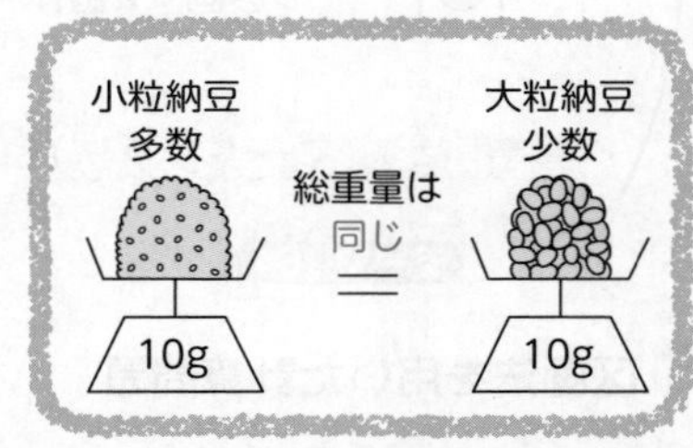

イメージをつかもう

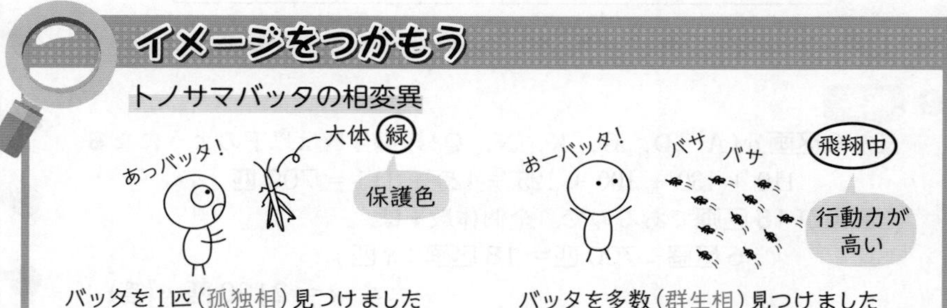

テーマ163 区画法(コドラート法)の問題

板書

❶

個体数の測定法

・区画法(コドラート法) …動かない生物に用いる。

➡(生物例) 植物，フジツボなど

(イメージ) 9区画に2個体

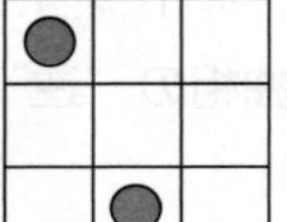

全区画が45区画であるとき，
全個体数xは以下のようになる。

9区画：2個体 = 45区画：x個体

⇄ x = 10個体

・標識再補法(マーキング法)…動き回る生物に用いる。

➡(生物例) モンシロチョウなど

テーマ164

区画法を用いた計算問題

区画法によりフジツボの全個体数を求めることにした。干潮時の磯で区画を18区画(区画A～R)つくり，その中で任意の6区画に生息するフジツボの個体数を数えたところ，下の表のような結果が得られた。この区画全体におけるフジツボの全個体数は何匹か。

区　画	A	D	G	K	N	Q
個体数[匹]	110	130	100	125	120	115

❷ 解説

表の6区画分(A，D，G，K，N，Q)の個体数は以下のようになる。

110 + 130 + 100 + 125 + 120 + 115 = 700匹

全区画が18区画であるので，全個体数xは，

6区画：700匹= 18区画：x匹

⇄ x = 2100匹…(答)

ポイントレクチャー

❶　個体数の測定法に関する計算問題の対策を行っていこう。個体数の測定法は「**区画法（コドラート法）**」と「**標識再補法（マーキング法）**」に大別されるよ。区画法は，植物やフジツボなどの**動かない**生物の個体数を測定する方法だよ。本テーマでは，この区画法について説明していくね。（イメージ）にあるように，まず，一定面積の区画を複数設定して（今回は**9区画**），その区画内の個体数を数える（今回は**2個体**）。そして，それらの比率と，全区画（今回は**45区画**）と全個体数（今回は**x個体**）の比率が一致するはずなので，「**9区画：2個体＝45区画：x個体**」と立式でき，**x＝10**（個体）と計算できる。このあと，実際に問題を解いてみようね。また，**動き回る**生物の個体数を測定する標識再補法の詳しい計算方法については，テーマ164で説明していくね。

❷　❶の（イメージ）と同様に考えていくといいよ。**6区画**に**700匹**存在するということは，全区画である**18区画**には何匹いるのかを，比で求めていけば簡単に解けるよ。

類題を解こう

区画法を用いた計算問題

区画法によりフジツボの全個体数と個体群密度を求めることにした。干潮時の磯で1辺50cmとする正方形の区画を18区画（区画a～r）つくり，その中で任意の8区画に生息するフジツボの個体数を数えたところ，下の表のような結果が得られた。この区画全体におけるフジツボの全個体数は何匹か。また，個体群密度は1m^{2}当たり何匹か。

区　画	b	d	f	h	j	m	o	r
個体数[匹]	75	60	80	85	110	55	65	70

解説　（全個体数）左ページと同様の解法で問題に挑もう！ **1350匹…（答）**

テーマ161を復習！

（個体群密度）表の**8区画**分の個体数は**600匹**。この8区画分の面積は，**50cm × 50cm × 8 ＝ 20000cm^2 ＝ 2m^2**。したがって，個体群密度（＝個体数÷生活空間）は**600匹÷ 2m^2=300匹／ m^2…（答）**

テーマ164　標識再捕法（マーキング法）の問題

板書

標識再捕法を用いた計算問題

畑でモンシロチョウを無作為に捕まえたところ，雄が75匹，雌が25匹捕獲された。これらすべての個体に印をつけて同じ場所に放し，数日後に再び無作為に捕獲したところ，雄60匹，雌40匹が捕獲された。その中に印がついていたモンシロチョウは，雄30匹，雌4匹であった。このチョウの雄および雌の推定個体数はそれぞれ何匹か。

❶（イメージ）

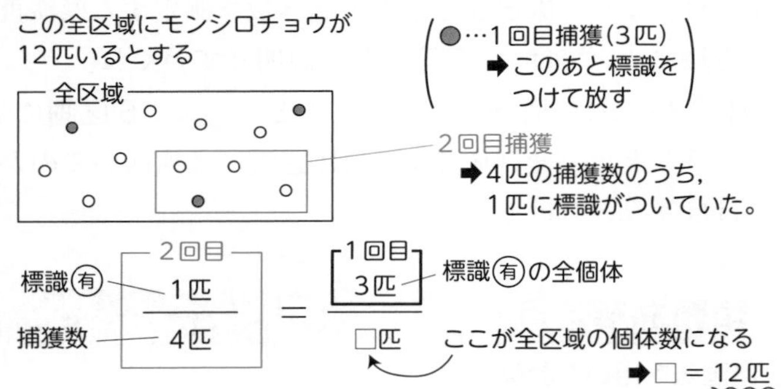

❷ 解説　雄の推定個体数を x 匹，雌の推定個体数を y 匹とすると，

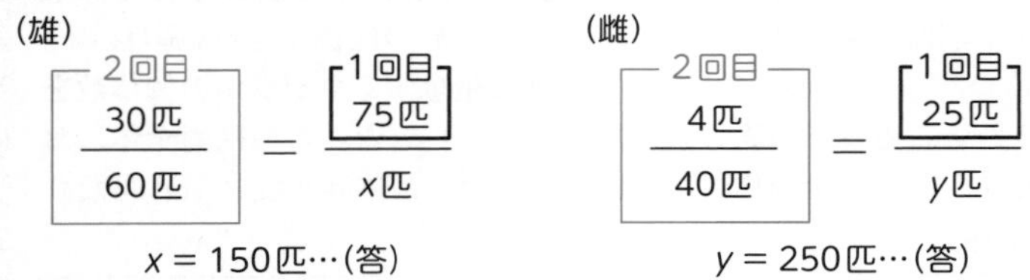

$x = 150$ 匹…(答)　　$y = 250$ 匹…(答)

❸ POINT　標識再捕法の４つの条件

・標識が外れないこと
・標識自体が個体の捕まり易さに影響しないこと
・標識自体が無害であること
・個体の移出，移入（または死亡，出生）が少ないこと

ポイントレクチャー

❶　本テーマでは，標識再補法による個体数の測定法について説明していくね。標識再補法とは，まず，捕獲した個体に標識をつけて放し，その後十分に拡散したところで再び個体を捕獲し，そのうち何個体が標識されているかを数えることで，全個体数を算出する方法である。そこで，この**(イメージ)**を見てみよう。2回目捕獲数（□の中の数に相当）のうちの標識個体数（□の中の●の数に相当）の割合が，全個体数（□の中の数に相当）のうちの1回目捕獲数（□の中の●の数に相当）の割合と**一致**するね。したがって，全個体数はこのような簡単な分数を使った立式で求めることができるんだ。

❷　❶で説明した(イメージ)の内容を元に，問題の解説をしていくね。とにかく，「**2回目捕獲数のうちの標識個体数の割合＝全個体数のうちの1回目捕獲数の割合**」を意識していけば，このように簡単に解けるよ。下の**類題を解こう**で，繰り返し演習を行っておこうね。

❸　標識再補法の4つの条件をきちんと押さえておこう！標識が「**外れない**」「**捕まり易さに影響しない**」「**無害**」という特徴をもつのは，実験の性質上，当然だよね。また，万が一，個体の移出・移入が起きてしまうと，捕獲個体数における標識個体数の割合が変わってしまうので，「個体の**移出**，**移入**が少ない」というのも当たり前の条件であるといえるね。

類題を解こう

標識再補法を用いた計算問題

$5m^2$ の地域でネズミ10匹を捕獲し，標識をつけて放した。数日後，同じ地域でネズミ20匹を捕獲したところ，標識のついている個体は5匹であった。この地域における個体群密度は $1m^2$ 当たり何匹か。

解説　$5m^2$ の地域での全個体数を x 匹とすると，

$$\frac{5\text{匹}}{20\text{匹}}\ (\text{2回目}) = \frac{10\text{匹}}{x\text{匹}}\ (\text{1回目})$$

$x = 40$ 匹

これを $1m^2$ 当たりの個体群密度に換算すると，

40匹 ÷ $5m^2$ ＝ 8匹／m^2…(答)

テーマ165 生命表と生存曲線

板書

❶

生存曲線について

…ある生物における一生涯の各段階の生存個体の“割合”をグラフにしたもの

➡生命表をもとに作成される。

❷

例

年　齢	生存数	死亡数	死亡率
⋮	⋮	⋮	⋮
7	100匹	30匹	30%
8	70匹	21匹	30%
9	49匹	15匹	30%
10	34匹	⋮	⋮
⋮	⋮		

❸

《生存曲線》

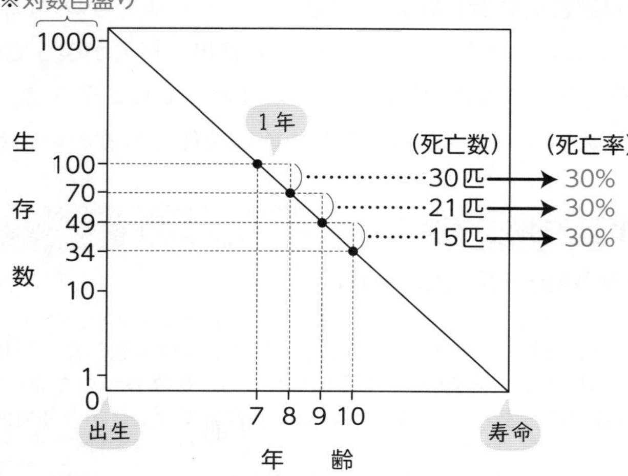

POINT (※)対数目盛りを使用するメリット

変化“率”の大きさが“グラフの傾き”から推定できる

ポイントレクチャー

❶ テーマ161で勉強した成長曲線は，個体群の生存個体の“**数**”を示すグラフであった，本テーマでは，個体群の生存個体の“**割合**”を示すグラフである**生存曲線**について勉強していこう。

❷ ここに**生命表**の例を示したよ。これは著者本人が仮想動物を想定して作成したものだよ。この表から，この動物は，年齢を重ねるごとに**死亡数は減少しているが**，**死亡率は変わっていない**ことがわかるよね。

❸ ❷の生命表を元に生存曲線を作成していくとこのようになるよ。ここで押さえておいてほしいのは，「**生存曲線で表現したいのはあくまで“数”ではなく“率”である**」ということだ。そこで，このグラフの“縦軸”をよ～く見てほしい。下から等間隔なのに「1→10→100→1000」って数字が何かバランス悪くおかれているよね。これは**対数目盛り**といって，この目盛りのおかげで，変化数ではなく**変化“率”**を上手く表現できるようになるんだ。例えば，「Ⓐ1000匹中100匹死亡した(死亡数は100匹，死亡率は**10%**)」という現象と「Ⓑ100匹中10匹死亡した(死亡数は10匹，死亡率は**10%**)」という現象を生存曲線としては“同じ評価”として扱っていきたいが，縦軸を対数目盛りにしておくと，Ⓐの場合とⒷの場合とで“**グラフの傾き**”が同じになるんだ。つまり，対数目盛りを使用することで変化“**率**”の大きさが“**グラフの傾き**”から推定できるようになるんだよ。実際，左ページの生存曲線においても，7～10歳の過程において，死亡数が年齢ごとに異なるのに，死亡率が一定だと，グラフの傾きが同じになっていることがわかるよね。

イメージをつかもう

対数目盛りを用いるメリット

100点／1000点中のテスト ＝ 10点／100点中のテスト

同じ評価！

(左の２つのテストは点数が違っても同じ評価(ともに得点率10%)
➡このように母数が違っても，評価をきちんとそろえることができる)

テーマ166　生存曲線の３つの型，齢構成

板書

生存曲線の３つの型

❶ POINT

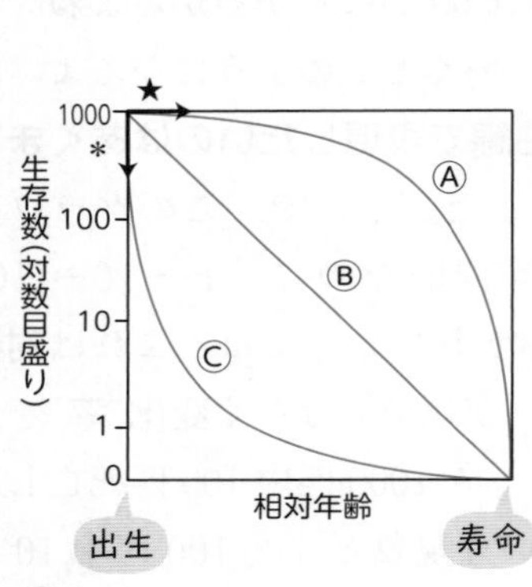

	型	特徴	例
Ⓐ	晩死型	・初期の死亡率は低い（★） ・産数は少ない➡親からの保育あり ・被食が少ない ・生理的寿命（※$_1$）と生態的寿命（※$_2$）がほぼ等しい	・大型ホ乳類 ・大型鳥類 ・ミツバチ ・アリ
Ⓑ	平均型	・各年齢における死亡率は一定	・小鳥 ・ハ虫類 ・小型ホ乳類 ・淡水に産卵する動物
Ⓒ	早死型	・初期の死亡率は高い（＊） ・産数は多い➡親からの保育なし ・被食が多い ・生態的寿命（※$_2$）が平均寿命の大きな要因	・海水に産卵する動物 ・昆虫

❷
《寿命の種類》

※$_1$…環境抵抗や被食の影響を受けない条件下での寿命
※$_2$…環境抵抗や被食の影響を受け，成体になる前に死亡する条件下での寿命

❸
齢構成について

…個体群を発生段階や年齢ごとに分け，その数や割合を示したもの。齢構成の中でも雌雄別に各年齢層の割合を示したものを年齢ピラミッドという。

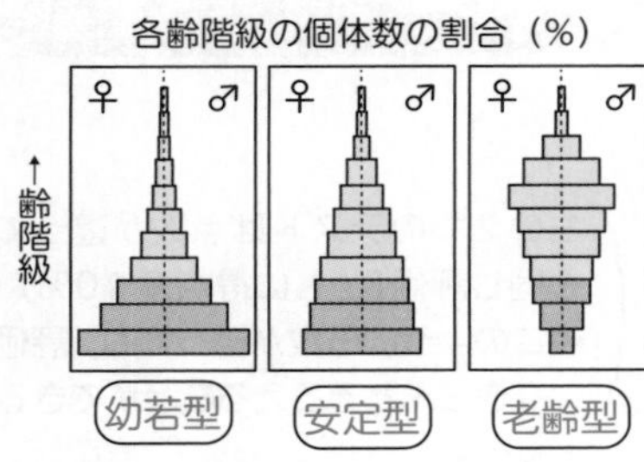

	出生率　死亡率	個体群の将来
幼若型（拡大型）	>	大きくなる
安定型	＝	一定
老齢型（衰退型）	<	小さくなる

ポイントレクチャー

❶ テーマ165 で勉強したように，生存曲線を見るポイントは“**グラフの傾き**”。本テーマでは，それを肝に銘じて生存曲線の３つの“型”について説明していくね。左ページのグラフの★を見たらわかるように，Ⓐの曲線では初期の年齢においてグラフの傾きが小さい。つまり，Ⓐは初期の死亡率が**低い**「**晩死型**」だよ。晩死型は**親の保育が発達している**動物でみられるよ。また，＊を見ると，Ⓒの曲線では初期の年齢においてグラフの傾きが**大きい**ことから初期の死亡率が**高い**「**早死型**」。早死型は**親が保育しない動物**でみられるよ。Ⓑは常に死亡率が**一定**である「**平均型**」だね。上記で覚える流れをつかんだ上で，各“型”の残りの特徴，動物例についても押さえておこうね。

❷ 寿命の種類についてもつかんでおこう。環境抵抗や被食の影響をあまり受けない，僕たちヒトのような晩死型の生物では，**生理的寿命と生態的寿命がほぼ等しくなる**ことを知っておこうね。

❸ 生存曲線と同様に，**齢構成（年齢ピラミッド）**においても３つの“型”を押さえておこう。出生率が死亡率より**高く**，将来の個体群が**成長する**「**幼若型**」，出生率と死亡率が**等しく**，将来の個体群の大きさが**変化しない**「**安定型**」，出生率が死亡率より**低く**，将来の個体群が**小さくなる**「**老齢型**」の３つがあげられるよ。小中学生のころ，社会科で村とか町の「人口ピラミッド」っていうのを勉強した記憶はあるかな？これを聞いてピンときた方は，齢構成が，人口ピラミッドの“生物数”バージョンであると考えればわかりやすいよ。

あともう一歩踏み込んでみよう

ヒトの齢構成

ヒトの場合，齢構成は何型になるのか？

➡**ヒトの齢構成は幼若型。**

（少子化，かつ，医療の発展が著しい日本だけをみて，直感的に「老齢型だ！」と考えてしまった方は，ここでぜひ，“世界”に目を向けてほしい。今，世界の人口は増え続け，2100年には112億人にものぼると予想されている。）

テーマ167 相互作用の分類

板書

❶
生物間の相互作用の例

❷
- 種内関係 ➡
  - 群体 …連結している同種個体の集まり
    ➡個体間に分業が見られる
    例　ボルボックス
  - 群れ …分離している同種個体の集まり
    (テーマ168)
  - 縄張り …ある個体が占有している一定空間
    (テーマ168)
  - 順位制 …順位をつくる
  - リーダー制…リーダーをつくる
- 種間関係 ➡
  - 捕食－被食関係(テーマ169)
  - 種間競争(テーマ170)

❸ POINT 種間関係における利益と不利益

相互作用	種A	種B	生物例(種A－種Bの順に)
中立	0	0	キリン－シマウマ
種間競争	－	－	カキ－フジツボ
相利共生	＋	＋	アリ－アブラムシ クマノミ－イソギンチャク 根粒菌－マメ科植物(テーマ49)
片利共生	＋	0	コバンザメ－サメ
片害作用	0	－	❹アオカビ－大腸菌 放線菌－結核菌
寄生	＋	－	カイチュウ－ヒト
捕食－被食	＋	－	ライオン－シマウマ

(＋…利益　－…不利益　0…中立)

➡また，ある2種間の相互作用の程度が，その2種以外の生物の影響によって変化することを間接効果という。

例 ❺

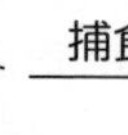
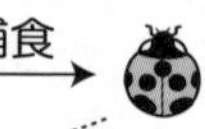

ポイントレクチャー

❶ 本テーマからテーマ170にかけて，生物間の相互作用について勉強していこう。相互作用(テーマ171)とは“生物間でみられるはたらきかけ”のことだよ。

❷ 種内関係の例を5つあげておいたよ。それぞれの定義をしっかりと確認しておいてね。「**群れ**」「**縄張り**」に関してはテーマ168で詳しく勉強していこうね。「**順位制**」「**リーダー制**」は，種内競争を和らげ，個体間の秩序が保つための関係だよ。

❸ 種間関係の例を7つあげておいたよ。各種間関係において，各種間の利益(＋)，不利益(－)，中立(0)を押さえておいてね。また，「**アリ－アブラムシ**」「**クマノミ－イソギンチャク**」「**コバンザメ－サメ**」に関しては下の**イメージをつかもう**を見ておいてね。「**捕食－被食関係**」「**種間競争**」に関してはテーマ169&170で詳しく説明していくよ。

❹ アオカビは**ペニシリン**という物質を放出し，大腸菌などの細菌を死滅させる(テーマ70)。この現象を発見した**フレミング**は世界初の**抗生物質**をつくった人物だよ。また，放線菌は**ストレプトマイシン**という物質を放出し，結核菌を死滅させる。この現象を発見した**ワックスマン**(アメリカ)は結核の治療薬(⬅これも抗生物質)を開発したよ。このような相互作用の研究が医療に応用された過去もあるんだ。ちなみに，北里大学(著者本人の出身大学)の**大村智**博士は，寄生虫の抗生物質を開発し，2015年ノーベル生理学・医学賞を受賞したよ。

❺ ソラマメ業者が，多数のテントウムシを畑に放すことによって，ソラマメの食害が抑制されるよ。

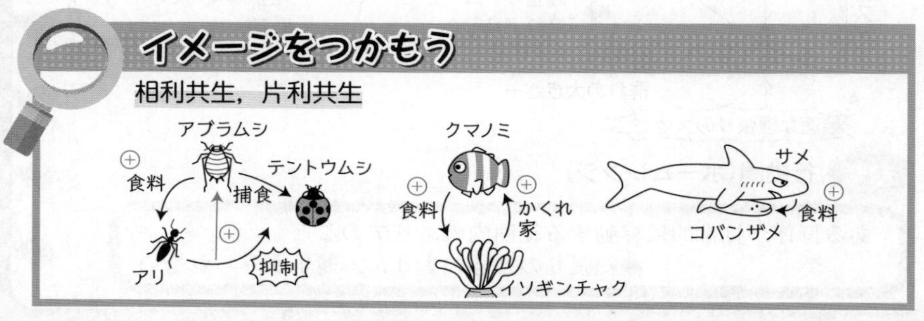

テーマ168 群れ，縄張り

板書

❶

群れについて

・メリット ➡エサの発見に有利，天敵に対する警戒や防衛に有利，繁殖行動の容易化など
・デメリット ➡エサの不足時などに起こる競争，伝染病など

➡ 群れの大きさはどのようにして決まるのか？

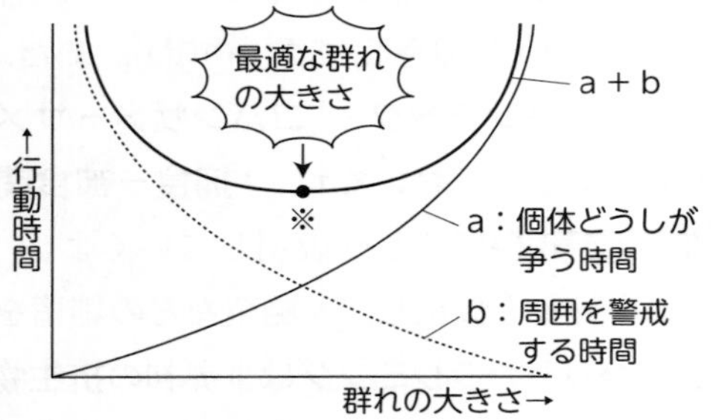

※…余った時間をエサの探索に使えるため，a＋bの合計時間が最も“少ない”ときの群れの大きさが最適

❷

縄張り（テリトリー）について

・メリット ➡エサを確実に得ることができる＝競争が和らげられる
・デメリット ➡縄張りを防衛するコスト（労力）がかかる

➡ 縄張りの大きさはどのようにして決まるのか？

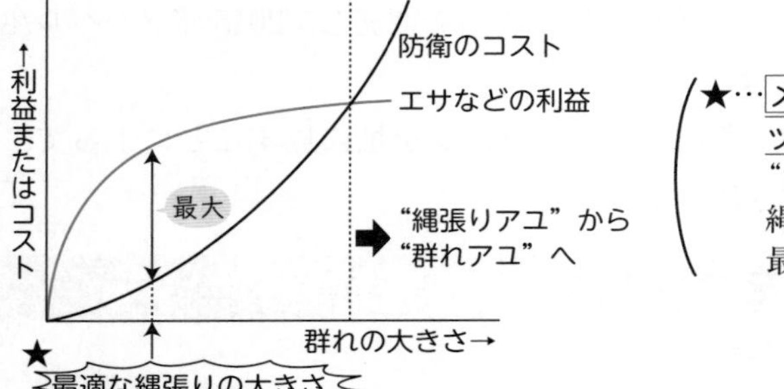

★…メリットとデメリットの差が最も“大きい”ときの縄張りの大きさが最適

参考 行動圏（ホームレンジ）

ある個体が日常的に移動する範囲内のエリアのこと
➡縄張りのときのように，競争がみられない

ポイントレクチャー

❶ 群れを形成することによって生じる**メリット**と**デメリット**について考えていこう。ここで大切なのは，“群れの大きさの決定方法”。左ページのグラフにあるように，なるべく**エサを探索する**時間がとれる，ａ＋ｂの合計時間が最も**少ない**ときの群れの大きさが最適であることをつかんでおこうね。群れの大きさを決めるのに重要なポイントは“時間”なんだね（確かに，著者本人が飼っている犬（ミニピン）も，時間が余れば，ご飯探すか寝るかしている…）。

❷ 群れ同様，縄張りを形成することによって生じる**メリット**と**デメリット**について考えていこう。縄張りは同種個体どうしでしか認識されない一定空間だよ。確かに，うちの犬（名前はアマレット）を散歩に連れていったとき，他の犬の縄張りを認識するために，決まった電柱で匂いをクンクン嗅いでいたりするね（著者本人は犬ではないので，犬の縄張りを認識できない）。群れ同様，縄張りの最適な大きさについて，アユを例にあげて説明していくね。アユは右図のように，川の石と石との間の空間を縄張りとして認識する（これを先住効果というよ）。**“食べる量（メリット）”には限界があるが，“労力（デメリット）”には限界はない**ので，左ページのようなグラフとなる。最適な縄張りの大きさは**メリット**と**デメリット**の差が最も**大きい**ときが最適であることをつかんでおこう。また，**デメリット**が**メリット**よりも大きくなると“縄張りアユ”から“群れアユ”になることも知っておこうね。

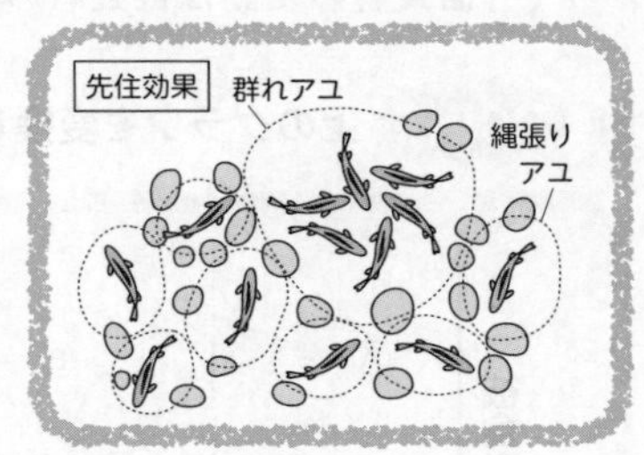

07 生物群集と生態系

あともう一歩踏み込んでみよう

スニーカー

縄張りをもつような優位な雄に集まる雌を横取りしようとする雄のこと。カエルの雄が草むらの陰に隠れて大きな声で雌をよぶ雄の近くに潜み，雌を横取りすることもある。ちなみに，「スニーカー」とは「忍び寄る者」という意味で，靴のスニーカーもこれと同じ語源。

テーマ 169　捕食－被食関係

板書

捕食－被食関係

❶

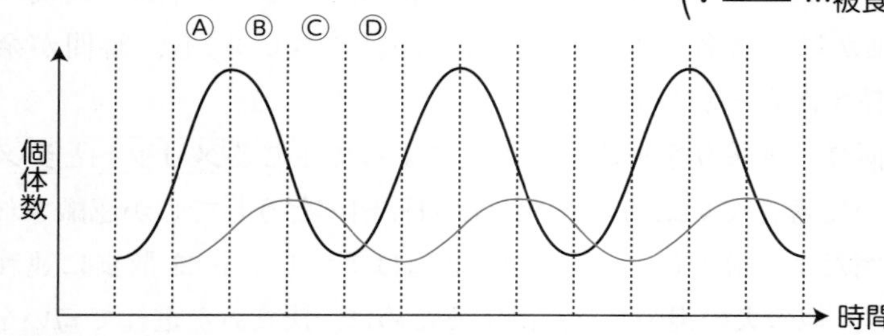

（特徴）

・捕食者は被食者よりも数が少ない
・捕食者の変動は被食者の変動よりも少し遅れる

❷ POINT 上のグラフを変換してみる

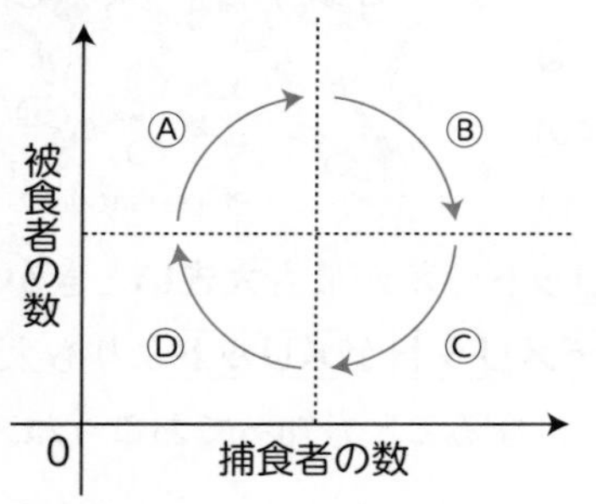

	被食者	捕食者
Ⓐ	増加	増加
Ⓑ	減少	増加
Ⓒ	減少	減少
Ⓓ	増加	減少

➡このように縦軸と横軸の内容を変えると，個体数の周期的な変動を“円形”のグラフで表現することができる。

➡このグラフは発見者であるロトカ（アメリカ）とボルテラ（イタリア）にちなんで「ロトカ・ボルテラのグラフ」とよばれる。

ポイントレクチャー

❶ 僕たちが食べ物として口にするものは，母乳を抜かしたら，ほぼ“異種”のものだよね。本テーマでは，そんな僕たちの生活に密接な捕食－被食関係について勉強していこう。このグラフは，捕食者と被食者の個体数の変動を表したものだよ。ここで，グラフの縦の点線を目盛りとして見た場合，**捕食者の変動は被食者の変動より“1目盛り分”遅れている**ことに注目しよう。そこを正確に把握しておくと，ロトカ・ボルテラのグラフの作成がスムーズにいくよ。

❷ ❶のグラフは，Ⓐ～Ⓓの流れを周期的に繰り返している。そのようすを，縦軸と横軸に被食者と捕食者の数をおくことで表現したグラフがロトカ・ボルテラのグラフだよ。❶のⒶ～Ⓓの各時期の捕食者と被食者の変動をグラフから読みとることで，ロトカ・ボルテラのグラフを作成することができるよ（左ページの表を参照）。**ぜひ，このグラフを自分の手で書けるようにしておこう**！下の**類題を解こう**で，左のページに示したロトカ・ボルテラのグラフの縦軸と横軸の関係が逆になったグラフに関する問題も解いておこうね。

類題を解こう

捕食－被食関係に関する問題

右図は，ある地域におけるA種（被食者）とB種（捕食者）の毎年の個体数をグラフ上に点で示し，連続する年の調査結果を線で結んだものである。図中の2点X，Yのうち，どちらが最初の年の結果を示しているか。

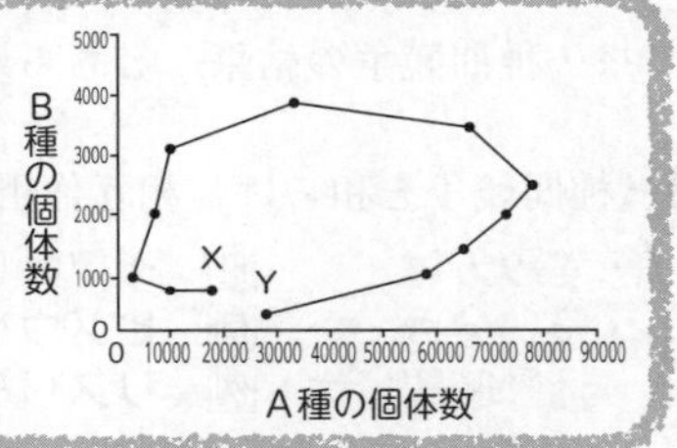

解説

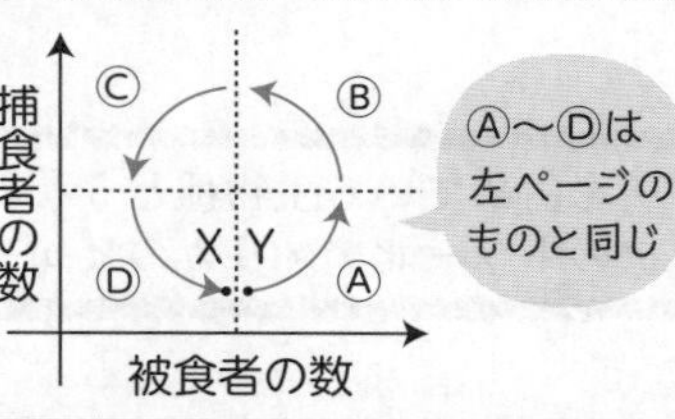

横軸を被食者の数，縦軸を捕食者の数として，ロトカ・ボルテラのグラフを作成すると，左のようになる。したがって，最初の年は**Y**…(答)

テーマ170 種間競争

板書

❶ 種間競争

➡同じような住生活や食生活，つまり，同じようなニッチ(生態的地位)をもっている種間にみられる。

・基本ニッチ…単独のときのニッチ
・実現ニッチ…共存の結果，変化したニッチ

❷《ゾウリムシの飼育実験》

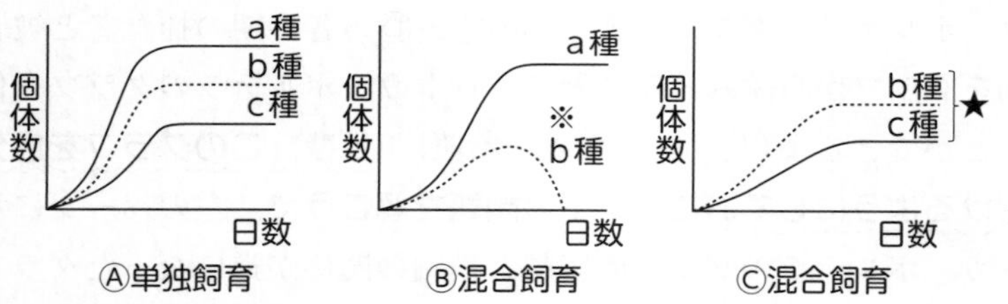

・Ⓐ：3種のゾウリムシ(a種～c種)を単独飼育した結果＝基本ニッチ
・Ⓑ：a種とb種を混合飼育した結果
　➡a種が生き残り，b種が絶滅(※競争的排除)　＝実現ニッチ
・Ⓒ：b種とc種を混合飼育した結果
　➡b種とc種が「すみ分け」を行い共生(★)　＝実現ニッチ

※…種間競争の結果，どちらかが絶滅し，駆逐されること

❸《種間競争を和らげる相互作用》

・すみ分け　例　イワナ(上流)とヤマメ(下流)
・食い分け　例　ヒメウ(ニシン類)とカワウ(エビ類)
・活動時間分け　例　リス(昼行性)とムササビ(夜行性)

参考 生態的同位種

異なる地域に生息し，同じニッチを占めている生物種どうしのこと
例　アフリカのライオン－アジアのトラ－北アメリカのピューマ

ポイントレクチャー

❶　本テーマでは種間競争に関する内容を押さえていこう。種間競争は，**ニッチ(生態的地位)**が重複する種間でみられるよ。ニッチとは，生物が必要とする資源(**エサ**や**生活場所**など)やその使い方により，生態系の中で占める位置のことをいい，**基本ニッチ**と**実現ニッチ**に大別されるよ。

❷　ゾウリムシの飼育実験を題材にして，基本ニッチと実現ニッチの違いや，種間競争を和らげるための工夫について説明していくね。Ⓐは３種のゾウリムシがそれぞれ単独で飼育されているので，この場合はどの種も**基本ニッチ**をもつよ。Ⓑはニッチが重複する２種が混合飼育されているので，この場合はこの２種は**実現ニッチ**をもつことになるよ。結果的にはｂ種は**競争的排除**されており，最終的にａ種が基本ニッチをもつことになり，ｂ種はもう“にっちもさっちも”いかない状態になっているけどね(笑)。Ⓒは**すみ分け**(ニッチの分割)が成立し，２種がともに**実現ニッチ**をもった状態だよ。Ⓒの状態を詳しく説明すると，ふつうゾウリムシは，水面のエサを取り込むため**負の重力走性**(テーマ 148)をもち，試験管の水面付近に集まるが，ミドリゾウリムシという種は，光合成生物であるクロレラを細胞内中に共生させているため，負の重力走性をもたずに，試験管の中間層に集まるから，すみ分けが成立するんだよ。

❸　テーマ 167で「順位制」と「リーダー制」が“種内競争を和らげるための関係”と勉強してきたように，種間競争においても，そのような和らげる相互作用は存在する。それが**「すみ分け」「食い分け」「活動時間分け」**の３つで，いずれもニッチを分割するための相互作用だよ。そもそも種間競争は両者にとって**不利益しかない**相互作用なので，生物がこのように進化してきたのは必然ともいえるよ。

覚えるツボを押そう

競争を和らげるシステム

◆種内競争…縄張り，順位制，リーダー制

◆種間競争…すみ分け，食いわけ，活動時間分け

これらの相互作用によって競争が和らげられる

テーマ171 生態系

板書

生態系の構成

➡“非生物的環境(環境要因)”と“バイオーム(生物群系)”を一体なものとしてみた統一的な物質交代系

❶

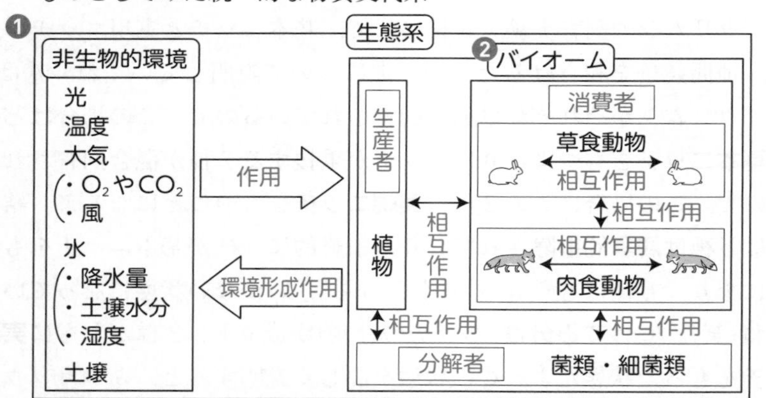

❸
- ・作用…非生物的環境➡バイオームへのはたらきかけ
- ・環境形成作用…バイオーム➡非生物的環境へのはたらきかけ
- ・相互作用…生物間でみられるはたらきかけ

テーマ167

❹

POINT 食物連鎖(食う－食われるの関係)の流れ

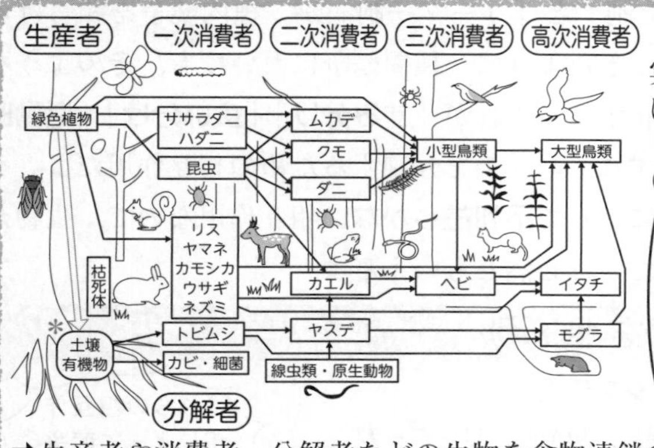

実際はこの図のように，網の目状で絡まりあっている(＝食物網)

＊…生物の遺骸などの土壌有機物から始まる食物連鎖を腐食連鎖という

➡生産者や消費者，分解者などの生物を食物連鎖の順に分けたものを栄養段階という

ポイントレクチャー

❶ 生態系とは何か？まずは，生態系の定義について押さえていこうね。生態系は「**“非生物的環境(環境要因)”** と **“バイオーム(生物群系)”** を一体なものとしてみた統一的な物質交代系」のこと。**生物ではない要因である「光」「温度」「大気」「水」「土壌」などの非生物的環境も生態系の定義に含まれていることに注意しよう**！

❷ バイオームは，植物などの「**生産者**」，動物などの「**消費者**」，菌類や細菌類などの「**分解者**」に分けられるよ。分解者は **“有機物を無機物に分解する”** ことを押さえておこう。

❸ 非生物的環境➡バイオームへのはたらきかけのことを「**作用**」，バイオーム➡非生物的環境へのはたらきかけのことを「**環境形成作用**」，生物間でみられるはたらきかけのことを「**相互作用**」というよ。これらの具体的な例を確認するために，下の**類題を解こう**にチャレンジしておこう。

❹ ここでは，「**食物連鎖**」「**食物網**」「**栄養段階**」などの生物用語を押さえておこう。また，肉食動物などの二次～高次消費者は，草食動物である一次消費者よりも，食物網(食物連鎖)の「**上位**に位置する」といった表現があることも知っておこうね。

類題を解こう

作用と環境形成作用と相互作用に関する問題

次のａ～ｅのうち，環境形成作用の例を２つ選べ。
ａ．過度の放牧や樹木の伐採により砂漠化が起こった。
ｂ．火山の噴火により多くの動植物が焼死した。
ｃ．プランクトンの数が減ったためにイワシの数が減った。
ｄ．雨が長期間降らないために草木が枯れた。
ｅ．樹木の成長により森林内の平均気温が下がった。

解説 (バ…バイオーム，非…非生物的環境)
a：放牧や樹木(バ)→砂漠化(非)　b：火山の噴火(非)→動植物(バ)
c：プランクトン(バ)→イワシ(バ)　d：雨(非)→草木(バ)
e：樹木(バ)→平均気温(非)

➡作用：b，d　環境形成作用：a，e　相互作用：c　➡ **a，e…(答)**

テーマ172 生態系のバランス，生態ピラミッド

板書

生態系のバランス

❶《キーストーン種》

他の生物の生活に大きな影響を与えているため，**いなくなることで生態系に大きな影響を及ぼす種**。食物網の「**上位**」に位置するものがほとんど。このような種を保護しておかないと，**生物多様性**（テーマ176&177）が低下する。

(生物例)ラッコ，ヒトデなど

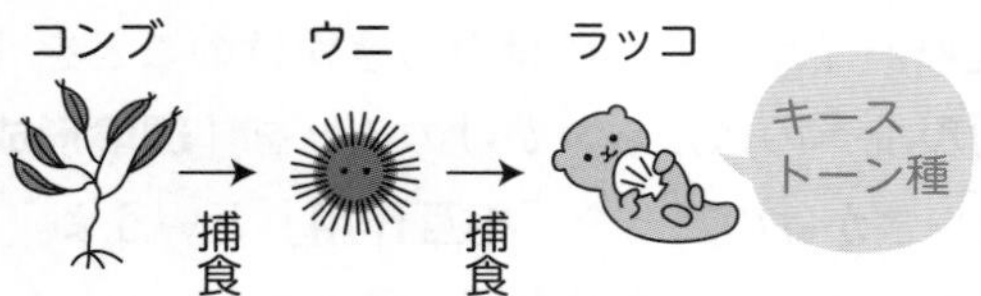

❷《かく乱》

台風や伐採など，バイオームに大きな影響を与える現象。

➡かく乱が“中規模”であれば，競争に弱い種でも生育できるようになることがある。＝中規模かく乱説

例　**ギャップの形成，里山**など（生物基礎範囲）

➡「生態系の復元力」により，生物多様性の向上へとつながることも

❸

生態ピラミッドについて

➡生物の“いろいろなもの”の量を栄養段階ごとに積み上げたもの

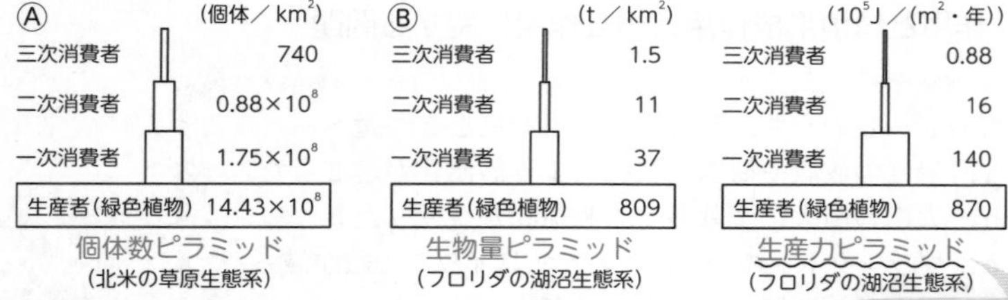

個体数ピラミッド（北米の草原生態系）　生物量ピラミッド（フロリダの湖沼生態系）　生産力ピラミッド（フロリダの湖沼生態系）

テーマ173&174

❹（Ⓐの例外）　　（Ⓑの例外）

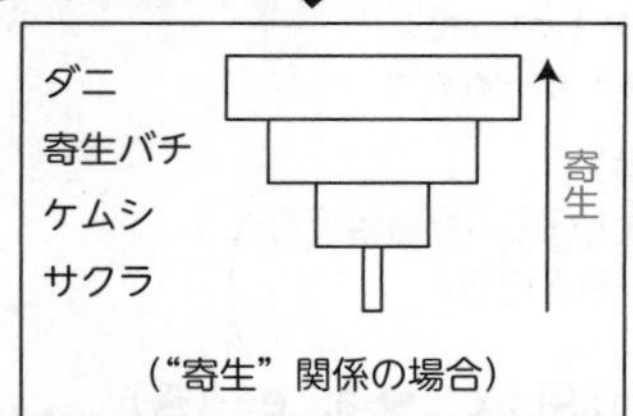

（“寄生”関係の場合）

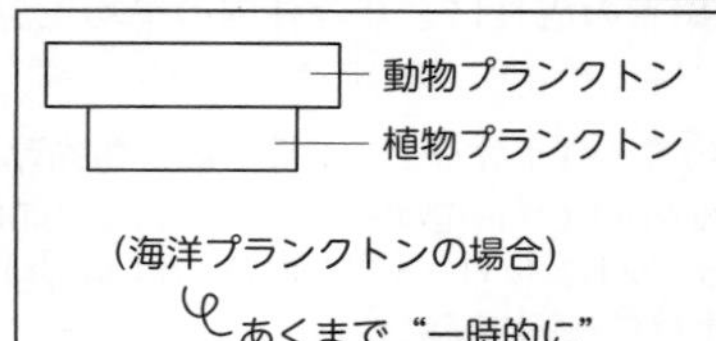

（海洋プランクトンの場合）

あくまで“一時的に”

ポイントレクチャー

❶　ラッコやヒトデなど，**“いなくなることで生態系に大きな影響を及ぼす種”**のことを**キーストーン種**というよ。キーストーン種は**“生物多様性の維持には欠かせない種”**で，キーストーン種を保護することは，**他の生物種の生活を保護することにつながるよ**。

❷　台風や伐採など，バイオームに大きな影響を与える現象を**かく乱**というよ。大規模なかく乱は生物多様性の低下へとつながる恐れがあるが，森林の**ギャップ**や**里山**の形成など(生物基礎範囲)，**“中**規模”なかく乱であれば，競争に弱い種でも生育できるようになることがあり，**これにより生物多様性の向上へとつながる**こともある。このように，かく乱の規模が中程度の場所で，最も多くの種の共存がみられるとする説を**中規模かく乱説**というよ。

❸　生態ピラミッドは，各栄養段階の積み上げる“もの”の種類によって3つに大別されるよ。それは，“個体数”を積み上げる「**個体数ピラミッド**」，“生物量”を積み上げる「**生物量ピラミッド**」，“生産力(エネルギー)”を積み上げる「**生産力ピラミッド(エネルギーピラミッド)**」の3つだ。ここでいう“生物量”とは“総重量”のことであることを知っておこう。生産力ピラミッドについてはテーマ173&174で詳しく勉強しようね。

❹　Ⓐの例外は「**寄生**関係」の場合。サクラに寄生するケムシ，ケムシに寄生する寄生バチ，寄生バチに寄生するダニ…といったように，**寄生する側が食物連鎖の上位であるのに，その寄生した生物の数の方が多いことに注目しよう**！Ⓑの例外は「海洋プランクトン」の場合。これは植物プランクトンの**寿命が短い**ことが原因で，一時的に逆ピラミッドになることがあるんだよ。

あともう一歩踏み込んでみよう

アンブレラ種

イヌワシなど，食物網の「頂点」にいる消費者。キーストーン種は関わる生物種が少ないが，アンブレラ種は多くの生物種と関わっている。キーストーン種ほど生態系に大きな影響を与えないが，アンブレラ種を保護することで生態ピラミッドの下位の生物種もまとめて保護することができると考えられている。

テーマ173 生産力ピラミッド

板書

生産力ピラミッドについて

形とともに完全暗記！

❶ POINT

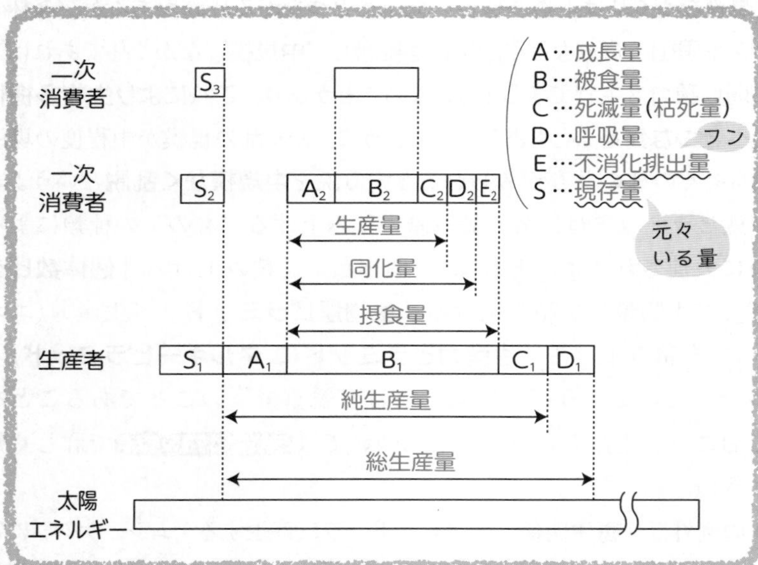

❷ POINT　エネルギー効率

・生産者のエネルギー効率 $= \dfrac{\text{総生産量}}{\text{太陽の放射エネルギー量}} \times 100$

・消費者のエネルギー効率 $= \dfrac{\text{その栄養段階の総生産量}}{\text{前の栄養段階の総生産量}} \times 100$

例　一次消費者のエネルギー効率

$$= \frac{A_2 + B_2 + C_2 + D_2 (\text{➡一次消費者の同化量})}{A_1 + B_1 + C_1 + D_1 (\text{➡生産者の総生産量})} \times 100$$

ポイントレクチャー

❶ **生産力ピラミッド(エネルギーピラミッド)**では，個体数ピラミッドや生体量ピラミッドのように，形が逆転することはないよ。このピラミッドは，各栄養段階におけるエネルギーの移り変わりを表したもので，**僕たち生物のすべてのエネルギーの源は太陽エネルギーであることを押さえておこう**！例えば，著者本人がさっき食べた牛丼で例えてみると，牛丼の米はもちろんイネの光合成によるものだし，牛丼の肉も牛が食べている草は光合成によるものだよね。つまり，ある生態系のすべての生産者の(真の)光合成量の総量が「**総生産量**」，そこから「**呼吸量**」を差し引いた総量，つまり，見かけの光合成量の総量が「**純生産量**」ってことだ。そして，純生産量は「**成長量**」と「**被食量**」と「**死滅量**」(植物の場合，「**枯死量**」)に変換されるよ。次に，生産者の被食量はそのまま，その生態系の一次消費者の「**摂食量**」となるよ。そこからフンに相当する「**不消化排出量**」を差し引くと「**同化量**」となり，これは生産者でいう“総生産量”に相当する量だよ。また，そこから「**呼吸量**」を差し引いた総量，つまり，生産者でいう“純生産量”に相当するのが「**生産量**」だよ。そして，生産量は「**成長量**」と「**被食量**」と「**死滅量**」に変換されるよ。これが各栄養段階で繰り返されるのね。今述べた流れを元に，**とにかく何も見ない状態で，この図を完璧に書けるようになろう**！

❷ **エネルギー効率**とは，各栄養段階において，前の段階のエネルギー量のうち，その段階で利用されるエネルギーの割合を表したもので，POINT で示したような式になるよ。生産者と消費者のそれぞれで，この式を使いこなせるようになろう。テーマ174 で問題を解きながら，本テーマで勉強した内容を活かしていこうね。

覚えるツボを押そう

生産力ピラミッド(エネルギーピラミッド)

◆総生産量…生産者の「**(真の)光合成量**」の総量
◆純生産量…生産者の「**見かけの光合成量**」の総量
◆同化量　…消費者の「**総生産量**」に相当する量
◆生産量　…消費者の「**純生産量**」に相当する量

テーマ174 生産力ピラミッドの計算問題

板書

生産力ピラミッドの計算問題

ある生態系では，年間の日射量が 1.2×10^6 kcal／m^2 であった。この生態系の生産者の年間の成長量は 480 g／m^2，年間の枯死量は 80 g／m^2，年間の動物による被食量は 40 g／m^2，年間の呼吸量は 360 g／m^2 であった。また，この生態系の一次消費者の年間の同化量は 120 g／m^2 であった。

問１　この生態系において，生産者の年間の総生産量，および純生産量は何 g／m^2 か。

問２　この生態系において，生産者と一次消費者のエネルギー効率はそれぞれ何％か。なお，乾燥重量 1 g は 5 kcal とする。

解説

❶ 問１

・「総生産量＝成長量＋被食量＋枯死量＋呼吸量」より，

総生産量 ＝ 480 g／m^2＋ 40 g／m^2＋ 80 g／m^2＋ 360 g／m^2

＝ 960 g／m^2…(答)

・「純生産量＝総生産量－呼吸量」より，

純生産量＝960 g／m^2－ 360 g／m^2＝ 600 g／m^2…(答)

❷ 問２

・生産者のエネルギー効率＝$\dfrac{\text{総生産量}}{\text{太陽の放射エネルギー量}} \times 100$ より

$$= \frac{960\ \mathrm{g/m^2}}{1.2 \times 10^6\ \mathrm{kcal/m^2} \times 5\ \mathrm{kcal/g}} \times 100$$

＝ 0.4 ％…(答)

・一次消費者のエネルギー効率＝$\dfrac{\text{一次消費者の同化量}}{\text{生産者の総生産量}} \times 100$ より

$$= \frac{120\mathrm{g/m^2}}{960\mathrm{g/m^2}} \times 100$$

＝ 12.5 ％…(答)

ポイントレクチャー

❶　本テーマでは，テーマ173で形とともに完全暗記した生産力ピラミッド（⬅著者からのプレッシャー）に関する計算問題の対策を行っていこう。問1は生産力ピラミッドの図が頭に入っていたら，すぐに解ける問題。「**総生産量＝成長量＋被食量＋枯死量＋呼吸量**」の関係性と「**純生産量＝総生産量－呼吸量**」の関係性を復習しておこうね。また，純生産量を求める際は，「**純生産量＝成長量＋被食量＋枯死量**」の関係性を用いても OK だよ。とにかく，リード文に書かれている各エネルギー量の数値を生産力ピラミッドの図を元に暗記した式に代入していけばいいんだよ。

❷　問2も，テーマ173で暗記したエネルギー効率の式に題意の数値を当てはめていくだけで解けるよ。生産者のエネルギー効率を求める際には，リード文にある太陽の放射エネルギー量の単位が「g／m^2」ではなく「**kcal／m^2**」なので，ここだけ単位を他の量とそろえるために，**5 kcal／g を掛ける**ことに注意しようね。また，問2の答えから，栄養段階が上がるほど，エネルギー効率は**高くなっている（0.4%→ 12.5%）**ことにも注目しておいてね。

類題を解こう

生産力ピラミッドの計算問題

ある一次消費者における年間の物質収支を調べたところ，摂食量は150g／m^2，被食量は40g／m^2，呼吸量は35g／m^2，不消化排出量は20g／m^2，死滅量は10g／m^{2}であった。この生態系において，一次消費者の年間の同化量や生産量，および成長量は何 g／m^2 か。

解説

・「同化量＝摂食量－不消化排出量」より，
同化量＝ 150g／m^2 － 20g／m^2 ＝ **130g／m^2**…（答）

・「生産量＝同化量－呼吸量」より，
生産量＝ 130g／m^2 － 35g／m^2 ＝ **95g／m^2**…（答）

・「成長量＝生産量－被食量－死滅量」より，
成長量＝ 95g／m^2 － 40g／m^2 － 10g／m^2 ＝ **45g／m^2**…（答）

テーマ175 遷移とエネルギー，生産構造図

板書

遷移とエネルギー

❶

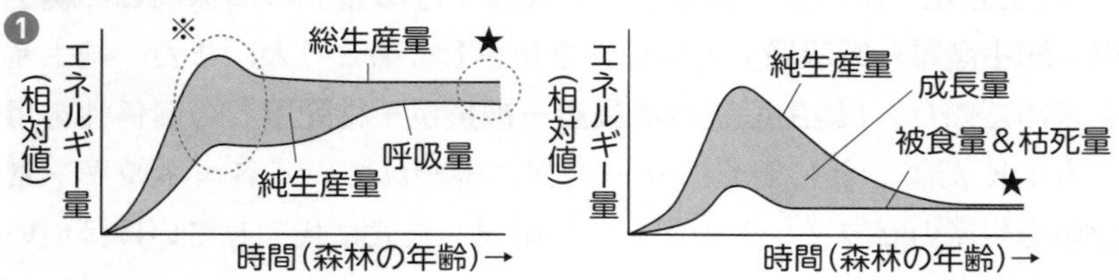

※陽樹林…光合成が盛んなぶん，総生産量や純生産量が高い

❷ POINT （★）極相林（陰樹林）…平衡状態

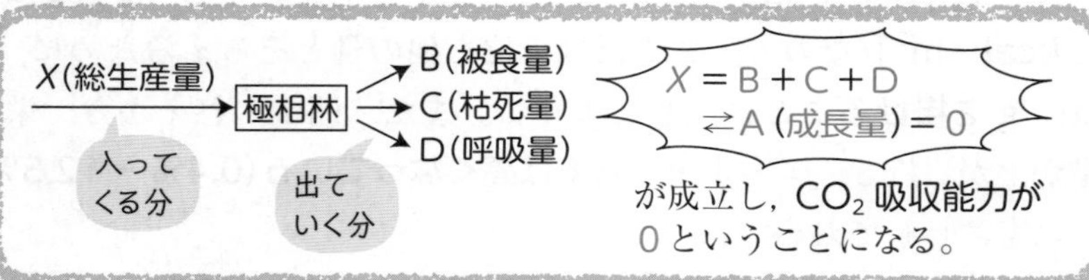

生産構造図について

…植生内の相対照度とともに，葉などの**同化器官**と茎や根などの**非同化器官**の重さの垂直的な分布を示したもの

❸ ➡層別刈取法によって求められる。

…植物を一定の高さごとに切り分ける方法

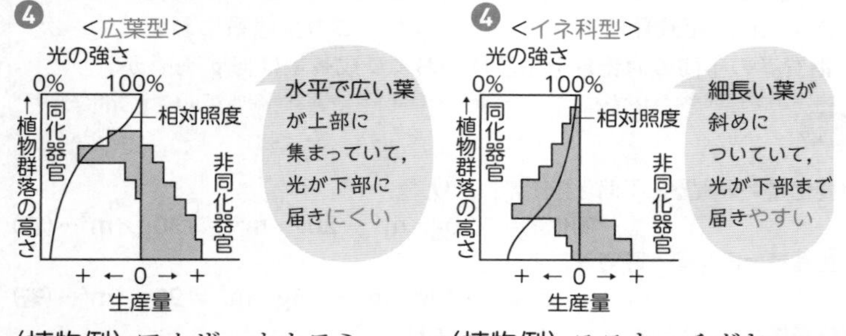

（植物例）アカザ，オナモミ　　（植物例）ススキ，チガヤ

ポイントレクチャー

❶　本テーマでは，生物基礎範囲で勉強する「植生の遷移」に関する内容について説明していくね。このグラフは，ある森林の年齢(遷移)に対する，エネルギー量(相対値)の変化を示したものだよ。※のときに総生産量や呼吸量が大きいのは，このとき森林が**陽樹林**を形成しているときで，**光合成が盛ん**だからだよ。そして，★のときは**極相林(陰樹林)**を形成しているときなので，純生産量(左のグラフでは灰色の領域)が小さくなる。ここで注目してほしいのは，右のグラフの★のとき，**純生産量と被食量・枯死量がほぼ一致している**こと。この理由は，極相林が**平衡状態**であるからなんだ。

❷　このように極相林では，**入ってくるエネルギー量である「総生産量」と出ていくエネルギー量である「被食量(B)と枯死量(C)と呼吸量(D)の合計量」が一致する平衡状態となっている**(アルファベットはテーマ173のときと同じにしてあるよ)。これはつまり，この森林の**成長量(A)が0**であることを示していて，この森林全体では，**実質 CO_2 吸収能力も0**ということになるよ。森林が豊富だからといって，必ずしも CO_2 を吸収してくれている(地球温暖化のストップに貢献している)とは限らないんだね。

❸　**層別刈取法**とは，単位面積内のすべての植物を，一定の高さごとに切り分ける方法のことだよ。イメージ的には右図のような感じだね。

❹　**生産構造図**は**広葉型**と**イネ科型**に大別されるよ。ここで，広葉型の図において，下の方の同化器官の生産量(総重量)がほぼ0になっていることに注目してほしい。これは，広葉型では，光が下部まで届き**にくい**ため，この部位での葉が**枯死している**ためだよ。

覚えるツボを押そう

極相＝遷移の“最終段階”

生物基礎範囲で勉強する「遷移」の単元において，極相とは“最終段階＝**もう成長しない段階**”ということである。つまり，極相林は，光合成で取り込んだ CO_2 を生態系内に蓄積することができず，結果的に「**CO_2 を吸収していない**」ということになる。

テーマ176 生物多様性

板書

生物多様性について

❶《生物多様性の3つの側面》

➡・遺伝子の多様性…同種内における遺伝子の多様性
　・種の多様性　　…種そのものの多様性
　・生態系の多様性…生物が生息する環境の多様性

❷《生物多様性条約》

「生物多様性の保全」「生物資源の持続可能な利用」「遺伝資源の利用から生じる利益の公正かつ衡平な分配」を目的とする条約

❸

POINT 生物多様性の維持に関する用語

・ワシントン条約
　…絶滅危惧種の保護のため，絶滅危惧種の捕獲や国際取引を規制する条約
・レッドデータブック
　…レッドリスト(絶滅危惧種をリストアップしたもの)に基づき，絶滅危惧種の生息状況などをまとめたもの
・ラムサール条約
　…湿原の保存に関する国際条約
　➡水鳥を食物連鎖の頂点とする湿原(湿地)の生態系を守るのが目的
・外来生物法
　…選定された外来生物(※)を野に放つこと，および，飼育や栽培，輸入などの取り扱いを規制する法律

❹ (※)…人間の活動によって本来の生息場所から別の場所へもち込まれ，その場所に定着している生物。➡テーマ177

➡・侵略的外来生物…もち込まれた先で生態系に大きな影響を与える外来生物
　・特定外来生物　…侵略的外来生物の中で外来生物法の対象として選定された生物

ポイントレクチャー

❶ **生物多様性における３つの側面についてしっかりと理解を深めよう**！生物多様性には，同種内における遺伝的な違いの豊富さの指標となる「**遺伝子の多様性**」，種数の豊富さの指標となる「**種の多様性**」，生物が生息する環境，つまりは“場”の豊富さの指標となる「**生態系の多様性**」の３つの側面がある。**これらの多様性を維持していくことは，僕たちヒトの生活の維持にもつながるよ**。このテーマが正に“自分自身との関わり”であることを意識して考えていくといいよ。

❷ 生物多様性条約…このような文字だけの説明を見ても，ピンとこない方が多いであろう。そこで，下の**イメージをつかもう**をしっかり読みこんでおこう。著者なりにかみ砕いた，わかりやすい表現で，生物多様性条約を説明しているつもりだよ。

❸ ここでは，「**ワシントン条約**」「**レッドデータブック**」「**レッドリスト**」「**ラムサール条約**」「**外来生物法**」などの生物多様性の維持に関する用語を押さえておこう。条約や法律についても，その内容を把握しておいてね。

❹ 外来生物のなかでも，もち込まれた先で生態系に大きな影響を与える外来生物のことを「**侵略的外来生物**」，侵略的外来生物の中で外来生物法の対象として選定された生物のことを「**特定外来生物**」というよ。この両者の違いを明確にしておこうね。

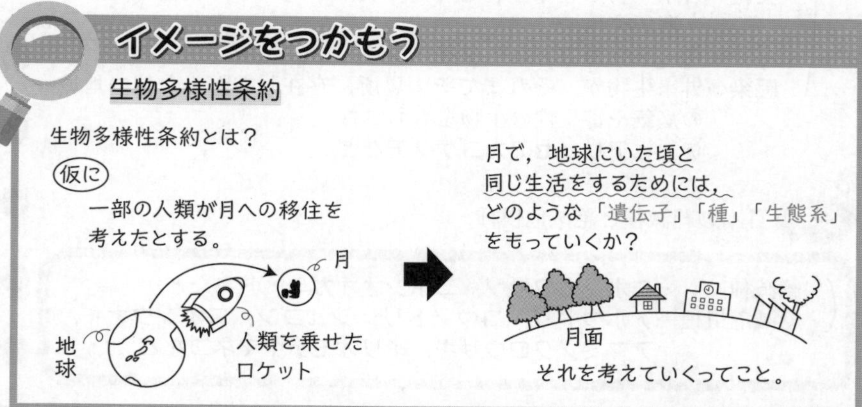

イメージをつかもう
生物多様性条約
生物多様性条約とは？
仮に
一部の人類が月への移住を考えたとする。
月
地球
人類を乗せたロケット
月で，地球にいた頃と同じ生活をするためには，
どのような「遺伝子」「種」「生態系」をもっていくか？
月面
それを考えていくってこと。

テーマ177 生物多様性の維持

板書

❶
生物多様性を低下させる原因

❷《分断化》

…人間活動により生息地が分断され，小さく分かれていくこと

➡局所個体群（個体数の少ない同種個体の集まり）が生じる

➡近親交配や男女比の偏り，近交弱勢（劣性の有害遺伝子をホモにもつ個体が増えて死亡率が増加する現象）が生じる

➡**遺伝子の多様性が低下**し，環境の変化に対する耐性がなくなる個体が増え，さらに個体数が減少していく。この過程の繰り返しにより，個体群が絶滅へと向かっていく＝絶滅の渦

➡結果的に，種の絶滅へつながることも（**種の多様性の低下**）

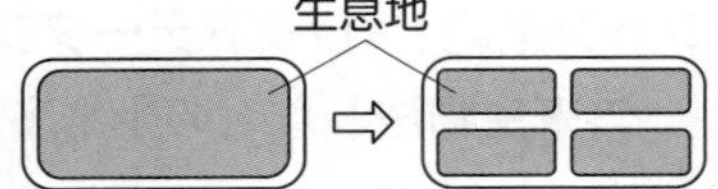

❸《外来生物の侵入》

・捕食…外来生物がその場所に生息する在来生物を捕食する
　例　オオクチバス，アライグマ，マングース，グリーンアノール，ブルーギル，ウシガエルなど

・競合…外来生物が同じような食物や生育環境をもつ在来生物からそれらを奪い，駆逐する
　例　カダヤシ，ガビチョウ，ヌートリアなど

・交雑…外来生物と在来生物との間で交配が起こり，雑種が生じる＝遺伝子汚染
　例　テナガコガネ，タイワンザルなど

・感染…外来生物が，それまでその場所に存在しなかった他の地域の病気や寄生性の生物をもちこむ
　例　ヒアリ，セアカゴケグモなど

❹
参考 日本の絶滅種と絶滅危惧種

・絶滅種　　…ニホンカワウソ，ニホンオオカミ，トキなど
・絶滅危惧種…アホウドリ，コウノトリ，ジュゴン，ニホンウナギ，アマミノクロウサギ，イリオモテヤマネコなど

ポイントレクチャー

❶ 生物多様性の低下は僕たちヒトの生活の低下につながる。このことを意識しながら本テーマの内容を理解していこう。

❷ まずは“個体群(ある空間を占める同種個体の集まり)が絶滅していく原因”について説明していくね。個体群の絶滅が起きるということは，遺伝子の多様性の低下や，最悪の場合，種の多様性の低下につながることもある。そうならないためにも，絶滅の原因について探っていこう。個体群の絶滅の原因は次のように考えられているよ。まず，人間活動による**分断化**が起き，**局所個体群**が生じる。その後，親子間や兄弟姉妹間の**近親交配**が生じることで**遺伝子の多様性が低下**する。また，男女比の偏りが生じたり，有害遺伝子をホモにもつ個体が増えることによって死亡率が増加する**近交弱勢**が生じたりすることにより，さらなる**遺伝子の多様性の低下**が引き起こされる。その後，環境の変化に対する耐性がなくなる個体が増えることで，さらに個体数が減少していく。この繰り返しが原因で，個体群が絶滅へと向かっていく。これを**絶滅の渦**というよ。

❸ ここで外来生物について，その生物例を様々なタイプとともに押さえておこう。「捕食」や「競合」や「感染」タイプの外来生物の侵入により**種の多様性の低下**が，「交雑」タイプの外来生物の侵入により**遺伝子汚染**が起き，**遺伝子の多様性の低下**が引き起こされる恐れがあることを知っておこうね。

❹ 本書の最後に，日本の絶滅種と絶滅危惧種を確認しておこう。絶滅種の認定として著者本人の記憶に強く残っているのは，日本産の最後のトキである「キン」が死亡したときである(2003 年)。現在，中国産のトキの繁殖が成功しているため，トキは日本では「野生絶滅」という扱いになっているよ。ちなみに，トキの学名は「*Niponia nippon*」だよ。

あともう一歩踏み込んでみよう

絶滅種数

・2億年前(地球上に恐竜がいた頃)➡ 1000 年の間に 1 種
・現在 ➡ 1 年の間に 40000 種
(＝約 15 分の間に 1 種)

現在はこんなにも絶滅のスピードが加速している!!

テーマ 178 自然発生説

板書

自然発生説の否定

紀元前～1600 年代まで
「生物は自然に湧くという考え（＝自然発生説）」が常識であった。
《自然発生説を否定する実験》

・1668 年　レディ（イタリア）❶

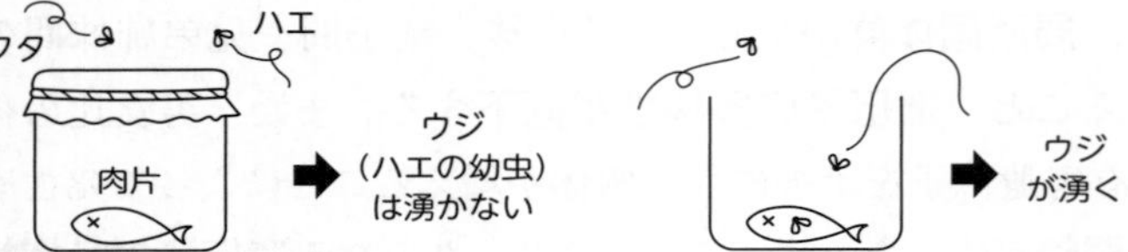

結論　ハエは自然に湧かない

・1765 年　スパランツァーニ（イタリア）❷

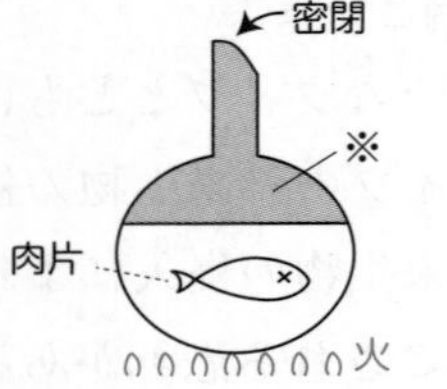

結論　微生物は自然に湧かない

（※…しかし，「このフラスコ内では空気が淀んでいる」と指摘する声もあった）

・1862 年　パスツール（フランス）❸

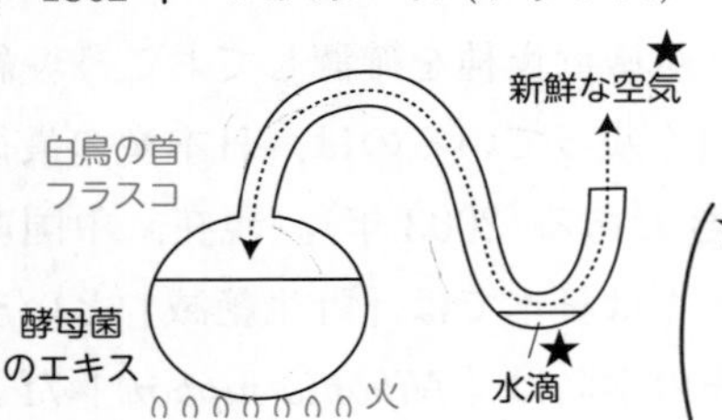

結論　微生物は自然に湧かない

（★…このフラスコは“新鮮な空気（生命力）は流通するが，後から微生物が入ってこないしくみ”なので，※のような意見が否定された）

➡このような実験により，自然発生説が否定された。
➡こうなると，“そもそも生物はどうやって誕生したのか？”という疑問が生まれる。こうして，「生物誕生の追求」が始まる。

テーマ 179 へ

ポイントレクチャー

❶ 最終章のテーマは「進化と系統分類」。最後まで僕たちの勉強も「進化」させていこう。紀元前から“当然の理論”として伝えられ続けてきた**自然発生説**を否定する実験をいくつか紹介するね。まずは**レディ**の実験。レディは，腐った肉片からウジが自然発生しないことを証明したよ。しかし，「たまたまこのとき自然発生しなかっただけだ」と彼の実験を否定する意見もあった。

❷ 次に**スパランツァーニ**の実験。スパランツァーニは，密閉したフラスコを加熱滅菌した結果，微生物が自然発生しないことを証明したよ。しかし，18 世紀当時，ニーダム(イギリス)が唱えた「空気中に生命力がある」という考え方も流行していたため，「この密閉したフラスコでは，空気が淀んでしまった(空気中の生命力が不活化してしまった)」と彼の実験を否定する声も上がったよ。

❸ 最後に，自然発生説を完全に否定した**パスツール**の実験について説明していくね。パスツールは**白鳥の首フラスコ**という，水滴がフラスコの途中で溜まる構造をもったフラスコ内に酵母菌のエキスを入れ，煮沸する実験を行ったよ。その結果，**生命力が含まれると考えられていた新鮮な空気は流通するが，途中の水滴にひっかかって新しく微生物が入ってこれないしくみをもつ**このフラスコでも微生物が発生しなかったので，スパランツァーニの実験のときに指摘された意見を見事否定することができたんだよ。さて，自然発生説が否定されたことで新しい疑問が生じる。それは“そもそも生物はどうやって誕生したのか？”ということだ。その生物の誕生のしくみについてはテーマ 179で詳しく説明するね。

あともう一歩踏み込んでみよう

自然発生説

自然発生説を提唱したのはアリストテレス(紀元前 384〜322)といわれている。アリストテレスはウナギに注目し，「ウナギの源はミミズである」と断定した。彼は，自らの書で「ウナギがミミズから出てくるのを観察した」とまで書いている。

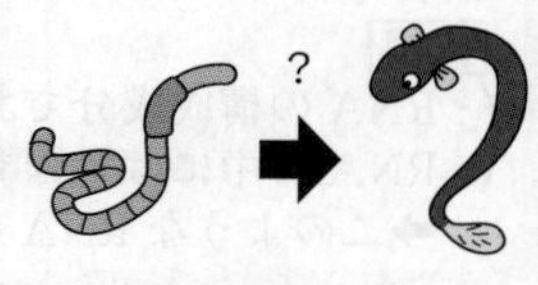

テーマ179 化学進化

板書

❶ 化学進化について

➡無機物から高分子化合物がつくられ(Ⓐ)，その有機物が反応することによって生物が誕生する(Ⓑ)までの過程

化学進化

無機物

原始大気の 96%

(旧説) CH_4, NH_3, H_2, H_2O　(新説) CO_2, H_2S, N_2, H_2O

Ⓐ ⬇ ← 高エネルギー(火山熱，雷，UV)

高分子化合物

タンパク質(アミノ酸)，核酸(ヌクレオチド)，炭水化物など

Ⓑ ⬇ ← 高エネルギー(火山熱，雷，UV)

生物誕生

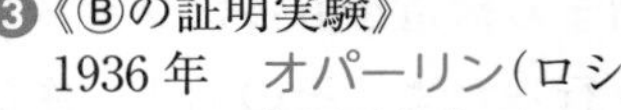

❷《Ⓐの証明実験》
1953 年　ミラー(アメリカ)

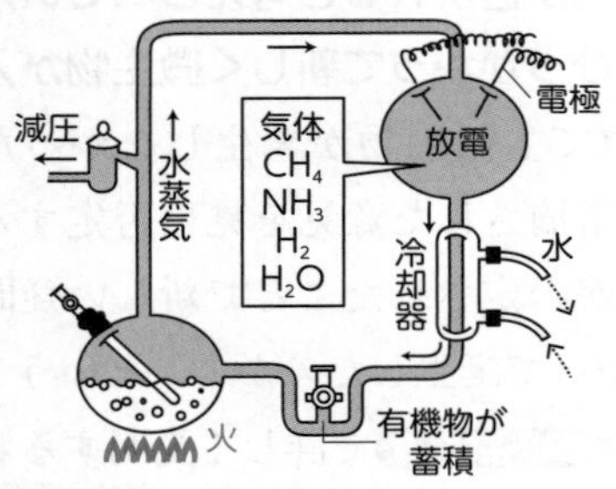

❸《Ⓑの証明実験》
1936 年　オパーリン(ロシア)
「コアセルベート仮説」

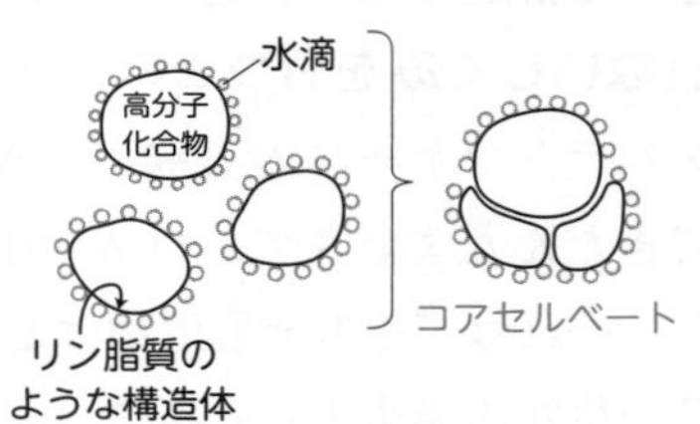

❹ POINT 生命の起源

1986 年　ギルバート(アメリカ)　「RNA ワールド仮説」
最初の生命は RNA からなり，その後，DNA をもつ生物が出現した

根拠

- RNA の構成成分であるリボースは ATP の構成成分でもある
- RNA の中には触媒機能をもち，スプライシングを行うものがある
  ➡このような RNA をリボザイムという

ポイントレクチャー

❶　本テーマでは，生物の誕生のしくみについて勉強していこう。生物は「化学進化」によって生じたとする考え方が一般的だよ。化学進化とはいわゆる“生物が誕生するまでの進化”だね。ここで，新説の無機物（CO_2，H_2S，N_2，H_2O）の主な成分をつかんでおくと，テーマ182などの今後の勉強がスムーズになるよ。

❷　**ミラー**は，図のような装置を使い，無機物からアミノ酸やアルデヒドの合成に成功した学者だよ。ただ，あくまで，彼が用いた無機物は生物の誕生時（約38億年前）の**原始大気**（しかも**旧説**）の成分であった。なぜ，彼が“大気”に注目したのかは，彼の師にあたるユーリー（アメリカ）が自然発生説の肯定者であり，もしかしたら，彼の実験も自然発生説の影響を受けているのかもしれないね。

❸　**オパーリン**は，図のような高分子化合物に**水滴**が集まってできる**コアセルベート**を作製した学者だよ。コアセルベートは原始生命誕生のモデルの1つで，簡単な代謝を行うものもあるんだ。その後，原田馨博士とフォックス（アメリカ）によって**ミクロスフェア**が，柳川弘志博士と江上不二夫博士によって**マリグラヌール**が作製されたよ。ミクロスフェアは，自己増殖能をもち，安定した二重膜からなるコアセルベートであり，マリグラヌールは生物が海の熱水噴出孔（テーマ1）で誕生したことを想定してつくられたミクロスフェアだよ（marine 海＋granule 小粒）。

❹　1986年，ギルバートによって**RNAワールド仮説**が提唱されたよ。なぜ，最初の生命はDNAではなく**RNA**をもっていたのか？その根拠をここに2つ示したので，ぜひ確認しておいてね。

あともう一歩踏み込んでみよう

生物の定義

生物の定義は次の3つである。
（ⅰ）自己境界性をもつ
（ⅱ）秩序だった代謝を行う
（ⅲ）自己複製系をもつ

オパーリンが作製したコアセルベートは（ⅰ）と（ⅱ）は満たしていたが，（ⅲ）を満たしていなかった。

オパーリン

テーマ 180　地質時代の表

板書

❶ 地質時代の表

46（億年前）　先カンブリア時代　5.4　古生代　2.5　中生代　0.66　新生代

地質時代	先カンブリア時代	古生代						中生代			新生代		
		カンブリア紀	オルドビス紀	シルル紀	デボン紀	石炭紀	ペルム紀	三畳紀	ジュラ紀	白亜紀	古第三紀	新第三紀	第四紀
始まり（億年前）	46	5.4	4.9	4.4	4.2	3.6	3.0	2.5	2.0	1.4	0.66	0.23	0.026
出現	原始的な細菌類 シアノバクテリア 真核生物 多細胞生物 海生無脊椎動物 藻類	三葉虫 無顎類 原索動物	陸上植物 魚類	魚類 昆虫類 コケ植物	アンモナイト 両生類 シダ植物 裸子植物 シーラカンス	ハ虫類 フズリナ	ホ乳類型ハ虫類	原始ホ乳類 恐竜	鳥類（始祖鳥） ホ乳類 （真獣類）	被子植物	霊長類	類人猿 初期人類	ホモ属
繁栄	シアノバクテリア 海生無脊椎動物	カイメン クラゲ	三葉虫 フデイシ 藻類 無顎類	サンゴ	魚類	木生シダ シダ種子植物 有翅昆虫類 両生類		ハ虫類 裸子植物	アンモナイト 恐竜 裸子植物	アンモナイト 恐竜	被子植物 鳥類 授粉昆虫類 ホ乳類	草木植物	ホモ・サピエンス
衰退							木生シダ植物			針葉樹			
絶滅						フデイシ	三葉虫 フズリナ			恐竜 アンモナイト			マンモス
示準化石		三葉虫，フデイシ				フズリナ リンボク	フズリナ	アンモナイト，恐竜			マンモス		
有名な種		アノマロカリス ピカイア ハイコウイクチス		クックソニア	リニア イクチオステガ	ロボク リンボク フウインボク							

出来事（億年前）

- 46：地球誕生／生命誕生（38億年前）／全球凍結（3回）／超大陸ロディニア形成
- 5.4：エディアカラ生物群／超大陸ゴンドワナ形成／カンブリア紀の大爆発／バージェス動物群
- 4.9：オゾン層の形成
- 4.4：大量絶滅
- 3.6：大量絶滅
- 3.0：超大陸パンゲア形成
- 2.5：海洋無酸素事変／大量絶滅／超大陸の分裂と移動
- 2.0：大量絶滅
- 0.66：巨大隕石の衝突／大量絶滅
- 現在

チバニアンはここに属する（0.026〜現在の第四紀）

植物：藻類の時代 → シダ植物の時代 → 裸子植物の時代 → 被子植物の時代

動物：無脊椎動物の時代 → 魚類の時代 → 両生類の時代 → ハ虫類の時代 → ホ乳類の時代

ポイントレクチャー

❶ 生物が誕生してから今現在に至るまでの流れを，この地質時代の表でしっかりとつかんでおこう。先カンブリア時代とカンブリア紀における生物の変遷はテーマ181で詳しく勉強するので，ここでは，**オルドビス紀以降における出現した生物種と絶滅した生物種を，地質時代の名称とともに下のゴロで覚えようで完全暗記しよう**！また，約46億年前に地球が誕生したこと，約38億年前に生物が誕生したことも押さえておいてね。さらに，2016年に認定されたチバニアン（千葉時代，約77万～12万6千年前）は新生代の第四紀に属することも軽く知っておこう。

ゴロで覚えよう

地質時代と生物の出現・絶滅

カンブリ オル 魚！陸に上げ、
（カンブリア紀　オルドビス紀　魚　陸上植物）

シル にするが無視。
（シルル紀　昆虫）

デ も、シラけた裸のナイト、両シになり、
（デボン紀　シーラカンス　裸子植物　アンモナイト　両生類　シダ植物）

ターン とハチュ(初)ヅリナ！
（石炭紀　ハチュウ類　フズリナ）

ペ ロっと葉に巻いたフーズ食べ、
（ペルム紀　三葉虫　フズリナ　（絶滅））

ここまでは古生代

そんな中、三畳一間で父を恐れる。
（中生代　三畳紀　ホ乳類　恐竜）

ここから中生代

ジュラ っと取り出すように
（ジュラ紀　鳥）

ハク と、必死に恐れるナイト、殺された。
（白亜紀　被子植物　恐竜　アンモナイト　（絶滅））

新生 して３４才のことだった。
（新生代　第三紀　第四紀）

ここから新生代

テーマ181 先カンブリア時代とカンブリア紀

板書

先カンブリア時代における生物の変遷

❶《シアノバクテリアと真核生物の化石》

- ・ストロマトライト…シアノバクテリア自身が堆積してできた化石（約27億年前）。
- ・縞状鉄鉱層…シアノバクテリアが放出した酸素によって鉄が酸化されたもの。
- ・グリパニア…縞状鉄鉱層から発掘された真核生物の化石（約19億年前）。

❷《全球凍結》

約7億年前。約96％の生物が絶滅

❸《エディアカラ生物群》

南オーストラリアの約6億年前の地層から見つかった動物化石。扁平で，身を守るための硬い組織をもたない。

カンブリア紀における生物の変遷

❹《バージェス動物群》

カナダのロッキー山脈の約5億年前の地層から見つかった動物化石。発達した触手や口器，硬い組織をもつ。

➡
- ・無顎類
  - ・ハイコウイクチス
  - ・ヤツメウナギ（現生）
  - ・ヌタウナギ（現生）
- ・原索動物…ピカイア
- ・三葉虫

などが出現

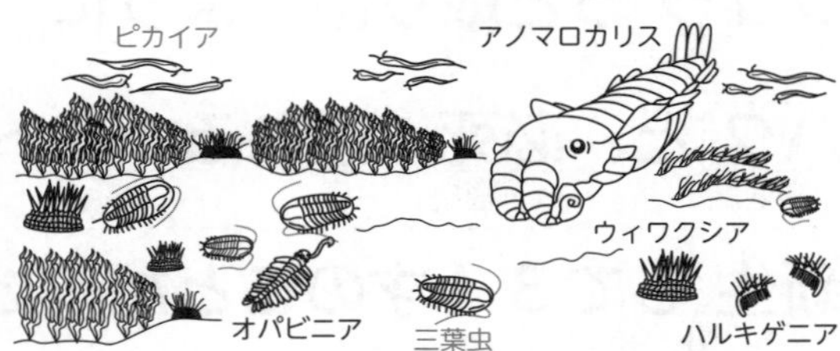

ポイントレクチャー

❶ テーマ180で示した地質時代の表の中でも，先カンブリア時代とカンブリア紀における生物の変遷について勉強していこう。まずは，シアノバクテリアの化石である「**ストロマトライト**」，シアノバクテリアによって生じた「**縞状鉄鉱層**」，その縞状鉄鉱層から発掘された「**グリパニア**」，それらの名称を覚えようね。あと，ストロマトライトは約**27**億年前，グリパニアは約**19**億年前の化石であることも押さえておこう。グリパニアが19億年前の化石，ということは，テーマ3で勉強した**マーグリスの共生**(原核生物から真核生物への進化)はこの頃には終わっていた，ということがわかるね。

❷ **全球凍結**とは，地球全体が海氷や氷床におおわれてしまうことだよ。別名，スノーボールアースともいうよ。

❸ 約**6**億年前に，比較的大形で**軟体質**のからだをもつ多細胞生物が出現したよ(**エディアカラ生物群**)。これらの生物は扁平な形態をもち，体表面から酸素などを吸収していたと考えられているよ。

❹ 約**5**億年前に，地球上ではじめて眼をもち非常に多種類である**三葉虫**，他個体を捕食するための発達した触手や口器をもつアノマロカリス，捕食者から身を守るためのトゲや硬い組織をもつハルキゲニア，などの多様な無脊椎動物が出現したよ(**バージェス動物群**)。その傍ら，これら無脊椎動物の中から，脊索をもつ**原索動物**の**ピカイア**や，最初の脊椎動物とされる**無顎類**も出現したよ。ここでついでに，**ヤツメウナギ**や**ヌタウナギ**が現生の無顎類であることも押さえておこう(テーマ198)。

あともう一歩踏み込んでみよう

ピカイアは我々ヒトの祖先！？

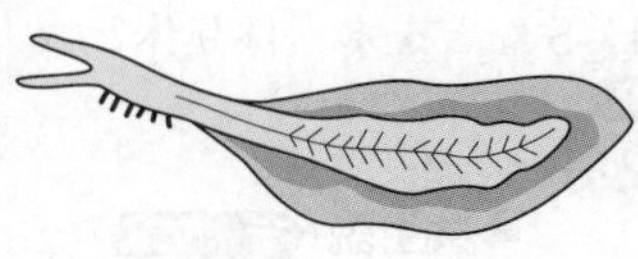

ピカイアは1910年代に化石として発見され，1980年代までは我々ヒト(脊椎動物)の直接的な祖先であると考えられていたが，今はその考えは否定されている。某TV局ではピカイアをモチーフにしたアニメが放送されていた。

テーマ 182　生物誕生から陸生化までの流れ

板書

生物誕生から陸生化までの流れ

❶
- ・好気性…酸素を利用して異化を行う性質
- ・嫌気性…酸素を利用しないで異化を行う性質

- ・従属栄養…外界から栄養(有機物)を取り込む
- ・独立栄養…自ら栄養(有機物)をつくる

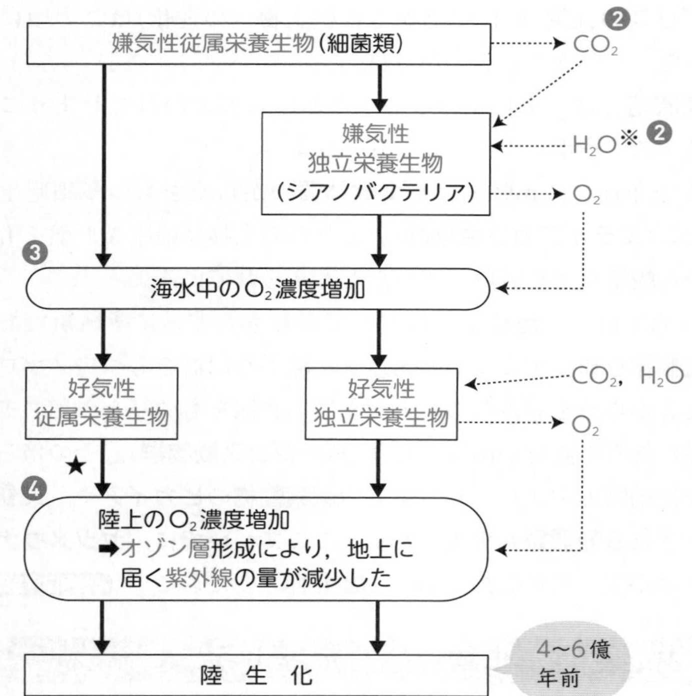

※…最初の独立栄養生物は H_2O ではなく H_2S などを水素供与体として用いていた➡光合成細菌(テーマ 47)

★…ここで原核細胞から真核細胞への進化が起こった

➡共生説(テーマ 3)

ポイントレクチャー

❶　本テーマでは，生物が誕生した約 38 億年前から，生物が陸生化した約 **4～6** 億年前までの生物の変遷や無機物の組成の変化について勉強していこう。まずは，「**好気性**」「**嫌気性**」「**従属栄養**」「**独立栄養**」の定義を理解し，本テーマで取り上げられる生物(嫌気性従属栄養生物など)の性質がきちんと確認できるようにしよう。

❷　テーマ 179で勉強したように，生物の誕生時の無機物のおもな成分は「**CO_2，H_2S，N_2，H_2O**」だよ。CO_2(当時の原始大気の 96％を占めていた)や H_2O は**光合成**に利用されていた。H_2S は※にあるように，**光合成細菌**が水素供与体として用いていた。N_2 や H_2O は，今でも大気中に多く存在する成分である。というように，各成分の利用法をつかみながら勉強していくとよいよ。

❸　海水中の O_2 濃度は，**嫌気性独立栄養生物**(シアノバクテリア)が**光合成を盛んに行った**ことで大幅に上昇した。これにより，呼吸を行う好気性の生物が誕生したよ。テーマ 181で勉強した縞状鉄鉱層ができた理由やグリパニアがその中から発掘されたことも，納得できるよね。

❹　好気性独立栄養生物(緑藻など)が**さらに光合成を盛んに行う**ようになり，海水に溶けきれなくなった O_2 が陸上へ大量に放出されたよ。これにより，**オゾン層**が形成され，地球上に届く**紫外線**の量が減少し，生物の陸生化が起こったんだ。今僕たちが陸上に生活することができるのも，過去の生物たち(先輩方)の偉業のおかげなんだね。

覚えるツボを押そう

大気中の CO_2 濃度と O_2 濃度の変遷

光合成生物の出現により，大気中の 96％もあった CO_2 濃度が大幅に減少したと同時に，O_2 濃度が大幅に増加した。

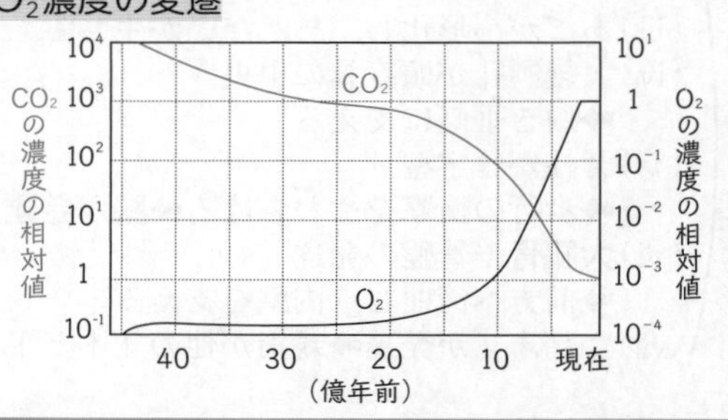

テーマ183 人類の進化

板書

❶ **人類科(霊長類)の出現**

➡森林の樹上生活への適応により，立体視(前方に眼が形成)や母指対向性(親指が他の指と向かい合うこと)・平爪(これにより，ものがつかめる)を獲得。

➡ツパイ類(または食虫類)に似た生物から進化したもの。

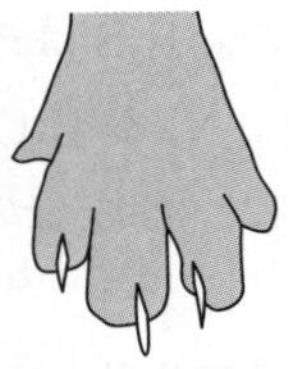

一般的なホ乳類

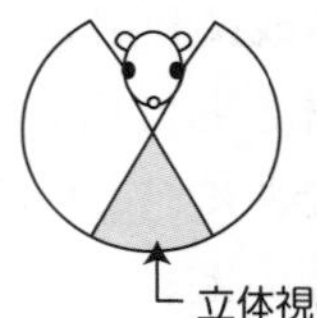

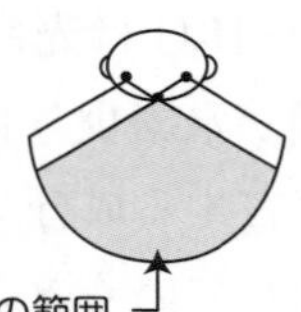

一般的なホ乳類と霊長類の視野

❷《人類の進化」

- 猿人➡
  - サヘラントロプス・チャデンシス(約700万年前)
  - ラミダス猿人(約450万年前)
  - アウストラロピテクス(約300万年前)
- 原人➡ホモ・エレクトス(ホモ属の出現…約200万年前)
- 旧人➡ネアンデルタール人(約40万年前)
- 新人➡ホモ・サピエンス(約20万年前)…現生の人類

約2200万年前に分岐

❸《人類の特徴＝チンパンジーなどの類人猿との違い》

(i)直立二足歩行➡前肢が手となり，道具を使う
(ii)眼窩上隆起が小さい(食生活により退化)
(iii)あごが小形化し，おとがいが生じる
(iv)大後頭孔が頭蓋骨の中央
　➡頭を垂直に支える
(v)背柱がS字型
　➡歩行の衝撃をやわらげる➡脳が発達
(vi)大腿骨や骨盤の発達
　➡前方へ湾曲し，内臓を支える
(vii)土踏まずが発達➡親指が他の4本と平行

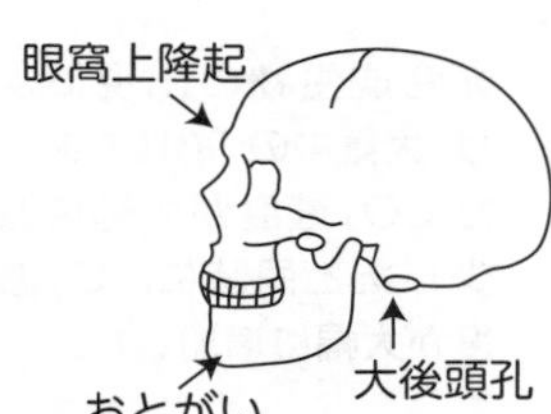

ポイントレクチャー

❶ 僕たちヒトの祖先は，森林の**樹上**で生活していた。その中で，枝をつかむために**母指対向性**や**平爪**を，枝までの距離を正確に把握するために**立体視**を獲得したよ。また，枝から枝へと移動するために肩関節の自由度を発達させたのね。ヒト科は霊長類に属し，**ツパイ**類や**食虫**類に似た生物から進化したと考えられているよ。

❷ 人類の進化の流れを押さえておこう。今の僕たちに相当するホモ・サピエンスを除いて，ここにあげた人類はすべて化石人類(化石化により人骨が発見される過去人類)だよ。**ホモ・サピエンス(約 20 万年前に出現)を含め，赤字の化石人類の名称，および，出現年代を完璧に暗記しておこう**！ちなみに，生物の誕生(約 38 億年前)を1月1日午前0時とし，今現在をそのちょうど1年後とした場合，ホモ・サピエンスが出現したのが12月31日23時32 分だよ。1 年間のうちの 28 分だなんて，いかに我々が“最近”出現したのかがわかるね。

	初期人類	ホモ属		
名称	アウストラロピテクス 猿人	ホモ・エレクトス 原人	ネアンデルタール人 旧人	ホモ・サピエンス 新人
脳の容積 (cm^3)	380〜530	750〜1300	1150〜1700	1000〜2000

❸ オランウータンやゴリラ，チンパンジーなどの類人猿と人類は約 2200 万年前に分岐したよ。また，**ここに人類の特徴を 7 つ示したので，これをすべて押さえておこう**！ちなみに，ヒトの**眼窩上隆起**がゴリラなどに比べて小さいのは，道具や火を使用するようになり，木の実の中身や焼いた肉などのやわらかいものを食べるようになったからだよ。

イメージをつかもう

アウストラロピテクスの復元模型(ルーシー)

エチオピアで発掘された約 318 万年前の人骨化石が「ルーシー」と名づけられた。この復元模型が東京・上野の国立科学博物館にあるよ。みんな，博物館に行こう！

テーマ184 進化の証拠

板書

進化の証拠

❶《"化石" から進化の証拠を探る》

・示相化石…地層が形成された時代の**環境**を示す化石。
　➡生存期間が**長く**，分布範囲が**狭い**ことが条件
　例　サンゴ：**暖かくて浅い海**

・示準化石…地層が形成された**時代**を示す化石。
　➡生存期間が**短く**，分布範囲が**広い**ことが条件
　例　・三葉虫，フズリナ　：**古生代**
　　　・恐竜，アンモナイト：**中生代**

❷ 参考 生きている化石

過去に栄えた生物の子孫が，当時に近い形態で生き残っているもの
例　カブトガニ，シーラカンス，オウムガイ，イチョウ，ソテツ

❸《"形態" から進化の証拠を探る》

・相同器官…今現在は似ていなくても，**起源は同一**である器官。
　➡適応放散の結果，生じる
　例　脊椎動物の前肢

・相似器官…**起源は異なる**が，今現在似ている器官。
　➡収束進化(収れん)の結果，生じる
　例　・チョウの翅(**表皮**)と鳥の翼(**前肢**)
　　　・エンドウの巻きひげ(**葉**)とブドウの巻きひげ(**茎**)
　　　・ジャガイモのイモ(**茎**)とサツマイモのイモ(**根**)

(　)は起源

・痕跡器官…今現在では機能を失った器官。
　例　(ヒトの場合)　**瞬膜，犬歯，虫垂(盲腸)，尾骨，ダーウィン結節**

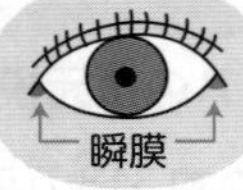

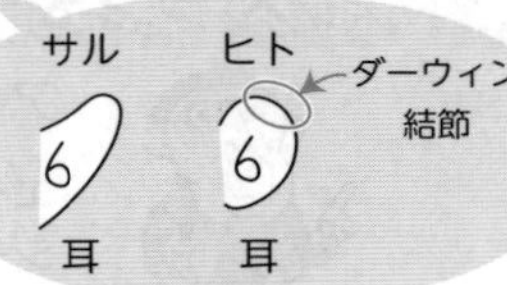

❹
・(発生)反復説
　1866年　ヘッケル　「**個体発生は系統発生を繰り返す**」

ポイントレクチャー

❶　本テーマでは“化石”と“現生の生物の形態”から進化の証拠を探っていこう。化石は**示相化石**と**示準化石**に大別されるよ。それぞれの化石の特徴と簡単な例をつかんでおこう。

❷　**生きている化石**の生物例も軽く押さえておこう(右下図Ⓐ)。

❸　「**相同器官**(右図Ⓑ)」「**相似器官**」「**痕跡器官**」の特徴と簡単な例も確認しておいてね。また，相同器官は**適応放散**の結果生じること，相似器官は**収束進化(収れん)**の結果生じることを押さえておこう。

❹　**ヘッケル**は，胚発生の比較から「**個体発生は系統発生を繰り返す**(右図Ⓒ)」という**(発生)反復説**を唱えた学者。胚発生の比較の他に，ニワトリ胚の窒素老廃物が「アンモニア(魚類段階)→尿素(両生類段階)→尿酸(鳥類段階)」へと変化していくことも，反復説の事例の1つであるといえるよ。また，ヘッケルはテーマ192で勉強する「三界説」も唱えたよ。

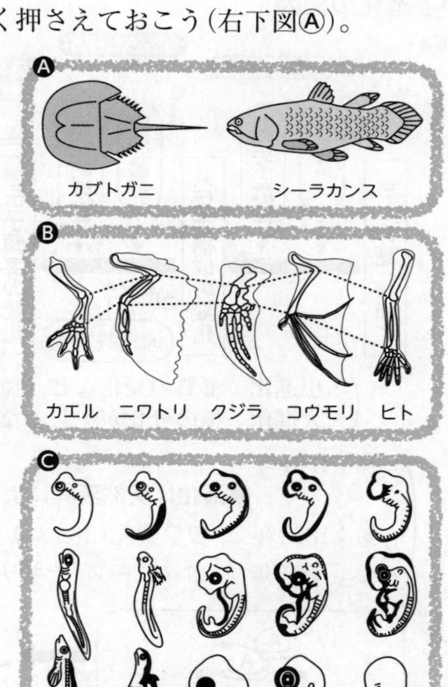

イメージをつかもう

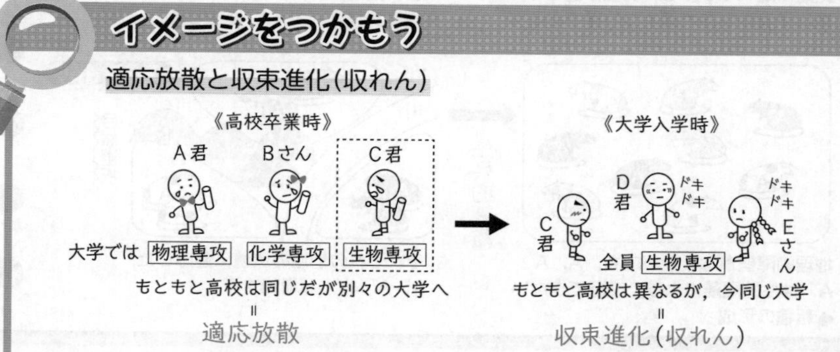

テーマ185 進化論の分類

板書

進化の要因

❶

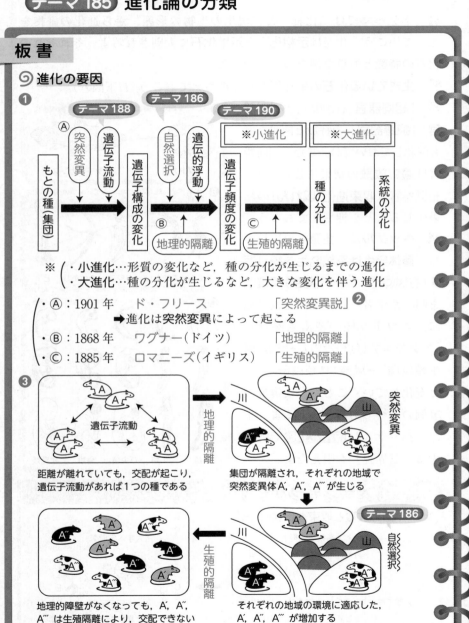

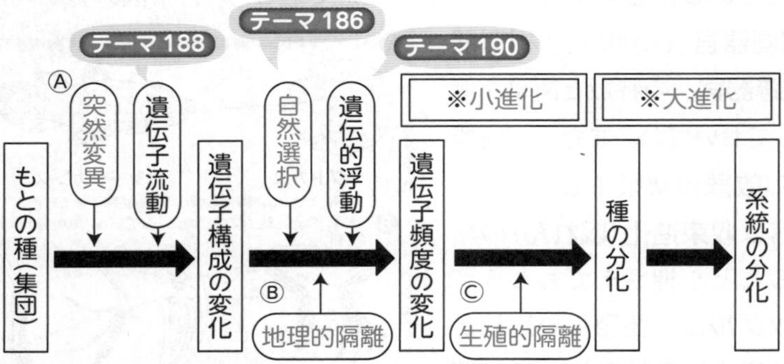

※ ・小進化…形質の変化など，種の分化が生じるまでの進化
　 ・大進化…種の分化が生じるなど，大きな変化を伴う進化

・Ⓐ：1901年　ド・フリース　「突然変異説」❷
　➡進化は突然変異によって起こる
・Ⓑ：1868年　ワグナー(ドイツ)　「地理的隔離」
・Ⓒ：1885年　ロマニーズ(イギリス)　「生殖的隔離」

❸

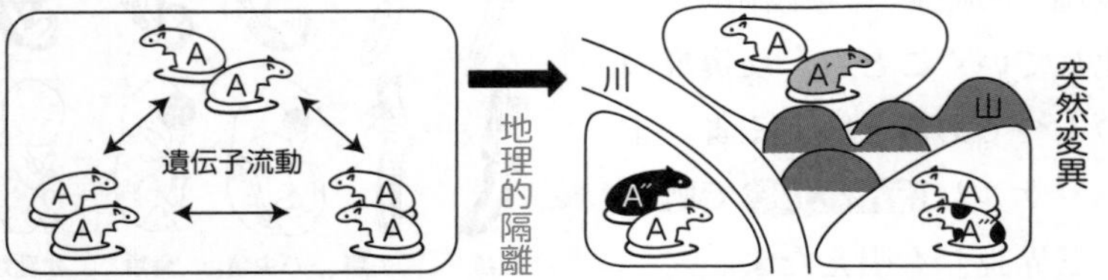

距離が離れていても，交配が起こり，遺伝子流動があれば1つの種である

集団が隔離され，それぞれの地域で突然変異体A′，A″，A‴が生じる

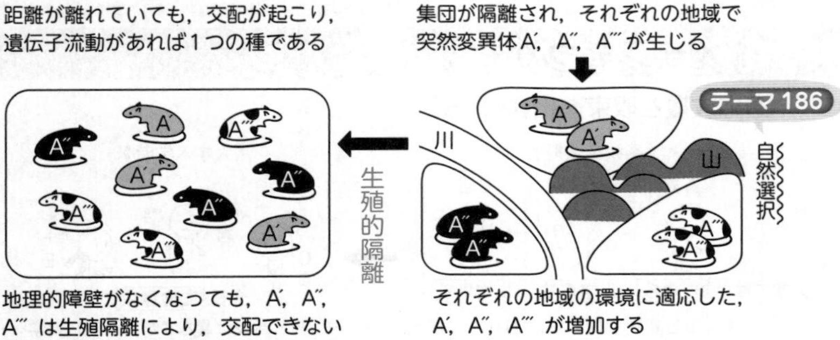

それぞれの地域の環境に適応した，A′，A″，A‴が増加する

地理的障壁がなくなっても，A′，A″，A‴は生殖隔離により，交配できない
➡新種の形成

ポイントレクチャー

❶ 進化はこの図のように「**突然変異**」「遺伝子流動」「**自然選択**」「**遺伝的浮動**」「**地理的隔離**」「**生殖的隔離**」が起こることによって生じると考えられている。本テーマからテーマ190にかけて，これらの現象を説明していくことで，“進化の要因”を探っていこう。各進化学者の考えに沿って勉強していこうね。また，ここでは，「**小進化**」と「**大進化**」の定義もつかんでおこうね。

❷ **ド・フリース**は放棄されて荒れ果てたジャガイモ畑に出現したオオマツヨイグサの群生を見つけ，「進化は突然変異によって起こる」とする**突然変異説**を提唱したよ。突然変異が起きることで，次代へ伝わる配偶子の遺伝子型も変化するため，進化が生じる。そう考えれば，当たり前の論理だよね。また，配偶子などの生殖細胞での変異が生じない限り，進化は起こらないとした「生殖質連続説（1885年にワイズマン（ドイツ）が提唱）」も軽く知っておこう。ちなみに，ド・フリースは，テーマ83でも勉強した“メンデルの法則を再発見した研究者”の一人だよ。

❸ **隔離**によって進化が起こる。**ワグナー**は，土地の隆起や海面の上昇などによって集団が地理的に分断されること（**地理的隔離**）で，**ロマニーズ**は集団間の遺伝的な違いによって交配が成立しなくなること（**生殖的隔離**）で進化が起こると考えたよ。この図にあるように，「**地理的隔離→突然変異→自然選択（**テーマ186**）→生殖的隔離**」の流れが生じた結果，新種が形成されるよ。これにより，沖縄県の西表島のイリオモテヤマネコなど，離島に固有種が多いのもうなずけるよね。

あともう一歩踏み込んでみよう

犬の“種”は1つ

犬はミニピンやチワワ，ダックスフントなど，さまざまな“品種”がみられるが，これらはすべて交配できる1つの“種”である。犬がこのように“種”が1つである理由は，僕たちヒトに飼いならされ，地理的に隔離されず，生殖的にも隔離しなかったからでは？と指摘する研究者もいる。

テーマ186 自然選択説

板書

❶

用不用説

著書：動物哲学

1809年　ラマルク（フランス）「獲得形質は遺伝する」

キリンの先祖は首を伸ばしながら木の葉を食べていた。その後，発達した首の形質が遺伝していって現在の首の長いキリンになった。

❷

自然選択説

著書：種の起源

1859年　ダーウィン（イギリス）「自然選択の積み重ねで進化が起こる」

キリンの先祖には様々な首の長さの個体がいた。首が長い個体ほど生存競争に有利で自然選択され，その形質が遺伝していって現在の首の長いキリンになった。

❸

POINT 自然選択説を支持する現象

- 人為選択…ハト，キンギョ，キャベツなどの品種改良
- 工業暗化…イギリスの工業都市マンチェスターで“工業化される前”は保護色である白のエダシャクがほとんどであったが，“工業化された後”は環境が暗化され，黒が保護色となり，黒のエダシャクがほとんどとなった
- 擬態　…周囲の環境や生物を真似ることで，生存が有利になる　例　ナナフシ，コノハチョウ
- 性選択　…相互作用により，交配において有利な形質が進化する　例　クジャク（♂）の尾羽
- 共進化　…異なる種の生物どうしが，生存や繁殖に影響を及ぼしあいながら進化する現象　例　ランとスズメガ

ポイントレクチャー

❶ **ラマルク**は著書である**動物哲学**で，「**獲得形質は遺伝する**」とする**用不用説**を提唱した研究者だよ。ここにあるように，キリンの先祖が首を伸ばすことで獲得した形質が次世代へと遺伝するって考えたんだ。**しかし，この考えは間違っている**！テーマ64で勉強したように**環境変異は遺伝しないはず**だしね。

❷ **ダーウィン**は著書である**種の起源**で，「**自然選択の積み重ねで進化が起こる**」とする**自然選択説**を提唱した研究者だよ。ここにあるように，元々個体変異により首が長くなったキリンの先祖が生存競争に打ち勝つことによって自然選択され，それが繰り返し起こることによって進化が起きるって考えたんだ。**もちろん，今現在，これは正しいとされている**！つまり，生物は「**個体変異→生存競争→自然選択→適者生存**」の流れが生じた結果，進化する。このような進化を**適応進化**というよ。

ダーウィン

❸ 自然選択説を支持する現象を１つ１つ押さえておこう。ナナフシ(木の枝のような姿に変身)の**擬態**やクジャクの♂の尾羽(大きい方が♀にモテる)の**性選択**など，僕たちの身の回りの現象がこのように自然選択説によって説明できるんだ。また，クジャクの♂は尾羽を大きくしすぎると天敵に襲われやすくなるというデメリットもあるよ。クジャクもヒトと同じように，モテるためにいろいろと努力しているんだね。あと，右にランとスズメガの**共進化**のようすを載せておくね。

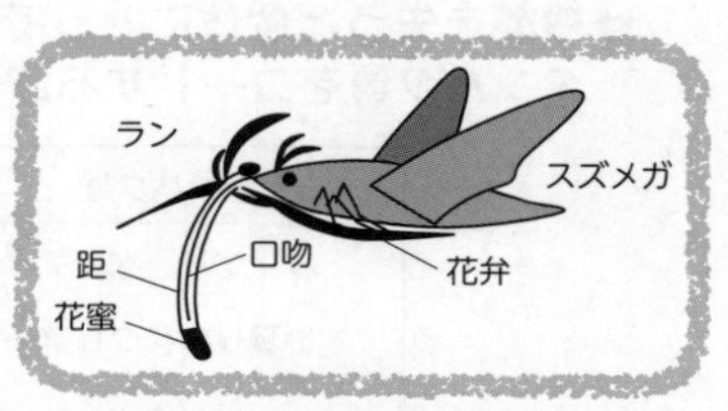

覚えるツボを押そう

用不用説と自然選択説

用不用説と自然選択説の違いは「意志があるかないか」の違い

◆用不用説　…キリンが高いところの木の葉を食べようと努力しているうちに，首が長くなった➡**意志がある**

◆自然選択説…個体変異によりたまたま首が長くなったキリンだけが木の葉を食べることができた➡**意志がない**

テーマ187 中立説と分子時計

板書

❶
中立説

1968年　木村　資生(もとお)

「進化は中立的(無関係)な突然変異の蓄積によって速く進む」

➡自然選択は無関係なので，遺伝的浮動が生じやすい(テーマ190)

❷ **POINT** 中立説を支持する現象

・同一の生物におけるDNA上において，エキソンよりもイントロンの方が塩基配列の変化が多くみられる

・アミノ酸の変化を伴う置換(非同義置換)よりも，伴わない置換(同義置換➡コドン3つめの塩基の変化が多い)の方が多くみられる

➡非同義置換が起き，形質が変化しても自然選択を受けない場合の進化を中立進化という

❸
分子時計について

…塩基配列やアミノ酸に生じる変化の速度のこと

➡機能を失うと個体にとって致命的な影響を与える重要な機能をもつタンパク質をコードする遺伝子ほど変化の速度は小さい

タンパク質	置換速度	機能の重要性
フィブリノペプチド	8.3×10^{-9}／年	低い
すい臓リボヌクレアーゼ	2.1×10^{-9}／年	↑
リゾチーム	2.0×10^{-9}／年	
ヘモグロビンα鎖	1.2×10^{-9}／年	
ミオグロビン	0.89×10^{-9}／年	
インスリン	0.44×10^{-9}／年	
シトクロムc	0.3×10^{-9}／年	↓
ヒストンH4	0.01×10^{-9}／年	高い

いろいろなタンパク質のアミノ酸置換速度

ポイントレクチャー

❶　**木村資生**博士は「**進化は中立的(無関係)な突然変異の蓄積によって速く進む**」とする**中立説**を提唱した研究者だよ。この中立説の説明だと少しわかりにくいので，かみ砕いて説明していくね。例えば，僕たちは“見た目”“性格”などを基準にして，恋人を選ぶ傾向にあるよね？これをまさか「耳あかの形質(ウェットとかドライとか)」で選ぶ人はまずいないと思うんだ。**このような自然選択と無関係な形質に関する遺伝子は，突然変異が起きても淘汰されず次世代へと伝わりやすい**ため，世代を経るごとに突然変異が繰り返し起こり続けるんだ。中立説は，このような中立的(無関係)な突然変異が蓄積することで進化が起こる，とする説だよ。

❷　中立説を支持する現象を押さえていこう。❶の説明を理解した人は，「**イントロンの方がエキソンよりも塩基配列の変化が多くみられること**」，「**同義置換の方が非同義置換よりも多くみられること**」は当然のことだって思えるよね。ちなみに，同義置換はコドン３つめの塩基の変化によって生じやすいことをテーマ57のコドン表から確認しておいてね。

❸　中立説によって，分子時計とタンパク質の機能の重要性の関係を導くことができるよ。左ページの表から，フィブリノペプチド(フィブリノーゲンのなかでフィブリンが形成されるときに除去される領域)は機能の重要性が低いから，**この遺伝子の突然変異は中立的であり次世代へと伝わりやすい**が，ヒストン(テーマ50)のような機能の重要性が高いタンパク質の遺伝子は，**その突然変異が次世代へと伝わりにくい**ことがわかるね。

イメージをつかもう

部屋の中のようすを“中立説”風に説明

いつも掃除している部屋でも…

電灯のかさの上，TVやタンスの裏にはほこりがたまっていたりする。

中立(無関係)
それは生活する上で，
目につかない場所だから！

テーマ188 ハーディ・ワインベルグの法則

板書

❶

ハーディ(イギリス)・ワインベルグ(ドイツ)の法則

例　ある集団

AA　AA　aa　AA
AA　Aa　AA
Aa　AA　AA

AA…7人
Aa…2人
aa…1人

(上の集団の内訳)

<遺伝子>　　　　　<頻度>

A … 16個 → 4 → 0.8
a … 4個 → 1 → 0.2

ルール
100%を「1」とする

このような集団における遺伝子の総和を遺伝子プールという。

⬇ここで自由交配が生じると

	0.8A	0.2a
0.8A	0.64AA	0.16Aa
0.2a	0.16Aa	0.04aa

次世代の集団

AA … 0.64 →64人→16人
Aa … 0.16+0.16=0.32→32人→ 8人
aa … 0.04 → 4人→ 1人

(上の集団の内訳)

<遺伝子>　　　　　<頻度>

A … 40個 → 4 → 0.8
a … 10個 → 1 → 0.2

前世代と同じ！

POINT ハーディ・ワインベルグの法則

ある集団において，何世代を経ても，その集団内の遺伝子頻度は常に一定である。ただし，次の5つの条件を満たす必要がある。

❷
- 突然変異が生じない
- 自然選択が起こらない
- 自由交配が行われる
- 個体の移出・移入が起こらない
- 個体数が多い

この5つの条件を満たしている集団をメンデル集団という。

➡この集団では遺伝子頻度が常に一定であるため進化しない

ポイントレクチャー

❶　本テーマでは，“集団遺伝の計算”によって進化のしくみをひも解いていくよ。いま，ＡＡが７人，Ａａが２人，ａａが１人の集団があるとする。この集団の遺伝子Ａを数えると，ＡＡが７人いて，Ａａが２人いることから，「Ａ…**7 × 2 ＋ 2＝ 16 個**」となる。同様に遺伝子ａの数を数えると，Ａａが２人いて，ａａが１人いることから，「ａ…**2 ＋ 1 × 2 = 4 個**」となるよ。それらを比にしたうえで，**遺伝子頻度**（Ａ…**0.8**，ａ…**0.2**）へと変換する（**このとき 100%を「1」とする，というルールに注意**！）。次に，各遺伝子頻度を係数とした自由交配の表（テーマ 84）をつくり，次世代の集団の遺伝子型頻度（ＡＡ…**0.64**，Ａａ…**0.32**，ａａ…**0.04**）を求めていく。それらの値から簡単な人数の比（ＡＡ…**16** 人，Ａａ…**8** 人，ａａ…**1** 人）へと換算する。その後，さっきと同様の計算方法で，その集団の遺伝子Ａと遺伝子ａの数をそれぞれ数え（Ａ…**16 × 2 ＋ 8= 40 個**，ａ…**8 ＋ 1 × 2= 10 個**），それらの数字を元にして遺伝子頻度を算出する。**すると何と，次世代の集団の遺伝子頻度が最初の集団の遺伝子頻度と同じになるんだ**！このような法則を**ハーディ・ワインベルグの法則**というよ。

❷　ハーディ・ワインベルグの法則が成立するためには，ここに示した５つの条件を満たす必要がある。**この５つの条件は完璧に頭に詰め込んでおこう**！ここで，この５つの条件を満たす集団を**メンデル集団**といい，メンデル集団は**進化しない**。しかし，逆をいうと，「この５つの条件を満たさないメンデル集団ではない集団は**進化する**」ことを押さえておこう。

08 生物の進化と系統

あともう一歩踏み込んでみよう

遺伝子流動

テーマ 185 で勉強したように，進化の要因の１つに「遺伝子流動」があげられる。遺伝子流動が起こると，集団から個体の移出・移入が起きてしまい，結果的にハーディ・ワインベルグの法則が成立しなくなり，集団内の遺伝子頻度が変化する。したがって，遺伝子流動が起こることで，進化が起きることになる。

テーマ189 ハーディ・ワインベルグの法則の問題

板書

ハーディ・ワインベルグの法則の問題

ある生物の集団500匹のうち，320匹が黒色型で，180匹が淡色型であった。黒色型の遺伝子をA，淡色型の遺伝子をaとし，この集団にはハーディ・ワインベルグの法則が適用できるものとする。
問1　全体の中でAa個体の割合は何%か。
問2　この集団の淡色型の個体がすべて捕食されてしまった場合，生まれてくる次世代の表現型の分離比［A］:［a］を示せ。

解説

❶ 問1　POINT

$$aa = \frac{劣性ホモ個体数}{全個体数}$$

$$aa = \frac{180匹}{500匹} = \frac{9}{25} \rightleftarrows a = \sqrt{\frac{9}{25}} = \frac{3}{5} = 0.6$$

次に，「A＋a＝1」より，A＝1－0.6＝0.4

⬇ ここで自由交配が生じると

	0.4A	0.6a
0.4A	0.16AA	0.24Aa
0.6a	0.24Aa	0.36aa

Aa個体の割合
＝0.24＋0.24＝0.48
➡ 48%…(答)

❷ 問2　この集団のaa個体がすべて捕食されてしまった場合，次のような集団となる。

	0.4A	0.6a
0.4A	0.16AA	0.24Aa
0.6a	0.24Aa	☒

集団
AA…0.16→16匹→1匹
Aa…0.48→48匹→3匹

この集団の各遺伝子数を算出すると，A…5個，a…3個となる。

⬇ ここで自由交配が生じると

	5A	3a
5A	25AA	15Aa
3a	15Aa	9aa

［A］:［a］
＝(25＋15＋15):9
＝55:9…(答)

ポイントレクチャー

❶ テーマ188で勉強した考え方を元にして，ハーディ・ワインベルグの法則に関する計算問題を対策していこう。**本問のように，“問題文に遺伝子頻度が書かれていない”場合は，まずは左ページのPOINTの式を立てよう**！この式に全個体数と劣性ホモ個体数を代入して，ルートをとることで遺伝子ａの頻度を算出できるよ。次に，**遺伝子Ａと遺伝子ａの遺伝子頻度の合計は「1」である**ことを考慮して，遺伝子Ａの遺伝子頻度を求めるのね。そして，自由交配の表をつくり，そこからＡａ個体の割合を求めていけば答えが出るよ。

❷ まずは，問１でつくった表を，ａａ個体がすべて捕食されてしまった状態の表につくり変えよう。そして，ａａ個体以外の集団の遺伝子型頻度(ＡＡ…**0.16**，Ａａ…**0.48**)を求め，それらの値から簡単な個体数の比(ＡＡ…**1** 匹，Ａａ…**3** 匹)へと換算するのね。その後，テーマ188と同様の計算方法で，その集団の遺伝子Ａと遺伝子ａの数をそれぞれ数えよう(Ａ…**1 × 2 + 3＝ 5 個**，ａ…**3 個**)。ここで注意したいのは，本問では，遺伝子頻度や遺伝子型頻度が問われているわけではないので，今回は遺伝子Ａと遺伝子ａの数をそのまま係数とした自由交配の表をつくり，そこから表現型の分離比を求めていけば答えが出るよ。下の**類題を解こう**で数字を変えただけの問題を用意したので，ぜひ解いてみよう。

類題を解こう

ハーディ・ワインベルグの法則の問題

ある生物の集団600匹のうち，546匹が黒色型で，54匹が淡色型であった。黒色型の遺伝子をＡ，淡色型の遺伝子をａとし，この集団にはハーディ・ワインベルグの法則が適用できるものとする。

問１　全体の中でＡａ個体の割合は何％か。

問２　この集団の淡色型の個体がすべて捕食されてしまった場合，生まれてくる次世代の表現型の分離比[A]：[a]を示せ。

解説　左ページと同様の解法で問題に挑もう！

問１　**42%**　問２　[A]：[a] = **160：9**　…(答)

テーマ 190　遺伝的浮動

板書

❶ 遺伝的浮動について

…自然選択とは無関係に，特定の遺伝子が**偶然的**に選ばれることで遺伝子頻度が変化すること。

➡遺伝的浮動は**小集団**の場合において，大きな影響をもたらすことが多い。

❷ POINT　びん首効果

環境の激変により個体数が減少し，遺伝的浮動が促進すること
➡これにより遺伝的多様性の低い集団が生じる

❸《遺伝的浮動とコンピュータ・シミュレーション》

遺伝子頻度が0.5である対立遺伝子Aに注目し，(ⅰ)10個体からなる集団と(ⅱ)100個体からなる集団についてコンピュータ・シミュレーションを複数回行ったところ，次のような結果となった。

(ⅰ)10個体からなる集団

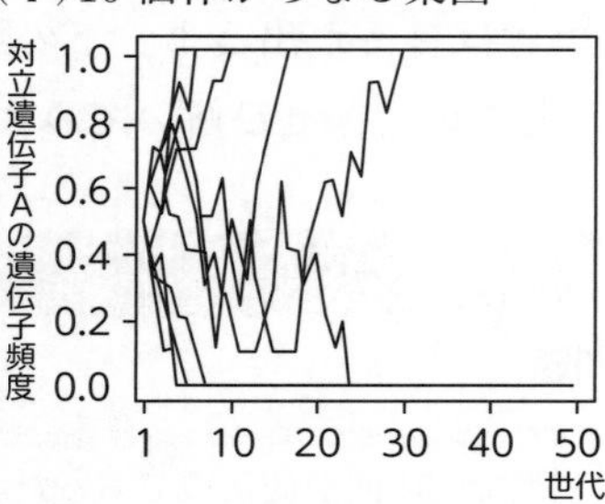

➡一方の対立遺伝子が失われる場合が多い。

(ⅱ)100個体からなる集団

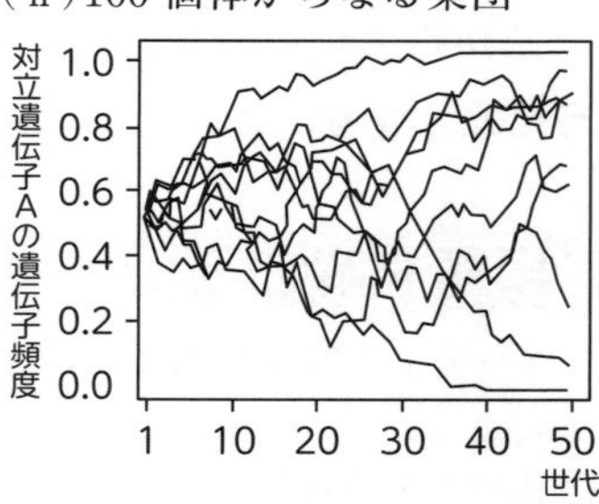

➡遺伝子頻度の変化が比較的少ない。

結論

小集団は遺伝的浮動の影響を受けやすい

ポイントレクチャー

❶ 本テーマでは**遺伝的浮動**について勉強していこう。左のページの遺伝的浮動の説明だと少しわかりにくいので，ウサギを例にとって説明していくね。ウサギはとても繁殖力が強い動物で，異性に出会ってすぐに交尾を行うことがあるんだけど，たまたま1匹の♂が多くの♀に出会い，その♂の特定の遺伝子がその集団内に多めに次代に受け継がれる…など，**自然選択とは一切無関係**なんだけど，テーマ188で勉強したハーディ・ワインベルグの法則が成立するための条件の1つである**「自由交配」が起こらないことで遺伝子頻度が変化する**，ということだよ。遺伝的浮動は**多数の集団（大集団）に比べ，少数の集団（小集団）でよくみられる**現象だよ。

❷ **びん首効果**の例として，「アメリカの先住民の血液型のほとんどがO型であること」があげられるよ。これは，氷河期の時代に，アメリカの先住民の祖先の集団が環境の激変により小集団になり，そのとき，たまたまその集団にO型のヒトが多かったからだといわれているんだ。新集団となった際に生じたびん首効果によってO型の遺伝子の遺伝子頻度がより高くなっていったことが原因であると考えられているよ。

❸ ここに，個体数の異なる集団における遺伝子頻度の変遷を，コンピュータでシミュレーションしたものを示したよ。この結果，やはり，小集団の方が，一方の対立遺伝子が失われる場合が多く，**遺伝的浮動の影響を受けやすい**ことがわかるね。

あともう一歩踏み込んでみよう

創始者効果

大きな集団から小さな集団が新しく生じた際に，遺伝的浮動が促進すること。びん首効果では自然災害や乱獲などにより個体数が減少することで小さな集団が生じるが，創始者効果ではそのような個体数の減少はみられず，“新たに独立”することで小さな集団が生じる。要は，「脱サラしたサラリーマンが新しい会社を立ち上げる」といったイメージである。創始者効果においても遺伝的多様性の低い集団が生じる。

テーマ 191　分子系統樹の作成法

板書

分子系統樹

…生物の進化やその道筋を樹木の枝分かれのように示した図。

《いきなり問題》

❶

あるタンパク質のアミノ酸に，イヌとヒトでは 24 個の違いがある。このタンパク質のアミノ酸の 1 つが置換するのに 800 万年かかるとすると，イヌとヒトは共通の祖先から分岐したのは，約何万年前か。

解説

分岐から現在に至るまでの期間で，
イヌとヒトでは(24÷ 2 =)12 個ずつアミノ酸を置換させてきた。
したがって，
12 個 × 800 万年／個 = 9600 万年前
…(答)

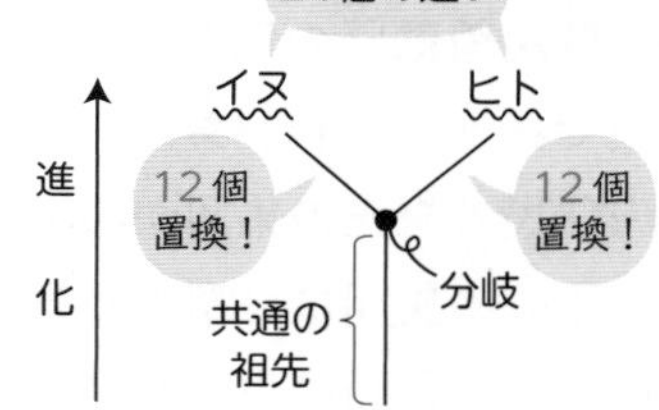

分子系統樹の作成問題

右表はあるタンパク質のアミノ酸の違いをまとめたものである。これを元にこれらの動物の分子系統樹を作成し，それぞれの祖先生物からのアミノ酸置換数(進化的距離)を書き込め。

	イモリ	カンガルー	ウサギ	イヌ	ヒト
イモリ		67	70	65	62
カンガルー			30	33	27
ウサギ				27	25
イヌ					23
ヒト					

❷ **解説**

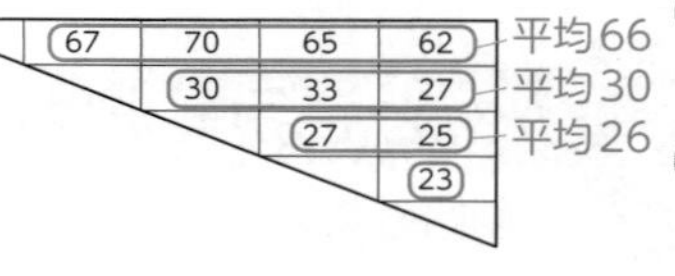

67	70	65	62	平均66
	30	33	27	平均30
		27	25	平均26
			23	

最も遠縁と見られる動物(イモリ)とそれ以外の動物とのアミノ酸置換数の“平均”を求める。

➡**次に遠縁と見られる動物(カンガルー)**と残りの動物とのアミノ酸置換数の“平均”を求める。

➡これを繰り返し，各動物間における置換数(進化的距離)の「半分」の数値を分子系統樹に書き込む。

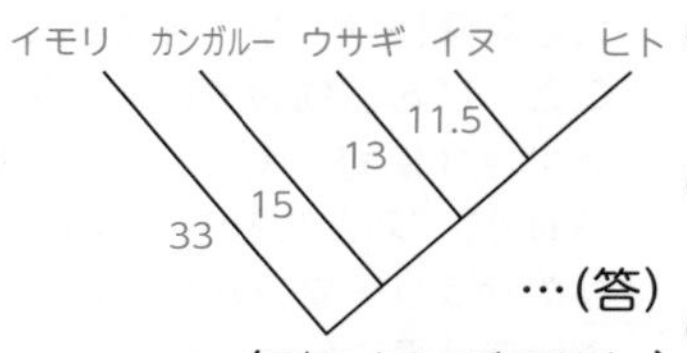

…(答)

(反転したものでも OK！
イヌとヒトは逆でも OK！)

ポイントレクチャー

❶　本テーマより，「系統分類」の単元に入るよ。いよいよ最終単元だ。いきなりではあるが，この問題を解いてみよう。ここで，直感的に「24 個 × 800 万年／個 ＝ 1 億 9200 万年前」と計算してしまった人はいるかな？残念ながら，それは間違いなんだ。まず，左ページにある分子系統樹を見てみよう。これによると，アミノ酸に 24 個の違いがあるイヌとヒトにおいて，**共通の祖先が分岐してから，イヌはイヌ，ヒトはヒトで（24 ÷ 2 ＝）12 個ずつアミノ酸を置換させてきた**ことがわかるね。したがって，答えは **12 個 × 800 万年／個＝ 9600 万年前**となる。このように，共通する“タンパク質のアミノ酸配列”を比較することによって分子系統樹がつくられることも知っておこう。そして，**ある 2 種間において，アミノ酸の置換数は，その 2 種間のアミノ酸の異なる数の半分になることを押さえておこう**！

❷　次に，複数種間のアミノ酸の違いから，分子系統樹を作成する問題の対策をしていこう。解説にあるように，まず，最も遠縁と思われる種とそれ以外の種とのアミノ酸置換数の **“平均”** を求める。**(67＋ 70 ＋ 65 ＋ 62) ÷ 4 ＝ 66** という風に。こうすることで，最終的に矛盾がない分子系統樹がつくれるよ。その後も，残った種の中で遠縁のものから順に注目していき。同じことを繰り返す。**(30 ＋ 33 ＋ 27) ÷ 3 ＝ 30 →(27 ＋ 25) ÷ 2 ＝ 26** という風にね。そして，それらの数の**半分**の数値を分子系統樹に書き込んで答えとなるよ。下の**類題を解こう**で分子系統樹の作成に慣れていこうね。

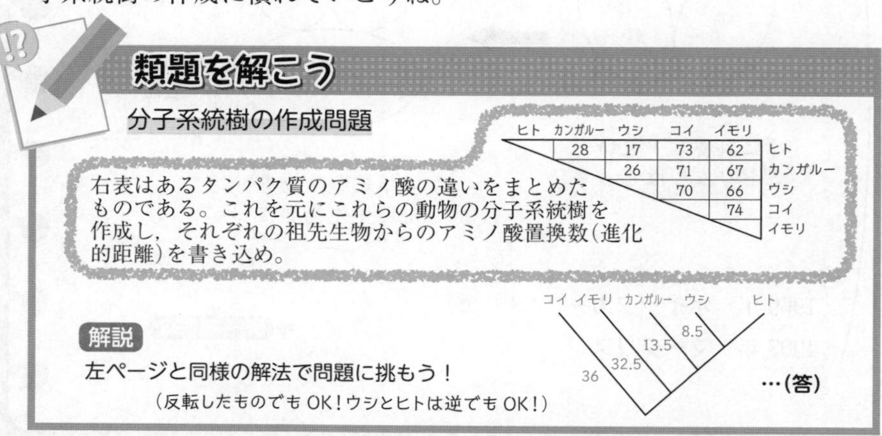

類題を解こう

分子系統樹の作成問題

右表はあるタンパク質のアミノ酸の違いをまとめたものである。これを元にこれらの動物の分子系統樹を作成し，それぞれの祖先生物からのアミノ酸置換数（進化的距離）を書き込め。

	ヒト	カンガルー	ウシ	コイ	イモリ
ヒト		28	17	73	62
カンガルー			26	71	67
ウシ				70	66
コイ					74
イモリ					

…（答）

解説

左ページと同様の解法で問題に挑もう！

（反転したものでも OK！ウシとヒトは逆でも OK！）

テーマ192 生物の分類法

板書

生物の分類法

❶《分類の段階》

ドメイン ＞ 界※ ＞ 門 ＞ 綱(こう) ＞ 目 ＞ 科 ＞ 属 ＞ 種

テーマ193　(類)　これは多い…(泣)

➡ここで，1758年にリンネ(スウェーデン)が著書である**自然の体系**で「論文などで生物名を表記するときは“属”と“種”のみでよい」と発案。＝二名法

➡ルール…ラテン語かつイタリック体

例

(和名)		(学名：属－種の順に)
・ヒト	：	*Homo sapiens*
・ショウジョウバエ	：	*Drosophila melanogaster*
・トキ	：	*Nipponia nippon*

❷《界(※)の分類》

・1735年　リンネ　「二界説」　1878年　ヘッケル　「三界説」

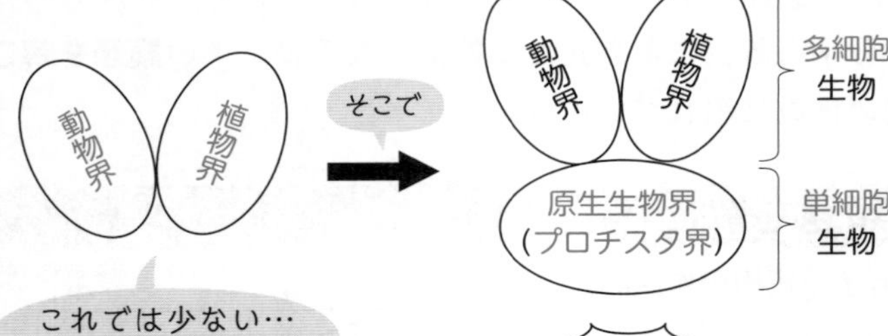

❸

・1969年　ホイッタカー(アメリカ)
・1997年　マーグリス

「五界説」 ➡テーマ193

ポイントレクチャー

❶ 現在，地球上には，名前がつけられている生物は約175万種いるよ(実際には3000万種くらいの生物がいるのではないかと推定されている)。そこで，これらすべての生物をきっちりと分類するために，分類の段階を8つ設けているよ。まずは，**この8つの分類の段階をしっかりと覚えよう**！また，**リンネ**の著書である**自然の体系**に基づき，生物名を表記するときには「**属**」と「**種**」のみを明記する**二名法**が採用されていることも知っておこう。**ラテン語**かつ**イタリック体**(斜め表記の書体)というルールに注意し，*Homo sapiens* に関しては，スペルもきっちり書けるようにしておこうね。

❷ ここで「**界**」の分類について詳しく勉強しよう。最初，**リンネ**が生物界を**動物界**と**植物界**の2つに分ける「**二界説**」を提唱したよ。例えば，大腸菌などの原核生物は「植物」に，ゾウリムシなどの光合成を行わない単細胞生物は「動物」に，という感じで分類したんだ。実はこの名残りが今現在も残っていて，テーマ67で勉強したように，アカパンカビは「菌類」なのに元々植物を表す“株”とよばれていたり，研究室によっては大腸菌を培養することを「植えつける」と表現したりすることもあるんだよ。でも，さすがに二界説では限界があるよね？植物のように光合成を行うが，動物のように移動する単細胞生物であるミドリムシはどっち？…とか。そこで，テーマ184で勉強した(発生)反復説で有名な**ヘッケル**が**原生生物界**(**プロチスタ界**)を増設した「**三界説**」を提唱し，“光合成や移動の有無に関係なく，単細胞生物をすべてここに分類しよう”としたんだ。

❸ さらに，**ホイッタカー**(**ホイタッカー**)と**マーグリス**はさらなる分類を行い，「**五界説**」を提唱したよ。これに関して詳しくはテーマ193にて説明していくね。

覚えるツボを押そう

分類の段階の順番(大声で歌うように♪)

しゅーぞく、かーもく、
こーもんかい、ドメイン！

(段階の小さい方からだといいやすいよ！)

テーマ193 五界説，三ドメイン説

板書

五界説について

❶ 1969年　ホイッタカー

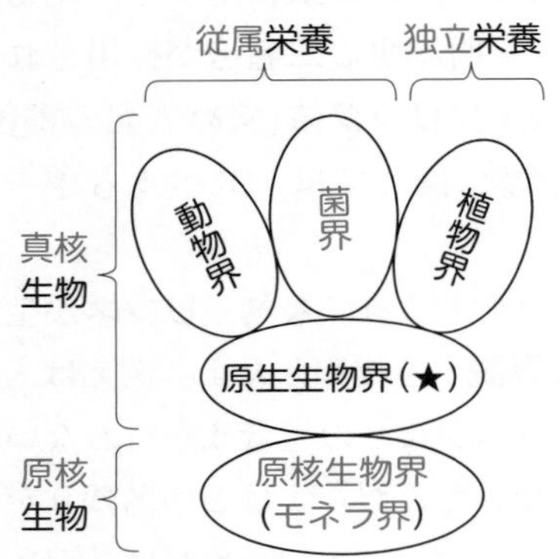

❷ **POINT** マーグリスによる五界説(1997年)

「"藻類"や"粘菌類""卵菌類"を原生生物界(★)に分類する」と発案
➡現在では，この考え方が広く支持されている

三ドメイン説について

❸ 1990年　ウーズ(アメリカ)

全生物が共通にもつrRNA(リボソームRNA)の塩基配列を比較した結果をもとにした分類。

- ・細菌ドメイン　　…細菌やシアノバクテリアが属する
- ・古細菌ドメイン　…好熱菌や好塩菌，メタン生成菌が属する
- ・真核生物ドメイン…真核生物が属する

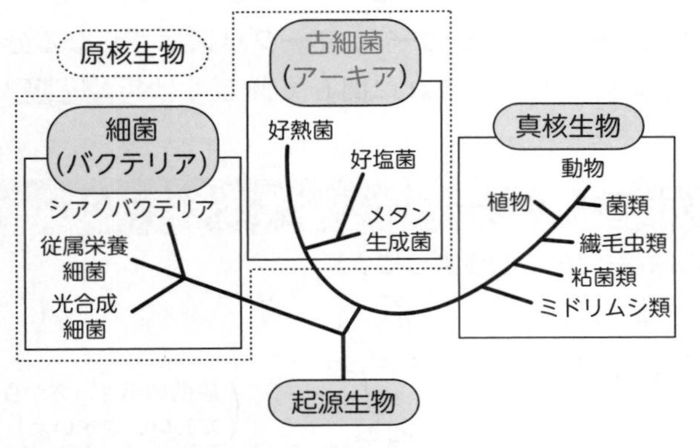

POINT

古細菌は細菌よりも系統的に真核生物に近縁であることが明らかになった

ポイントレクチャー

❶　**ホイッタカー（ホイタッカー）**により提唱された**五界説**は，テーマ192で勉強した三界説に「**菌界**」と「**原核生物界（モネラ界）**」が加えられたもので，“菌類は分解者，植物は生産者，動物は消費者”といったように，生態系における役割の違いによって多細胞生物が，“原核生物と真核生物”といったように，細胞構造の違いにより単細胞生物が分類されたんだ。

❷　共生説（テーマ3）で有名な**マーグリス**は，ホイッタカーの五界説を改変したよ。ホイッタカーの五界説では「植物界」に分類されていた“**藻類**”と「菌界」に分類されていた“**粘菌類**”“**卵菌類**”が「**原生生物界**」に分類されたのね。ホイッタカーの分類法だと“単細胞の緑藻と多細胞の緑藻が異なる界に分類されてしまう”ことを危惧して，マーグリスはこのような分類にしたんだよ。

❸　**ウーズ**は，rRNA の遺伝子の塩基配列を比較することで，原核生物から真核生物にいたる生物の系統関係を調べたところ，「**細菌ドメイン**」「**古細菌ドメイン**」「**真核生物ドメイン**」の３つのドメインに分類されることを明らかにした。ここで，古細菌の生物例（**好熱菌**，**好塩菌**，**メタン生成菌**）を覚えておこうね。また，**「古細菌は細菌よりも系統的に真核生物に近縁であること」を押さえておこうね**！

類題を解こう

五界説と三ドメイン説

右図は五界説，および，三ドメイン説に基づいて作成された生物進化の道筋を表した系統樹である。図中のＤ・Ｅの破線は共生説に基づく由来を示す。Ａ～Ｃに相当するドメインは何か。また，Ｄ・Ｅの結果，形成された細胞小器官は何か。

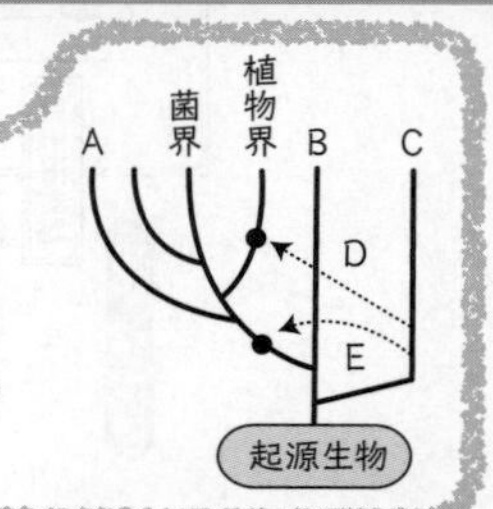

解説　Ａは菌界や植物界と同じドメイン。Ｂは真核生物に近縁のドメイン。Ｄは共生説によって生じた細胞小器官のうち，植物がもつもの。

Ａ：**真核生物ドメイン**　Ｂ：**古細菌ドメイン**
Ｃ：**細菌ドメイン**　Ｄ：**葉緑体**　Ｅ：**ミトコンドリア**…（答）

テーマ194 生物の系統分類

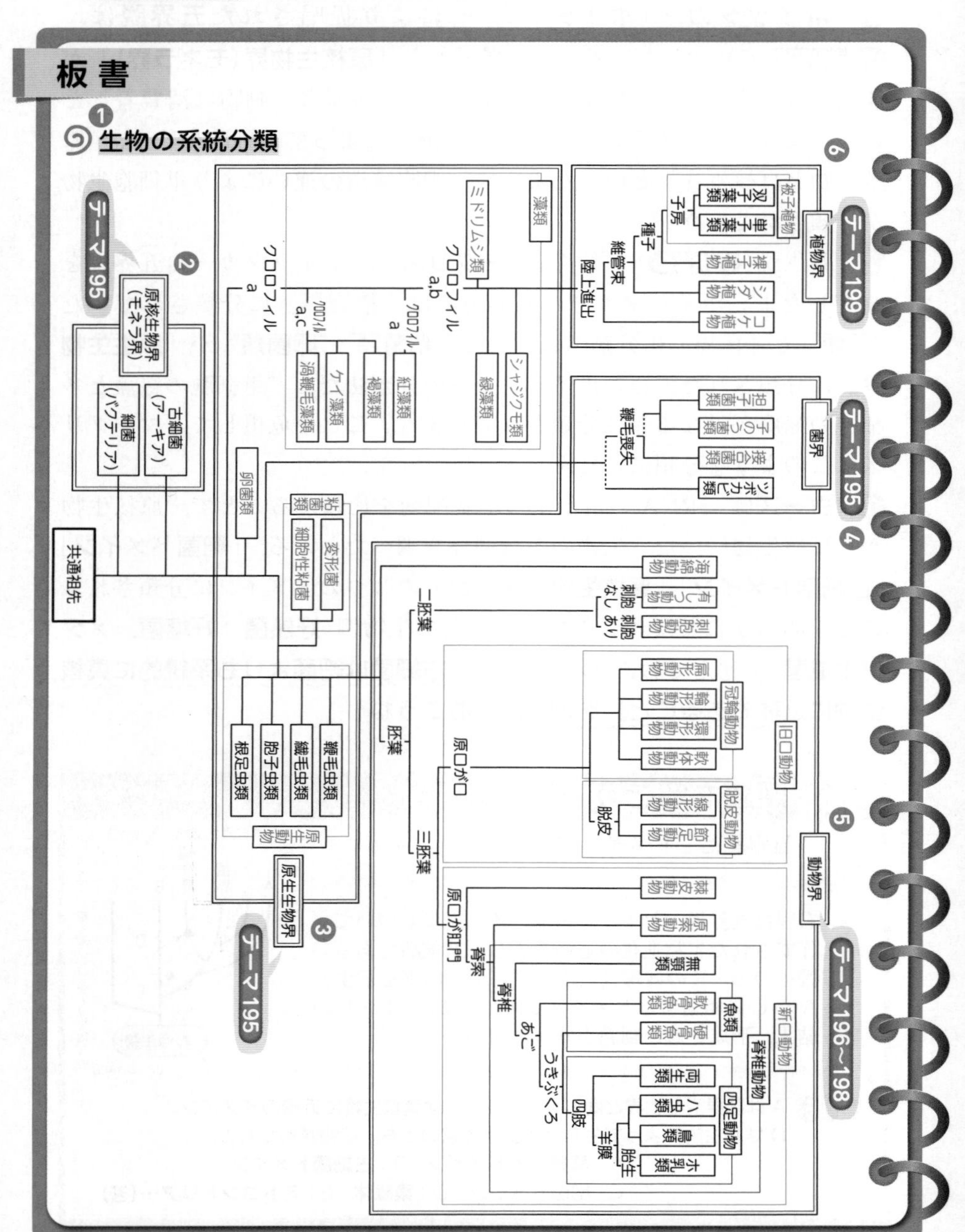

ポイントレクチャー

❶ テーマ193で勉強したマーグリスの五界説に基づいて，受験生物で扱う全生物の系統分類を示したよ。本テーマからテーマ199にかけて，覚えていかなくてはならない生物例や用語を「界」ごとに分けて説明していくね。ここで，覚えるためのコツを伝授しよう。例えば，生物例の場合，“テーマ34で勉強した酵母菌は，菌界の**子のう菌類**に属する”など，他の単元と関連づけながら勉強していくと，効率よく覚えられるよ。テーマ195以降で，この方法を実践していこうね。

❷ 原核生物界(モネラ界)はテーマ193の三ドメイン説で勉強したように，「**細菌(バクテリア)**」と「**古細菌(アーキア)**」に大別されるよ。ここでは，シアノバクテリアは**細菌の一種**として扱っているよ。テーマ195で押さえておくべき生物例や光合成色素を確認しよう。

❸ 原生生物界は「**原生動物**」「**粘菌類**」「**卵菌類**」「**藻類**」に大別されるよ。特に，粘菌類は「**変形菌**」と「**細胞性粘菌**」に，藻類は「**シャジクモ類**」「**緑藻類**」「**ミドリムシ類**」「**紅藻類**」「**褐藻類**」「**ケイ藻類**」「**渦鞭毛藻類**」に細かく分けられるんだ。❷同様，テーマ195で押さえておくべき生物例や光合成色素をみていこうね。

❹ 菌界は「**担子菌類**」「**子のう菌類**」「**接合菌類**」に大別されるよ。テーマ195で押さえておくべき生物例を確認していこう。

❺ 動物界は「**海綿動物**」「**有しつ動物**」「**刺胞動物**」「**扁形動物**」「**輪形動物**」「**環形動物**」「**軟体動物**」「**線形動物**」「**節足動物**」「**棘皮動物**」「**原索動物**」「**脊椎動物**」に大別されるよ。その他の**赤字**の分類も含めて，テーマ196～198で押さえておくべき内容を確認しよう。

❻ 植物界は「**被子植物**」「**裸子植物**」「**シダ植物**」「**コケ植物**」に大別されるよ。テーマ199で押さえておくべき内容を確認しようね。

覚えるツボを押そう

コンブは原生生物界に属する

入試ではおもにこっちを支持！

	ホイッタカー	マーグリス
コンブ(褐藻類)	植物界	原生生物界

テーマ195 原核生物界，原生生物界，菌界

板書

❶ 原核生物界の分類

	生物例	光合成色素
細菌 古細菌	大腸菌，乳酸菌，光合成細菌， 好熱菌，好塩菌，メタン生成菌	バクテリオクロロフィル ＋フィコエリトリン(※)
シアノ バクテリア	ユレモ，ネンジュモ，アナベナ， ミクロキスティス	クロロフィルａ ＋フィコシアニン(※)

❷ 原生生物界の分類

		生物例	光合成色素
藻類	シャジクモ類	シャジクモ(＊)，フラスコモ	クロロフィルａとｂ ＋カロテン＋キサントフィル
	緑藻類	クラミドモナス，クロレラ， アオサ，アオノリ，ミル， カサノリ	
	紅藻類	アサクサノリ，テングサ	クロロフィルａ ＋フィコエリトリン
	褐藻類	コンブ，ワカメ，ホンダワラ， ヒジキ	クロロフィルａとｃ ＋フィコキサンチン
	ケイ藻類	ケイソウ	
	渦鞭毛藻類	ツノモ，ヤコウチュウ	
粘菌類	変形菌	ムラサキホコリカビ	なし
	細胞性粘菌	キイロタマホコリカビ	
卵菌類		ミズカビ	
原生動物		アメーバ，ゾウリムシ， エリベンモウチュウ(★)	

❸ 菌界の分類

	生物例
担子菌類	マツタケ，シイタケ
子のう菌類	酵母菌，アカパンカビ，アオカビ
接合菌類	ケカビ

ポイントレクチャー

❶ **各「界」において，他の単元との兼ね合いから生物例や光合成色素などの用語を覚えていこう**！まずは，原核生物界において，テーマ2で勉強したように，細菌(シアノバクテリアも含む)の生物例はきちんと押さえておこうね。特に，細菌の場合は，**古細菌と粘菌，卵菌，酵母菌以外の「〜菌」**と覚えておくといいよ。あとは，テーマ193でも勉強したように，古細菌の生物例が「**好熱菌**」「**好塩菌**」「**メタン生成菌**」であることを改めて確認しておいてね。また，光合成細菌とシアノバクテリアに関しては，光合成色素の種類も押さえておこうね。光合成細菌がもつ**バクテリオクロロフィル**についてはテーマ47で勉強したね。ちなみに，※のフィコエリトリンとフィコシアニンを合わせて**フィコビリン**というよ。

❷ 原生生物界において，赤字の生物例はしっかりと覚えておこう。テーマ80で勉強した胞子生殖を行う**ミズカビ**は**卵菌類**なんだね。また，テーマ81で勉強した同型配偶子接合を行う**クラミドモナス**や異形配偶子接合を行う**アオサ**と**ミル**は**緑藻類**だよ。そして，藻類に関しては，光合成色素の種類も押さえておこう。ちなみに，テーマ196&199でも勉強するが，植物界の生物は＊の**シャジクモ**の仲間が，動物界の生物は★の**エリベンモウチュウ**の仲間が共通祖先であることも先に知っておこうね。

❸ 菌界において，赤字の生物例はしっかりと覚えておこう。ここで，テーマ80で勉強した胞子生殖を行う**マツタケ**や**シイタケ**は**担子菌類**，テーマ167で勉強した片害作用でペニシリン(抗生物質)を放出する**アオカビ**は**子のう菌類**，テーマ66&67で勉強したビードルとテータムの実験の材料として扱われた**アカパンカビ**も**子のう菌類**であることを，しっかりと関連づけながら覚えていこうね。

08 生物の進化と系統

覚えるツボを押そう

原核生物界，原生生物界，菌界の生物例

自分の覚えられそうな生物群から声に出して読むことで覚えていって，つなげながら頭に叩き込もう！ それなら

例　シイタケは「**担子菌類**」➡酵母菌は「**子のう菌類**」

テーマ196 動物界の分類①（原口，体腔，中胚葉）

板書

❶ 動物界を原口，体腔，中胚葉で分類

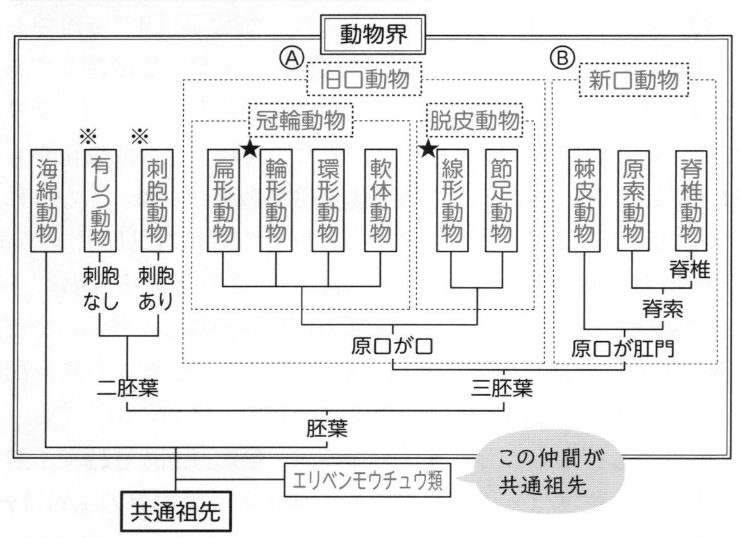

❷《胚葉による分類》
- ・**側生動物**　…胚葉をもたない。
- ・**二胚葉動物**…外胚葉と内胚葉からなる。中胚葉をもたない。
- ・**三胚葉動物**…外胚葉と中胚葉と内胚葉をもつ。

❸《原口の将来，および中胚葉のでき方の違いによる分類》
- ・Ⓐ旧口動物…原口が口へ分化
  ➡端細胞系　（端細胞が中胚葉へ）
- ・Ⓑ新口動物…原口が肛門へ分化
  ➡原腸体腔系　（原腸のふくらみが中胚葉へ）

（イメージ）胞胚

Ⓐ 原腸胚　　Ⓑ 原腸胚

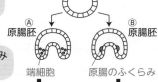

端細胞　原腸のふくらみ

➡中胚葉へ　➡中胚葉へ

❹《体腔と胚葉の関係による分類》
- ・**真体腔動物**…中胚葉で包まれた体腔（真体腔）をもつ。
- ・**偽体腔動物**…いろいろな胚葉で包まれた体腔（偽体腔）をもつ。

ポイントレクチャー

❶　本テーマから テーマ198 にかけて，動物界の分類について勉強していこう。※の「**有しつ動物**」と「**刺胞動物**」を合わせて**腔腸動物**，★の「**輪形動物**」と「**線形動物**」を合わせて**袋形動物**というよ。また，動物界の生物は**エリベンモウチュウ**（テーマ195）の仲間が共通祖先であることも押さえておこう。

❷　側生動物とは胚葉をもたない動物で「**海綿動物**」がこれに属するよ。二胚葉動物は「**腔腸動物**（有しつ動物と刺胞動物）」，三胚葉動物はそれ以外の動物だよ。

❸　原口が**口**へ分化する動物を**旧口動物**，原口が**肛門**へ分化する動物を**新口動物**というよ。旧口動物はさらに，**冠輪動物**と**脱皮動物**に大別され，「**扁形動物**」「**輪形動物**」「**環形動物**」「**軟体動物**」が冠輪動物，「**線形動物**」「**節足動物**」が脱皮動物に属するのね。また，冠輪動物は，「発生の過程で**トロコフォア幼生**（テーマ104）を経る」「多くは水中で生活する」という特徴をもち，脱皮動物は，「**脱皮**によって成長する」という特徴をもつことを押さえておこう。さらに，旧口動物と新口動物の中胚葉のでき方の違いをここに示したので，確認しておいてね。

❹　体腔（右図）はいわゆる“内臓が入っているところ”で，**真体腔**とは中胚葉で包まれた体腔のこと，**偽体腔（原体腔）**とはいろいろな胚葉で包まれた体腔のことだよ。「**海綿動物**」「**刺胞動物**」「**有しつ動物**」「**扁形動物**」は体腔をもたず，「**袋形動物**（輪形動物＋線形動物）」は偽体腔をもち，それ以外の動物は真体腔をもつことを知っておこう。

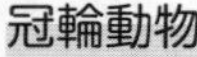

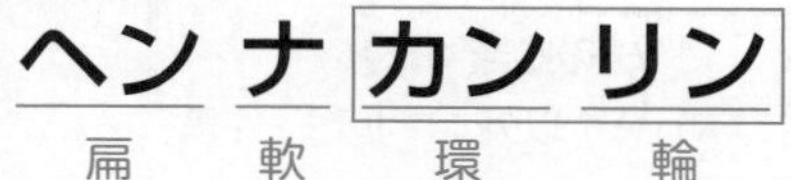

（⬅以外の旧口動物である線形動物と節足動物は脱皮動物だよ）

テーマ197 動物界の分類②（神経系，排出器）

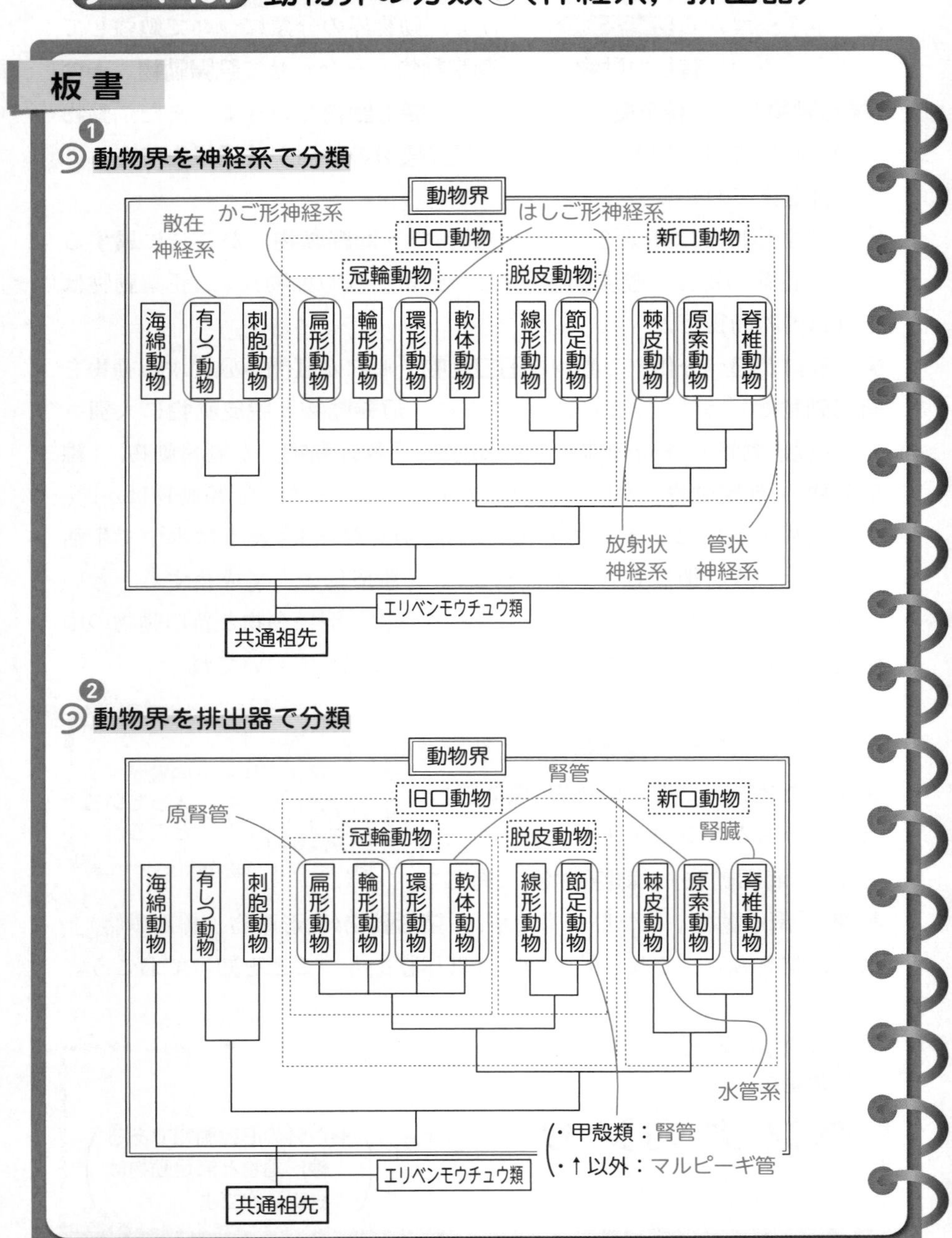

ポイントレクチャー

❶　神経系に注目して動物界を分類していこう。テーマ144で勉強した「いろいろな神経系」を確認しながら左ページの図を見ていくと効率よく勉強できるよ。そして，とにかく，**左ページの赤字の“囲い”を完全に暗記しよう**！神経系の名称とそれをもつ動物群がわかればOKだよ。

❷　次は，排出器に注目して動物界を分類していこう。ここでもとにかく，**左ページの赤字の位置関係を完全に暗記しよう**！排出器の名称とそれをもつ動物群がわかればOKだよ。腎臓に関しては，生物基礎範囲の復習をしながら本テーマを勉強していくと効率よく頭に入るよ。腎臓以外の排出器に関しては，右図を軽く確認しておいてね。

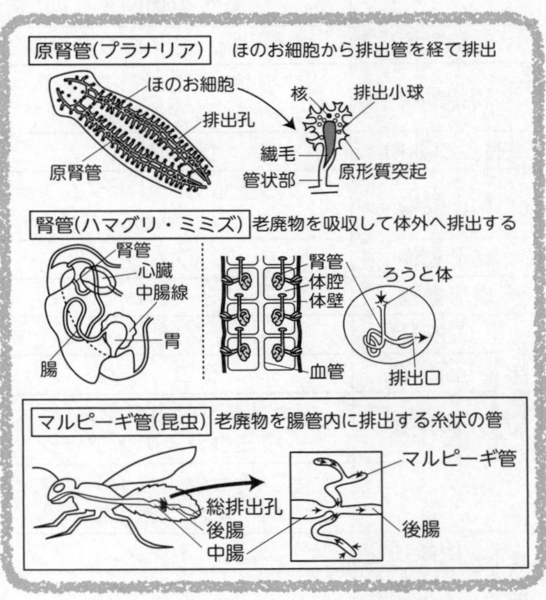

覚えるツボを押そう

神経系と排出器

◆神経系…
- ・(管状神経系)…脊椎動物，原索動物
- ・(はしご形神経系)…節足動物，環形動物
- ・(かご形神経系)…扁形動物
- ・(放射状神経系)…棘皮動物
- ・(散在神経系)…刺胞動物，有しつ動物

◆排出器…
- ・(腎臓)…脊椎動物
- ・(マルピーギ管)…昆虫類，クモ類，ムカデ類
- ・(腎管)…甲殻類，原索動物，軟体動物，環形動物
- ・(原腎管)…輪形動物，扁形動物
- ・(水管系)…棘皮動物

テーマ198 動物界の生物例

板書

動物界を生物例，特徴で分類

			❶生物例	❷特徴
海綿動物			カイメン，カイロウドウケツ	えり細胞をもつ
刺胞動物			クラゲ，イソギンチャク，ヒドラ，サンゴ	放射相称，刺胞あり
有しつ動物			クシクラゲ	放射相称，刺胞なし
扁形動物			プラナリア，サナダムシ，ヒラムシ	
輪形動物			ワムシ	
環形動物			ミミズ，ゴカイ，ヒル	閉鎖血管系をもつ
軟体動物	二枚貝類		ハマグリ，シジミ	外とう膜をもつ 頭足類は閉鎖血管系をもつ
	頭足類		タコ，イカ	
	腹足類		ナメクジ，カタツムリ，ウミウシ，アメフラシ	
線形動物			センチュウ，カイチュウ，ギョウチュウ	脱皮を行う
節足動物	甲殻類		エビ，カニ，ミジンコ，フジツボ	
	クモ類		クモ，ダニ，サソリ	
	昆虫類		ショウジョウバエ，バッタなど	
	ムカデ類		ムカデ，ゲジなど	
棘皮動物			ウニ，ナマコ，ヒトデ，ウミユリ	
原索動物			ホヤ，ナメクジウオ，サルパ	脊索をつくる （ナメクジウオは一生脊索をもつ）
脊椎動物	無顎類		ヤツメウナギ，ヌタウナギ	
	魚類		サメ（軟骨魚類），フナ（硬骨魚類）など	
	両生類，ハ虫類，鳥類		カエル（両生類），カメ（ハ虫類），ペンギン（鳥類）	
	ホ乳類	単孔類	カモノハシ，ハリモグラ	
		有袋類	コアラ，カンガルー	
		真獣類	ヒト，クジラ，コウモリなど	

ポイントレクチャー

❶ テーマ195同様，**他の単元との兼ね合いから動物界の生物例や特徴などを覚えていこう**！まずは，赤字の生物例はしっかりとみておいてね。テーマ80で勉強した分裂を行う**イソギンチャク**と出芽を行う**ヒドラ**はともに**刺胞動物**，テーマ104で勉強したモザイク卵である**クシクラゲ**は**有しつ動物**，**ホヤ**は**原索動物**なんだね。また，テーマ111で勉強した**プラナリア**は**扁形動物**，テーマ163で勉強した区画法の材料である**フジツボ**は**節足動物(甲殻類)**だよ。さらに，テーマ99で勉強した**ウニ**が**棘皮動物**，テーマ104で勉強した調節卵である**ナメクジウオ**が**原索動物**であることも押さえておこうね。あと，脊椎動物の無顎類の生物例が**ヤツメウナギ**や**ヌタウナギ**であることはテーマ181で，単孔類(卵を産む)の生物例が**カモノハシ**や**ハリモグラ**，有袋類(育児のうで胚を育てる)の生物例が**コアラ**や**カンガルー**であることはテーマ109で勉強したね。

❷ 動物界の各動物の特徴においても，赤字のところは押さえておいてね。**カイメン**や**カイロウドウケツ**などの**海綿動物**がもつ「**えり細胞**」は，食物の取り込みに関与する細胞だよ。**ミミズ**や**ゴカイ**や**ヒル**などの**環形動物**や**タコ**や**イカ**などの**軟体動物(頭足類)**がもつ「**閉鎖血管系**」は，動脈と静脈が毛細血管でつながれている血管系なんだ(生物基礎範囲)。**ハマグリ**や**シジミ**，**ナメクジ**や**カタツムリ**などの**軟体動物**がもつ「**外とう膜**」は内臓を包む筋肉質な膜で，移動などに関与するよ。ちなみに，イカをあぶったときにサーっと表面に少し色味が着く“おいしい部分(著者本人の主観)”があるよね？あれが外とう膜だよ。あと，**ナメクジウオ**や**サルパ**などの**原索動物**やヒトなどの**脊椎動物**がつくる「**脊索**」はテーマ105などで勉強した，原口背唇部ののちの姿の組織だったよね。

覚えるツボを押そう

動物界の生物例

テーマ195と同様，自分の覚えられそうな生物群から声に出して読むことで覚えていって，つなげながら頭に叩き込もう！

例 ナメクジは「**軟体動物**」➡ ナメクジウオは「**原索動物**」
それなら

テーマ 199 植物界の分類

板書

植物界の分類

❶

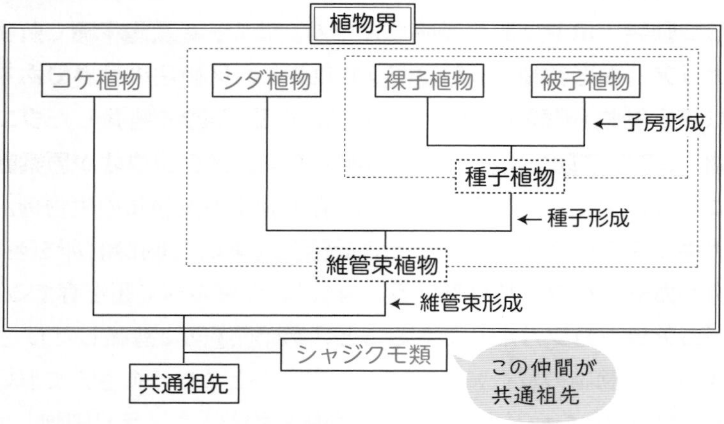

植物界

コケ植物　シダ植物　裸子植物　被子植物

← 子房形成

種子植物

← 種子形成

維管束植物

← 維管束形成

シャジクモ類

共通祖先

この仲間が共通祖先

❷

<table>
<tr><th colspan="4"></th><th>生物例</th><th>光合成色素</th></tr>
<tr><td colspan="4">コケ植物</td><td>スギゴケ，ゼニゴケ，
ミズゴケ，ヒカリゴケ</td><td rowspan="6">クロロフィル a と b
＋カロテン
＋キサントフィル</td></tr>
<tr><td rowspan="5">維管束植物</td><td colspan="3">シダ植物</td><td>ヘゴ，ビロウ，クラマゴケ，
イヌワラビ，スギナ，
ゼンマイ，トクサ</td></tr>
<tr><td rowspan="4"></td><td rowspan="3">種子植物</td><td>裸子植物</td><td>（精子を形成）
ソテツ，イチョウ
（精細胞を形成）
ヒノキ，マツ，スギ</td></tr>
<tr><td rowspan="2">被子植物</td><td>単子葉類</td><td>イネ，トウモロコシ，ユリ，
アヤメ，ネギ，ムギ，
ススキ，ツユクサ，
チューリップ</td></tr>
<tr><td>双子葉類</td><td>エンドウ，オニユリなど</td></tr>
</table>

ポイントレクチャー

❶ 本テーマでは，植物界の分類について勉強しよう。この図にあるように，維管束を形成する維管束植物に属するのが「**シダ植物**」「**裸子植物**」「**被子植物**」，種子を形成する種子植物に属するのが「**裸子植物**」「**被子植物**」だよ。また，子房を形成する植物が「**被子植物**」のみであることも押さえておこうね。あと，植物界の生物は**シャジクモ**（テーマ195）の仲間が共通祖先であることも押さえておこう。

❷ 植物界において，**赤字**の生物例は下の**ゴロで覚えよう**でしっかりと覚えておこう。裸子植物に関しては，テーマ118の内容を改めて確認しておこう。被子植物の双子葉類は種類があまりにも多いので，ゴロで覚えた以外のものが双子葉類だって考えていくと，覚えるのに効率がいいよ。コケ植物とシダ植物に関しては，テーマ200でもう少し詳しく勉強していくよ。また，テーマ37&38でも勉強したが，ここでも光合成色素の種類を押さえておこうね。

ゴロで覚えよう

コケ植物，シダ植物，裸子植物，単子葉類の生物例

（コケ植物）

「～ゴケ」と書いてあったらコケ植物（注クラマゴケはシダ植物）

（シダ植物）

ヘビクイスギナ ゼンマイ、しっトクサ！

ヘ：ゴ，ビ：ロウ，ク：ラマゴケ（注），イ：ヌワラビ，しっ：（シダ）

（裸子植物）

裸のソイチョ ヒマスギ！→テーマ118

裸：（子），ソ：テツ，イチョ：ウ，ヒ：ノキ，マ：ツ

（被子植物の単子葉類）

イトウユリアたん、ネムスぎッチュ！

イ：ネ，トウ：モロコシ，ア：ヤメ，たん：（単子葉），ネ：ギ，ム：ギ，ス：スキ，ッ：ユクサ，チュ：ーリップ

テーマ200 植物の生活環

板書

植物の生活環

…生物の一生を環状で表したもの

❶ (・○…単細胞 ・□…多細胞) (・○や□(一重)…単相 ・◎や回(二重)…複相) (・→…減数分裂 ・→… 体細胞分裂)

❷

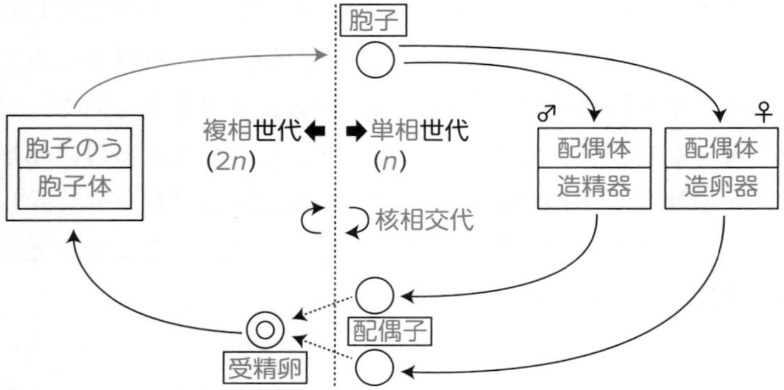

胞子
♂ 配偶体 造精器
♀ 配偶体 造卵器
胞子のう 胞子体
複相世代 (2n) ⇐ ⇒ 単相世代 (n)
核相交代
配偶子
受精卵

❸《コケ植物》…胞子体が配偶体に“寄生”生活している。

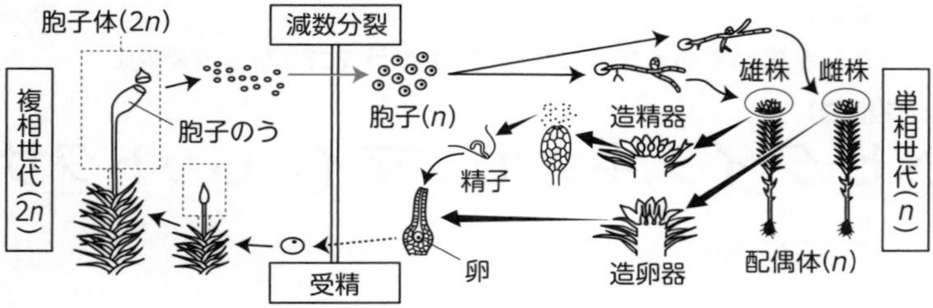

胞子体(2n)
減数分裂
胞子のう
胞子(n)
造精器
雄株
雌株
精子
卵
造卵器
配偶体(n)
受精
複相世代(2n)
単相世代(n)

❸《シダ植物》…胞子体も配偶体も“独立”生活している。

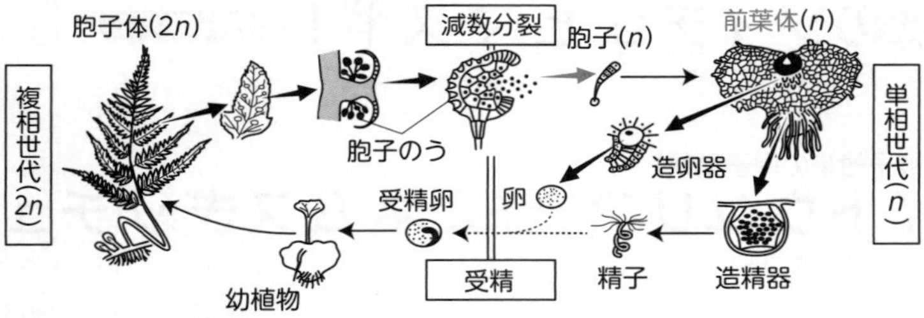

胞子体(2n)
減数分裂
胞子(n)
前葉体(n)
胞子のう
造卵器
受精卵
卵
精子
造精器
受精
幼植物
複相世代(2n)
単相世代(n)

ポイントレクチャー

❶　このルールを元に，植物の生活環を理解していこう。

❷　❶のルールに乗っ取って，植物の生活環を図示するとこうなるよ。**胞子体(2 *n*)**がもつ**胞子のう**の細胞が**減数分裂**を行うことで**胞子(*n*)**がつくられ，胞子が**体細胞分裂**を行うことで**配偶体(*n*)**となり，**造精器**や**造卵器**の細胞が**体細胞分裂**を行うことで**配偶子(*n*)**となり，これらが受精することで**受精卵(2 *n*)**となる。そしてこのあと，受精卵が**体細胞分裂**を繰り返すことで再び胞子体がつくられるよ。あとは，植物の生活環では，**複相(2 *n*)**である世代と**単相(*n*)**である世代があり，これらの世代が交互に現れる**核相交代**がみられることも押さえておこうね。この生活環の流れをある程度理解したら，**この図全体を白紙の状態から書くことを強くオススメするよ**！

❸　コケ植物とシダ植物において，“**それぞれの胞子体や配偶体がどのような形状であるか**”を押さえられるようにしよう。コケ植物の図をパッと見て，「あ！コケ植物だ！」と感じるものが“**配偶体**”であり，シダ植物の図をパッと見て，「シダ植物だ！」と感じるものが“**胞子体**”であると考えたらわかりやすいよ。あと，シダ植物の配偶体である**前葉体**は，形が特徴的だから覚えやすいね。ハートに毛が生えているような感じだね。また，コケ植物では，胞子体が配偶体に比べ小型であり，その大型の配偶体の中に“**寄生**”していることを知っておこう。しかし，シダ植物では，前葉体(配偶体)は小型ではあるが，大型の胞子体に寄生せずに“**独立**”しているんだ。これはきっと，ハートに毛が生えているからだね(テキトー)。また，テーマ117の「被子植物の生殖」単元もしっかり復習して，被子植物においても“**胞子体と配偶体がどのような形状をしているか**”確認しておいてね。被子植物の場合，胞子体がいわゆる“植物体のかたち”で，配偶体は「**花粉管**」や「**胚のう**」に相当するよ。

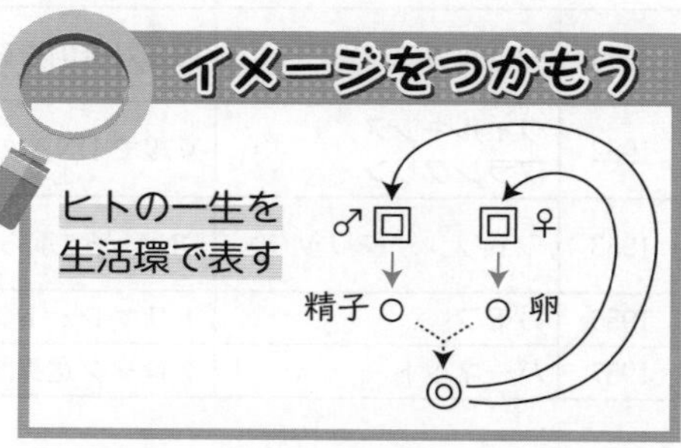

付録 受験生物で覚えるべき人物名集

赤字で書かれた人物名は絶対に暗記しよう！

第1章 細胞と分子

年代	人物名	業績	ページ
1967	マーグリス	共生説を提唱	18，377
1972	シンガー，ニコルソン	流動モザイクモデルを提唱	31
1988	大隅 良典	リソソームにおけるタンパク質分解の研究	27

第2章 代謝

年代	人物名	業績	ページ
1897	ブフナー	アルコール発酵に関する酵素（チマーゼ）の発見	74
1905	ブラックマン	光合成の環境要因を推論	100
1939	ヒル	ヒル反応の発見	84，90，92，94，106
1941	ルーベン	光合成で発生する酸素は水由来だと証明	94
1949	ベンソン	カルビン・ベンソン回路の解明	84，96，98，106
1957	カルビン		

第3章 遺伝情報の発現

年代	人物名	業績	ページ
1901	ラントシュタイナー	ABO式血液型の発見	164
1903	サットン	染色体説を提唱	112，179
1922	フレミング	リゾチームの発見	158，349
1945	ビードル，テータム	一遺伝子一酵素説を提唱	144，146，405
1949	シャルガフ	塩基対合則を確立	114，117，131
1952	ウィルキンス，フランクリン	X線でDNAの構造を解析	114
1953	ワトソン，クリック	DNAが二重らせん構造をとることを提唱	114，118，119，124
1955	ガモフ	トリプレット説を提唱	124，126
1957	バーネット	クローン選択説を提唱	164

年代	人物名	業績	ページ
1958	メセルソン，スタール	DNA の半保存的複製のしくみを証明	118，120
1958	クリック，ガモフ	セントラルドグマを提唱	124
1961	ジャコブ，モノー	オペロン説を提唱	138
1961	ニーレンバーグ	遺伝暗号(コドン)を解明	126
1963	コラーナ		
1966	岡崎　令治	岡崎フラグメントの発見	123
1970	テミン	逆転写酵素の発見	136
1977	利根川　進	抗体の可変部の多様性に関する研究	162
1983	マリス	PCR 法を開発	154
1992	本庶　佑	がん細胞に対するリンパ球の活性化の研究	159

第４章　生殖と発生

年代	人物名	業績	ページ
1865	メンデル	遺伝の法則を発見	112，179，180，181
1888	ルー	カエル胚を用いた実験で前成説を支持	220
1891	ドリーシュ	ウニ胚の割球から完全胚が生じることを発見	220
1895	モーガン	カエル卵が調節卵であることを確認	220，237
1900	チェルマク，コレンス，ド・フリース	メンデルの遺伝の法則を再発見	180
1921～1924	シュペーマン	形成体(オーガナイザー)の発見	221，223，226，228
1926	モーガン	遺伝子説を確立	196
1926	フォークト	原基分布図を作成	224
1958	スチュワード	カルスを用いて植物細胞の全能性を証明	244
1962	ガードン	核移植実験でクローン動物を作製	242
1969	ニューコープ	中胚葉誘導の発見	234
1996	ウィルマット，キャンベル	クローン羊(ドリー)を作製	242
1998，2001	トマソン	ES 細胞，クローン ES 細胞の作製	244
2006	山中　伸弥	iPS 細胞の作製(全能性に関する研究)	243，246

第５章　動物の反応と行動

年代	人物名	業績	ページ
1846	ウェーバー	ウェーバーの法則を発見	258
1902	パブロフ	条件づけのしくみを解明	312
1935	ローレンツ	刷込みに関する研究	312
1951	ティンバーゲン	トゲウオによる本能行動の研究	310
1954	ハックスリー	筋肉の滑り説を提唱	278
1965	フリッシュ	ミツバチのダンスのしくみを解明	314

第６章　植物の環境応答

年代	人物名	業績	ページ
1910	ボイセン・イェンセン	光屈性に関する研究	321
1926	黒沢　英一	ジベレリンの発見	318
2007	島本　功	イネのフロリゲンを同定	318，328

第７章　生物群集と生態系

年代	人物名	業績	ページ
1928	フレミング	ペニシリン(抗生物質)の発見	158，349
1944	ワックスマン	ストレプトマイシン(抗生物質)の発見	349
1981	大村　智	イベルメクチン(抗生物質)を開発	349

第８章　生物の進化と系統

年代	人物名	業績	ページ
紀元前	アリストテレス	自然発生説を提唱	371
1668	レディ	ハエを用いた実験で自然発生説を否定	370
1735	リンネ	二界説を提唱	398
1758	リンネ	生物名の表記法として二名法を発案	398
1765	スパランツァーニ	微生物を用いた実験で自然発生説を否定	370
1809	ラマルク	用不用説を提唱	386
1859	ダーウィン	自然選択説を提唱	386
1862	パスツール	白鳥の首フラスコを用いた実験で自然発生説を否定	81，370
1866	ヘッケル	(発生)反復説を提唱	221，382

年代	人物名	業績	ページ
1868	ワグナー	進化が地理的隔離で起こることを提唱	384
1878	ヘッケル	三界説を提唱	221, 398
1885	ロマニーズ	進化が生殖的隔離で起こることを提唱	384
1885	ワイズマン	生殖質連続説を提唱	385
1901	ド・フリース	突然変異説を提唱	384
1908	ハーディ, ワインベルグ	ハーディ・ワインベルグの法則を提唱	390, 392
1936	オパーリン	コアセルベートの作製	372
1953	ミラー	原始大気におけるアミノ酸生成の研究	372
1958	原田　馨, フォックス	ミクロスフェアの作製	373
1968	木村　資生	中立説を提唱	388
1969	ホイッタカー	五界説を提唱	398, 400, 401, 403
1986	ギルバート	RNA ワールド仮説を提唱	372
1990	ウーズ	三ドメイン説を提唱	400
1997	柳川　弘志, 江上　不二夫	マリグラヌールの作製	373
1997	マーグリス	ホイッタカーの五界説を改変	398, 400, 403

日本人のノーベル生理学・医学賞の受賞者

年代	人物名	業績	ページ
1987	利根川　進	抗体の可変部の多様性に関する研究	162
2012	山中　伸弥	iPS 細胞の作製(全能性に関する研究)	243, 246
2015	大村　智	イベルメクチン(抗生物質)を開発	349
2016	大隅　良典	リソソームにおけるタンパク質分解の研究	27
2018	本庶　佑	がん細胞に対するリンパ球の活性化の研究	159

サットン

ワトソン & クリック

メンデル

シュペーマン

オパーリン

さくいん

●出題頻度・重要度が高いワードは赤字で記しています
●ひとつのワードが複数ページに掲載されている場合は、主たるページを記しています
●ワード前の□はチェックボックスとして利用してください

英字

あ

さくいん

さ

し

す

さくいん

メモ

メモ

◆著者プロフィール

鈴川　茂（Suzukawa Shigeru）

代々木ゼミナール生物講師。ＴＶアニメ「はたらく細胞」の細胞博士，新星出版社「世界一やさしい！細胞図鑑」の監修者を担当（YouTubeにて，「細胞」に関する動画を好評配信中！）。北里大学理学部生物科学科卒業。大学在学中は「古細菌」の研究に専念。今現在は，東大や京大などの難関大から共通テストまで幅広い入試研究を行いながら，「生物学のおもしろさを多くの人に知ってもらいたい！」という思いで，日本全国をまわり，熱い講義を展開する日々を送っている。「生物学に興味をもってくれる人が増えれば世の中はもっと良くなる。」そう信じながら，今日も教壇に立っている。

鈴川のとにかく伝えたい生物 テーマ200

著　　者　鈴川　茂
発 行 者　髙宮英郎
発 行 所　株式会社日本入試センター
〒151-0053　東京都渋谷区代々木1-27-1
代々木ライブラリー
本文組版　株式会社 Sun Fuerza
印刷・製本　三松堂株式会社　Ⓟ1

●この書籍の編集内容および落丁・乱丁についてのお問い合わせは下記までお願いいたします
〒151-8559　東京都渋谷区代々木1-38-9
☎ 03-3370-7409(平日 9:00～17:00)
代々木ライブラリー営業部
　ISBN978-4-86346-780-4　Printed in Japan